Forschungsdatenmanagement sozialwissenschaftlicher Umfragedaten

Uwe Jensen
Sebastian Netscher
Katrin Weller (Hrsg.)

Forschungsdatenmanagement sozialwissenschaftlicher Umfragedaten

Grundlagen und praktische Lösungen
für den Umgang mit
quantitativen Forschungsdaten

Verlag Barbara Budrich
Opladen • Berlin • Toronto 2019

Bibliografische Information der Deutschen Nationalbibliothek
Die Deutsche Nationalbibliothek verzeichnet diese Publikation in der Deutschen Nationalbibliografie; detaillierte bibliografische Daten sind im Internet über http://dnb.d-nb.de abrufbar.

© 2019 Dieses Werk ist beim Verlag Barbara Budrich erschienen und steht unter der Creative Commons Lizenz Attribution-ShareAlike 4.0 International (CC BY-SA 4.0): https://creativecommons.org/licenses/by-sa/4.0/.
Diese Lizenz erlaubt die Verbreitung, Speicherung, Vervielfältigung und Bearbeitung bei Verwendung der gleichen CC-BY-SA 4.0-Lizenz und unter Angabe der UrheberInnen, Rechte, Änderungen und verwendeten Lizenz.

Dieses Buch steht im Open-Access-Bereich der Verlagsseite zum kostenlosen Download bereit (https://doi.org/10.3224/84742233).
Eine kostenpflichtige Druckversion (Print on Demand) kann über den Verlag bezogen werden. Die Seitenzahlen in der Druck- und Onlineversion sind identisch.

ISBN   978-3-8474-2233-4 (Paperback)
eISBN   978-3-8474-1260-1 (eBook)
DOI   10.3224/84742233

Umschlaggestaltung: Bettina Lehfeldt, Kleinmachnow – www.lehfeldtgraphic.de
Lektorat: Nadine Jenke, Potsdam
Satz: Anja Borkam, Jena – kontakt@lektorat-borkam.de
Titelbildnachweis: Foto: Florian Losch
Druck: paper & tinta, Warschau
Printed in Europe

Inhalt

Vorwort 7

Uwe Jensen, Sebastian Netscher und Katrin Weller
1. Einleitung 9

Uwe Jensen
2. Forschungsdaten und Forschungsdatenmanagement in den Sozialwissenschaften 13

Sebastian Netscher und Uwe Jensen
3. Forschungsdatenmanagement systematisch planen und umsetzen 37

Oliver Watteler und Thomas Ebel
4. Datenschutz im Forschungsdatenmanagement 57

Jonas Recker und Evelyn Brislinger
5. Dateiorganisation in empirischen Forschungsprojekten 81

Evelyn Brislinger und Meinhard Moschner
6. Datenaufbereitung und Dokumentation 97

Reiner Mauer und Jonas Recker
7. Data Sharing: Von der Sicherung zur langfristigen Nutzung der Forschungsdaten 115

Sebastian Netscher und Jessica Trixa
8. Forschungsdatenmanagement in der Sekundäranalyse 135

Uwe Jensen, Wolfgang Zenk-Möltgen und Catharina Wasner
9. Metadatenstandards im Kontext sozialwissenschaftlicher Daten 151

Brigitte Hausstein
10. Zitierbarmachung und Zitation von Forschungsdaten 179

Katrin Weller
11. Big Data & New Data: Ein Ausblick auf die Herausforderungen im Umgang mit Social-Media-Inhalten als neue Art von Forschungsdaten 193

Stefan Müller
12. Räumliche Verknüpfung georeferenzierter Umfragedaten mit Geodaten: Chancen, Herausforderungen und praktische Empfehlungen 211

Verzeichnis der Autor/innen 231

https://doi.org/10.3224/84742233

Vorwort

Als vor rund 60 Jahren das erste sozialwissenschaftliche Datenarchiv – *als Zentralarchiv an der Universität zu Köln* – in Deutschland gegründet wurde, steckte die langfristige Sicherung von Forschungsdaten noch in ihren Kinderschuhen. Zunächst galt es herauszufinden, was die Archivierung von sozialwissenschaftlichen Forschungsdaten überhaupt bedeutet. Dies betraf einerseits die Forschungsethik und den Schutz der Befragten bzw. ihrer persönlichen Informationen. Anderseits galt es grundlegend zu klären, wie Forschungsdaten – damals noch als Lochkarten – längerfristig gesichert und zur Nachnutzung erhalten werden konnten. Damit verbunden waren beispielsweise organisatorische Fragen oder das Problem einer adäquaten Dokumentation zur Gewährleistung der Verständlichkeit von Forschungsdaten.

In den vergangenen 60 Jahren hat sich viel verändert. Getrieben durch die Digitalisierung und die Möglichkeit Forschungsdaten über das Internet zugänglich zu machen, bauten Archive nicht nur eine eigene Infrastruktur systematisch auf und aus, sondern investierten auch in die Entwicklung gemeinsamer Standards, etwa zur Datendokumentation oder Datenzitation. Dieser Prozess dauert weiter an und als sozialwissenschaftliche Datenarchive stehen wir heute vor neuen Herausforderungen, etwa in Bezug auf neue Datentypen. Heute befindet sich die Archivierung sogenannter Big Data, wie etwa von Social Media oder georeferenzierten Daten, noch in ihren Anfängen. Wie in den letzten 60 Jahren gilt es auch heute zu klären, wie derartige neue Datentypen überhaupt archiviert und langfristig zur weiteren Nutzung gesichert werden können.

Derweil hat sich die Idee der langfristigen Sicherung, Archivierung und Verfügbarkeit von Forschungsdaten in der sozialwissenschaftlichen Forschungsgemeinschaft verfestigt. Während vor rund 60 Jahren der Wille zum Teilen der Daten nur sehr schwach ausgeprägt war, ist die Bereitstellung von Forschungsdaten zu Transparenz- und Replikationszwecken ebenso wie zur Nachnutzung durch Dritte mittlerweile zu einem Bestandteil guter wissenschaftlicher Praxis geworden. Um Forschende bei der Erstellung archivier- und teilbarer Daten zu unterstützen, ist ein adäquates und gezieltes Forschungsdatenmanagement unerlässlich. Nur so können Forschende von Projektbeginn an sicherstellen, dass ihre Forschungsdaten längerfristig erhalten bleiben und Dritten verfügbar gemacht werden können.

Mit Freude habe ich daher die Idee dieses Buches zur Kenntnis genommen und ihre Umsetzung nach besten Kräften unterstützt. Anhand praxisnaher Beispiele aus der täglichen Archivarbeit, den vielfachen Projektberatungen und den langjährigen Kooperationen mit großen (inter-)nationalen Umfrageprogrammen bietet das Buch einen leichten Einstieg in grundlegende Fragen des Forschungsdatenmanagements. Es veranschaulicht archivspezifische Infrastrukturen zur Unterstützung der Nachnutzbarkeit von Forschungsdaten und diskutiert neue Herausforderungen, mit denen Archive ebenso wie Forschende heute konfrontiert sind. Besonders freut mich daher auch die Unterstützung von GESIS – Leibniz-Institut für Sozialwissenschaften und die Finanzierung des Buches im Open-Access-Format. Für mich verbindet sich damit sowohl die Hoffnung, Forschende in ihrem Forschungsdatenmanagement gezielt zu fördern, als auch zukünftig weiterhin qualitativ hochwertige Daten archivieren und der Forschungsgemeinschaft zur Nachnutzung zur Verfügung stellen zu können.

Alexia Katsanidou
Professorin der Empirischen Sozialforschung, Universität zu Köln, Leiterin des Datenarchivs für Sozialwissenschaften, GESIS – Leibniz-Institut für Sozialwissenschaften

1. Einleitung

Uwe Jensen, Sebastian Netscher und Katrin Weller

Forschungsdatenmanagement gewinnt in den Sozialwissenschaften in den letzten Jahren zunehmend an Bedeutung. Hier zunächst verstanden als Sammelbegriff für alle Aktivitäten und Maßnahmen im Umgang mit Forschungsdaten, hat sich das Forschungsdatenmanagement als zentraler Bestandteil guter wissenschaftlicher Praxis in empirischen Forschungsvorhaben etabliert. Forschungsdatenmanagement erzeugt die notwendige Transparenz in der Erstellung der Forschungsdaten, gewährleistet deren Nachvollziehbarkeit und ermöglicht so die Replikation von Forschungsergebnissen. Die Forderung nach der Bereitstellung von Forschungsdaten zur weiteren Nutzung im Sinne von *Open Science* bzw. *Open Data* durch Wissenschaftsorganisationen und Forschungsförderer unterstreicht die Relevanz eines systematischen Umgangs mit Forschungsdaten und die Anforderungen an ein nachhaltiges Forschungsdatenmanagement.

Um Forschenden in den Sozialwissenschaften den Umgang mit quantitativen Forschungsdaten zu erleichtern, nimmt der vorliegende Sammelband praktische Herausforderungen des Forschungsdatenmanagements in den Blick. Mit Hilfe von Anwendungsfällen aus der empirischen Sozialforschung vermittelt das Buch Grundlagen des Forschungsdatenmanagements und bietet anschauliche Beispiele für die Praxis. Es vermittelt Lösungsansätze und erlaubt, diese unmittelbar in die tägliche Arbeit zu übertragen. Dabei bezieht der Sammelband Empfehlungen, Richtlinien und Werkzeuge zum Forschungsdatenmanagement systematisch ein und erörtert spezifische Gegebenheiten der deutschen Forschungslandschaft. Die Beiträge sind dabei von Publikationen zu den Methoden der empirischen Sozialforschung und entsprechenden Forschungsaktivitäten abzugrenzen. Stattdessen fokussiert das Buch die Anwendung von Maßnahmen und Verfahren zur Erstellung, Nutzung und Sicherung sozialwissenschaftlicher Forschungsdaten.

Die einzelnen Kapitel des Sammelbandes wurden von (ehemaligen) Mitarbeitenden des Datenarchivs für Sozialwissenschaften bei GESIS – Leibniz-Institut für Sozialwissenschaften verfasst. Diese besitzen langjährige Praxiserfahrung im Umgang mit Forschungsdaten und (inter-)nationalen Forschungsvorhaben. Die Autorinnen und Autoren richten sich mit dem Buch zum einen an Forschende in den Sozialwissenschaften und verwandten Bereichen, die quantitative Umfragedaten erheben, aufbereiten oder analysieren. Als Leitfaden soll der Sammelband diese mit den notwendigen Kenntnissen im Umgang mit Forschungsdaten ausrüsten und sie in der Planung und Umsetzung ihres eigenen Forschungsdatenmanagements unterstützen. Zur Zielgruppe des Buchs zählen zum anderen Mitarbeitende in Forschungsprojekten und Personen, die beruflich mit entsprechenden Daten umgehen, wie z.B. Archivar/innen oder Projekt- bzw. Drittmittelmanager/innen. Diese Zielgruppe soll das Buch dabei unterstützen, ihr vorhandenes Wissen in der Handhabung von Forschungsdaten zu erweitern und zu vertiefen.

Der Sammelband behandelt das Thema Forschungsdatenmanagement aus drei Perspektiven. Der erste Teil liefert eine generelle Einführung in das Thema und erörtert entsprechende Aktivitäten und Maßnahmen im Rahmen eines empirischen Forschungsprojekts. Im Zentrum des zweiten Teils steht die spezielle Rolle von Forschungsdateninfrastrukturen bei der Etablierung und Fortentwicklung von Metadatenstandards ebenso wie von Standards zu Datenzitation. Der Sammelband schließt im dritten Teil mit einem Ausblick auf neue Heraus-

https://doi.org/10.3224/84742233.02

forderungen des Forschungsdatenmanagements am Beispiel neuer Datentypen bzw. neuer Datenquellen, wie Social-Media-Daten oder georeferenzierte Umfragedaten.

Der erste Teil des Buches umfasst die Kapitel 2 bis 8. Kapitel 2 führt zunächst allgemein in die Themen *Forschungsdaten und Forschungsdatenmanagement in den Sozialwissenschaften* ein. Es schafft ein grundlegendes Verständnis für zentrale Begriffe des Buches und beschreibt die besonderen Eigenarten sozialwissenschaftlicher Umfragedaten. Daran anschließend wird der Umgang mit diesen Daten im Kontext von Lebenszyklusmodellen anhand des *DDI Data Lifecycles* von der Planung bis zur Nachnutzung erörtert. Darauf aufbauend wird das Forschungsdatenmanagement in den Sozialwissenschaften im Kontext des Lebenszyklus von Daten, der Rolle von Forschungsdateninfrastrukturen und der neuen Herausforderungen beim Management von Daten diskutiert.

Kapitel 3 thematisiert, wie Forschende ihr *Forschungsdatenmanagement systematisch planen und umsetzen* können. Ein systematisches Forschungsdatenmanagement beginnt mit einer vorausschauenden Vorbereitung im Rahmen der eigentlichen Projektplanung. Dabei müssen Forschende zunächst überlegen, welche Ziele sie mit welchen Maßnahmen des Forschungsdatenmanagements verbinden. So muss jede empirische Forschung durch ein projektinternes Forschungsdatenmanagement zuallererst sicherstellen, dass die eigentlichen Forschungsziele erreicht werden können. Im Sinne guter wissenschaftlicher Praxis sollten die im Forschungsprojekt erstellten Daten aber über das Forschungsprojekt hinaus erhalten bleiben und so eine längerfristige Replikation der Forschungsergebnisse bzw. eine weitere Nutzung durch andere Forschende in neuen Forschungskontexten ermöglichen.

Die folgenden Kapitel 4 bis 8 adressieren spezifische Themenkomplexe des Forschungsdatenmanagements. Kapitel 4 beginnt mit dem *Datenschutz im Forschungsdatenmanagement*. Die empirische Sozialforschung greift zumeist auf personenbezogene und eventuell sensible Daten, z.B. von Studienteilnehmer/innen, zurück. Die Erhebung, Verarbeitung und Nutzung derartiger Informationen unterliegen datenschutzrechtlichen und forschungsethischen Bestimmungen. Das Kapitel zeigt grundlegende Regelungen im Bereich des aktuellen Datenschutzrechts auf und bietet Anleitungen, wie diese Regelungen in der Praxis umgesetzt werden können. Dazu erörtert das Kapitel neben forschungsethischen und datenschutzrechtlichen Aspekte vor allem das Thema Anonymisierung von quantitativen Daten. Es beleuchtet anhand von Fallbeispielen gängige Verfahren ebenso wie häufig wiederkehrende Fehler bei der Umsetzung datenschutzrechtlicher Bestimmungen.

Kapitel 5 befasst sich mit der *Dateiorganisation in empirischen Forschungsprojekten*. Der Erfolg von empirischen Forschungsprojekten fußt vor allem darauf, dass die im Projekt generierten oder weiterverwendeten Informationen zum richtigen Zeitpunkt für den richtigen Personenkreis auffindbar und zugänglich sind. Das gilt insbesondere für Daten und ihre Dokumentation, aber auch für Dokumente, die Prozesse und Entscheidungen transparent und replizierbar machen. Das Kapitel zeigt anhand von Beispielen erstens, wie Informationsflüsse im Projekt mit Hilfe eines Modells zur Beschreibung des Lebenszyklus von Forschungsdaten effizient geplant und gesteuert werden können. Zweitens beschreibt es, wie Dateiverzeichnisse und Dateien so benannt und strukturiert werden können, dass sie die Auffindbarkeit, Authentizität und Integrität aller im Projekt anfallenden Informationen unterstützen. Zusammengenommen helfen diese Maßnahmen, Informationsverluste zu vermeiden und den Forschungsprozess mit allen getroffenen Entscheidungen, die Auswirkungen auf die Forschungsergebnisse haben, nachvollziehbar zu machen.

Die *Datenaufbereitung und Dokumentation* wird in Kapitel 6 thematisiert. Als Phase im Lebenszyklus der Forschungsdaten hat sie die Aufgabe, die Daten für die Forschung nutzbar zu machen. Das stellt Forschungsprojekte vor die Herausforderung, einen Workflow zu entwickeln, der die Projektziele in unmittelbare Arbeitsschritte übersetzt und diese für alle Beteiligten transparent und verständlich macht. Ausgehend hiervon fokussiert das Kapitel die

1. Einleitung

Planung und Organisation der Datenaufbereitung im Projektverlauf. Sie soll zu einem möglichst effizienten Workflow führen, der auf eine hohe Qualität und umfassende Dokumentation der Daten gerichtet ist.

Kapitel 7, *Data Sharing: Von der Sicherung zur langfristigen Nutzung der Forschungsdaten,* greift die abschließende Publikation von Daten als wichtiges Ergebnis von Forschungsvorhaben auf. Die dauerhafte Verfügbarkeit von Forschungsdaten – und damit auch ihre Archivierung als notwendige Voraussetzung – leistet einen wesentlichen Beitrag zu Open Science: Sie macht Ergebnisse empirischer Forschung nicht nur nachvollziehbar und replizierbar, sondern auch anschlussfähig. Das Kapitel liefert einen Überblick über verschiedene Möglichkeiten, Forschungsdaten nach Projektende zu sichern und Dritten zur Nachnutzung zur Verfügung zu stellen.

Unter dem Titel *Forschungsdatenmanagement in der Sekundäranalyse* schlägt Kapitel 8 die Brücke zwischen dem Forschungsdatenmanagement datengenerierender Projekte und der Nachnutzung von Forschungsdaten im Rahmen neuer Forschungsvorhaben. Es beschreibt im Sinne guter wissenschaftlicher Praxis die Notwendigkeit replizierbarer Forschungsergebnisse bei der Nachnutzung bereits existierender Daten. Der Idee von Open Science folgend, können darüber hinaus im Forschungsprojekt erstellte Skripte, etwa in Form von Datenharmonisierungskonzepten, entwickelt werden, die ihrerseits für Dritte zur Nachnutzung interessant sein können und folglich verfügbar gemacht werden sollten. Das Kapitel zeigt anhand eines Beispiels die relevanten Schritte auf, um die Replizierbarkeit und Nachnutzbarkeit verwendeter Forschungsdaten und Aufbereitungskonzepte sicherzustellen. Es liefert somit auch einen Beitrag zur Fortentwicklung des Forschungsdatenmanagements in der Sekundäranalyse.

Der zweite Teil des Sammelbandes umfasst die Kapitel 9 und 10 und ist den spezifischen Themen Metadaten und Datenzitation im Forschungsdatenmanagement gewidmet. Die Kapitel thematisieren Dienstleistungen und technische Entwicklungen von sozialwissenschaftlichen Dateninfrastrukturen, die den konkreten Projektalltag mittelbar oder unmittelbar unterstützen. Die beiden Beiträge richten sich an Interessierte, die diese Themen bei ihrer Arbeit mit Forschungsdaten vertiefen und praktische Nutzungsmöglichkeiten besser verstehen wollen.

Kapitel 9 behandelt dazu zunächst *Metadatenstandards im Kontext sozialwissenschaftlicher Daten* und deren Rolle für die Dokumentation und Erschließung von Forschungsdaten. Es stellt gängige Metadatenstandards vor und beschreibt u.a. ihre Relevanz für Forschende beim Auffinden von Studien in nationalen wie internationalen Datenkatalogen ebenso wie bei der Dokumentation von Variablen und Fragen in sozialwissenschaftlichen Datensätzen. Darüber hinaus erörtert der Beitrag Standards und Tools zur Bearbeitung von Metadaten und stellt insbesondere den Metadatenstandard der Data Documentation Initiative (DDI) sowie seine Möglichkeiten zur Dokumentation von Forschungsdaten vor.

Kapitel 10 thematisiert anschließend die Aspekte der *Zitierbarmachung und Zitation von Forschungsdaten.* Nicht nur Forschungspublikationen, sondern auch die im Forschungsprozess entstandenen Daten sollen gemäß anerkannter Grundsätze zum Umgang mit Forschungsdaten zitierbar sein und zitiert werden. Die Datenzitation fördert die Anerkennung der Produktion von Forschungsdaten als eine primäre Wissenschaftsleistung. Das Kapitel erörtert die Möglichkeiten und Herausforderungen bei der Zitierbarmachung von Forschungsdaten. Es werden vorhandene Services zur Unterstützung der Datenproduzierenden beschrieben und anhand eines ausgewählten Dienstes – des DOI®-Systems – konkrete Empfehlungen ausgesprochen.

Der letzte Teil des Buches befasst sich schließlich in den Kapiteln 11 und 12 mit neuen Herausforderungen und Entwicklungen im Forschungsdatenmanagement am Beispiel neuer Datentypen bzw. neuer Datenquellen. Kapitel 11 gibt einen Ausblick auf die Herausforderungen im Umgang mit Social Media-Inhalten als neue Art von Forschungsdaten. Die Nutzung neuartiger, großer Datenbestände etwa aus Suchmaschinen oder Social-Networking-Plattformen wird seit einiger Zeit als Grundlage zum besseren Verständnis zahlreicher Lebensbereiche systematisch erprobt. Die unterschiedlichen Herausforderungen beim Umgang mit diesen als *New Data* oder *Big Data* bezeichneten Datenquellen stehen im Mittelpunkt des Beitrags. Ausgehend von Social-Media-Daten als Forschungsgrundlage werden aktuelle Möglichkeiten und Grenzen bei der Sammlung, der Qualitätssicherung sowie die Archivierung und Nachnutzung dieses Datentyps diskutiert.

Anhand der *räumlichen Verknüpfung georeferenzierter Umfragedaten mit Geodaten* wird in dem abschließenden Kapitel 12 die Verbindung verschiedener Datenquellen für die integrierte Analyse exemplarisch vorgestellt. Ausgehend vom inhaltlichen Mehrwert einer räumlichen Verknüpfung diskutiert das Kapitel technische, rechtliche und dokumentarische Herausforderungen ebenso wie praktische Empfehlungen zur Datenorganisation.

Insgesamt hoffen wir, mit diesem Sammelband Forschenden, Lehrenden und Personen, die im beruflichen Alltag mit quantitativen sozialwissenschaftlichen Daten arbeiten, einen praktischen Leitfaden an die Hand zu geben, der es ihnen ermöglicht, die unterschiedlichen Facetten des Forschungsdatenmanagements besser zu verstehen und den einen oder anderen Lösungsansatz in ihre tägliche (Forschungs-)Arbeit erfolgreich zu integrieren. Gleichzeitig hoffen wir als Autorinnen und Autoren auf vielfältige kritische Rückmeldungen und Verbesserungsvorschläge, die dazu anregen, Grundsätze und Lösungen zum Forschungsdatenmanagement sozialwissenschaftlicher Daten in Theorie und Praxis weiterzuentwickeln.

Danksagung

Wir möchten uns an dieser Stelle recht herzlich bei den Autorinnen und Autoren dieses Sammelbandes für ihre Beiträge, ihren fortwährenden Einsatz und die konstruktive Zusammenarbeit bei der Entwicklung erster Ideen bis hin zur Fertigstellung des Buches bedanken. Unser Dank gilt all jenen Kolleginnen und Kollegen, die uns und den Autorinnen und Autoren den erforderlichen Freiraum für dieses Projekt einräumten und uns fachlich mit Rat zur Seite standen. Ebenso bedanken wir uns für die Unterstützung durch GESIS – Leibniz-Institut für Sozialwissenschaften und die Möglichkeit, dieses Buch sowohl als Printausgabe als auch Online unter einer Creative-Commons-Lizenz zu publizieren. Bei der redaktionellen Bearbeitung unterstützten uns unsere studentischen Mitarbeiterinnen Livia Leonhardt und Rabea Lukies, denen wir für ihre kompetente und sorgfältige Arbeit danken. Nicht zuletzt gilt unser herzlicher Dank dem Verlag Barbara Budrich und seinen Mitarbeitenden. Frau Lotz, Frau Blinkert und Frau Budrich haben unsere Nachfragen in allen Phasen des Buchprojektes geduldig und gelassen beantwortet und sind stets flexibel auf unsere Gestaltungswünsche zur Publikation des Buches eingegangen.

2. Forschungsdaten und Forschungsdatenmanagement in den Sozialwissenschaften

Uwe Jensen

Die Verfügbarkeit von Daten ist für Forschende in den empirischen Sozialwissenschaften eine notwendige Voraussetzung ihres wissenschaftlichen Arbeitens. In den letzten Jahrzehnten hat sich die empirische Basis für wissenschaftliche Analysen und damit für das Verständnis sozialer Entwicklungen kontinuierlich ausgeweitet (King 2011). Dieser stetige Zuwachs an verfügbaren Daten beruht auf unterschiedlichen Faktoren und verschiedenen Entwicklungen. Hierzu zählen vor allem methodische und technische Neuerungen, wie Statistiksoftware, verfügbare Speicherkapazitäten oder das Internet. Zu nennen sind aber auch neue Datentypen, wie digitale Verhaltens- und Transaktionsdaten, Social-Media-Daten ebenso wie Prozessdaten öffentlicher Einrichtungen. Parallel zum Zuwachs an empirischen Daten ist auch deren Komplexität kontinuierlich gestiegen. Dies betrifft sowohl die Informationen in den Daten als auch die Datenquellen und Methoden der Datenproduktion und Analyse (Ludwig/Enke 2013: 13). Insbesondere die Verknüpfung von neuen Datentypen oder von Daten anderer Disziplinen, wie z.B. Geo- oder Gesundheitsdaten, mit traditionellen Umfragedaten der empirischen Sozialforschung ist dabei mit der Erwartung verbunden, soziale Entwicklungen noch besser verstehen zu können (Jensen et al. 2015: 12f.; OECD 2013: 12).

Mit dem stetigen Zuwachs an Daten und deren Komplexität sind Forschende und Forschungsdateninfrastrukturen mit neuen Fragen und Herausforderungen beim Umgang mit diesen (neuen) Daten konfrontiert. Dies betrifft etwa Maßnahmen zum Erhalt der Daten ebenso wie zur Sicherung ihrer Qualität und der Gewährleistung ihrer Verständlichkeit. Forschende, die im Rahmen ihres Forschungsvorhabens Daten produzieren, müssen aus rein intrinsischen Motiven sicherstellen, dass sie diese Daten zur Beantwortung der Forschungsfrage nutzen können. Im Sinne guter wissenschaftlicher Praxis sollten diese Forschenden aber auch gewährleisten, dass die Daten über das Forschungsvorhaben hinaus erhalten bleiben, um produzierte Forschungsergebnisse replizieren und somit überprüfen zu können. In diesem Zusammenhang forderte etwa die Deutsche Forschungsgemeinschaft (DFG) bereits 1988, dass „Primärdaten als Grundlagen für Veröffentlichungen […] auf haltbaren und gesicherten Trägern in der Institution, wo sie entstanden sind, zehn Jahre lang aufbewahrt werden" (DFG 2013 [1988]: 21) sollen.

In den nachfolgenden Jahren forcierten Initiativen von Forschenden und Forschungsgemeinschaften Überlegungen, öffentlich finanzierte Daten der empirischen Sozialforschung auch für Dritte zur Nachnutzung in neuen Forschungskontexten (*Data Sharing*) verfügbar zu machen (vgl. OECD 2007; Berliner Erklärung 2003). Die Forderung, Daten für Dritte breitzustellen, wurde auch in den „Empfehlungen zur gesicherten Aufbewahrung und Bereitstellung digitaler Forschungsprimärdaten" der DFG (2009) aufgegriffen und u.a. hinsichtlich der Qualitätssicherung, fachspezifischer Organisationskonzepte, Standards zur Datenspeicherung und zur Beschreibung durch Metadaten präzisiert. Schließlich formulierte die Allianz der deutschen Wissenschaftsorganisationen 2010 die *Grundsätze zum Umgang mit Forschungsdaten*. Sie verweisen auf den disziplinspezifischen Charakter der Daten und entsprechende fachspezifische Regeln und Standards, etwa in Bezug auf den Datenschutz oder den Zugang zu Daten. In den letzten Jahren implementierten schließlich mehr und mehr Förderer in ihren Ausschreibungen die Verpflichtung zum Bereitstellen von Daten, deren Erstellung

https://doi.org/10.3224/84742233.03

durch das Forschungsvorhaben finanziert wurde. Dazu zählen z.B. das Horizon 2020 Programme (o.J.) der Europäischen Kommission, die Förderung der Forschung zur Digitalisierung im Bildungsbereich des Bundesministeriums für Bildung und Forschung (BMBF 2017) und nicht zuletzt die DFG mit ihren Leitlinien zum Umgang mit Forschungsdaten (DFG 2015) und Leitfäden für Antragstellende (DFG 2018).

Alle im Rahmen eines empirischen Forschungsvorhabens (und darüber hinaus) ergriffenen Maßnahmen zur Sicherung der Daten, zu ihrem längerfristigen Erhalt, zur Gewährleistung ihrer Qualität und ihrer Verständlichkeit ebenso wie zu ihrer Bereitstellung für Dritte werden zumeist unter dem Begriff des *Forschungsdatenmanagements* subsumiert. Zur Einführung in das Thema Forschungsdatenmanagement stellt Abschnitt 2.1 zunächst übergreifende Begriffe und Konzepte eines sozialwissenschaftlich orientierten Forschungsdatenmanagements vor, auf die sich die weiteren Kapitel explizit oder implizit beziehen. Dazu wird insbesondere auf allgemeine Charakteristika von Umfragedaten in den Sozialwissenschaften eingegangen, um ein Verständnis derartiger Daten quer zu allen Kapiteln dieses Buches zu erleichtern. Abschnitt 2.2 thematisiert einleitend, wie sich Forschungsprozesse in den Lebenszyklusmodellen von Forschungsdaten einordnen lassen. Der spezifischere Zusammenhang des Forschungsdatenmanagements bei der Produktion von Daten und Metadaten wird danach entlang des DDI-Data-Lifecycle-Modells beschrieben. Gleichzeitig wird die Rolle des gleichnamigen DDI-Metadatenstandards zur Dokumentation von Umfragedaten erläutert, auf den in einigen Kapiteln Bezug genommen wird. Abschnitt 2.3 dient schließlich der Zusammenschau des sozialwissenschaftlichen Forschungsdatenmanagements aus drei verschiedenen Perspektiven. Zuerst werden projektbezogene Maßnahmen und Aktivitäten des Forschungsdatenmanagements quer zu den Phasen des Lebenszyklus von Daten resümiert. Anschließend geht der Abschnitt kurz auf die Rolle und Dienstleistungen von Dateninfrastruktureinrichtungen im Rahmen des Forschungsdatenmanagements ein und thematisiert neue Herausforderungen im Umgang mit neuen Datenformen und Datenquellen. Abschnitt 2.4 fasst zentrale Aspekte des Forschungsdatenmanagements zusammen, die die weiteren Kapitel dieses Buches vertiefen.

2.1 Besonderheiten sozialwissenschaftlicher Daten

Im Mittelpunkt dieses Buches steht das Management quantitativer sozialwissenschaftlicher Umfrage- bzw. Forschungsdaten, die durch standardisierte Befragungen erhoben werden. Gegenstand ist der Umgang mit eben diesen Forschungsdaten, die durch die disziplin- oder fachspezifische Methoden und Verfahren der empirischen Sozialforschung erzeugt werden. Konkrete Strategien, Maßnahmen und Regeln des Forschungsdatenmanagements in Forschungsvorhaben sind in starkem Maße von den Charakteristika der Daten und von den Besonderheiten der Datensatzstrukturen abhängig, mit denen eine Disziplin forscht. Bevor diese Aspekte im vorliegenden Kapitel vertieft werden, soll jedoch zunächst auf das Verständnis der Nutzung einiger Begriffe in diesem Buch eingegangen werden.

2.1.1 Begriffsverständnis: Forschungsprojekt, Forschungsziel, Replikation und Nachnutzung

Einige Begriffe der empirischen Sozialforschung, die in allen Kapiteln dieses Buches wie selbstverständlich verwendet werden, sind durchaus mit unterschiedlichen Bedeutungen

2. Forschungsdaten & Forschungsdatenmanagement in den Sozialwissenschaften

belegt. So bezeichnet im Kontext dieses Buches der Begriff *Forschungsprojekt* ein von einer oder mehreren Forschenden durchgeführtes empirisches Forschungsvorhaben, in dem sozialwissenschaftliche Daten erstellt, aufbereitet und/oder genutzt werden. In diesem Zusammenhang sind auch die Begriffe *Projektalltag*, d.h. die tägliche Arbeit am Forschungsvorhaben, *Projektziele*, d.h. die mit dem Forschungsvorhaben originär verknüpften Ziele, wie beispielsweise die Beantwortung einer konkreten Forschungsfrage, *Projektworkflow*, d.h. der Arbeitsablauf zur Umsetzung des Forschungsprojekts oder der *Lebenszyklus* des Projektes als systematische Abfolge des Projektworkflows, etc. zu verstehen.

Gleichzeitig werden bei der Verwendung dieser Begriffe keine spezifischen formalen Organisations- oder Kooperationsformen unterstellt. Dementsprechend ist auch der Begriff der *kleinen und mittleren Forschungsprojekte* im Verlauf dieses Buches bewusst unscharf verwendet und wird nicht mit einem bestimmten Umfang des Forschungsvorhabens, etwa in Form einer bestimmten Anzahl von im Projekt beteiligten Forschenden verbunden. Dies liegt zunächst daran, dass im hiesigen Zusammenhang der Begriff des Forschungsprojekts losgelöst von jeglicher zeitlichen oder finanziellen Dimension zu verstehen ist, d.h. es kann sich dabei um ein bereits beendetes, noch laufendes oder in Planung befindliches Projekt handeln, dass institutionell finanziert oder durch Drittmittelgeber gefördert ist.

Darüber hinaus fehlt es an entsprechender Trennschärfe, was genau als Forschungsprojekt zu definieren ist. Gerade in internationalen Umfragen können einzelne Erhebungen in unterschiedlichen Ländern getrennt betrachtet werden und so das große, gesamte Forschungsprojekt in viele Teilprojekte zerlegt werden. Zum anderen liefert beispielsweise die Anzahl an beteiligten Forschenden im Projekt nur eine vage Einschätzung der Projektgröße. So können ggf. große internationale Umfrageprogramme mit vergleichsweise wenigen, aber sehr gut geschulten Mitarbeitenden die Aufbereitung und Dokumentation der erstellten Daten bewerkstelligen. Umgekehrt können relativ kleine Forschungsprojekte mit einer relativ hohen Anzahl an Projektbeteiligten ausgestattet sein, z.B., wenn im Rahmen des Forschungsvorhabens von einem Teil der Forschenden weiterführende Qualifikationen, wie etwa Promotionen, angestrebt werden.

Forschungsziele sind in den Sozialwissenschaften zumeist verbunden mit der Beantwortung konkreter Forschungsfragen, wie etwa zum Wahlverhalten in einem oder mehreren Ländern bzw. zu einem oder mehreren Zeitpunkten. Forschungsziele können aber viel weiter gefasst werden. So kann beispielsweise auch die Erstellung eines Datensatzes Ziel eines Projektes sein oder zumindest ein wichtiges Produkt der eigentlichen Projektarbeit darstellen. Doch auch unter der Annahme, dass die Beantwortung einer konkreten Forschungsfrage im Vordergrund des Forschungsvorhabens steht, können projektintern verschiedene Ziele im Umgang mit den erstellten Forschungsdaten definiert werden. Dies betrifft in erster Linie natürlich die erfolgreiche Umsetzung der eigentlichen Projektziele und somit den Erhalt qualitativ hochwertiger und verständlicher Forschungsdaten im Projektverlauf.

Im Sinne guter wissenschaftlicher Praxis sollten Forschende die Daten zu Replikationszwecken über das eigentliche Projektende hinaus aufbewahren. Zumindest wenn diese Daten zur Generierung publizierter Forschungsergebnisse genutzt wurden, muss sichergestellt sein, dass diese Ergebnisse erneut erzeugt werden können. In diesem Buch verstehen wir unter dem Begriff der *Replikation* die Möglichkeit, Analysen und die zugrunde liegenden Daten aus publizierten Forschungsergebnissen systematisch zu überprüfen. Dies betrifft sowohl die Überprüfung der Ergebnisse an sich, d.h. deren Verifikation durch die wiederholte Datenanalyse, als auch die wiederholte Erstellung der Daten auf Basis des ehemaligen Studiendesigns, Messinstruments etc.

Der Begriff der *Nachnutzung* bzw. des *Data Sharing* beschreibt hingegen den Sachverhalt, dass relevante Forschungsdaten von den Primärforschenden (nach Projektende) Dritten zur weiteren Nutzung bereitgestellt und verfügbar gemacht werden (vergl. für die Sozialwissenschaften etwa den Beitrag von Huschka et al. 2011: 37f.). Die Gruppe an Nachnutzenden kann dabei auf bestimmte Personen oder Personengruppen, wie z.B. Forschende der Sozialwissenschaften, begrenzt sein, oder aber eine breitere Öffentlichkeit, wie z.B. Forschende aus anderen Disziplinen, der Politik oder der Presse, umfassen. Gleiches gilt für den Zweck der Nachnutzung. Auch hier kann die Datennutzung auf bestimmte Zwecke, wie die sozialwissenschaftliche Forschung, begrenzt oder aber für alle möglichen Zwecke, also beispielsweise auch zur kommerziellen Nutzung, freigegeben werden.

2.1.2 Forschungsdaten in den Sozialwissenschaften

Im Zusammenhang mit Forschungsdaten wird oftmals von Rohdaten, Primärdaten, empirischen Daten, Ausgangdaten etc. gesprochen, die erhoben, verarbeitet, harmonisiert und analysiert werden sollen. Eine einheitliche oder universelle Definition von Forschungsdaten, die im Detail für alle Disziplinen zutreffen würde, existiert jedoch nicht. Vielmehr herrscht in vielen Schriften und Leitlinien zum Umgang mit Daten Einigkeit, dass eine fachspezifische Betrachtung erforderlich ist. So heißt es etwa im *Positionspapier Forschungsdaten* der Deutschen Initiative für Netzwerkinformation e.V. (DINI 2009: 7):

> Forschungsdaten variieren nach Disziplin. Anders als beim Umgang mit klassischen Textpublikationen ist beim Umgang mit Forschungsdaten häufig ein umfassendes Verständnis der jeweiligen Daten vonnöten, um den vielschichtigen disziplinspezifischen Charakteristika der Daten gerecht zu werden.

Demnach definiert die jeweilige Forschungsgemeinschaft, was als Forschungsdaten im vorliegenden Kapitel betrachtet wird und welche Anforderungen von Datenproduzierenden und -nutzenden an den Umgang mit ihnen zu berücksichtigen sind. Dabei ist es nach Ludwig (2012) nicht sinnvoll, Inhalte oder Quellen auszuschließen, die die Daten behandeln können oder denen sie entstammen, „da prinzipiell alles Untersuchungsgegenstand der Wissenschaft werden kann". Stattdessen ist die Frage nach der Definition des Begriffs Daten „eher eine Aussage über ihre methodische Verwendung in einem bestimmten wissenschaftlichen Kontext" (ebd.: 300).

Demnach muss die Frage nach der Definition von Forschungsdaten im vorliegenden Kontext aus sozialwissenschaftlicher Perspektive betrachtet werden. Die Disziplin *Sozialwissenschaften* ist ein Sammelbegriff für eine Vielfalt akademischer Fächer, von Anthropologie über die Soziologie und Politologie bis hin zur Ökonomie. Allen diesen Fächer gemein ist ihr Bezug zum sozialen Handeln und die Frage nach dem gesellschaftlichen Zusammenhalt. Die im Rahmen der Disziplin genutzten Methoden und Verfahren werden unter dem Begriff *empirische Sozialforschung* zusammengefasst. Die unterschiedlichen Fächer der Sozialwissenschaften haben dabei ein gemeinsames Verständnis von Forschung und wissenschaftlichem Arbeiten im Umgang mit den verwendeten Methoden (Quandt/Mauer 2012: 61). Zu diesen Methoden zählen im Wesentlichen die Befragung, die Beobachtung, das Experiment und die Inhaltsanalyse, die in sich weiter differenzierbar sind. Bei der Produktion bzw. der Erhebung empirischer Informationen werden unterschiedliche Instrumente eingesetzt, wie etwa Fragebögen, leitfadengestützte Interviews, Beobachtungsschemata, inhaltsanalytische Kategorienschemata usw.

Im Sinne eines methodenbasierten Verständnisses (Ludwig 2012: 299) werden daher im Folgenden alle Informationen als *sozialwissenschaftliche (Forschungs-)Daten* definiert, die in wissenschaftlichen Kontexten durch fach- bzw. disziplinspezifische Methoden und Verfahren zur Beantwortung von Forschungsfragen und Gegenständen der Sozialwissenschaften erzeugt werden oder aus deren Bearbeitung entstehen. Dies umfasst sowohl die traditionellen Umfragedaten der empirischen Sozialforschung als auch neue Datentypen, wie etwa prozessgenerierte Daten, oder Daten aus (relativ) neuen Quellen, wie etwa von Social-Media-Plattformen im Internet. D.h. auch, dass alle verfügbaren Informationen über die Entstehung und Bearbeitung dieser Daten, immer – zumindest implizit – in eine solche Definition von Forschungsdaten einbezogen werden müssen. Aus praktischer Sicht sind die rohen Messwerte, z.B. in einer Datenmatrix, ohne eine entsprechende Dokumentation nicht verständlich und somit auch nicht nutzbar.

Im Rahmen des Buches stehen vor allem Umfragedaten im Vordergrund, die durch standardisierte Fragebögen erhoben werden. Sie werden im nächsten Abschnitt thematisiert. Darüber hinaus wird der Umgang mit Daten aus neuen Datenquellen im Kontext neuer Herausforderungen an das Forschungsdatenmanagement behandelt.

2.1.3 Studiendesign und Datenstruktur in der empirischen Sozialforschung

Forschungsdaten sind die Basis empirischer Untersuchungen in den Sozialwissenschaften und liegen zumeist in digitaler Form vor. Sie bilden die zu untersuchenden Ausschnitte gesellschaftlicher Wirklichkeit ab.

> Diese können im Rückblick ohnehin schon neben ihrem Wert für die ursprüngliche Forschungsfrage sehr oft eine historisch beschreibende Funktion bekommen. […] Sowohl historische amtliche Statistiken wie auch Daten aus Umfragen oder Beobachtungen können so einen analytischen Wert erhalten, der zum Zeitpunkt ihrer Erhebung noch nicht vorauszusehen war. (Quandt/Mauer 2012: 62)

Der Begriff der *Primärdatenerhebung* bzw. der damit einhergehenden *Primäranalyse* beschreibt dabei Daten, die zur Beantwortung einer spezifischen Forschungsfrage neu erhoben, aufbereitet und analysiert werden. Entsprechend der Forschungsfrage und dem Analyseziel eines Forschungsvorhabens müssen die notwendigen Informationen mit Hilfe eines geeigneten Studiendesigns und entsprechender Verfahren erhoben werden. So schreibt z.B. Mochmann (2014: 233):

> Soll zu einem bestimmten Zeitpunkt die Verteilung von Merkmalen, wie z.B. Einstellungen zu aktuellen politischen Themen und Wahlpräferenzen analysiert werden, dann ist die Querschnittstudie bei einer Stichprobe der Wahlberechtigten das geeignete Verfahren. […] So können zum jeweiligen Zeitpunkt Einstellungen zu den aktuellen politischen Fragen in Abhängigkeit von Merkmalen wie Alter, Schulbildung oder Einkommen erforscht werden. Die Ergebnisse haben überwiegend deskriptiven Charakter.

Sollen demgegenüber Entwicklungen und Veränderungen von Einstellungen und Verhalten zu bestimmten Themen im Zeitverlauf erfasst werden,

> sind Trendstudien das zielführende Verfahren. […] So werden z.B. zur Analyse des Wahlverhaltens über Zeit jeweils nach den Wahlen die gleichen Fragen erneut gestellt und die Antwortverteilungen mit den Ergebnissen früherer Studien verglichen. (Ebd.: 234)

Eine dritte Form der vergleichenden empirischen Sozialforschung untersucht Entwicklungen nicht nur zu verschiedenen Zeitpunkten, sondern bezieht in den Vergleich auch unterschiedliche (geographische) Grundgesamtheiten mit ein. So sind etwa international vergleichende Studien eine geeignete Form, um globale Entwicklungen von Demokratien und Staaten zu erfassen, indem etwa das Wahlverhalten zu unterschiedlichen Zeitpunkten bei Wählerinnen und Wählern in verschiedenen Ländern untersucht wird (vgl. CSES o.J.).

Entgegen der Primärerhebung nutzt die sogenannte *Sekundäranalyse* bereits bestehende Daten. Sie wertet die Daten hinsichtlich der eigenen Forschungsfrage aus, unabhängig vom ursprünglichen Zweck ihrer Sammlung. Baur und Blasius (2014: 48f.) schreiben in diesem Zusammenhang:

Da die Datenerhebung meistens sehr aufwändig und teuer ist, greifen Sozialforscherinnen und Sozialforscher zunehmend auf vorhandene Datenbestände zurück, um diese einer Sekundäranalyse zu unterziehen. Für die Analyse von sozialen Prozessen ist dies teilweise sogar erforderlich, weil sich diese erst über Zeit entfalten [...]. So können einige der Daten, die bereits vor vielen Jahren oder gar vor mehreren Jahrzehnten erhoben wurden, erst heute in ihrem vollen Umfang ausgewertet werden. Des Weiteren ist oft auch im Sinne der Nachvollziehbarkeit und Überprüfung von früheren Forschungsergebnissen eine Re-Analyse von Daten wünschenswert.

Je nach konkreter Forschungsfrage bzw. je nach Forschungsvorhaben kann das Studiendesign unterschiedlich komplex ausfallen. Entsprechend umfangreich und vielseitig sind die von einem Projekt erzeugten bzw. analysierten Forschungsdaten. Die grundlegende Struktur sozialwissenschaftlicher Forschungsdaten, die im Kontext des Forschungsdatenmanagements relevant werden, ergibt sich dabei aus drei Dimensionen:

- Anzahl der Stichprobe(n) der zu untersuchenden Grundgesamtheit(en) (*Sample*),
- Zeitpunkt(e) der Datenerhebung(en) (*Time*),
- geographischer Bezug der Daten (*Space*).

Je nach Kombination dieser drei Dimensionen (*Sample* x *Time* x *Space*) lassen sich die in Schaukasten 2.1 dargestellten Formen des Studiendesigns bzw. die wachsende Komplexität der Datenstrukturen unterscheiden. Dabei handelt es sich lediglich um einige Beispiele, d.h. die im Schaukasten gelisteten Studiendesigns sind keineswegs vollständig. Darüber hinaus werden in den Sozialwissenschaften Daten aus amtlichen Statistiken genutzt oder auch prozessproduzierte Daten, die z.B. im Rahmen von Verwaltungsprozessen entstehen.

Die jeweiligen Studiendesigns implizieren unterschiedlich komplexe Strukturen von Daten. Diese können auf eine grundlegende Form der Datenstruktur, die sogenannte *Datenmatrix*, zurückgeführt werden. Sie besteht in den quantitativen Sozialwissenschaften in der Regel aus rechteckigen Tabellen, in denen eine Liste von Subjekten in den Zeilen und deren Merkmale in den Spalten eingetragen werden. *Merkmalsträger* bzw. Subjekte können Personen, Haushalte, Körperschaften, staatliche Entitäten, Güter etc. sein. Die Datenstrukturen können unterschiedliche Datentypen beinhalten, wie etwa Individualdaten oder Aggregatdaten, Daten der amtlichen Statistik oder prozessproduzierte Mikrodaten öffentlicher Verwaltungen. So umfassen z.B. Individualdaten einer Umfrage je Zeile eine befragte Person und pro Spalte je ein *Merkmal* (z.B. Alter der Person), das mit einem Frageitem des Fragebogens (z.B. durch die Frage „In welchem Jahr wurden Sie geboren?") erhoben wurde. Die Antworten jeder befragten Person werden dann in die entsprechende Zelle der Matrix als Wert eingetragen.

Für die statistische Auswertung werden alle Informationen bezüglich eines Frageitems für alle befragten Personen dazu in der gleichen Spalte als Variable mit zulässigen Variablenwerten abgelegt. Dementsprechend bilden Variablen Merkmale von Merkmalsträgern ab. Die Begriffe Variable und Merkmal werden dabei oftmals synonym verwendet. Die Menge aller Merkmalsträger – auch oft als Fälle bezeichnet – heißt Untersuchungseinheit. Variablenwerte repräsentieren – in der Regel durch numerische Werte – die *Ausprägungen* oder *Kategorien der Merkmale (value; category)* eines jeden Merkmalsträgers, wie etwa das konkrete Alter einer befragten Person oder die Arbeitslosenquote in einem bestimmten Staat bzw. einer bestimmten Region.

Diese Informationen müssen in der Primärerhebung zunächst gesammelt werden, z.B. durch die Befragung von Personen oder das Abrufen amtlicher Statistiken, die z.B. vom Statistischen Bundesamt (Destatis) oder vom Statistischen Amt der Europäischen Union (Eurostat) bereitgestellt werden. Die hierbei entstehende Informationssammlung wird häufig auch als Rohdaten bezeichnet, die ggf. zunächst in eine rechteckige Datenmatrix überführt werden muss. Dazu sind die quantitativen Daten der empirischen Erhebung zunächst auf

Basis des Messinstruments, z.B. eines Fragebogens, zu definieren. Die *Datendefinition* umfasst die Erstellung von Variablendefinitionen und Kodierungsschemata eines Datensatzes. Dazu wird ein erhobenes Merkmal als Variable im Analyseprogramm abgebildet und durch Variablenattribute beschrieben.

Schaukasten 2.1: Beispiele für Studiendesigns in den Sozialwissenschaften anhand der Dimensionen Stichprobe (*Sample*), Zeitpunkt (*Time*) und geographischer Bezug (*Space*)

- Querschnittsstudien:
  - Merkmale werden für eine Stichprobe (Sample = 1) einer geographischen Einheit (Space = 1) zu einem einzelnen Zeitpunkt (Time = 1) untersucht, z.B. werden alle 18-jährigen Personen in Deutschland im Jahr 2018 zu einem Thema befragt. Es entsteht ein Datensatz mit n Befragten und z Variablen, die die befragten Merkmale aus dem Fragebogen erfassen.
  - In vergleichender Perspektive werden je ein Sample (> 1) mit unterschiedlichem geographischen Bezug (Space > 1) zu einem Zeitpunkt (Time = 1) untersucht, z.B. das Wahlverhalten von Wahlberechtigten in unterschiedlichen Staaten. Es wird ein Datensatz je Sample mit n Befragten und z Variablen erzeugt und für Analysezwecke während der Datenaufbereitung und Dokumentation in einen Datensatz integriert; es entsteht ein sogenannter *integrierter Datensatz*.
- Vergleichende Studien im Zeitverlauf – Trendstudien:
  - Hier werden Merkmale anhand von unterschiedlichen Stichproben der gleichen Grundgesamt (Sample = 1) und gleichem geographischen Bezug (Space = 1) zu verschiedenen Zeitpunkten (Time > 1) untersucht, z.B. indem alle 18-Jährigen eines Landes im Jahr 2016, 2017 und 2018 befragt werden. Hieraus entstehen, je nach Anzahl der Erhebung, x einzelne Datensätze mit der den Fragenitems entsprechenden Anzahl von Variablen, die ab der zweiten Erhebung ebenfalls integriert werden können. Da sich die Antworten mit den Erhebungszeitpunkten anhäufen, spricht man auch von einem *kumulierten Datensatz*.
  - Eine besondere Form des Untersuchungsdesigns stellen Panelstudien dar. Hier wird eine Stichprobe (Sample = 1) mit dem gleichen geographischen Bezug (Space = 1) wiederholt zu verschiedenen Zeitpunkten (Time > 1) befragt.
- Vergleichende Studien unterschiedlicher geographischer Räume im Zeitverlauf:
  - Dieses komplexe Studiendesign untersucht je ein Sample der gleichen Grundgesamt (Sample = 1) in verschiedenen Ländern (Space > 1) zu unterschiedlichen Zeitpunkten (Time > 1). Mit diesem Studiendesign wird eine große Anzahl einzelner länderspezifischer Datensätze je Erhebungszeitpunkt generiert, die mit jeder neuen Erhebungswelle zunehmen. Entsprechend aufwendig sind die Erstellung eines integrierten Datensatzes und seine Erweiterung, wenn neue Daten einer Welle in diesen Datensatz aufgenommen werden sollen.

Quelle: Eigene Darstellung

Somit müssen die einzelnen Variablen zunächst bestimmt, ggf. transformiert und eindeutig benannt werden. So kann beispielsweise die Frage nach dem Geburtsjahr einer Person zunächst in das approximierte Alter der Person transformiert (Jahr der Datenerhebung minus Geburtsjahr) und als neue Variable abgelegt werden. Diese sollte dann, ebenso wie die Ausgangsvariable (Geburtsjahr), mit einem sprechenden Namen versehen werden, wie z.B. Alter der befragten Person. Daran anschließend müssen die Variablen gelabelt, d.h. näher beschrieben werden. Label steigern die Verständlichkeit der Variable durch zusätzliche Informationen, die z.B. ersichtlich machen, dass es sich bei der Variable Alter um das Alter der jeweiligen Person handelt. Darüber hinaus kann das Label auch Informationen dazu liefern, dass die Variable Alter aus der Angabe zum Geburtsjahr abgeleitet wurde.

Analog müssen die einzelnen Werte jeder Variable mit eindeutigen Wertenamen versehen werden. Dies mag bei Angaben zum Alter trivial wirken, doch auch hier muss klar sein, ob die Werte der Variable z.B. in Jahren, Monaten oder Tagen angeben sind. Die Relevanz eindeutiger Wertelabels lässt sich am Beispiel einer (dichotomen) Variable (0/1 kodiert), etwa zum Geschlecht der Person, verdeutlichen. Hier muss schriftlich fixiert werden, welcher Wert (0 oder 1) welches Geschlecht (weiblich oder männlich) wiedergibt. Dieses betrifft nicht nur gültige Angaben, wie weiblich oder männlich, sondern z.B. auch fehlende Werte oder Antwortverweigerungen.

Im Verlauf der weiteren Datenaufbereitung bis hin zur Erstellung eines vollständigen Forschungsdatensatzes für die Analyse können dann schrittweise zusätzliche Variablen z.B. für Befragte, Länder oder Zeitpunkte (*administrative Variablen*) oder zur Gruppierung von Merkmalen bzw. zur Generierung weiterer Indizes (*inhaltliche Variablen*) definiert werden. Im Verlauf der Datenanalysen können Variablen ergänzt, modifiziert oder harmonisiert werden. Darüber hinaus müssen die Daten in der Aufbereitung auf eventuelle logische Fehler – z.B. die befragte Person ist 273 Jahre alt –, inkonsistentes Antwortverhalten – z.B. eine befragte Person in einem Singlehaushalt macht Angaben zu anderen (Mit-)Bewohner/innen – etc. kontrolliert und der Prozess der Datenerhebung und -aufbereitung entsprechend dokumentiert werden.

Ein vorausschauendes Forschungsdatenmanagement berücksichtigt dabei die Prozesse der Datenerhebung und -aufbereitung und seine konkreten zeitlichen Abläufe und Einzelschritte, die in den gesamten Forschungsprozess integriert werden müssen. Die Grundlage, wie die Daten dann im Prozessverlauf im Detail definiert, aufbereitet und bereinigt werden, wird durch entsprechend dokumentierte Standardregeln und Konventionen festgelegt (vgl. Netscher/Eder 2018; Ebel/Trixa 2015; Lück/Landrock 2014; Jensen 2012).

2.2 Forschungsprozess und der Lebenszyklus von Forschungsdaten

Im Umgang mit sozialwissenschaftlichen Forschungsdaten lassen sich unterschiedliche Akteure in verschiedenen Rollen definieren. So können Forschende als Datenproduzierende in der Primärerhebung auftreten oder aber im Rahmen der Sekundäranalyse Nachnutzende bereits existierender Daten sein (um ggf. selbst wieder Produzent neuer Daten zu werden). Darüber hinaus bestehen verschiedene Einrichtungen und Organisationen, die u.U. Einfluss auf die Erzeugung bzw. die (Nach-)Nutzung der Forschungsdaten haben, wie etwa Wissenschaftsorganisationen, Fachgesellschaften, Forschungsförderer oder Universitäten. Derartige Einrichtungen bringen ihre jeweiligen Perspektiven im Umgang mit den Forschungsdaten ein, erlassen (institutseigene) Richtlinien und Verpflichtungen, setzen Rahmenbedingungen für Forschungsvorhaben oder erstellen Empfehlungen zur richtigen Handhabung von Forschungsdaten. Zu diesen Organisationen zählen schließlich auch Dateninfrastruktureinrichtungen, wie Datenarchive oder Repositorien, die Forschungsdaten ggf. weiter aufbereiten und dokumentieren, vor allem aber archivieren, kuratieren und Dritten zur Nachnutzung bereitstellen (vgl. Abschnitt 2.3.2).

Die Themen in diesem Buch orientieren sich vor diesem Hintergrund an den konkreten Herausforderungen und Zielen von Datenproduzierenden und Datennutzenden, die mit der praktischen Planung von Forschungsvorhaben und ihre Umsetzung im laufenden Projekt verbunden sind. Einzelne Einrichtungen und Organisationen werden dabei in die Diskussionen mit einbezogen, soweit dies für die jeweilige Thematik zielführend ist. Der vorliegende Abschnitt fokussiert daher zunächst grundlegende Begriffe und Konzepte, deren Verständnis in den weiteren Kapiteln des Buches vorausgesetzt wird.

2.2.1 Die praktische Rolle von Lebenszyklusmodellen im Forschungsdatenmanagement

Die Nutzung von Phasen- bzw. *Lebenszyklusmodellen* ist in der Forschung und im Forschungsdatenmanagement weitverbreitet und wird je nach Gegenstand und Zielsetzung unterschiedlich stark differenziert. Solche Modelle beziehen sich auf ganz unterschiedliche Aspekte der empirischen Forschungstätigkeit. Aktivitäten und Abläufe des Forschungsprozesses reichen von der Formulierung des Forschungsproblems über die Planung des Studiendesigns bis zur Erhebung, Aufbereitung, Auswertung der Daten und der Publikation von Forschungsergebnissen. Zur detaillierten Beschreibung der Phasen des Forschungsprozesses sei hier auf die Darstellungen in Lehrbüchern zu den Methoden der empirischen Sozialforschung verwiesen (vgl. u.a. Baur/Blasius 2014; Schnell/Hill/Esser 2013; Diekmann 2007).

Im Kontext des Forschungsdatenmanagements und der Kultur des Data Sharing haben Modelle zum Lebenszyklus von Forschungsdaten eine spezifische Popularität erlangt. Sie sind ein hilfreiches Werkzeug zur Planung und Umsetzung komplexer Arbeitsabläufe, die speziell auf den praktischen Umgang mit den Daten im Forschungsprozess – im weitesten Sinne – fokussiert sind. Sie ergänzen die Phasen des Forschungsprozesses und typische Projektabläufe, indem sie explizit die Sicherung, Archivierung, Erschließung und Nachnutzung von Forschungsdaten nach Projektende thematisieren.

In einer sehr einfachen Form lassen sich fünf grundlegende Phasen des Lebenszyklus von Forschungsdaten definieren:

1. Die *Recherche* nach bereits vorhandenen Daten dient zum einen der Kontrolle, ob zur Bearbeitung des Forschungsvorhabens nicht bereits existierende Forschungsdaten genutzt werden können, zum anderen ist sie Ausgangspunkt der Planung des eigenen Messinstruments.
2. In der Phase der *Studienplanung* wird die Sammlung der notwendigen Informationen konkret geplant. Dies betrifft die Definition der Untersuchungsobjekte bzw. Merkmalsträger, das Studiendesign, die Erstellung des Messinstruments etc.
3. Darauf aufbauend werden in der Phase der *Datenerhebung* die Informationen gesammelt, aufbereitet und in eine entsprechende Datenstruktur überführt.
4. In der daran anschließenden Phase der *Datenanalyse* liegt zumeist das eigentliche Interesse der Forschenden. Hier werden die zuvor erstellten Forschungsdaten mit Blick auf die zugrunde liegende Forschungsfrage ausgewertet.
5. Die letzte Phase umfasst die *langfristige Sicherung* der genutzten Forschungsdaten zu Replikationszwecken bzw. deren *Bereitstellung* zur Nachnutzung durch Dritte.

Diese Phasen schaffen einen ersten groben Überblick über die wichtigsten Ereignisse, die beim Umgang mit Forschungsdaten und damit im Kontext des Forschungsdatenmanagements von Bedeutung sind. Um Anforderungen an Arbeitsabläufe, Regeln und Konzepte des jeweiligen Forschungsvorhabens konkret zu planen, sind die genannten Phasen ggf. durch weitere zu ergänzen und die jeweiligen Datenereignisse im Lebenszyklus zu definieren. Dazu wurde mittlerweile – je nach Typ und Herkunft der Daten und disziplinspezifischer Fragestellung des Forschungsdatenmanagements – eine Vielzahl von Lebenszyklusmodellen und -typologien entwickelt (vgl. Cox/Tam 2018; Carlson 2014; Ball 2012).

Praxisbezogene Publikationen im sozialwissenschaftlichen Kontext nutzen Lebenszyklen zur Beschreibung von Leitlinien und Best-Practice-Empfehlungen zur Gestaltung von Arbeitsabläufen, Regeln und Konzepten im Rahmen des Managements von disziplinspezifischen Forschungsdaten (vgl. Corti et al. 2014; ICPSR 2012; Jensen 2012). Andere Modelle wiederum sind auf bestimmte Studientypen ausgelegt, wie z.B. Längsschnittstudien oder Kulturvergleiche (vgl. CCSG – Cross-Cultural Survey Guidelines 2018). Solche praxisnahen Modelle und Empfehlungen lassen sich an die konkreten Bedürfnisse und Anforderungen des jeweiligen Forschungsvorhabens anpassen. Sie dienen insofern als Blaupause zur projektspezifischen Planung notwendiger Arbeitsschritte und Maßnahmen entlang der Phasen mit datenrelevanten Ereignissen. Ausgehend von den konkreten datenbezogenen Anforderungen wird für jede einzelne Phase festgelegt, welche spezifischen Forschungsdatenmanagementkonzepte und Arbeitsschritte wann, wie und von wem umgesetzt werden sollen. Auf dieser Grundlage kann auch der Bedarf an Ressourcen für die unterschiedlichen Maßnahmen und Aktivitäten des Forschungsdatenmanagements abgeschätzt werden. In diesem Zusammenhang wird im Folgenden das *Data Lifecycle Model der Data Documentation Initiative (DDI)* als Standard zur Dokumentation sozialwissenschaftlicher Daten vorgestellt.

2.2.2 Daten und Metadaten entlang des DDI Data Lifecycle

Der DDI-Standard ist ein internationaler De-Facto-Standard zur Beschreibung von Daten aus Umfragen und anderen Beobachtungsmethoden in den Sozial-, Verhaltens-, Wirtschafts- und Gesundheitswissenschaften, der von der DDI-Alliance entwickelt wird. Der Fokus liegt auf Mikrodaten aus unterschiedlich komplexen Umfragen oder aus administrativen Quellen und schließt auch die Beschreibung aggregierter Daten ein. Zur systematischen Strukturierung, Erfassung und Organisation der Informationen einer Studie (Daten und Metadaten) hat die Alliance einen disziplinspezifischen DDI Data Lifecycle (2018) entwickelt. Dieser identifiziert acht abgrenzbare Phasen, die den Lebenszyklus der Produktion von Forschungsdaten systematisch strukturieren. Das Model bildet die konzeptuelle Basis zur Erfassung von Informationen über Daten (d.h. *Metadaten*) entlang der Phasen ihres Lebenszyklus. Gleichzeitig liefert das Modell eine anschauliche Grundlage zur Planung von datenbezogenen Ereignissen und Anforderungen an die Datendokumentation im Rahmen des Forschungsdatenmanagements.

Zum grundlegenden Verständnis für die folgenden Kapitel dieses Buches, die sich implizit oder explizit auf den DDI-Standard und dessen Lebenszyklusmodell beziehen, wird der DDI Data Lifecycle, wie in Abbildung 2.1 zu sehen, kurz vorgestellt. Die Phasen müssen nicht notwendigerweise linear, d.h. von Anfang bis Ende, durchlaufen werden. Vielmehr ermöglicht das Modell, jede einzelne Phase unabhängig von den anderen Phasen hinsichtlich der spezifischen datenbezogenen Ereignisse und Anforderungen an die Dokumentation der Daten zu betrachten. Dabei geht das Lifecycle-Konzept davon aus, dass die jeweils spezifischen Informationen über Daten an den Stellen erfasst werden, an denen sie entstehen und für besondere Zwecke erforderlich sind.

In der Phase *Studienplanung (Concept)* wird die Studienkonzeption entwickelt, indem das Projekt Forschungsfrage und Methodik der Untersuchung und Verfahren zur Erhebung der Daten festlegt. Teil der Studienplanung ist neben der klassischen Literaturrecherche zum Forschungsstand auch die Erschießung und Evaluierung vorhandener Daten, die zur eigenen Forschungsfrage vorliegen. Bei der Festlegung des generellen Studiendesigns in Abhängigkeit von der Fragestellung (z.B. Querschnittsstudie; Vergleich über Raum und Zeit; Experiment etc.) sind methodische Fragen der zu untersuchenden Population, wie etwa zur Grundgesamtheit, Stichprobe oder zum Auswahlverfahren, zu klären. Wird ein standardisierter Fragebogen genutzt, sind konkrete Beobachtungen (wie z.B. Alter) und theoretische Konstrukte (wie z.B. Einkommen) in geeignete Fragetypen und Frageitems auf Grundlage von (bereits vorhandenen) Messkonzepten, Skalen und Indizes umzusetzen (Operationalisierung) und zu testen (Validität; Reliabilität). Mit der Entscheidung über den Aufbau des Messinstruments wird zugleich auch die Grundlage für die Definition der Daten des späteren Datensatzes und seiner inhaltlichen Variablen gelegt. Die Dokumentation, welche Methoden der empirischen Sozialforschung zur Produktion empirischer Forschungsdaten genutzt wurden, ist ein zentraler Inhalt der Informationen über Daten in dieser Phase. Diese Kontextinformationen über die Art und Weise der Produktion von Forschungsdaten sind über ein Vorhaben hinaus unverzichtbar, wenn Daten replizierbar und nachnutzbar bleiben sollen.

Abbildung 2.1: DDI Data Lifecycle

Quelle: DDI Data Lifecycle (2018)

In der Phase der *Datenerhebung (Collection)* wird die Befragung durchgeführt, ggf. in Kooperation mit einem Erhebungsinstitut. In dieser Phase fallen – über die erhobenen Daten hinaus – weitere Informationen über die Produktion der Daten an. Dies betrifft insbesondere den tatsächlich eingesetzten Fragebogen und die Form der Befragung, wie z.B. persönlich-mündlich, telefonisch, schriftlich, mit oder ohne Interviewer bzw. Computereinsatz etc. Dabei ist es aus Sicht des Forschungsdatenmanagements durchaus eine Herausforderung, diese Erhebungsformen im Interesse der späteren Datenarchivierung und -nachnutzung transparent und nachvollziehbar zu dokumentieren. Gleiches gilt für Informationen, die – neben den Daten – durch deren Erhebungsprozess entstehen. Diese sogenannten Paradaten dienen der Prozess- und Qualitätskontrolle der Durchführung einer Befragung (vgl. Felderer/Birg/Kreuter 2014: 357).

Die Phase *Datenaufbereitung und -analyse (Processing)* ist der nächste zentrale Abschnitt des Lebenszyklusmodells. In dieser Phase werden die erhobenen Daten im Forschungsprojekt durch inhaltliche bzw. administrative Variablen ergänzt, die Datensatzstruktur endgültig definiert und die erhobenen Daten aufbereitet. Dabei entstehen Kontextinformationen, die für das Verständnis der Daten und für das Arbeiten mit ihnen notwendig sind. Gleichzeitig werden in dieser Phase die Daten systematisch auf Fehler geprüft und bereinigt. Erst auf dieser Grundlage kann der analysefähige Datensatz zur eigentlichen Auswertung erstellt werden. Die zugrunde liegenden Maßnahmen und Regeln der Datendefinition und der Datenbereinigung sind relevante Informationen über den Umgang mit den Daten, die zur Sicherung der Datentransparenz und Datenqualität in Codebüchern oder Methodenberichten dokumentiert werden sollten. Die Prozesse der wissenschaftlichen Datenanalyse der zuvor erhobenen Primärdaten sind nicht Gegenstand des gezeigten DDI-Data-Lifecycle-Modells.

Die Datenprodukte aus der Datenaufbereitung können dann entweder in die Phase der *Datenarchivierung* oder der *Datenbereitstellung* übergehen, wenn ein z.B. ein Forschungsprojekt im Rahmen eigener Ressourcen die Daten bereitstellt. In der Phase der *Datenarchivierung (Archiving)* werden die Forschungsdaten in einem Archiv oder einem Datenrepositorium zu Replikationszwecken oder zur langfristigen Nachnutzung gesichert. Die Informationen über Daten werden in diesem Kontext durch unterschiedliche Arten von Metadaten für spezifische Zwecke neu erstellt, die u.a. der Aufnahme und Archivierung der Daten unter Berücksichtigung des Datenschutzes dienen und den Datensatz als Ganzes sowie die darin enthaltenen Variablen beschreiben.

In der Phase der *Datenbereitstellung (Distribution)* werden vor allem Regelungen festgelegt, wie, von wem und zu welchem Zweck die Daten datenschutzkonform genutzt werden können und wie die Daten zitiert werden können. Weitere Informationen beschreiben außerdem u.a. den Umfang und technische Formate der bereitgestellten Daten und der dazugehörigen Dokumentationen.

Eng mit der Datenbereitstellung verbunden ist die darauffolgende Phase der *Datensuche (Discovery)*. Daten, die nachnutzbar sein sollen, müssen auffindbar und zugänglich sein. Dazu werden in Archiven oder Datenrepositorien gespeicherte Daten in Datenkatalogen publiziert. Damit Forschende diese Bestände gezielt nach für sie relevanten Daten durchsuchen können, informieren indexierte Metadaten über die wesentlichen Aspekte wie Inhalt, Methodik, Verfahren, Untersuchungseinheit, Gebiet und Zeitraum der Datenerhebung. Sie beinhalten Angaben zu den Datenproduzierenden, zur Zitation der Daten sowie zu bereits bestehenden Publikationen auf Basis dieser Daten. Die Zusammenstellung dieser Informationen in einem Datenkatalog wird *Studienbeschreibung* genannt. Im Rahmen vorher festgelegter Zugangs- und Vertriebsbedingungen sind die Daten so zur weiteren *Analyse (Analysis)* verfügbar.

Die letzte Phase des DDI-Lifecycles thematisiert daher auch direkt die *Datennachnutzung (Repurposing)*. Im Sinne einer Sekundärnutzung behandelt das Modell Informationen über Daten, die im Zuge der Harmonisierung von (großen) Datenbeständen und entsprechenden Datentransformationen durch nachgelagerte Projekte entstehen. Die Ergebnisse solcher Harmonisierungsprojekte können dann wieder zu neuen Informationen über Daten in der Phase der *Datenaufbereitung (Processing)* führen. Um die Vergleichbarkeit von Daten eines Umfrageprogramms zu ermöglichen, werden z.B. vergleichbare Variablen aus unterschiedlichen Erhebungszeitpunkten harmonisiert, z.B. um dadurch eine Zeitreihe zu erstellen. Diese können ihrerseits als neue Daten die nachfolgenden Phasen des Data-Lifecycles durchlaufen.

2.3 Forschungsdatenmanagement in den Sozialwissenschaften

Lebenszyklusmodelle wie der DDI Data Lifecycle organisieren die Datenproduktion und die dabei entstehenden Informationen von Planung bis zur Bereitstellung und Nachnutzung der Daten, um Forschende bei der Erstellung qualitativ hochwertiger Daten zu unterstützen. Zu bedenken ist jedoch, dass Lebenszyklusmodelle nicht unbedingt dafür entwickelt wurden, den Umgang mit Daten im Sinne des Forschungsdatenmanagements insgesamt zu planen. *Forschungsdatenmanagement*, verstanden als Summe aller Strategien, Maßnahmen, Konventionen, Arbeitsabläufe etc., die den Umgang mit Forschungsdaten im Projektverlauf und darüber hinaus regeln, beinhaltet auch organisatorische, technische und administrative Aspekte, die nicht explizit Gegenstand eines datenzentrierten Lebenszyklusmodells sind.

2.3.1 Forschungsdatenmanagement entlang des Lebenszyklus

Die einzelnen Maßnahmen des Forschungsdatenmanagements werden entlang des Lebenszyklus der Forschungsdaten geplant und die entsprechenden Aktivitäten in der jeweiligen Phase umgesetzt. Dabei ist zu berücksichtigen, dass verschiedene Aktivitäten und Maßnahmen quer zum Lebenszyklus liegen und mehrere, wenn nicht sogar alle Phasen betreffen.

Dies gilt zuallererst für eine systematische Vorbereitung des Forschungsdatenmanagements im Rahmen der eigentlichen Projektplanung. Diese muss über den gesamten Projektverlauf stetig aktualisiert und an sich ändernde Gegebenheiten angepasst werden. Nur durch vorausschauendes Handeln und eine planvolle Herangehensweise kann sichergestellt werden, dass im Laufe des Forschungsprojekts qualitativ hochwertige Forschungsdaten erstellt und für die Analyse genutzt werden können. Kapitel 3 dieses Buches befasst sich daher näher mit der Planung und Umsetzung des Forschungsdatenmanagements.

Zweitens läuft die Frage der Organisation der Forschungsdaten quer zu ihrem Lebenszyklus. Über den gesamten Projektverlauf und darüber hinaus ist sicherzustellen, dass die richtigen Daten in der richtigen Version weiterverarbeitet, dokumentiert und analysiert werden. Die Daten müssen dabei in ihren unterschiedlichen Stadien, wie etwa Rohdaten und aufbereitete Forschungsdaten, ausreichend gegen Verlust und unautorisierten Zugriff geschützt und ggf. zwischen den Projektbeteiligten kommuniziert bzw. transferiert werden, wie in Kapitel 5 näher ausgeführt wird.

Drittens werden in den Sozialwissenschaften häufig Informationen über Menschen gesammelt und analysiert. Dabei kommen datenschutzrechtliche Maßnahmen zum Einsatz, die überprüfen, ob die Daten überhaupt erhoben, gespeichert und verarbeitet werden dürfen. Dies betrifft zunächst einmal die informierte Einwilligung der befragten bzw. beobachteten Personen. Die Einwilligung muss spätestens in der Phase der Studienplanung vorbereitet, in der eigentlichen Datenerhebung eingeholt und bis zu der endgültigen Vernichtung der Daten über alle weiteren Lebensphasen hinweg verwaltet werden. Darüber hinaus müssen die betroffenen Personen vor negativen Folgen aufgrund der Befragung oder Beobachtung geschützt werden. Kapitel 4 befasst sich in diesem Zusammenhang mit der Anonymisierung von Umfragedaten und liefert Ansätze und Beispiele für den rechtskonformen Umgang mit Forschungsdaten.

Demgegenüber lassen sich andere Maßnahmen des Forschungsdatenmanagements augenscheinlich konkreten Phasen im Lebenszyklus der Daten zuweisen. So ist das inhaltliche Füllen einer Datenmatrix zwar erst nach oder frühestens im Laufe der eigentlichen Datenerhebung möglich. Dennoch sollte die Datenmatrix bereits vor dieser Phase als Blaupause aufgesetzt werden. Dies dient neben der Planung der eigentlichen Datenerhebung und ihrer Dokumentation zudem der Implementierung geeigneter Maßnahmen zur Kontrolle der Datenqualität sowie zur Entwicklung von Richtlinien zur Datenaufbereitung, wie in Kapitel 6 näher beschrieben. Zwar setzen die meisten dieser Maßnahmen und Arbeitsabläufe erst in bzw. nach der Phase der Datenerhebung an, sie müssen aber bereits in der Projektplanung und der Erstellung des Studiendesigns bzw. des Messinstruments angegangen werden.

Spezifische Metadaten und Standards sind – implizit oder explizit – in alle Phasen des Lebenszyklus eingebunden. Metadatenstandards unterstützen die Zitierbarkeit und Wiederauffindbarkeit von Forschungsdaten und liefern damit einen zentralen Beitrag zum guten wissenschaftlichen Arbeiten und zur Anerkennung der Leistung von Forschenden im Kontext des Forschungsdatenmanagements. Kapitel 10 befasst sich ausführlich mit grundlegenden Konzepten und Services, die das Zitieren von Forschungsdaten in wissenschaftlichen Arbeiten ermöglichen. Darüber hinaus sind Informationen über die Daten entlang des gesamten Lebenszyklus von zentraler Bedeutung, um Daten zu finden, mit ihnen zu arbeiten und sie zu analysieren, wie in Kapitel 9 ausführlich erörtert wird.

Analog zur Phase der Aufbereitung ist auch die Archivierung der Forschungsdaten im DDI Data Lifecycle als einzelner Schritt dargestellt. Doch bereits die Vorbereitung der Archivierung, die Übergabe der Daten an ein Datenarchiv oder Repositorium und die Sicherstellung der rechtskonformen Nachnutzbarkeit der Daten durch Dritte ist keineswegs ein einzelner kleiner Schritt im Leben der Forschungsdaten. Vielmehr setzt auch hier ein planvolles Forschungsdatenmanagement frühzeitig im Lebenszyklus der Daten an und bereitet die Erstellung und Übergabe zu archivierender Daten und Dateien systematisch vor. Kapitel 7 befasst sich näher mit den verschiedenen Möglichkeiten der längerfristigen Sicherung und Bereitstellung von Forschungsdaten.

Jenseits der Phase der Datenarchivierung wurden am Beispiel des DDI-Data-Lifecycles Abläufe im Kontext der Harmonisierung von großen Datenbeständen aufgezeigt, um den Bestand vergleichbarer Daten zu erweitern. Dem erfahrenen Datennutzenden wird aber aufgefallen sein, dass die Nachnutzung von Daten im Kontext von Projekten zu Sekundäranalysen in diesem Modell nicht als eigene – spezialisierte – Phase ausgewiesen ist. Explizit wird nur auf die Erstellung von Codes und Routinen zur Replikation sowie auf Aspekte der Harmonisierung bereitgestellter Daten hingewiesen. Deshalb erörtert Kapitel 8 einige bislang vernachlässigte Fragen im Forschungsdatenmanagement in der Sekundäranalyse.

2.3.2 Die Rolle von Forschungsdateninfrastrukturen im Forschungsdatenmanagement

In diesem Kapitel wurde der Umgang mit Forschungsdaten bislang hauptsächlich aus der Sicht von Datenproduzierenden bzw. Datennutzenden thematisiert. Dabei wurde wiederholt auf die Nutzung von Datenarchiven und Repositorium hingewiesen. Wie solche Infrastrukturen Forschende und ihre Forschungsvorhaben beim Forschungsdatenmanagement unterstützen können, soll im Folgenden kurz erörtert werden.

Forschungsinfrastrukturen stellen grundlegende Einrichtungen, Ressourcen und Dienstleistungen im Wissenschaftssystem bereit, um die Wissenschaftsgemeinschaft bei ihrer Forschung langfristig zu unterstützen. Seit den 1920er Jahren wird der Begriff zunächst nur für die naturwissenschaftliche Forschung mit großen technischen Anlagen benutzt. Im Zuge neuer digitaler Informations- und Kommunikationstechnologien wurden seit den 1970er Jahren auch in den Geistes- und Sozialwissenschaften eigene Forschungsinfrastrukturen aufgebaut oder weiterentwickelt. Die neuen Technologien erlaubten es, Informationen und empirische Forschungsdaten schrittweise immer effizienter und qualifizierter (digital) zu organisieren und bereitzustellen. Der Typus *Informationsinfrastrukturen* kennzeichnet dabei Einrichtungen wie Bibliotheken, Sammlungen und Archive (RfII – Rat für Informationsinfrastrukturen 2016; Wissenschaftsrat 2011). Im Zuge von nationalen wie internationalen Initiativen zur Verbesserung und Weiterentwicklung von Infrastrukturen für die Erhebung, Archivierung und Bereitstellung von Forschungsdaten etablierte sich in den Sozial- und Wirtschaftswissenschaften der Begriff *Forschungsdateninfrastrukturen* (vgl. RfII 2016:2).

In Deutschland werden die meisten Forschungsdateninfrastrukturen durch Bund und Länder, das Bundesministerium für Bildung und Forschung (BMBF) oder die DFG gefördert. So wurde beispielsweise im Zuge der Empfehlungen zur Weiterentwicklung der Dateninfrastruktur der Rat für Sozial- und Wirtschaftsdaten (RatSWD) 2004 gegründet (vgl. KVI 2001). Seitdem hat der RatSWD im Rahmen seiner Aufgaben zur Förderung der disziplinspezifischen Dateninfrastruktur über dreißig datenproduzierende Forschungsdatenzentren (FDZ) aus unterschiedlichsten Fachdisziplinen akkreditiert. Dadurch verpflichten sich die Forschenden, ihre Daten qualitätsgesichert und datenschutzkonform sowie möglichst einfach zur Verfügung zu stellen (vgl. RatSWD Arbeitsprogramm 2017–2020).

2. Forschungsdaten & Forschungsdatenmanagement in den Sozialwissenschaften

Teil der sozialwissenschaftlichen Forschungsdateninfrastruktur sind forschungsbasierte Einrichtungen der Wissenschaftsgemeinschaft Gottfried Wilhelm Leibniz e.V. (kurz Leibniz-Gemeinschaft). Dazu gehören u.a. das Leibniz-Informationszentrum Wirtschaft (ZBW) und das GESIS – Leibniz-Institut für Sozialwissenschaften. Die Forschungsdateninfrastrukturen sind ihrerseits wiederum international vernetzt. So ist z.B. das GESIS Datenarchiv für Sozialwissenschaften auf europäischer Ebene eng mit den Dienstleistungen und Ressourcen des Consortium of European Social Science Data Archives (CESSDA ERIC) verzahnt. Kernbestandteil der Forschungsdateninfrastrukturen sind die großen sozialwissenschaftlichen Umfrageprogramme, die auf nationaler, europäischer und transnationaler Ebene im Rahmen der Forschungsförderung etabliert wurden, wie etwa das Sozio-ökonomische Panel (SOEP), die Allgemeine Bevölkerungsumfrage der Sozialwissenschaften (ALLBUS) oder das European Social Survey (ESS) etc. (vgl. Wissenschaftsrat 2011: Anhang 1).

Aus Sicht der Datenproduzierenden bzw. Datennutzenden stellt sich die Frage, welche praktischen Leistungen und Ressourcen Forschungsdateninfrastrukturen für ihr individuelles Forschungsvorhaben anbieten können. Zu nennen sind hier natürlich zuallererst die vielfältigen Informations-, Beratungs- und Schulungsangebote, die an den spezifischen Bedarf von Forschenden und Disziplinen angepasst sind. Diese reichen von praktischen Handreichungen zum Forschungsdatenmanagement bis hin zu spezialisierten Informationsveranstaltungen, Workshops, Konferenzen oder Summer Schools.

Betrachtet man die Leistungen und Ressourcen der Forschungsdateninfrastrukturen im Kontext des Lebenszyklus von Forschungsdaten, unterstützen Datenkataloge von Datenarchiven, Repositorien oder Datenzentren Forschende in der Phase der Studienplanung bei ihren Recherchen nach bereits existierenden Datenbeständen und zugrundeliegenden Messinstrumenten. Diese Informationsbestände unterstützen – neben klassischen Literaturrecherchen zum Forschungsthema – die weitere Planung des jeweiligen Forschungsvorhabens. So kann die Nachnutzung bereits bestehender Daten angesichts von deren Menge und Vielfalt eine effiziente Alternative zur eigenen Datenerhebung darstellen oder das Verknüpfen neu erstellter Daten mit bereits bestehenden Beständen ermöglichen.

In den nachfolgenden Phasen der Datenerhebung und Datenaufbereitung geht es für Forschende zumeist um Fragen der Qualitätssicherung – sowohl mit Blick auf die erstellten Daten als auch in Bezug auf die z.B. im Rahmen der Feldarbeit anfallenden Kontextinformationen. Während Erhebungsinstitute Forschenden die Datenerhebung an sich abnehmen, fokussieren sich Forschungsdateninfrastrukturen in diesen Phasen vor allem auf Best-Practice-Empfehlungen, Richtlinien und Handreichungen. Zu nennen ist hier beispielsweise abermals der DDI Standard, der, wie in Kapitel 9 näher erörtert, auf Initiative von Datenarchiven implementiert wurde und auf deren Betreiben bis heute aktiv weiterentwickelt wird. Im Bereich der Datenaufbereitung entstehen auf Seiten der Forschungsdateninfrastrukturen zudem mehr und mehr Dienstleistungsangebote, etwa zur Datendokumentation auf Basis internationaler Standards, wie DDI. Diese sind z.T. zwar kostenpflichtig, nehmen den Datenproduzierenden jedoch erhebliche Arbeiten ab und schaffen so Freiräume für die eigentliche Forschung (vgl. GESIS Datenservices o.J.).

Für Forschende ist die Phase der Datenanalyse natürlich von zentralem Interesse, da sie der Überprüfung der zugrunde liegenden Forschungsfrage(n) dient und einen wesentlichen Bestandteil späterer Publikationen der erzielten Forschungsergebnisse darstellt. Dabei gilt der bereits mehrfach erwähnte Grundsatz guter wissenschaftlicher Praxis, nachdem diese Ergebnisse über das eigentliche Forschungsprojekt hinaus replizierbar sein müssen. Demnach sollten Forschungsdaten, auf deren Basis Forschungsergebnisse publiziert wurden, auch nach dem Projektende aufbewahrt werden. Gerade qualitativ hochwertige Forschungsdaten sollten des Weiteren zur langfristigen Nachnutzung durch Dritte bereitgestellt werden, indem sie an Einrichtungen der Dateninfrastruktur übergeben werden. Forschungsdateninfrastrukturen unterstützen dazu Forschende durch zweckorientierte Angebote. Beispielsweise verfügen viele Hochschulen und Forschungseinrichtungen heute über unterschiedliche organisatorische und technische Dienste zur Sicherung, Archivierung und Bereitstellung von Daten, die in der eigenen Einrichtung produziert wurden. Die Nutzung solcher Dienste kann z.T. verbindlich durch Empfehlungen der Einrichtung zum Umgang mit Forschungsdaten geregelt sein. Dabei ist die jeweilige datenspezifische Ausrichtung einer Einrichtung oder eines Datenarchivs zu berücksichtigen. So stellt das GESIS Datenarchiv vorrangig Dienste zur Selbst-Archivierung (vgl. GESIS datorium) sowie umfangreiche Services im Rahmen der Langzeitarchivierung für quantitative Umfragedaten (vgl. Quandt/Mauer 2012: 67) bereit. Weiterhin sind auch Entwicklungen wissenschaftlicher Verlage zu berücksichtigen. Diese gehen mehr und mehr dazu über, Datensätze und Materialien, auf deren Basis Artikel in ihren Journalen veröffentlicht werden, zu sichern, um so deren Replizierbarkeit zu ermöglichen. Entsprechende Dienste werden z.T. gemeinsam mit Forschungsdateninfrastrukturen (vgl. ZBW Journal Data Archive) angeboten. Das Themenspektrum von der Sicherung bis zur langfristigen Nutzung von Forschungsdaten wird ausführlich in Kapitel 7 behandelt.

Ein spezieller Aspekt des Forschungsdatenmanagements stellt die Ermöglichung der *Zitation von Forschungsdaten* dar. Dem liegt die Forderung vieler Data Policies zugrunde, die Erzeugung und Bereitstellung von Forschungsdaten als Forschungsprodukt und somit als eigenständige Forschungsleistung anzuerkennen. Um entsprechende *credits* zu ermöglichen, haben Forschungsdateninfrastrukturen Systeme mit *dauerhaften Identifikatoren (Persistent Identifier)* für Datensätze und zugehörige Informationstypen entwickelt. Persistent-Identifier-Systeme, wie URN, DOI oder Handle, dienen der dauerhaften Referenzierung digitaler Ressourcen, wie z.B. der Publikationen und Datensätze. In den sozialwissenschaftlichen Forschungsdateninfrastrukturen wird heute zumeist das DOI-System genutzt. Die Entwicklung solcher Systeme erfolgt initial durch entsprechend geförderte Infrastrukturprojekte mit mehreren Partnern, die dann als Regelbetrieb verstetigt werden. Die Vergabe einer DOI ist in der Regel mit der Archivierung bzw. Publikation eines Forschungsdatensatzes über ein Datenarchiv, Repositorium, Forschungsdatenzentrum oder einen Verlag verbunden, die an das DOI-System angeschlossen sind. Die DOI erfüllt dabei mehre Zwecke. Mit ihrer Hilfe können die Daten zitiert werden und sind so dauerhaft und weltweit identifizierbar sowie im Internet auffindbar. Dadurch wird zugleich der Datenzugang für die Nachnutzung und Replizierbarkeit der Daten erheblich vereinfacht. Weiterhin wird die Messung der Datennutzung durch die Aufnahme in Zitationsindizes gefördert. Somit erhöht sich die Reputation der Forschenden ebenso wie die Sichtbarkeit der Daten. Erste empirische Untersuchungen zeigen, dass Publikationen, die auch die zugrunde liegenden Daten veröffentlichen, häufiger zitiert werden, als Veröffentlichen ohne Datennachweis (vgl. Piwowar/Vision 2013; Piwowar/Day/Frisdma 2007). Die Anwendung und Organisation des DOI-Systems ist Thema von Kapitel 10 in diesem Buch.

Wie an verschiedenen Stellen gezeigt, erfassen standardisierte Metadaten komplexe Informationen über die Daten und ihre Produzenten. Sie informieren entlang des Lebenszyklus von Daten über die Genese ihrer Entstehung bis hin zur Nachnutzung in neuen Forschungskontexten. Je nach Anforderungen und Zweck der Informationen über Daten, Personen, relevante Quellen und Objekte der Forschung werden verschiedene Metadatenstandards (vgl. Jensen/Katsanidou/Zenk-Möltgen 2011) angewendet. Sie müssen zugleich zwischen verschiedenen technischen Systemen austauschbar, d.h. interoperabel, sein, damit Forschende z.B. in Suchportalen gebündelt auf Informationen zugreifen können, die aus verschiedenen Quellen stammen. Diese Aspekte werden in Kapitel 9 näher erörtert. Die Entwicklung und Implementierung von Metadatenstandards, technischen Systemen und Werkzeugen für die Erfassung und den Austausch von Metadaten erfolgt u.a. im Rahmen nationaler oder internationaler Infrastrukturprojekte.

Der Rat für Informationsinfrastrukturen hat 2016 das Positionspapier „Leistung aus Vielfalt. Empfehlungen zu Strukturen, Prozessen und Finanzierung des Forschungsdatenmanagements in Deutschland" (RfII 2016) veröffentlicht, das facettenreich und informativ die vielfältigen Herausforderungen und Lösungsansätze in diesem Umfeld thematisiert.

2.3.3. Neue Datentypen und Herausforderungen an das Forschungsdatenmanagement

In den bisherigen Abschnitten sind Fragen des sozialwissenschaftlichen Forschungsdatenmanagements mit Bezug auf die Erhebung und Nachnutzung von Umfragedaten thematisiert worden. Gleichzeitig wird diese Datenbasis verstärkt durch (digitale) Daten aus (neu verfügbaren) Quellen erweitert, die ursprünglich nicht für Forschungszwecke enwickelt wurden. So stellt beispielsweise die Organisation for Economic Co-operation and Development (OECD 2013: 12) zur Bedeutung derartiger Daten fest:

> […] forms of social science data not specifically designed for re-search purposes are emerging as important alternatives and additions to more standard sources. Various types of administrative data, while not new, have become newly accessible in the form of electronic records, while entirely new forms of social science data have emerged as a consequence of the internet revolution.

Um welche Typen und neue Formen von Daten es sich dabei handelt, zeigt beispielhaft der Schaukasten 2.2 (vgl. OECD 2013; zu deutschen Datenquellen vgl. z.B. ZBW/GESIS/ RatSWD 2018). Die Daten der Kategorie A und B sind nur insofern neu, weil sie z.T. erst durch die schrittweise Öffnung dieser Datenbestände für Forschungszwecke erschlossen werden können. Relativ neu ist in den Sozialwissenschaften die Nutzung von vorhandenen Daten aus anderen Disziplinen, wie z.B. der Medizin oder den Geowissenschaften. Demgegenüber stellen die Daten der Kategorien C bis E eine Flut neuer Datentypen dar, die in unterschiedlichsten Dateiformaten vorliegen können (Text, Bild, Audio) (vgl. OECD 2013; RatSWD 2012).

Schaukasten 2.2: Beispiele für digital verfügbare neue Datentypen und neuartige Datenformen

- A Prozessproduzierte Daten (Mikrodaten) der öffentlichen Verwaltung, z.B. Meldesysteme, Steuern, Sozialversicherung, Arbeitsmarkt, Umwelt, Haus- und Landnutzung, Gesundheit, Wirtschaft
- B Daten der Amtlichen Statistik, wie Aggregat- oder Makrodaten, auf nationaler und internationaler Ebene, z.B. Destatis, Eurostat, OECD
- C Transaktionsdaten im Finanz-, Versicherungs- und Konsumsektor, z.B. Kaufverhalten, Mobilfunknutzung, Kundenkarten
- D Daten zur Internetnutzung, z.B. Suchbegriffe, Downloads, Weblogs, soziale Netzwerke, News
- E Trackingdaten, z.B. GPS, Verkehr, Internutzung, Kameraüberwachung, Satellitenbeobachtung

---

Quelle: Eigene Darstellung

Forschende in den Sozialwissenschaften nutzen diese neuen Typen und Formen ergänzend zu klassischen Umfragedaten. So werden z.B. Umfragedaten gemeinsam mit medizinischen Parametern (Biomarker) erhoben oder im Rahmen eines Forschungsvorhabens verknüpft (vgl. Jensen et al. 2015: 17f). Dadurch entstehen neue Forschungspotentiale und Erkenntnismöglichkeiten. So hinterlassen etwa die Aktivitäten von Nutzenden auf Verkaufsportalen, Suchmaschinen oder sozialen Netzwerken digitale Verhaltensspuren – auch digitale Spurendaten genannt – die es ermöglichen, Einstellungen und Verhaltensweisen zu analysieren. Derartige Daten können bewusst erzeugt sein, z.B. durch Beiträge auf Facebook, oder aber unbewusst und nicht direkt sichtbar gesammelt werden, z.B. wenn Metadaten über ein Kommunikationsgeschehen den Zeitpunkt, das Gerät und den Standort der Kommunikation erfassen.

Solche neuen Datentypen und Datenformen sowie die zugrunde liegenden Datenquellen stellen das Forschungsdatenmanagement und die handelnden Akteure auf verschiedenen Ebenen vor neue Herausforderungen. Einige Aspekte sind im Schaukasten 2.3 beispielhaft ohne Anspruch auf Vollständigkeit zusammengestellt.

Schaukasten 2.3: Herausforderungen im Umgang mit neuen Daten

- Forschungsprozess:
  - Entwicklung gemeinsamer Forschungsmethoden und -standards bei der Analyse von internetbasierten Kommunikationsformen; z.B. bei der Untersuchung politischer Kommunikation auf Social-Media-Plattformen
  - übergreifende Anforderungen an die Vergleichbarkeit von Studien und Ergebnissen aufgrund unterschiedlicher Konzepte sowie neuartiger Fragestellungen und Untersuchungsdesigns
  - Grundanforderungen an die Dokumentation von Daten und Methoden zur Nachvollziehbarkeit von Ergebnissen. Sind Inhalt, Datengrundlage, Untersuchungseinheit, Methode der Datenerhebung sowie die Datenaufbereitung und -bereinigung unzureichend definiert und dokumentiert, wird dadurch das Verständnis von Daten und Analyseergebnisse erschwert.
- Rechtliche und ethische Aspekte:
  - fehlende Zugangsmöglichkeiten zu privatwirtschaftlichen Internetdaten für Sekundäranalysen
  - datenschutzrechtliche Anforderungen und Verfahren zur Wahrung der Anonymität von untersuchten Personen und größtmöglichen Erhalt von Analysepotentialen für Forschungszwecke
  - ethische Fragen im Rahmen verantwortungsvoller Forschung beim Umgang mit medizinischen Informationen (Biomarker), internetbasierten Verhaltensspuren und prozessproduzierter administrativer Daten
- Dateninfrastrukturen:
  - technische Konzepte und Tools zum Umgang mit den Datenstrukturen neuer Datenformen
  - administrative Konzepte zum Umgang mit neuen Datenformen, Dateiformaten und Datenmengen im Rahmen der Arbeitsabläufe von Dateninfrastrukturen
  - Entwicklung von Strategien zur Datenanonymisierung neuer Datenformen
  - Anpassung inhaltlicher Standards zur Dokumentation neuer sozialwissenschaftlicher Datenstrukturen und ihrer methodischen Grundlagen
  - Modifikation und Anpassung vorhandener Metadatenstandards wie DDI und Sicherung der Interoperabilität mit Metadatenstandards anderer Disziplinen
  - technische Sicherung und Erhaltung neuer digitaler Datenformen, wie Social-Media-Daten
  - Strategien und Kooperationen mit Anbietern bisher nicht zugänglicher Datenquellen
  - Konzepte zum rechtsicheren Zugang und der Bereitstellung neuer Datenformen im Rahmen der aktuellen Datenschutzgesetze

---

Quelle: Eigene Darstellung

Diese Herausforderungen beim Umgang mit neuen Datenquellen und Datenformen beleuchten zwei Beiträge in diesem Buch. Grundsätzliche Fragen von Social-Media-Daten als Forschungsgrundlage thematisiert Kapitel 11. In diesem Kontext wird die prinzipielle Frage behandelt, ob und unter welchen Bedingungen Daten von entsprechenden Kommunikationsplattformen überhaupt für wissenschaftliche Zwecke zugänglich sind. Damit einhergehend ist die Frage der Qualität entsprechender Daten im Licht unterschiedlicher Nutzungsaspekte von Forschenden zu prüfen. Schließlich sind im Kontext des Forschungsdatenmanagements sowohl die aktuelle Praxis als auch die Herausforderungen bei der Archivierung und der Ermöglichung der Nachnutzung von Social-Media-Daten gemeinsam mit Infrastruktureinrichtungen kritisch zu diskutieren. Fehlende Standards und rechtliche Hürden verhindern es bislang, diesen Datentypus als robuste Forschungsgrundlage zu nutzen.

Stellen Social-Media-Daten noch ein *Moving Target* (Weller 2015) in den Sozialwissenschaften und dem sozialwissenschaftlichen Forschungsdatenmanagement dar, ist die Verknüpfung von Umfrage- und Geodaten ein einfacheres Unterfangen. Beide Datentypen sind nicht neu, ihre Verknüpfung stellt allerdings besondere Herausforderungen an Forschende. Auch hier ist die Kenntnis von bestehenden Schwierigkeiten eine wichtige Grundlage zur erfolgreichen Umsetzung eines entsprechenden Forschungsvorhabens. Kapitel 12 thematisiert in diesem Zusammenhang drei zentrale Herausforderungen an das Forschungsdatenmanagement. Erstens müssen sich Forschende ein entsprechendes Fachwissen zu Verfahren und Techniken der Georeferenzierung aneignen, um Umfrage- und Geodaten überhaupt verknüpfen zu können. Damit gehen Anforderungen an die technische Ausstattung entsprechender Forschungsprojekte einher, z.B. in Bezug auf leistungsfähige Hardware und geeignete Software. Zudem sind organisatorische und lizenzrechtliche Voraussetzungen zu erfüllen, um Zugangs- und Nutzungsrechte zu den erforderlichen Daten zu erlangen. Ein zweiter Themenkreis betrifft Herausforderungen des Datenschutzes und Risiken der Re-Identifikation bei der Produktion georeferenzierter Daten im Projektverlauf. Schließlich müssen drittens Geo- und Umfragedaten nachvollziehbar und transparent dokumentiert werden, um die Replizierbarkeit publizierter Ergebnisse ebenso wie die Nachnutzung der georeferenzierten Daten zu ermöglichen.

Anhand dieser beiden Themenbereiche, d.h. die Nutzung von Social-Media-Daten bzw. die Verknüpfung von Umfrage- und Geodaten, werden exemplarisch einige neue Herausforderungen im Forschungsdatenmanagement aufgezeigt. Dabei sind die dort angesprochenen Probleme und die damit einhergehenden Entwicklungen im Forschungsdatenmanagement in keiner Weise erschöpfend. Die Diskussion zeigt jedoch eindringlich, dass es sich auch beim Forschungsdatenmanagement um keinen statischen Bereich der Sozialforschung handelt. Vielmehr ist es einem stetigen Wandel unterworfen. Das Forschungsdatenmanagement muss sich an neue Gegebenheiten, etwa im Bereich des Datenschutzes oder der Weiterentwicklung von Dokumentationsstandards, genauso anpassen wie an die Anforderungen neuer Datentypen.

2.4 Zusammenfassung

Ein professionelles Management von Forschungsdaten gewinnt in vielen Disziplinen eine immer größere Bedeutung. Dies geht mit der Etablierung des Forschungsdatenmanagements als Teil guter wissenschaftlicher Praxis einher, das die Replikation der Forschungsergebnisse ebenso wie der genutzten Daten erlaubt und es Dritten ermöglicht, mit den erstellten Forschungsdaten in neuen Kontexten weiterzuarbeiten. Daneben trägt die zunehmende Anerkennung von (digitalen) Forschungsdaten als wertvolle Wissensquelle und eigenständiges Forschungsprodukt zu dieser gesteigerten Bedeutung weiter bei. In den Sozialwissenschaften zeigen sich seit der Jahrtausendwende vielfältige Bemühungen, das Management von Forschungsdaten systematisch und nachhaltig zu organisieren.

Die Entwicklung eines professionellen Umgangs mit (sozialwissenschaftlichen) Forschungsdaten erfordert es, die Wertschöpfungskette entlang des gesamten Lebenszyklus dieser Daten zu berücksichtigen. Nur so können Forschende sicherstellen, dass die im Projekt erstellten Daten zum Erreichen der Projektziele genutzt werden können, dass die produzierten Forschungsergebnisse replizierbar bleiben und die Daten durch Dritte für die unterschiedlichsten Zwecke nachgenutzt werden können. Das Forschungsdatenmanagement ist insgesamt mit komplexen Aufgaben und Zielen verbunden und stellt damit die Akteure des Wissenschaftssystems im Rahmen ihrer jeweiligen Rolle vor unterschiedliche Herausforderungen. Diese Herausforderungen können entweder disziplinübergreifend bestehen oder sich auf Besonderheiten einzelner Disziplinen beziehen. So ist das Forschungsdatenmanagement in den Sozialwissenschaften einerseits in die übergreifenden Empfehlungen von Wissenschaftsorganisationen und in die Leitlinien der Forschungsförderung eingebunden. Anderseits leisten spezialisierte Dateninfrastrukturen ihren Beitrag durch fachspezifische Dienstleistungen, die Forschende etwa bei der Erschließung, Archivierung, Nachnutzung und Zitation von sozialwissenschaftlichen Forschungsdaten unterstützen. Dazu stehen praxiserprobte Grundsätze und etablierte Lösungsansätze für Forschende zur Verfügung. Gleichzeitig stellen neu erschlossene Datenquellen, etwa aus fachfremden Disziplinen wie Medizin oder Geographie, sowie neue Datentypen, wie z.B. Social-Media-Daten, und deren Verknüpfung mit den ‚klassischen' sozialwissenschaftlichen Umfragedaten ein systematisches und nachhaltiges Management der Daten vor neue Herausforderungen.

Betrachtet man die Anforderungen des Forschungsdatenmanagements aus Sicht der Forschenden, so gehen die umzusetzenden Maßnahmen und Aktivitäten über die eigentliche (sozial-)wissenschaftliche Forschungsarbeit im engeren Sinne hinaus. Während Forschende bei der Erstellung von Daten im Rahmen von Forschungsprojekten zumeist die Analyse der Daten mit Bezug auf eine oder mehrere konkrete Forschungsfragen verbinden, erfordert beispielsweise die Dokumentation von Daten zur Archivierung und Nachnutzung einen teils erheblichen zusätzlichen Aufwand an Zeit und Ressourcen. Diesen spezifischen Aufwand zu berücksichtigen, ist ein wichtiger Bestandteil der Planung eines Forschungsprojekts und damit einhergehend der Vorbereitung des Forschungsdatenmanagements.

Der sogenannte *Datenmanagementplan* (vgl. CESSDA 2017; Jensen 2011) ist hierbei ein wichtiges Werkzeug. Er beinhaltet die systematische Dokumentation des Forschungsdatenmanagements und beschreibt, welche Maßnahmen von wem wie und warum gesetzt wurden bzw. umgesetzt werden müssen und wird so zu einem Instrument, welches das Forschungsdatenmanagement auf Projektebene planvoll und nachvollziehbar beschreibt. Forschende sollten daher bereits im Rahmen der Projektplanung einen projektspezifischen Datenmanagementplan erstellen und darin alle geplanten Strategien, Maßnahmen und Aktivitäten im Umgang mit den Forschungsdaten festlegen und im Laufe des Forschungsprojekts systematisch als Leitfaden anwenden.

Zu bedenken ist in diesem Zusammenhang, dass Forschungsprojekte kein statisches Unterfangen sind. Forschungsvorhaben und Forschungsziele können sich im Projektverlauf verändern. Damit gehen oftmals Veränderungen in den (zu erstellenden) Forschungsdaten und somit konsequenterweise im projektspezifischen Forschungsdatenmanagement einher. Dementsprechend müssen Maßnahmen und Aktivitäten angepasst und im Datenmanagementplan entsprechend dokumentiert werden. Mit anderen Worten: Analog zu Forschungsvorhaben ist auch das Forschungsdatenmanagement ein dynamischer Prozess und seine Dokumentation im Datenmanagementplan stetigen Anpassungen unterworfen. Als Instrument der Qualitätssicherung können mit seiner Hilfe die Vorgehensweisen und Arbeitsabläufe im Projekt stetig spezifiziert, überprüft und angepasst werden.

Literaturverzeichnis

Allianz der deutschen Wissenschaftsorganisationen (2010): Grundsätze zum Umgang mit Forschungsdaten. https://doi.org/10.2312/ALLIANZOA.019.
Ball, Alexander (2012): Review of Data Management Lifecycle Models (version 1.0). REDm-MED Project Document. University of Bath. http://opus.bath.ac.uk/28587/1/redm1rep120110ab10.pdf [Zugriff: 12.07.2018].
Baur, Nina/Blasius, Jörg (2014): Methoden der empirischen Sozialforschung. Ein Überblick. In: Baur, Nina/Blasius, Jörg (Hrsg.): Handbuch Methoden der empirischen Sozialforschung. Wiesbaden: Springer, S. 41-66. https://doi.org/10.1007/978-3-531-18939-0.
Berliner Erklärung (2003): Berliner Erklärung über den offenen Zugang zu wissenschaftlichem Wissen. Deutsche Version. https://openaccess.mpg.de/68053/Berliner_Erklaerung_dt_Version_07-2006.pdf [Zugriff: 12.07.2018].

BMBF – Bundesministerium für Bildung und Forschung (2017): Richtlinie zur Förderung von Forschung zu „Digitalisierung im Bildungsbereich – Grundsatzfragen und Gelingensbedingungen". https://www.bmbf.de/foerderungen/bekanntmachung-1420.html.

Carlson, Jake (2014): The Use of Life Cycle Models in Developing and Supporting Data Services. In: Ray, Joyce M. (Hrsg.): Research Data Management. Practical Strategies for Information Professionals, S. 63-86. West Lafayette: Purdue University Press. https://www.jstor.org/stable/j.ctt6wq34t [Zugriff: 12.07.2018].

CCSG – Cross-Cultural Survey Guidelines (2018). http://www.ccsg.isr.umich.edu/index.php/ [Zugriff: 12.07.2018].

CESSDA (2017): Expert Tour Guide on Data Management. https://www.cessda.eu/dmguide [Zugriff: 12.07.2018].

Corti, Louise/Van den Eynden, Veerle/Bishop, Libby/Woollard, Matthew (2014): Managing and Sharing Research Data. A Guide to Good Practice. London: Sage Publications.

Cox, Andrew Martin/ Tam, Winnie Wan Ting (2018): A Critical Analysis of Lifecycle Models of the Research Process and Research Data Management. In: Aslib Journal of Information Management 70, 2, S. 142-157. https://doi.org/10.1108/AJIM-11-2017-0251.

DDI Data Lifecycle(2018). http://www.ddialliance.org./training/why-use-ddi [Zugriff: 12.07.2018].

Diekmann, Andreas (2007): Empirische Sozialforschung. Grundlagen, Methoden, Anwendungen. Reinbek: Rowohlt.

DINI – Deutsche Initiative für Netzwerkinformation e.V. (2009): Positionspapier Forschungsdaten. https://doi.org/10.18452/1489 [Zugriff: 12.07.2018].

DFG – Deutsche Forschungsgemeinschaft (2018): Leitfaden für die Antragstellung. Projektanträge [03/18]. http://www.dfg.de/formulare/54_01/54_01_de.pdf [Zugriff: 12.07.2018].

DFG (2015): Leitlinien zum Umgang mit Forschungsdaten. http://www.dfg.de/download/pdf/foerderung/antragstellung/forschungsdaten/richtlinien_forschungsdaten.pdf [Zugriff: 12.07.2018].

DFG (2009): Ausschuss für Wissenschaftliche Bibliotheken und Informationssysteme. Unterausschuss für Informationsmanagement. Empfehlungen zur gesicherten Aufbewahrung und Bereitstellung digitaler Forschungsprimärdaten. http://www.dfg.de/download/pdf/foerderung/programme/lis/ua_inf_empfehlungen_200901.pdf [Zugriff: 12.07.2018].

DFG (2013) [1988]: Empfehlung 7. In: DFG Denkschrift: Sicherung guter wissenschaftlicher Praxis. Weinheim: WILEY-VCH, S. 21. http://www.dfg.de/download/pdf/dfg_im_profil/reden_stellungnahmen/download/empfehlung_wiss_praxis_1310.pdf [Zugriff: 12.07.2018].

Ebel, Thomas/Trixa, Jessica (2015): Hinweise zur Aufbereitung quantitativer Daten. GESIS Papers 2015/09. http://nbn-resolving.de/urn:nbn:de:0168-ssoar-432235 [Zugriff: 12.07.2018].

Felderer, Barbara/Birg, Alexandra/Kreuter, Frauke (2014): Paradaten. In: Baur, Nina/Blasius, Jörg (Hrsg.): Handbuch Methoden der empirischen Sozialforschung. Wiesbaden: Springer, S. 357-365. https://doi.org/10.1007/978-3-531-18939-0.

Horizon 2020 Programme (o.J.): Open Access & Data Management. https://ec.europa.eu/research/participants/docs/h2020-funding-guide/cross-cutting-issues/open-access-dissemination_en.htm [Zugriff: 12.07.2018].

Huschka, Denis/Oellers, Claudia/Ott, Notburga/Wagner, Gert G. (2011): Datenmanagement und Data Sharing. Erfahrungen in den Sozial- und Wirtschaftswissenschaften. In: Büttner, Stephan/Hobohm, Hans-Christoph/Müller, Lars (Hrsg.): Handbuch Forschungsdatenmanagement. Bad Honnef: Bock + Herchen, S. 35-48. https://opus4.kobv.de/opus4-fhpotsdam/frontdoor/index/index/docId/194 [Zugriff: 12.07.2018].

ICPSR – Inter-university Consortium for Political and Social Research (2012): Guide to Social Science Data Preparation and Archiving. Best Practice Throughout the Data Life Cycle (5th ed.). Ann Arbor, MI. https://www.icpsr.umich.edu/files/deposit/dataprep.pdf [Zugriff: 12.07.2018].

Jensen, Uwe/Ekman, Stefan/Hjelm, Claus-Göran/Irebäck, Hans/Schweers, Stefan (2015): DELIVERABLE D7.6 Metadata Standards and Practices in Related Disciplines and Standards for Linking Different Sources. Data without Boundaries (DwB) WORK PACKAGE 7 – Standards Development. www.dwbproject.org/export/sites/default/about/public_deliveraples/dwb_d7-6_metadata-standards-practices-related-disciplines_report-final.pdf [Zugriff: 12.07.2018].

Jensen, Uwe (2012): Leitlinien zum Management von Forschungsdaten. Sozialwissenschaftliche Umfragedaten. GESIS-Technical Reports 2012/07. https://www.ssoar.info/ssoar/handle/document/32065 [Zugriff: 12.07.2018].

Jensen, Uwe (2011): Datenmanagementpläne. In: Büttner, Stephan/Hobohm, Hans-Christoph/Müller, Lars (Hrsg.): Handbuch Forschungsdatenmanagement. Bad Honnef: Bock + Herchen, S. 71-82. http://opus.kobv.de/fhpotsdam/volltexte/2011/230/ [Zugriff: 12.07.2018].

Jensen, Uwe/Katsanidou, Alexia/Zenk-Möltgen, Wolfgang (2011): Metadaten und Standards. In: Büttner, Stephan/Hobohm, Hans-Christoph/Müller, Lars (Hrsg.): Handbuch Forschungsdatenmanagement. Bad Honnef: Bock + Herchen, S.83-100.
https://opus4.kobv.de/opus4-fhpotsdam/files/198/2.4_Metadaten_und_Standards.pdf [Zugriff: 12.07.2018].

King, Garry (2011): Ensuring the Data Rich Future of the Social Sciences. In: Science 331, 6018, S. 719-721. http://dx.doi.org.10.1126/science.1197872 [Zugriff: 12.07.2018].

KVI – Kommission zur Verbesserung der informationellen Infrastruktur zwischen Wissenschaft und Statistik (Hrsg.) (2001): Wege zu einer besseren informationellen Infrastruktur. Baden-Baden: Nomos.

Ludwig, Jens (2012): Zusammenfassung und Interpretation. In: Neuroth, Heike/Strathmann, Stefan/Oßwald, Achim/Scheffel, Regine/Klump, Jens/Ludwig, Jens (Hrsg.): Langzeitarchivierung von Forschungsdaten. Eine Bestandsaufnahme. Boizenburg: Werner Hülsbusch, S. 295-310.
http://www.nestor.sub.uni-goettingen.de/bestandsaufnahme/nestor_lza_forschungsdaten_bestandsaufnahme.pdf [Zugriff: 12.07.2018].

Ludwig, Jens/Enke, Harry (2013): Einleitung. In: Ludwig, Jens/Enke, Harry (Hrsg.): Leitfaden zum Forschungsdaten-Management. Handreichungen aus dem WissGrid-Projekt. Glückstadt: Werner Hülsbusch, S. 13f.
https://www.univerlag.uni-goettingen.de/bitstream/handle/3/isbn-978-3-86488-032-2/leitfaden_DGRID.pdf [Zugriff: 12.07.2018].

Lück, Detlev/Landrock, Uta (2014): Datenaufbereitung und Datenbereinigung in der quantitativen Sozialforschung. In: Baur, Nina/Blasius, Jörg (Hrsg.): Handbuch Methoden der empirischen Sozialforschung. Wiesbaden: Springer, S. 233-244. https://doi.org/10.1007/978-3-531-18939-0.

Mochmann, Ekkehard (2014): Quantitative Daten für die Sekundäranalyse. In: Baur, Nina/Blasius, Jörg (Hrsg.): Handbuch Methoden der empirischen Sozialforschung. Wiesbaden: Springer, S. 233-244.
https://doi.org/10.1007/978-3-531-18939-0.

Netscher, Sebastian/Eder Christina (Hrsg.) (2018): Data processing and Documentation: Generating High Quality Research Data in Quantitative Social Science research. GESIS Papers, 2018/22.
https://nbn-resolving.org/Urn:nbn:de:0168-ssoar-59492-3 [Zugriff: 26.10.2018].

OECD – Organisation for Economic Co-operation and Development (2013): New Data for Understanding the Human Condition. OECD Global Science Forum Report on Data and Research Infrastructure for the Social Sciences. http://www.oecd.org/std/microdata-access-final-report-OECD-2014.pdf [Zugriff: 12.07.2018].

OECD (2007): OECD Principles and Guidelines for Access to Research Data from Public Funding.
http://www.oecd.org/science/sci-tech/38500813.pdf [Zugriff: 12.07.2018].

Piwowar, Heather A./Vision, Todd J. (2013): Data reuse and the open data citation advantage. PeerJ 1:e175 https://doi.org/10.7717/peerj.175 [Zugriff: 12.07.2018].

Piwowar, Heather A./Day, Roger S./Fridsma, Douglas B. (2007): Sharing Detailed Research Data Is Associated with Increased Citation Rate. PLoS ONE 2(3): e308. https://doi.org/10.1371/journal.pone.0000308 [Zugriff: 12.07.2018].

Quandt, Markus/Mauer, Reiner (2012): Sozialwissenschaften. In: Neuroth, Heike/Strathmann, Stefan/Oßwald, Achim/Scheffel, Regine/Klump, Jens/Ludwig, Jens (Hrsg.): Langzeitarchivierung von Forschungsdaten. Eine Bestandsaufnahme. Boizenburg: Werner Hülsbusch, S. 61-81. http://www.nestor.sub.uni-goettingen.de/bestandsaufnahme/nestor_lza_forschungsdaten_bestandsaufnahme.pdf [Zugriff: 12.07.2018].

Rat für Informationsinfrastrukturen – RfII (2016): Leistung aus Vielfalt. http://nbn-resolving.de/urn:nbn:de:101:1-201606229098 [Zugriff: 12.07.2018].

Rat für Sozial- und Wirtschaftsdaten – RatSWD (2017): Arbeitsprogramm der 6. Berufungsperiode 2017–2020.
https://www.ratswd.de/dl/downloads/Arbeitsprogramm_RatSWD_2017-20.pdf [Zugriff: 12.07.2018].

RatSWD (2012): Georeferenzierung von Daten. Situation und Zukunft der Geodatenlandschaft in Deutschland. Scivero. https://www.ratswd.de/dl/downloads/RatSWD_Geodatenbericht.pdf [Zugriff: 12.07.2018].

Schnell, Rainer/Hill, Paul B./Esser, Elke (2013): Methoden der empirischen Sozialforschung. München: Oldenbourg.

Weller, Katrin (2015): Accepting the Challenges of Social Media Research. In: Online Information Review 39, 3, S. 281-289. https://doi.org/10.1108/OIR-03-2015-0069.

WR – Wissenschaftsrat (2011). Empfehlungen zu Forschungsinfrastrukturen in den Geistes- und Sozialwissenschaften. https://www.wissenschaftsrat.de/download/archiv/10465-11.pdf [Zugriff: 12.07.2018].

ZBW – Leibniz-Informationszentrum Wirtschaft/GESIS- Leibniz-Institut für Sozialwissenschaften/RatSWD - Rat für Sozial- und Wirtschaftsdaten (2015): Auffinden, Zitieren, Dokumentieren. Forschungsdaten in den Sozial- und Wirtschaftswissenschaften. https://dx.doi.org/10.4232/10.fisuzida2015.2.

Linkverzeichnis

ALLBUS – Allgemeine Bevölkerungsumfrage der Sozialwissenschaften: https://www.gesis.org/allbus/ [Zugriff: 12.07.2018].
CESSDA – Consortium of European Social Science Data Archives: https://www.cessda.eu/ [Zugriff: 12.07.2018].
CSES – Comparative Study of Electoral System (o.J.): http://www.cses.org/ [Zugriff: 12.07.2018].
DDI – Data Documentation Initiative / DDI Allliance: https://www.ddialliance.org/ [Zugriff: 12.07.2018].
Destatis – Statistischen Bundesamtes (2018): https://www.destatis.de/DE/Startseite.html [Zugriff: 12.07.2018].
DOI – Digital Object Identifier System: https://www.doi.org/ [Zugriff: 12.07.2018].
European Social Survey: http://www.europeansocialsurvey.org/ [Zugriff: 12.07.2018].
Eurostat – Statistisches Amt der Europäischen Union (o.J.): http://ec.europa.eu/eurostat/de/home [Zugriff: 12.07.2018].
GESIS – Leibniz-Institut für Sozialwissenschaften: https://www.gesis.org/ [Zugriff: 12.07.2018].
GESIS Datenservices (o.J.): https://www.gesis.org/datenservices/home/ [Zugriff: 12.07.2018].
GESIS datorium: https://datorium.gesis.org/ [Zugriff: 12.07.2018].
Gottfried Wilhelm Leibniz e. V / Leibniz-Gemeinschaft: https://www.leibniz-gemeinschaft.de/start/ [Zugriff: 12.07.2018].
Handle System: https://www.dona.net/handle-system [Zugriff: 12.07.2018].
URN – Uniform Resource Name: http://www.dnb.de/DE/Netzpublikationen/URNService/urnservice_node.html [Zugriff: 12.07.2018].
OECD – Organisation for Economic Co-operation and Development: https://www.oecd.org/ [Zugriff: 12.07.2018].
SOEP – Sozio-oekonomische Panel: https://www.diw.de/soep [Zugriff: 12.07.2018].
ZBW – Leibniz-Informationszentrum Wirtschaft. http://www.zbw.eu/de/ [Zugriff: 12.07.2018].
ZBW Journal Data Archive. http://www.journaldata.zbw.eu/ [Zugriff: 12.07.2018].

3. Forschungsdatenmanagement systematisch planen und umsetzen

Sebastian Netscher und Uwe Jensen

Ein systematisches Forschungsdatenmanagement ist grundlegend für die erfolgreiche Umsetzung empirischer Forschungsprojekte, d.h. die planvolle Umsetzung eines Forschungsvorhabens, und fixer Bestandteil guten wissenschaftlichen Arbeitens. Es bezieht u.a. Fragen der Datengenerierung, Dokumentation, Auswertung und längerfristigen Sicherung von Forschungsdaten in die Projektplanung ein. Das Forschungsdatenmanagement dient so nicht nur der erfolgreichen Umsetzung des eigentlichen Forschungsvorhabens, sondern unterstützt auch weiterführende Ziele und Anforderungen im Umgang mit den Daten über das originäre Forschungsprojekt hinaus. Dazu zählen die Aufbewahrung, Sicherung und Nachnutzung der Daten ebenso wie die Replizierbarkeit der publizierten Ergebnisse.

Gegenstand dieses Kapitels ist die Beschreibung von Grundzügen des Forschungsdatenmanagements. Dabei steht vor allem der Umgang mit quantitativen Daten der empirischen Sozialforschung im Vordergrund. Ausgehend von drei zentralen Zielen wird die planvolle Implementierung des Forschungsdatenmanagements im Projekt und darüber hinaus vertieft. Der Abschnitt 3.1 fokussiert als erstes Ziel ein planvolles projektinternes Forschungsdatenmanagement. Hierbei wird der Umgang mit den Forschungsdaten im Projektverlauf mit dem Ziel festgelegt, deren Verständlichkeit, Interpretierbarkeit und Nachvollziehbarkeit sicherzustellen. Dazu werden im Folgenden wesentliche disziplinspezifische Strategien, Prozesse und Maßnahmen im Rahmen des Forschungsdatenmanagements kurz erörtert.

Daran anschließend werden in Abschnitt 3.2 zwei weiterführende Ziele des Forschungsdatenmanagements diskutiert. Hierzu unterscheiden wir grob zwischen dem Erhalt der Daten zu Replikationszwecken und der Bereitstellung der Daten zur Nachnutzung durch Dritte. Der Erhalt der Daten zu Replikationszwecken dient vor allem der Verifizierbarkeit von Forschungsergebnissen ebenso wie der Reproduzierbarkeit der dabei verwendeten Daten. Im Sinne guter wissenschaftlicher Praxis unterstützt der Datenerhalt damit die Transparenz und Überprüfbarkeit des originären Forschungsvorhabens. Die Bereitstellung der Daten zur Nachnutzung (*Data Sharing*) geht darüber hinaus und ermöglicht es Dritten, diese Daten in neuen Forschungskontexten und für neue Forschungsfragen nachzunutzen. Die Datenbereitstellung ist damit nicht nur Teil guter wissenschaftlicher Praxis, sondern fördert auch den Erkenntnisfortschritt in der Forschung. *Data Sharing* ermöglicht den effizienten Einsatz von Forschungsressourcen in der Forschungsförderung und unterstützt die Ziele eines offenen Zugangs zu Forschungsdaten (*Open Data*). Schließlich steigert die Datenbereitstellung die Reputation der Forschenden, indem ihre Daten an Sichtbarkeit gewinnen sowie dauerhaft auffindbar und zitierbar sind (ZBW/GESIS/RatSWD 2015; Allianz der deutschen Wissenschaftsorganisationen 2010).

3.1 Die Planung des projektinternen Forschungsdatenmanagements

Um Forschungsdatenmanagement im Rahmen eines empirischen Forschungsprojekts gezielt betreiben zu können, gilt es zu klären, was, wie, wann, von wem und mit welchem Aufwand im Umgang mit den Forschungsdaten gemacht werden soll bzw. bereits gemacht wurde. Entsprechende Aktivitäten müssen geplant, entwickelt, untereinander abgestimmt und in den gesamten Projektablauf integriert werden. Sie machen den Status und Entstehungskontext der Daten in jeder Projektphase transparent und nachvollziehbar und dienen so der Qualität, Verständlichkeit und Interpretierbarkeit der Daten.

Zentrales Werkzeug eines planvollen Forschungsdatenmanagements ist der Datenmanagementplan (vgl. Jensen 2011). In ihm werden alle notwendigen Aktivitäten definiert und systematisch dokumentiert. Der Datenmanagementplan beschreibt den (geplanten) Umgang mit den Daten im Projektverlauf ebenso wie über das Projektende hinaus. Dabei verfolgt er einen doppelten Zweck: Zum einen fungiert der Datenmanagementplan als Leitfaden, der die notwendigen Aktivitäten des Forschungsdatenmanagements in konkrete Arbeitsabläufe, Aufgaben, Regeln und Verantwortlichkeiten strukturiert. Zum anderen ist er ein Instrument der Qualitätssicherung, das die Transparenz im Projekt erhöht und die Grundlagen für den längerfristigen Erhalt der Daten über das Projektende hinaus schafft.

Bei der Umsetzung des Forschungsdatenmanagements sollten Forschende immer ihre eigentlichen Ziele im Umgang mit den Daten im Auge behalten. So muss das projektinterne Forschungsdatenmanagement den Umgang mit den Daten im Forschungsprojekt regeln. Separat zu betrachten sind Pläne zum Umgang mit den Daten nach Projektende, wie etwa der längerfristige Datenerhalt zu Replikationszwecken oder die Bereitstellung der Daten zur Nachnutzung, wie in Abschnitt 3.2 näher erläutert. Im vorliegenden Abschnitt konzentrieren wir uns zunächst auf die Planung des projektinternen Forschungsdatenmanagements und die dabei zu berücksichtigenden Aktivitäten. Um die Qualität und Nutzbarkeit der Daten im Forschungsprojekt sicherzustellen, müssen diese adäquat aufbereitet und dokumentiert sein, rechtliche Aspekte, z.B. in Bezug auf den Datenschutz oder das Urheberrecht, berücksichtigt und die Daten systematisch organisiert werden. Aufbauend auf dem projektinternen Forschungsdatenmanagement können dann weiterführende Ziele im Umgang mit den Daten definiert und implementiert werden.

3.1.1 Datenaufbereitung und Datendokumentation

Je nach zugrunde liegender Forschungsfrage müssen Forschende zunächst definieren, welche Daten zur Realisierung des Forschungsvorhabens notwendig sind. Das bedeutet, dass die Forschenden zuallererst klären müssen, welche Informationen, über wen oder was, in welcher Form und wie erhoben werden sollen. Derartige Maßnahmen zur Erstellung des Frageprogramms, zur Definition der Grundgesamtheit, zur Stichprobenziehung, zur Methode der Datenerhebung etc. sind spezifisch für das jeweilige Forschungsprojekt festzulegen. In der Regel sind sie Teil der eigentlichen Projektplanung und weniger des projektinternen Forschungsdatenmanagements. Für die vorausschauende Planung des Forschungsdatenmanagements ist die detaillierte Kenntnis u.a. des Frageprogramms oder der Untersuchungspopulation aber unerlässlich. Sie ist die Grundlage zur systematischen Vorbereitung aller Aktivitäten des Forschungsdatenmanagements.

Zur Gewährleistung ihrer Qualität und Nutzbarkeit im Projektverlauf müssen die einmal erhobenen Daten aufbereitet, validiert und dokumentiert werden. Um einen reibungslosen Umgang mit den Daten im Projekt sicherzustellen, gilt es daher bereits in der Planung der Datenerhebung Konzepte zur Aufbereitung und Dokumentation zu entwickeln. Ein Konzept zur Aufbereitung sollte von den erhobenen Rohdaten ausgehen. Je nach Art und Umfang müssen diese zunächst strukturiert und in ein für die Datenanalyse geeignetes Format gebracht werden. Dies betrifft sowohl den Aufbau des Datensatzes als auch die dazu verwendete Software und die genutzten Dateiformate. Bei der Planung des Datensatzaufbaus gilt es festzulegen, wie die Variablen strukturiert werden. Dies betrifft neben deren thematischen Gliederung, etwa nach administrativen und inhaltlichen Variablen, auch die Sicherstellung ihres Bezugs zum originären Frageprogramm, inklusive darin enthaltener Filter, Verzweigungen oder Variablenabfolgen. In Bezug auf die zu verwendenden Dateiformate empfiehlt sich generell die Verwendung quelloffener Formate, wie z.B. das grundlegende *ASCII*-Format bzw. die Nutzung nicht-proprietärer Software, wie z.B. das Statistikprogramm *R*. In jedem Fall muss gerade in Forschungskooperationen sichergestellt werden, dass alle Projektbeteiligten jederzeit Zugang zu den Daten haben und mit diesen arbeiten können.

Nach der Definition der Datensatzstruktur sind alle darin enthaltenen Variablen eindeutig zu definieren. Dazu gehört, dass ihr Bezug zum originären Frageprogramm sichergestellt, die Variable eindeutig benannt und ihre Bedeutung durch ein aussagekräftiges Label beschrieben (*label*) wird. Analog müssen alle in den Variablen enthaltenen Werte (*Kodes*) gemäß den Antwortvorgaben des Frageprogramms definiert und ihre Bedeutung beschrieben werden. Gleichfalls müssen offene Nennungen in einzelnen Fragen konsistent strukturiert und kodiert werden. Dies gilt auch für den Umgang mit fehlenden Werten. Hierbei gilt es zunächst zu klären, ob die unterschiedlichen Gründe für fehlende Angaben, wie etwa *weiß nicht* oder *sage ich nicht*, für das Forschungsvorhaben relevant sind. Dementsprechend müssen diese detailliert erhoben und kodiert werden oder können pauschal erfasst werden. Schließlich müssen abgeleitete und konstruierte Variablen, wie Gewichte, Skalen und Indizes, definiert, gelabelt und in die bestehende Datensatzstruktur integriert werden (Jensen 2012: 23f.).

Daneben müssen im Rahmen des Aufbereitungskonzepts Validierungsmaßnahmen entwickelt und implementiert werden. Die frühzeitige Planung entsprechender Kontrollmaßnahmen dient sowohl ihrer konsistenten Umsetzung, und damit der Datenqualität, als auch der Datenerhebung, etwa durch die erneute Kontrolle der geplanten Filterführung im Frageprogramm. Die zu entwickelnden Validierungsmaßnahmen umfassen dabei u.a. die Überprüfung der Repräsentativität der Daten ebenso wie Maßnahmen zur Kontrolle aller Variablen bzw. Variablengruppen, z.B. in Bezug auf die Filterführung oder auf etwaige Verzerrungen und Ausreißer, Häufungen fehlender Antworten, systematisches oder inkonsistentes Antwortverhalten. Die Planung und Umsetzung entsprechender Prozesse und Arbeitsschritte wird in Kapitel 6 Schritt für Schritt behandelt.

Parallel zur Planung der Datenaufbereitung gilt es die Daten zu dokumentieren. Ein entsprechendes Konzept zur Datendokumentation muss gewährleisten, dass alle relevanten Schritte der Datenerhebung und Aufbereitung ebenso wie die Forschungsdaten selbst ausreichend beschrieben sind. Die Dokumentation dient der Qualitätssicherung und ermöglicht es, den Zustand der Daten in unterschiedlichen Projektphasen nachzuvollziehen und reversibel zu kontrollieren. Sie stellt somit die Transparenz der Daten, deren Verständlichkeit und Interpretierbarkeit im Rahmen des Forschungsprojekts sicher.

Das Dokumentationskonzept muss Antworten auf zwei zentrale Fragen liefern. Erstens: Was muss dokumentiert werden? D.h., welche Informationen zu den Daten und ihrem Entstehungsprozess müssen erhalten bleiben, um deren Transparenz und Verständlichkeit zu gewährleisten? Zweitens: Wie soll dokumentiert werden? D.h., welche Standards und Best-Practice-Empfehlungen lassen sich hierfür nutzen (zur Einführung vgl. z B. Corti et al. 2014; Jensen/Katsanidou/Zenk-Möltgen 2011)? In Bezug auf die erste Frage nach dem Inhalt der Dokumentation empfiehlt sich die Unterscheidung von Informationen auf der Studien- und der Variablenebene. Auf Studienebene müssen der übergreifende Kontext der Datenerhebung und deren methodische Grundlagen beschrieben werden, etwa in Form eines Methodenberichts (Watteler 2010). Dieser sollte auch Informationen über rechtliche Aspekte, wie zum Datenschutz oder zum Urheberrecht (s.u.), beinhalten und das Aufbereitungskonzept beschreiben. Auf Variablenebene sind Fragen und Antwortvorgaben des originären Frageprogramms zu dokumentieren.

Neben der Frage nach den Inhalten der Dokumentation muss das Konzept auch die Struktur der dargebotenen Informationen thematisieren. Es gilt zu klären, welche Metadaten und Metadatenstandards zur Datendokumentation genutzt werden und auf welches kontrollierte Vokabular dabei zurückgegriffen wird. Vereinfacht ausgedrückt sind Metadaten nichts anderes als Informationen über die Daten, die diese beschreiben und so deren Transparenz, Verständlichkeit und Interpretierbarkeit sicherstellen. Wallace (2001: 262) unterscheidet dabei zwischen „structured or semi-structured information which enables the creation, management, and use of records through time and within and across domains".

Schaukasten 3.1: Datenaufbereitung und Datendokumentation

Datensatzstruktur:

- Ist der Datensatz sinnvoll strukturiert und spiegelt den Aufbau des Frageprogramms wider?
- Sind alle Filter, Verzweigungen, Variablen analog zum Frageprogramm spezifiziert?

Variablen, Werte und Labels:

- Sind alle Variablen strukturiert sowie einheitlich definiert, benannt und gelabelt?
- Sind alle Werte der Variablen gelabelt und den Antwortvorgaben des Frageprogramms zuordenbar?
- Sind alle offenen Antwortmöglichkeiten und fehlende Werte konsistent kodiert und gelabelt?
- Sind abgeleitete Variablen inhaltlich definiert, gelabelt und in die Datensatzstruktur integriert?

Qualitätssicherung:

- Welche Validierungs- und Qualtätssicherungsmaßnahmen sind geplant?

Dokumentation und Metadaten:

- In welcher Form werden die Daten dokumentiert?
- Wie werden Veränderungen der Ursprungsdaten, z.B. durch die Datenaufbereitung, dokumentiert?
- Wie werden abgeleitete Variablen, Skalen, Indizes, Gewichte etc. dokumentiert?
- Welche Metdatenstandards werden genutzt?
- Wird ein kontrolliertes Vokabular zur Datendokumentation genutzt?
- Werden Länder, Berufe, Bildung etc. mittels Standardklassifikationen dokumentiert?

Quelle: Eigene Darstellung

Semi-strukturierte Metadaten beziehen sich auf alle Formen zusammenhängender textbasierter Dokumente, wie Methodenberichte, originäre Fragebögen oder Codebücher. Derartige Dokumente enthalten alle notwendigen Informationen, um die Transparenz und Verständlichkeit der Daten zu gewährleisten, die in Aufbau und Struktur keinen (internationalen) Standards oder Konventionen folgen. Strukturierte bzw. standardisierte Metadaten dienen u.a. der methodischen Beschreibung einzelner Variablen bzw. Messkonzepte, z.B. die International Standard Classification of Education (ISCED 2011), oder der adäquaten Zitation von Daten, wie am Beispiel von DataCite (2016) in Kapitel 10 erörtert. Die Standards der Data Documentation Initiative (DDI 2017) ermöglichen es darüber hinaus, sozialwissenschaftliche Daten systematisch auf Studien- und Variablenebene zu dokumentieren (vgl. Kapitel 9). Die Verwendung standardisierter Metadaten zur Datendokumentation ist zwar etwas zeitaufwendiger als die Beschreibung der Daten mit semi-strukturierten Metadaten. Dieser höhere Aufwand zahlt sich jedoch bereits in der Datenanalyse aus. Eine vollständige Dokumentation anhand standardisierter Metadaten steigert die Transparenz der Daten, erhöht ihre Verständlichkeit und erleichtert die Interpretation von Forschungsergebnissen über einen längerfristigen Zeitraum hinweg. Schaukasten 3.1 fasst relevante Leitfragen zur Planung der Aufbereitung und Dokumentation von Forschungsdaten zusammen.

3.1.2 Datenschutzkonzept

Zumeist beinhalten sozialwissenschaftliche Daten Informationen zu natürlichen Personen, menschlichem Verhalten oder Einstellungen. Dementsprechend sind der „Schutz der Untersuchungsperson sowie der Schutz vor einer missbräuchlichen Verwendung ihrer personenbezogenen Informationen [...] Kernaspekte des verantwortlichen Forschens im sozialwissenschaftlichen Umfeld" (Jensen 2012: 13). Mit anderen Worten liegt es in der Verantwortung der Forschenden, geeignete Maßnahmen zu planen und wirksam umzusetzen, um Untersuchungspersonen vor möglichen negativen Konsequenzen ihrer Teilnahme am Frageprogramm zu schützen. Dabei handelt es sich nicht nur um eine forschungsethische Verantwortung. Vielmehr schreiben die Regelungen der EU-Datenschutz-Grundverordnung (DSGVO) entsprechende Maßnahmen im Umgang mit sogenannten personenbezogenen Informationen vor. Derartige Informationen umfassen zum einen alle Angaben, die zur direkten oder indirekten Identifikation von natürlichen Personen geeignet sind, wie z.B. deren Klarnamen. Zum anderen geht es aber auch um sogenannte besondere Kategorien personenbezogener Daten, d.h. Angaben etwa zur ethnischen Herkunft, zu religiösen Überzeugungen oder zu sexuellen Orientierungen (Art. 9 DSGVO).

Sollen in einem Forschungsprojekt personenbezogene Informationen gemäß Art. 4 DSGVO erhoben, gespeichert oder verarbeitet werden, müssen Forschende bereits zu Beginn des Forschungsprojekts ein umfassendes Datenschutzkonzept entwickeln. Dieses muss zunächst etwaige Risiken für die Untersuchungspersonen bei Bekanntwerden entsprechender Informationen ebenso wie deren Eintrittswahrscheinlichkeit abschätzen (Art. 25 DSGVO). Um derartige Risiken zu minimieren bzw. ihr Eintreten auszuschließen, ist es notwendig, im Forschungsprojekt entsprechende Vorkehrungen zum Schutz der Untersuchungspersonen und ihrer Identität zu planen und umzusetzen. Hierzu zählen u.a. die sogenannte informierte Einwilligungserklärung, die Pseudonymisierung bzw. Anonymisierung der Daten ebenso wie das geschützte Speichern von sensiblen Informationen oder deren letztendliche Vernichtung.

Das Datenschutzkonzept muss somit zunächst sicherstellen, dass die informierten Einwilligungen aller Untersuchungspersonen vorliegen und dass diese ihre Rechte im Rahmen der Erhebung, Speicherung und Verarbeitung der personenbezogenen Informationen geltend machen können. Analog erhalten die Forschenden durch die Einwilligungserklärung die rechtliche Möglichkeit, personenbezogene Informationen im Rahmen ihres Forschungsprojekts überhaupt nutzen zu dürfen.

Darüber hinaus sind im Rahmen der Speicherung und Verarbeitung personenbezogener Informationen zwei primäre datenschutzrechtliche Maßnahmen zu berücksichtigen. Erstens sollten personenbezogene Daten in der Forschung technisch und organisatorisch so bearbeitet werden, dass die Rechte der Untersuchungspersonen geschützt sind. Hierzu können die Daten pseudonymisiert oder anonymisiert werden. Ein frühzeitiges Auseinandersetzen mit entsprechenden Maßnahmen ist aus unterschiedlichen Gründen relevant. Zunächst sind es die konkret erhobenen Informationen und die Art der Daten, die die Anonymisierungsstrategie leiten. Eine frühzeitige Planung hilft, Datenschutzprobleme zu erkennen und bereits in der Phase der Datenerhebung Risiken für die Untersuchungspersonen zu minimieren. So wird zudem sichergestellt, dass Anonymisierungsmaßnahmen bei der Datenaufbereitung konsistent umgesetzt und dokumentiert werden können.

Zweitens müssen personenbezogene Informationen geschützt vor dem unautorisierten Zugriff Dritter gespeichert und innerhalb des Forschungsprojekts entsprechend kommuniziert werden (Art. 25 DSGVO). Im Datenschutzkonzept ist zu klären, wer wie Zugang zu welchen Daten hat und welche technischen Schutzmaßnahmen, wie z.B. die Verwendung von Passwörtern, die Nutzung geschützter Serverbereiche oder die Verschlüsselung der

Daten, zu ergreifen sind (zum Thema Anonymisierung und Risikomanagement vgl. die ausführliche Darstellung von Elliot et al. 2016: 1f.). Letztendlich ist auch die Vernichtung nicht mehr benötigter Informationen Teil des Datenschutzkonzepts. Im Laufe des Forschungsprojektes werden verschiedene schützenswerte Daten und deren Back-ups obsolet, z.B. die Kontaktinformationen der Untersuchungspersonen, oder müssen aufgrund rechtlicher Vorgaben oder Auflagen Dritter, z.B. von Behörden, vernichtet werden. Auch diese Vernichtung muss im Rahmen des Datenschutzkonzepts genau geplant werden, sodass beispielsweise etwaige Löschfristen im Projektverlauf gewährleistet sind.

Schaukasten 3.2: Datenschutzkonzept

Risikoabschätzung:
- Welche Risiken bergen die Daten bei Bekanntwerden für die Untersuchungspersonen?
- Mit welcher (Eintritts-)Wahrscheinlichkeit werden die Daten bekannt?

Einwilligung der Untersuchungspersonen:
- Liegen die informierten Einwilligungen vor, sodass personenbezogene Daten erhoben, gespeichert und verarbeitet werden können?
- Wie werden das Einholen der Einwilligung und die Wahrnehmung von Rechten organisiert?

Anonymisierung:
- Welche Datenschutzmaßnahmen sind vorgesehen?
- Welche Maßnahmen zum Schutz schwach- bzw. nicht-anonymisierter Daten sind vorgesehen?

geschütztes Speichern:
- Bestehen geschützte Serverbereiche und wie werden ggf. die Zugriffsrechte organisiert?
- Bestehen Konventionen zum Passwortschutz und zum Verschlüsseln bestimmter Daten und Dateien?

Vernichtung:
- Besteht ein Konzept zur Vernichtung obsoleter Daten und Dateien?
- Wie werden ggf. Löschungsfristen für einzelne Daten oder Dateien im Projektverlauf gewährleistet?

Quelle: Eigene Darstellung

Schaukasten 3.2 listet zentrale Leitfragen zur projektinternen Planung des Datenschutzkonzepts. Kapitel 4 erörtert darüber hinaus ausführlich Themen und Anforderungen der DSGVO zum Umgang mit personenbezogenen Daten in Forschungsprojekten. Dabei stehen Aspekte der Datenanonymisierung ebenso wie Vorgaben zur informierten Einwilligungserklärung im Fokus.

3.1.3 Verwaltung von Urheberrechten

Neben datenschutzrechtlichen Aspekten spielen in der Planung des Forschungsdatenmanagements Urheberrechte eine zentrale Rolle. Sie sichern die rechtskonforme Verwendung urheberrechtlich geschützter Materialien im Forschungsprojekt. Dementsprechend muss bei der Planung des projektinternen Forschungsdatenmanagements auch ein Konzept zur Organisation und Verwaltung von Urheberrechten entwickelt werden. Dies betrifft zum einen die im Forschungsprojekt generierten Materialien, wie z.B. Forschungsergebnisse oder Daten. Die Urheber- und Verwertungsrechte an derartigen Materialien sollten frühzeitig, d.h. bereits zu Projektbeginn, schriftlich unter den Projektbeteiligten geregelt werden. Nur so kann eine rechtskonforme Verwendung der Daten im Projekt gewährleistet und sichergestellt werden, dass die Verwertungsrechte an Forschungsergebnissen und den damit verbundenen

Publikationen geklärt sind. Sollen generierte Materialien, wie Daten und deren Dokumentationen, nach Projektende auch zur Nachnutzung bereitgestellt werden, empfiehlt es sich, Nutzungsrechte durch eine Lizenz zu regeln.

Schaukasten 3.3: Verwaltung von Urheberrechten

Urheberrechte an im Forschungsprojekt generierten Daten und Dateien:
- Wer hat Urheberrechte an im Forschungsprojekt generierten Daten und Dateien?
- Wie werden die Verwertungsrechte an den Daten und Dateien geregelt?

Urheber- und Verwertungsrechte Dritter:
- Bestehen Urheberrechte Dritter an im Forschungsprojekt verwendeten Materialien?
- Wie erlangt das Forschungsprojekt die Rechte zur Nutzung dieser Materialien im Projekt?

Quelle: Eigene Darstellung

Zum anderen geht es um Urheberrechte Dritter, etwa an Methoden und Standards, wie z.B. Skalen, die im Rahmen der Datenerhebung und Aufbereitung genutzt werden sollen. Werden derartige urheberrechtlich geschützte Materialien eingesetzt, so ist zu klären, welche Nutzung die entsprechenden Verwertungsrechte erlauben. Ein Mangel an entsprechenden Rechten zur Nachnutzung kann sich negativ auf die Möglichkeiten der Datenanalyse oder deren Verwertung im Rahmen wissenschaftlicher Publikationen auswirken. Gerade deshalb ist es zentral, bereits während der Projektplanung und vor der eigentlichen Datenerhebung entsprechende Urheber- und Verwertungsrechte adäquat zu verwalten und zu dokumentieren. In Schaukasten 3.3 sind Leitfragen zur Verwaltung von Urheberrechten für die Projektplanungen zusammengestellt.

3.1.4 Organisation der Forschungsdateien

Zur Planung des projektinternen Forschungsdatenmanagements gehört auch die logische und technische Organisation der Daten und Dateien im Forschungsprojekt. Die Entwicklung und konsistente Umsetzung eines entsprechenden Organisationkonzepts ist gerade in Forschungskooperationen unerlässlich. Sie dient primär der Arbeitserleichterung und der Sicherung der Arbeit als solche. Eine gute Organisation ermöglicht es allen Projektbeteiligten, Daten und Dateien schnell zu identifizieren, zu bearbeiten und zu sichern.

Ein entsprechendes Organisationkonzept sollte zunächst eine Ordnerstruktur für das Forschungsprojekt festlegen. Dies kann beispielsweise anhand unterschiedlicher Daten- und Dateitypen oder anhand verschiedener Themenkomplexe geschehen. Hierbei ist der Umgang mit personenbezogenen Informationen und datenschutzrechtlich relevanten Daten und Dateien zu berücksichtigen. Zudem sind etwaige Regelungen und Maßnahmen des projektinternen Datenschutzkonzepts im Auge zu behalten.

Analog muss das Konzept klären, wie Daten und Dateien im Forschungsprojekt benannt und versioniert werden. So können Dateinamen eine Reihe von Informationen, wie etwa den Dateityp, die Zugehörigkeit zu anderen Dateien, die erstellende bzw. bearbeitende Person oder die Version der Datei enthalten. Denkbar ist es auch, datenschutzrechtlich relevante Dateien durch eine spezielle Kennzeichnung im Dateinamen zu markieren. Analog ist bei der Entwicklung von Versionierungsregeln darauf zu achten, dass Beziehungen zwischen unterschiedlichen Versionen zusammengehöriger Dateien ersichtlich bleiben, um beispielsweise einer bestimmten Version des Datensatzes eine bestimmte Version des Codebuchs dauerhaft zuordnen zu können.

Schließlich muss im Rahmen des Organisationskonzepts sichergestellt werden, dass die Daten durch eine geeignete Back-up-Strategie ausreichend vor versehentlichem Verlust geschützt sind. Sie legt fest, welche Dateien wo, wie oft, von wem gesichert werden und wie der Erhalt sowie die Lesbarkeit der Sicherungskopien gewährleistet werden. In der Praxis besitzen heute die meisten Forschungseinrichtungen institutseigene Back-up-Strategien, basierend auf automatisierten Sicherungsprozessen. Entsprechend ist zu klären, ob am jeweiligen Institut derartige automatisierte Prozesse existieren und wie sie funktionieren. Dabei müssen Maßnahmen des Datenschutzkonzepts auch in Bezug auf die Sicherungskopien umgesetzt werden. Diese sind ggf. zu verschlüsseln, mit einem Passwort zu schützen und vor dem unautorisierten Zugriff Dritter zu sichern. Die Leitfragen in Schaukasten 3.4 dienen der Orientierung bei der Projektplanung. Kapitel 5 erörtert darüber hinaus ausführlich Strategien und Maßnahmen zum systematischen und rechtkonformen Umgang mit Forschungsdateien in Projekten.

Schaukasten 3.4: Organisation der Forschungsdateien

Ordnerstruktur:

- Wie werden die Daten und Dateien im Rahmen der Ordnerstruktur organisiert?
- Wie werden die Zugriffsrechte der Projektbeteiligten organisiert?

Datenbenennung und -versionierung:

- Bestehen Regeln zur eindeutigen Benennung von Daten und zugehörigen Dateien?
- Bestehen Regeln zur eindeutigen Versionierung von Daten und zugehörigen Dateien?

Sicherung gegen Verlust (Back-ups):

- Wie werden die Daten und Dateien technisch gegen Verlust gesichert (Back-ups)?
- Bestehen in der jeweiligen Forschungseinrichtung automatisierte Back-up-Prozesse?
- Wie werden Datenschutzmaßnahmen im Kontext der Back-ups berücksichtigt?

Quelle: Eigene Darstellung

3.1.5 *Ressourcen und Verantwortlichkeiten*

Die Planung und Umsetzung des projektinternen Forschungsdatenmanagements erfordert letztendlich die vorausschauende Berücksichtigung notwendiger Ressourcen und Verantwortlichkeiten. Gerade in Forschungskooperationen sollten Verantwortlichkeiten für die unterschiedlichen Aktivitäten des Forschungsdatenmanagements von Beginn an klar definiert und zwischen den Kooperationspartnern schriftlich vereinbart werden. Generell empfiehlt es sich, die Aktivitäten des Forschungsdatenmanagements als festen Bestandteil der Projektorganisation zu betrachten und dort zu verorten, wo die jeweilige Tätigkeit auch tatsächlich ausgeführt werden soll. So lässt sich beispielsweise die Dokumentation des Frageprogramms an die Entwicklung des Forschungsdesigns knüpfen. Entsprechend sind jene Projektbeteiligten, die für die Entwicklung des Frageprogramms verantwortlich sind, auch für dessen adäquate Dokumentation zuständig.

Bei der Ressourcenplanung bzw. der Ausarbeitung eines Budgetplans ist zu berücksichtigen, dass auch das Forschungsdatenmanagement selbst Kosten verursacht. Diese sind pauschal nur schwer definierbar. Sie hängen primär von der konkreten wissenschaftlichen und organisatorischen Gestaltung des Forschungsprojektes und den zu generierenden Daten ab. Bei der Kostenkalkulation sollten Forschende daher zunächst ihr Forschungsvorhaben hinsichtlich aller Kostenaspekte reflektieren. Darauf aufbauend können die unterschiedlichen Aktivitäten des projektinternen Forschungsdatenmanagements definiert und budgetiert werden. Zur ersten Orientierung lassen sich die dabei entstehenden Kosten in Sach- und Personalmitteln differenzieren. Unter Personalmitteln sind sämtliche personelle Aufwendungen zu subsummieren, z.B. für die Koordination des Forschungsdatenmanagements oder für die relativ zeitaufwendige Aufbereitung und Dokumentation der Daten. Sachmittel beinhalten u.a. Kosten für Softwarelizenzen oder für ausreichende Speicherkapazitäten etc. (Jensen 2012:16f.). Wesentliche Fragestellungen bei der Planung von Verantwortlichkeit und Ressourcen im Rahmen des Forschungsdatenmanagements zeigt Schaukasten 3.5.

Schaukasten 3.5: Ressourcen und Verantwortlichkeiten

Verantwortlichkeiten:

- Welche Aufgaben und Anforderungen sind im Forschungsdatenmanagement zu berücksichtigen?
- Wie werden die entsprechenden Verantwortlichkeiten festgelegt und wo werden diese verortet?
- Sind besondere Anforderungen, z.B. im Rahmen von Forschungskooperationen, zu berücksichtigen?

Ressourcen:

- Wie beeinflussen das Forschungsprojekt und die zu generierenden Daten die Kosten des Forschungsdatenmanagements?
- Welche Personalkosten fallen im Rahmen des Forschungsdatenmanagements an?
- Welche Sachkosten fallen im Rahmen des Forschungsdatenmanagements an?

Quelle: Eigene Darstellung

3.2 Forschungsdatenmanagement über das Projektende hinaus planen

Die systematische Planung des projektinternen Forschungsdatenmanagements dient der Sicherung der guten wissenschaftlichen Praxis im Projektverlauf. Sie unterstützt die Umsetzung der eigentlichen Forschungsziele und sichert die Qualität, Verständlichkeit und Interpretierbarkeit der zu verwendenden Daten. Ebenso wird durch die systematische Planung der datenschutz- und urheberrechtskonforme Umgang anhand geeigneter Konzepte gewährleistet. Ein vorausschauend geplantes, projektinternes Forschungsdatenmanagement schafft aber auch die notwendigen Grundlagen, um die Daten über das eigentliche Forschungsprojekt hinaus zu erhalten:

> Good research data management is not a goal in itself, but rather the key conduit leading to knowledge discovery and innovation, and to subsequent data and knowledge integration and reuse. (Horizon 2020 Programme 2016: 3)

Im Rahmen der Projektplanung muss daher nicht nur das projektinterne Forschungsdatenmanagement berücksichtigt werden, sondern es bedarf auch der Entwicklung geeigneter Konzepte zur langfristigen Sicherung der Daten nach Projektende. Forschende sollten dabei Aktivitäten des projektinternen Forschungsdatenmanagements von den weiterführenden Maßnahmen zur Sicherung der Daten über das Projekt hinaus abgrenzen. Dies erleichtert die Planung, dient vor allem aber einer gezielten Umsetzung weiterführender Maßnahmen. Schließlich müssen derartige weiterführende Aktivitäten im Projektverlauf implementiert und umgesetzt werden, auch wenn ihre Maßnahmen weiter über das Projekt hinausreichen. Letztendlich unterstützt die Unterscheidung auch die Erfüllung etwaiger Auflagen und Anforderungen Dritter, wie z.B. von akademischen Journals oder Drittmittelgebern. Dabei lassen sich primär zwei Auflagen Dritter erkennen, denen zwei unterschiedliche wissenschaftliche Nachnutzungszwecke zugrunde liegen: a) die Replikation publizierter Forschungsergebnisse zur Verifizierung und b) die Bereitstellung der Daten zur Nachnutzung durch Dritte in neuen Forschungskontexten (*Data Sharing*).

3.2.1 Die Replizierbarkeit von Forschungsergebnissen sicherstellen

Ein Grundsatz guter wissenschaftlicher Praxis ist die Transparenz und Überprüfbarkeit von publizierten Forschungsergebnissen ebenso wie von verwendeten Daten. So fordert die Deutsche Forschungsgemeinschaft in ihren Leitlinien zum Umgang mit Forschungsdaten, dass diese „in der eigenen Einrichtung oder in einer fachlich einschlägigen, überregionalen Infrastruktur für mindestens 10 Jahre archiviert werden" (DFG 2015: 1) sollen, um u.a. die Replizierbarkeit zu gewährleisten (vgl. dazu auch Huschka/Oellers 2013; Allianz der deutschen Wissenschaftsorganisationen 2010). Unter Replikation wird dabei zum einen die Prüfung und Verifikation von Analyseergebnissen verstanden, indem diese mit den vorhandenen Daten unter Nutzung der gleichen Methoden reproduziert werden. Zum anderen meint Replikation den Versuch, Ergebnisse einer wissenschaftlichen Studie durch Erhebung neuer Daten mit gleichen Analysemethoden zu verifizieren (Freese 2007: 178). Analog fordern heute mehr und mehr Hochschulen und Forschungseinrichtungen bzw. -verbünde, z.B. die Leibniz-Gemeinschaft (2015) oder die Max-Planck-Gesellschaft (2000), aber auch akademische Journals, etwa die Politische Vierteljahreszeitschrift (2011), die Replizierbarkeit publizierter Forschungsergebnisse.

Die Planung weiterführender Aktivitäten des Forschungsdatenmanagements muss daher auch die Entwicklung eines Konzepts zum längerfristigen Datenerhalt berücksichtigen. Forschende sollten dazu zunächst ihr Forschungsprojekt und die potentiell zu replizierenden Daten reflektieren. Darauf aufbauend gilt es zu klären, welche Anforderungen und Standards zur Replikation zu berücksichtigen sind. So schreibt etwa King (1995: 444):

> The replication standard holds that sufficient information exists with which to understand, evaluate, and build upon a prior work if a third party could replicate the results without any additional information from the author.

Wann derartige *hinreichende* Informationen gegeben sind, sodass die Daten für Dritte zugänglich, transparent, verständlich und interpretierbar bleiben, beschreiben mittlerweile vereinzelte Leitlinien von Datenrepositorien, u.a. von Dataverse (o.J.). Entsprechende disziplinspezifische Leitlinien von Journalen, etwa im Bereich der Politik- oder der Wirtschaftswissenschaften, diskutieren beispielsweise Gherghina und Katsanidou (2013) oder Vlaeminck und Siegert (2012).

Um die Nachvollziehbarkeit der durchgeführten Datenanalysen und ihrer Ergebnisse praktisch zu ermöglich, müssen neben den verwendeten Daten alle zur Replikation notwendigen Skripte, beispielsweise zur Datenaufbereitung und -analyse, in verständlicher und nachvollziehbarer Form erhalten werden. Weitergehende Strategien zur Sicherung von Aufbereitungsskripten beschreibt der dritte Abschnitt in Kapitel 8. Im Folgenden stehen generelle Aspekte zum Erhalt von Forschungsdaten zu Replikationszwecken im Vordergrund.

In der Planung des Forschungsdatenmanagements erfordert z.B. der zehnjährige Erhalt der Daten, dass Konzepte und Maßnahmen während der Projektlaufzeit und nach Projektende wirksam ineinandergreifen. Einzelne Aktivitäten des projektinternen Forschungsdatenmanagements müssen dazu an das Ziel des längerfristigen Datenerhalts angepasst werden. Dies betrifft insbesondere die Aufbereitung und Dokumentation der Daten. Um über die nächsten zehn Jahre transparent und nachvollziehbar zu bleiben, müssen die Daten ebenso wie genutzte Methoden und Konzepte hinreichend dokumentiert sein. Dabei sollten soweit als

3. Forschungsdatenmanagement systematisch planen und umsetzen

möglich Metadatenstandards verwendet werden, um die Verständlichkeit der Dokumentation dauerhaft zu erhöhen.

Darüber hinaus ist der zehnjährige Erhalt der Daten ggf. aber auch an rechtliche Voraussetzungen gebunden. Hierzu zählen einerseits Vorgaben des Datenschutzes. So darf beispielsweise die informierte Einwilligung der Untersuchungspersonen den längerfristigen Datenerhalt nicht ausschließen. Sollen personenbezogene Informationen über zehn Jahre hinweg erhalten bleiben, so muss auch deren Vertraulichkeit gewährleistet werden. Entsprechend sind Maßnahmen zu ergreifen, die den Schutz der Daten für diesen Zeitraum sicherstellen. Analog gilt es, die Urheberrechte an allen zu erhaltenden Daten und Begleitmaterialien im Auge zu behalten und sicherzustellen, dass entsprechende Verwertungsrechte bestehen. Dies betrifft sowohl die Urheberrechte an den im Forschungsprojekts generierten Daten und Dateien als auch eventuelle Urheberrechte Dritter, etwa an verwendeten und daher zu erhaltenden Materialien.

Schließlich gilt es zu klären, in welchen Dateiformaten die Daten und Begleitmaterialien, wie z.B. die Datendokumentation, gespeichert werden sollen. Zu bedenken ist in diesem Zusammenhang, dass die Forschenden die Zugänglichkeit zu den Daten und Dateien längerfristig sicherstellen müssen. Die zur Speicherung verwendeten Formate sollten demnach so gewählt werden, dass die einzelnen Dateien nutzbar bleiben. Analog zum projektinternen Forschungsdatenmanagement empfiehlt sich daher auch beim längerfristigen Datenerhalt die Verwendung nicht-proprietärer Formate, deren Quellcodes ggf. Teil der zu erhaltenden Begleitmaterialien sein können.

Der eigentliche physische Datenerhalt kann dann durch das Forschungsprojekt selbst organisiert und umgesetzt werden. Eine (mindestens) zehnjährige Sicherung von Forschungsdaten zu Replikationszwecken setzt jedoch voraus, dass im Rahmen des Forschungsprojektes eine entsprechende Strategie entwickelt wird. Diese umfasst zunächst die Definition von Verantwortlichkeiten für den Erhalt. Daran anschließend muss festgelegt werden, welche Daten und Dateien erhalten und in welchen Formaten diese gespeichert werden sollen. Dies betrifft neben der Klärung der Bitstream-Sicherung, d.h. den „physische[n] Erhalt des gespeicherten Datenobjekts (Bitstreams)" (Ulrich 2010: Kap. 8:3), das Einhalten eventueller datenschutzrechtlicher Vorgaben. Dabei muss der Zugang zu den Daten für die Projektbeteiligten ebenso wie für Dritte zu Replikationszwecken über die Jahre hinweg gewährleistet werden. Schließlich sind die Kosten der Sicherung und eventuelle Mehraufwendungen, z.B. im Rahmen einer standardisierten Dokumentation, zu berücksichtigen und in die Projektplanung aufzunehmen (zu Kosten bzw. Modellen der Kostenermittlung vgl. Kimpton/Morris 2014; Beagrie 2011).

Alternativ zum längerfristigen Erhalt durch das Forschungsprojekt lassen sich die Daten auch in einem Datenrepositorium archivieren. Repositorien ermöglichen die längerfristige Sicherung der Daten unter Einhaltung rechtlicher Vorgaben und gewährleisten deren Zugänglichkeit für die Projektbeteiligten ebenso wie für Dritte zu Replikationszwecken. Im Rahmen der Projektplanung sollten Forschende frühzeitig die sachgerechte Sicherung oder Archivierung in einer Dateninfrastruktureinrichtung thematisieren. In der Entwicklung eines Konzepts zum längerfristigen Datenerhalt gilt es, mögliche Anforderungen an die zu archivierenden Daten, die Abläufe der Archivierung sowie die Nutzungsbedingungen des jeweiligen Repositoriums rechtzeitig zu beachten und entsprechend im Projektverlauf umzusetzen. Dabei ist auch zu klären, was nach Ablauf der vertraglich geregelten Archivierungsfrist mit den Daten im Repositorium geschieht. Letztendlich müssen eventuelle Archivierungskosten des jeweiligen Repositoriums berücksichtigt und im Rahmen der Projektplanung budgetiert werden. Schaukasten 3.6 fasst die Themen und Fragestellungen zusammen, die bei der Planung zur Sicherstellung replizierbarer Forschungsergebnisse berücksichtigt werden sollten.

> **Schaukasten 3.6: Die Replizierbarkeit von Forschungsergebnissen sicherstellen**
>
> Vorabüberlegungen:
>
> - Zu welchem Zweck sollen die Daten längerfristig erhalten werden?
> - Welche Standards und Vorgaben Dritter müssen beim Datenerhalt beachtet werden?
>
> Organisatorischer und technischer Datenerhalt:
>
> - Welche Daten und Begleitdateien sollen erhalten werden?
> - Wo und wie lange erfolgt die Sicherung nach Projektende?
> - Wie wird der Datenzugang für Projektbeteiligte und Dritte zu Replikationszwecken geregelt?
> - Wie erfolgt die technische Sicherung, d.h. Bit-Stream-Sicherung, Prüfung der Lesbarkeit, Back-ups etc.?
> - In welchen Dateiformaten werden die Daten und Begleitdateien gespeichert?
> - Was geschieht mit den Daten nach Ablauf der Sicherungsfrist?
> - Welche Kosten fallen zusätzlich an und wie werden diese durch das Projektbudget gedeckt?
>
> Dokumentation:
>
> - Sind alle Daten ausreichend dokumentiert?
> - Welche Metadaten(-standards) werden genutzt?
> - Wird ein kontrolliertes Vokabular genutzt?
>
> Datenschutz:
>
> - Ermöglicht die informierte Einwilligung den längerfristigen Datenerhalt?
> - Sind die Daten ausreichend anonymisiert?
> - Wie werden schwach bzw. nicht anonymisierte Daten vor dem unautorisierten Zugriff Dritter längerfristig geschützt?
>
> Urheberrechte:
>
> - Liegt die Genehmigung aller Urhebenden zum längerfristigen Datenerhalt vor?
> - Sind Urheberrechte Dritter vom Datenerhalt betroffen?
> - Wie werden ggf. Urheberechte Dritter berücksichtigt und Verwertungsrechte sichergestellt?
>
> Ressourcen:
>
> - Sind die notwendigen Ressourcen zum längerfristigen Datenerhalt im Projektbudget berücksichtigt?

Quelle: Eigene Darstellung

3.2.2 Die Bereitstellung von Forschungsdaten zur Nachnutzung

In Abgrenzung zum Datenerhalt zu Replikationszwecken geht es bei der Bereitstellung der Daten (*Data Sharing*) um die Möglichkeit Dritter, diese in neuen Kontexten nachnutzen zu können. Die sogenannte Sekundäranalyse von bestehenden Datenbeständen ist eine anerkannte Forschungsstrategie, die von Forschenden der eigenen Disziplin bzw. von Nachbardisziplinen bis hin zu transdisziplinär Forschenden genutzt wird. Sie umfasst die Nachnutzung bereits existierender Daten zum Vergleich thematisch und methodisch ähnlicher Datensätze, zur Bearbeitung neuer Forschungsfragen ebenso wie z.B. in der akademischen Lehre, ohne dabei selbst Daten generieren zu müssen.

Analog zum Datenerhalt zu Replikationszwecken reicht das Ziel der Datenbereitstellung weit über das eigentliche Forschungsprojekt hinaus. Die Nachnutzung der Daten durch Dritte findet häufig erst statt, wenn das Forschungsprojekt als solches bereits beendet und das Analysepotential der Daten im Rahmen des originären Frageprogramms weitestgehend ausgeschöpft ist. Die Bereitstellung der Daten muss aber im Verlauf des eigentlichen Forschungsprojekts geplant und vorbereitet werden, auch wenn diese erst zum Projektende Dritten verfügbar gemacht werden.

Dabei sollten sich die Forschenden zunächst mit etwaigen Auflagen zum *Data Sharing* auseinandersetzen. Diese können sich z.B. aus institutseigenen Verpflichtungen, etwa zum *Open Access* im Rahmen der Berliner Erklärung (2003), oder aus Regelungen z.B. von Drittmittelgebern ableiten. So fordert beispielsweise die DFG (2015: 1), dass bereits bei der Planung des zu beantragenden Forschungsprojektes Überlegungen angestellt werden,

> ob und welche der aus einem Vorhaben resultierenden Forschungsdaten für andere Forschungskontexte relevant sein können und in welcher Weise diese Forschungsdaten anderen Wissenschaftlerinnen und Wissenschaftlern zur Nachnutzung zur Verfügung gestellt werden können.

Diese sollten „so zeitnah wie möglich verfügbar gemacht werden" (ebd.) und Dritten die weitere (Nach-)Nutzung ermöglichen.

Mit derartigen Auflagen einher gehen zumeist Forderungen zum Betreiben eines geeigneten Forschungsdatenmanagements und dessen Dokumentation, etwa in Form des Datenmanagementplans. Damit soll sichergestellt werden, dass die im Projektverlauf generierten Daten auch tatsächlich bereitgestellt werden können (vgl. etwa die Anforderungen in Horizon 2020 Programme – European Commission 2016). Gerade Forschende in Drittmittelprojekten sollten sich mit derartigen Auflagen zur Bereitstellung ihrer Daten und zur Erstellung eines Datenmanagementplans vertraut machen. Generell gilt, dass sich dieser Datenmanagementplan für Drittmittelgeber von der projektinternen Dokumentation des Forschungsdatenmanagements unterscheidet. Im Gegensatz zum projektinternen Datenmanagementplan sollte sich das Berichtwesen gegenüber Mittelgebern auf die wesentlichen Aspekte der Generierung nachnutzbarer und weitergabefähiger Daten fokussieren und bestehende Anforderungen und Auflagen berücksichtigen.

Analog zum Datenerhalt zu Replikationszwecken müssen Forschende im Rahmen ihrer Projektplanung die Entwicklung eines Konzepts zur Bereitstellung ihrer Daten angehen. Dieses Konzept muss, unter Berücksichtigung etwaiger spezifischer Förderauflagen, zunächst klären, welche Daten und Dateien, wem, unter welchen Bedingungen, wie bereitgestellt werden sollen. Im Gegensatz zum Datenerhalt zu Replikationszwecken werden zur Sekundäranalyse zumeist nur einige wenige Dateien des ursprünglichen Forschungsprojekts zur Verfügung gestellt. So werden in der Regel die ursprünglich erhobenen und noch nicht aufbereiteten (Roh-)Daten des Forschungsprojekts nicht für Dritte verfügbar gemacht, sondern ggf. nur längerfristig zu Replikationszwecken gesichert. Dementgegen umfasst die Bereitstellung zur Nachnutzung zumeist nur die Forschungsdaten sowie notwendige Begleitmaterialien zur Sicherung ihrer Nutzbarkeit, wie beispielsweise die Datendokumentation. Im Vergleich zum Datenerhalt zu Replikationszwecken sollten Forschende bei der Datenbereitstellung zur Nachnutzung aber nicht nur jene Daten zugänglich machen, die zur Erstellung der unterschiedlichen Projektergebnisse verwendet wurden. Vielmehr sollten alle im Forschungsprojekt generierten Daten – wenn möglich in einem integrierten Datensatz – bereitgestellt werden. Dieser kann auch Informationen enthalten, die im Forschungsprojekt zwar erhoben wurden, in der eigentlichen Projektarbeit aber ungenutzt blieben. Die Forschenden steigern damit das Analysepotential ihrer Daten und erhöhen deren Nachnutzbarkeit durch Dritte.

Neben der Frage, welche Daten verfügbar gemacht werden sollen, muss für das Konzept zur Erstellung nachnutzbarer Daten auch berücksichtigt werden, was die Bereitstellung überhaupt bedeutet. Um dies besser verstehen zu können, empfiehlt sich ein kurzer Blick auf die sogenannten *FAIR Data Principles* (Force11 2017; Wilkinson et al. 2016; Recker et al. 2015). Das Akronym FAIR steht für vier grundlegende Prinzipien – *findable, accessible, interoperable* und *re-usable* –, die die Daten erfüllen müssen, um als nachnutzbar zu gelten.

Demzufolge müssen nachnutzbare Daten erstens auffindbar (*findable*) sein, d.h. Dritte müssen von den Daten Kenntnis erlangen können. Für die Forschenden impliziert dies, die Metadaten ihrer Daten möglichst publik zu machen, etwa über die eigene Projektwebseite oder durch die Registrierung der Daten in Datenkatalogen wie DataCite (2016). Zweitens müssen die Daten für Dritte sowohl physisch als auch rechtlich zugänglich (*accessible*) sein. Dritte müssen tatsächlich auf die Daten zugreifen können, was sowohl die Formate der einzelnen Dateien als auch die damit verbundenen Zugangsrechte betrifft.

Schaukasten 3.7: *datorium* – Datenrepositorium für die Sozial- und Wirtschaftswissenschaften

https://datorium.gesis.org/xmlui/

datorium ist ein Service für die eigenständige Dokumentation, Sicherung und Veröffentlichung von Forschungsdaten, der durch eine Nutzungsbedingung abgesichert wird.

Registrierung der Daten:

- Einspielen von Metadaten in Online-Katalogen zur freien Recherche im Internet;
- Vergabe eines Digital Objective Identifiers (DOI 2018) zur eindeutigen Zitier- und Referenzierbarkeit.

Nachnutzung:

- Lizensierung der Daten zur Nachnutzung für Dritte;
- physische und rechtskonforme Zugänglichkeit für mindestens zehn Jahre.

datorium bietet darüber hinaus Unterstützung bei der Datenbereitstellung, etwa in Form von Handreichungen und Best-Practise-Empfehlungen, z.B. zum Umgang mit Syntaxen oder zur Aufbereitung und Anonymisierung quantitativer Daten (datorium o.J.b)

Quelle: Eigene Darstellung

Die beiden Prinzipien der Auffindbarkeit und Zugänglichkeit hängen dabei primär von zwei Fragen ab: Wie und wo werden die Daten archiviert und für Dritte bereitgestellt? Forschende, die ihre Daten bereitstellen wollen, sollten daher bereits bei der Projektplanung überlegen, ob die Daten durch das Forschungsprojekt selbst – z.B. über die Projektwebseite[1] – oder via externer Dateninfrastruktureinrichtungen – z.B. ein institutionelles oder disziplinspezifisches überregionales Datenrepositorium – verfügbar gemacht werden sollen (ZBW/GESIS/RatSWD 2015: 22; vgl. die ausführliche Darstellung in Kapitel 7). Repositorien sichern die physische und rechtskonforme Zugänglichkeit der Daten und steigern deren Auffindbarkeit, u.a. durch die Registrierung der Daten in Datenkatalogen und die Vergabe persistenter Identifikatoren (Corti et al. 2014; Huschka et al. 2011; Jensen/Katsanidou/Zenk-Möltgen 2011; Doorn 2010). Schaukasten 3.7 zeigt ein Beispiel für ein derartiges disziplinspezifisches, überregionales Datenrepositorium: *datorium* (o.J.a), ein Service von GESIS – Leibniz-Institut für Sozialwissenschaften.

Das dritte FAIR-Prinzip bezieht sich auf die *Interoperabilität* der Daten. Dritte müssen die bereitgestellten Daten technisch nachnutzen können. Dies betrifft zum einen die verwendeten Dateiformate. Forschende sollten sich an disziplinspezifischen Standards orientieren und möglichst auf nicht-proprietäre Formate zum Speichern der Daten und Begleitmaterialien zurückgreifen. Zum anderen umfasst Interoperabilität die Datendokumentation. Diese sollte auf einem kontrollierten Vokabular basieren und disziplinspezifische (Metadaten-)Standards nutzen, um die Transparenz der Daten und ihre Verständlichkeit dauerhaft zu erhöhen.

Das letzte FAIR-Prinzip benennt schließlich die analytische Nachnutzbarkeit (*re-usable*) der Daten. Um mit den Daten in neuen (Forschungs-)Kontexten weiterarbeiten zu können, müssen Dritte diese inhaltlich und methodisch verstehen, interpretieren und nachvollziehen können. Dementsprechend ist es erforderlich, dass alle für die Nachnutzung relevanten

---

[1] Die Bereitstellung der Daten über das Projektende hinaus ist allein durch das eigene Forschungsprojekt zumeist schwer zu realisieren. So fehlen zumeist die notwendigen technischen und personellen Ressourcen, um den Zugang zu den Daten längerfristig sicherzustellen.

3. Forschungsdatenmanagement systematisch planen und umsetzen

Informationen vorliegen. Nur so können das Analysepotential der Daten und deren Qualität beurteilt werden. Dies umfasst die Daten als solche ebenso wie ihren Entstehungsprozess, die zugrunde liegenden methodischen Aspekte des Studiendesigns, die Datenerhebung etc. Insgesamt gilt, dass die Daten in Kombination mit ihrer Dokumentation selbsterklärend sein müssen und Dritte diese nachnutzen können, ohne weitere Informationen von den ursprünglichen Forschenden einzuholen. Haben die Forschenden bei der Aufbereitung und Dokumentation ihrer Daten im Rahmen des projektinternen Forschungsdatenmanagements bereits ein besonderes Augenmerk auf die Vollständigkeit der Informationen und die Verwendung von (Metadaten-)Standards gelegt, werden wesentliche Anforderungen für die analytische Nachnutzbarkeit der Daten bereits erfüllt sein.

Um Daten entsprechend der *FAIR*-Prinzipien für Dritten nachnutzbar zu machen, müssen abermals rechtliche Aspekte berücksichtigt und in ein entsprechendes Bereitstellungskonzept integriert werden. Dies betrifft zum einen den Datenschutz. Analog zum Datenerhalt zu Replikationszwecken darf auch die Bereitstellung der Daten und deren Nachnutzung nicht per se durch die Einwilligungserklärung ausgeschlossen werden und die Daten müssen zur Weitergabe an Dritte ausreichend anonymisiert sein. Daten, die nicht oder nicht ausreichend anonymisiert werden können, z.B. um deren Analysepotential zu erhalten, müssen ggf. mit speziellen Zugangs- und Nachnutzungsrechten versehen und unter bestimmten organisatorischen und rechtlichen Bedingungen verfügbar gemacht werden, wie im Abschnitt 3 des vierten Kapitels näher ausgeführt wird. Zum anderen müssen die notwendigen Urheberrechte vorliegen, um entsprechende Verwertungsrechte, etwa zur Nachnutzung, an Dritte übertragen zu können, wie in Abschnitt 3.1.3 erörtert.

Letztendlich müssen im Konzept zur Bereitstellung der Daten die dabei anfallenden Kosten eingeplant und budgetiert werden. Ebenso wie beim Datenerhalt zu Replikationszwecken betrifft dies zunächst die Mehraufwendungen zur Erstellung nachnutzbarer Daten und deren Begleitmaterialien, wie z.B. die Datendokumentation. Darüber hinaus müssen ggf. aber auch Aufwendungen zur Gewährleistung der Auffindbarkeit und Zugänglichkeit der Daten berücksichtigt werden (vgl. zu Kosten bzw. zur Kostenermittlung Kimpton/Morris 2014; Beagrie 2011). Ist die Bereitstellung der Daten mit einer Auflage durch Drittmittelgeber verbunden, sollten die Forschenden klären, ob und wie sie entsprechende Mehraufwendungen beantragen können. So folgen beispielsweise das Horizon 2020 Programme (2016) ebenso wie die DFG (2015: 1) dem Förderansatz, dass

> projektspezifische Kosten, die im Rahmen eines wissenschaftlichen Projekts bei der Aufbereitung von Forschungsdaten für eine Anschlussnutzung bzw. für die Überführung von Forschungsdaten in existierende Infrastrukturen entstehen, […] eingeworben werden [können].

Um diese Kosten adäquat geltend zu machen, ist eine frühzeitige Planung im Rahmen des Projektantrags unabdingbar.

In diesem Zusammenhang sollten Forschende auch prüfen, ob verschiedene Aktivitäten zur Generierung nachnutzbarer Daten nicht durch spezialisierte Dienstleister erbracht werden können. So bietet beispielsweise das Datenarchiv für Sozialwissenschaften der GESIS im Rahmen der Datenarchivierung (GESIS 2018a) spezifische Datenservices an, z.B. zur Aufbereitung und Dokumentation von Forschungsdaten (GESIS 2018b). Entsprechenden Aktivitäten werden damit an ein speziell geschultes Fachpersonal übertragen, deren Kompetenzen in der Aufbereitung und Dokumentation von Daten nach (internationalen) Standards liegen. Umgekehrt schaffen sich Forschende so den Freiraum, sich primär auf ihre Forschung und weniger auf die Generierung und Bereitstellung ihrer Daten zu konzentrieren. Die entstehenden Kosten zur Auslagerung derartiger Aktivitäten des Forschungsdatenmanagements an Serviceeinrichtungen müssen dabei im Projektbudget berücksichtigt und ggf. gegenüber den Drittmittelgebern geltend gemacht werden. Schaukasten 3.8 fasst die wesentlichen Aspekte und Fragen zur Planung der Bereitstellung von Forschungsdaten zusammen.

Schaukasten 3.8: Die Bereitstellung von Forschungsdaten zur Nachnutzung

Vorabüberlegungen:
- Zu welchem Zweck sollen die Daten bereitgestellt werden?
- Welche Standards und Vorgaben Dritter, wie z.B. Forschungsförderer, sind zu beachten?
- Welche Richtlinien und Empfehlungen von Datenrepositorien sind ggf. zu beachten?

organisatorische und technische Bereitstellung:
- Welche Daten und Begleitdateien sollen bereitgestellt werden?
- Wie und wo werden die Daten und Begleitdateien bereitgestellt?
- Wie wird die Auffindbarkeit und Zugänglichkeit zu den Daten und Begleitdateien sichergestellt?
- In welchen Dateiformaten werden die Daten und Begleitdateien bereitgestellt?

Dokumentation:
- Sind die Daten selbsterklärend dokumentiert?
- Welche zusätzliche Dokumentation ist erforderlich, um die Transparenz und Verständlichkeit der Daten zu gewährleisten?
- Welche Metadaten(-standards) werden genutzt?
- Wird ein kontrolliertes Vokabular genutzt?
- Werden die Daten zu besseren Auffindbarkeit und Zitierbarkeit registriert?

Datenschutz:
- Ermöglicht die informierte Einwilligung die Nachnutzung der Daten durch Dritte?
- Sind die Forschungsdaten ausreichend anonymisiert?
- Wie wird die Nachnutzung schwach- bzw. nicht-anonymisierter Daten geregelt?

Urheber- und Verwertungsrechte:
- Liegt die Genehmigung aller Urhebenden zur Bereitstellung der Daten vor?
- Bestehen Urheberrechte Dritter an bereitzustellenden Materialien?
- Wie wird das Übertragen von Verwertungsrechten zur Nachnutzung geregelt, z.B. durch Lizenzen?

Ressourcen:
- Entstehen durch die Bereitstellung zusätzliche Kosten, z.B. durch die Archivierung oder durch eine granulare Datendokumentation?
- Sind zusätzliche Kosten im Projektbudget eingeplant?
- Können zusätzliche Kosten ggf. gegenüber Drittmittelgebern geltend gemacht werden?

Quelle: Eigene Darstellung

3.3 Abschließende Bemerkung

Forschungsdatenmanagement ist ein Muss für jedes empirische Forschungsprojekt. Eine systematische und frühzeitige Planung des Forschungsdatenmanagements ist eine der zentralen Voraussetzungen zur erfolgreichen Umsetzung des eigentlichen Forschungsvorhabens. Nur durch entsprechende Konzepte im Rahmen der Projektplanung kann sichergestellt werden, dass in der angestrebten Datenanalyse qualitativ hochwertige Forschungsdaten vorliegen, die auf Basis ihrer Dokumentation transparent, verständlich und nachvollziehbar sind und eine rechtskonforme Nutzung erlauben. Dabei ist das Forschungsdatenmanagement auch ein Planungsinstrument zum Umgang mit den Daten über das Projektende hinaus. Die Entwicklung und Implementierung von Konzepten zum längerfristigen Datenerhalt bzw. zur

Bereitstellung der Daten zur Nachnutzung durch Dritte macht das Forschungsdatenmanagement zu einem elementaren Bestandteil guter wissenschaftlicher Praxis. Es sichert Transparenz im Forschungsprozess, ermöglicht die Replikation von Forschungsergebnissen ebenso wie von verwendeten Daten und schafft die notwendigen Voraussetzungen zur weiteren Nutzung der Daten in neuen Kontexten.

Abschließend bleibt hervorzuheben, dass jedes Forschungsprojekt ein Unikat ist und die dort generierten Forschungsdaten einzigartig sind. Eine systematische Planung des Forschungsdatenmanagements muss dieser Einzigartigkeit gerecht werden und sich am jeweiligen Forschungsprojekt und den zu generierenden Daten orientieren. Zur Planung des projektinternen Forschungsdatenmanagements ebenso wie zur Implementierung weiterführender Maßnahmen sollten Forschende daher zunächst ihr eigentliches Forschungsvorhaben reflektieren. Dabei gilt es klar zu definieren, welche weiterführenden Ziele die Forschenden im Umgang mit den Daten über das Projektende hinaus anstreben. Aufbauend auf dem Projektvorhaben, den zu generierenden Daten und den damit verbundenen weiterführenden Zielen lassen sich dann das projektinterne Forschungsdatenmanagement und die notwendigen Maßnahmen zum Datenerhalt bzw. zur Datenbereitstellung gezielt planen, in die Projektabläufe integrieren und im Projektverlauf systematisch umsetzen.

Literaturverzeichnis

Allianz der deutschen Wissenschaftsorganisationen (2010): Grundsätze zum Umgang mit Forschungsdaten. https://doi.org/10.2312/ALLIANZOA.019.

Beagrie, Charles (2011): User Guide for Keeping Research Data Safe. Assessing Costs/Benefits of Research Data Management, Preservation and Re-Use. Version 2.0. https://beagrie.com/KeepingResearchDataSafe_User Guide_v2.pdf [Zugriff: 05.06.2018].

Berliner Erklärung (2003): Berliner Erklärung über den offenen Zugang zu wissenschaftlichem Wissen. https://openaccess.mpg.de/68053/Berliner_Erklaerung_dt_Version_07-2006.pdf [Zugriff: 05.06.2018].

Corti, Louise/Van den Eynden, Veerle/Bishop, Libby/Woollard, Matthew (2014): Managing and Sharing Research Data. A Guide to Good Practice. London: Sage Publications.

DataCite (2016): DataCite Metadata Schema Documentation for the Publication and Citation of Research Data. Version 4.0. http://doi.org/10.5438/0012.

DFG – Deutsche Forschungsgemeinschaft (2015): Leitlinien zum Umgang mit Forschungsdaten. http://www.dfg.de/download/pdf/foerderung/antragstellung/forschungsdaten/richtlinien_forschungsdaten.pdf [Zugriff: 05.06.2018].

Doorn, Peter K. (2010): Preparing Data for Sharing. DANS Data Guide 8, 48. Den Haag: Amsterdam University Press. https://dans.knaw.nl/nl/over/organisatie-beleid/publicaties/DANSpreparingdataforsharing.pdf [Zugriff: 05.06.2018].

DSGVO – Datenschutz-Grundverordnung (2016): Verordnung (EU) 2016/679 des Europäischen Parlaments und des Rates vom 27. April 2016 zum Schutz natürlicher Personen bei der Verarbeitung personenbezogener Daten, zum freien Datenverkehr und zur Aufhebung der Richtlinie 95/46/EG (Datenschutz-Grundverordnung). http://eur-lex.europa.eu/legal-content/DE/TXT/PDF/?uri=CELEX:32016R0679&from=DE [Zugriff: 05.06.2018].

Elliot, Mark/Mackey, Elaine/O´Hara, Kieron/Tudor, Caroline (2016): The Anonymization Decision-Making Framework. Manchester: University of Manchester. http://ukanon.net/wp-content/uploads/2015/05/The-Anonymisation-Decision-making-Framework.pdf [Zugriff: 05.06.2018].

Freese, Jeremy (2007): Replication Standards for Quantitative Social Science. Sociological Methods & Research 36, S. 153-172. http://journals.sagepub.com/doi/10.1177/0049124107306659 [Zugriff: 05.06.2018].

Gherghina, Sergiu/Katsanidou, Alexia (2013): Data Availability in Political Science Journals. European Political Science 12, S. 333-349.

Horizon 2020 Programme – European Commission (2016): H2020 Programme Guidelines on FAIR Data Management in Horizon 2020. Version 3.0. 26 July 2016.

http://ec.europa.eu/research/participants/data/ref/h2020/grants_manual/hi/oa_pilot/h2020-hi-oa-data-mgt_en.pdf [Zugriff: 05.06.2018].

Huschka, Denis/Oellers, Claudia (2013): Einführung. Warum qualitative Daten und ihre Sekundäranalyse wichtig sind. In: Huschka, Denis/Knoblauch, Hubert/Oellers, Claudia/Solga, Heike (Hrsg.): Forschungsinfrastrukturen für die qualitative Sozialforschung. Berlin: Scivero, S. 9-18.
https://www.ratswd.de/publikationen/forschungsinfrastrukturen-qualitative-sozialforschung [Zugriff: 05.06.2018].

Huschka, Denis/Oellers, Claudia/Ott, Notburga/Wagner, Gert G. (2011): Datenmanagement und Data-Sharing. Erfahrungen in den Sozial- und Wirtschaftswissenschaften.
https://www.ratswd.de/download/RatSWD_WP_2011/RatSWD_WP_184.pdf [Zugriff: 05.06.2018].

Jensen, Uwe (2011): Datenmanagementpläne. In: Büttner, Stephan/Hobohm, Hans-Christoph/Müller, Lars (Hrsg.): Handbuch Forschungsdatenmanagement. Bad Honnef: Bock + Herchen, S. 71-82.
https://opus4.kobv.de/opus4-fhpotsdam/files/197/2.3_DatenmanagementplAne.pdf [Zugriff: 05.06.2018].

Jensen, Uwe/Katsanidou, Alexia/Zenk-Möltgen, Wolfgang (2011): Metadaten und Standards. In: Büttner, Stephan/Hobohm, Hans-Christoph/Müller, Lars (Hrsg.): Handbuch Forschungsdatenmanagement. Bad Honnef: Bock + Herchen, S. 83-100.
https://opus4.kobv.de/opus4-fhpotsdam/files/198/2.4_Metadaten_und_Standards.pdf [Zugriff: 05.06.2018].

Jensen, Uwe (2012): Leitlinien zum Management von Forschungsdaten. Sozialwissenschaftliche Umfragedaten. GESIS-Technical Reports 2012/07. https://www.ssoar.info/ssoar/handle/document/32065 [Zugriff: 05.06.2018].

Kimpton, Michele/Minton Morris, Carol (2014): Managing and Archiving Research Data. Local Repositories and Cloud-Based Practices. In: Ray, Joyce M. (Hrsg.): Research Data Management. Practical Strategies for Information Professionals. West Lafayette: Purdue University Press, S. 223-238.

King, Gary (1995): Replication, Replication. In: Political Science and Politics 28, 3, S. 443-499.

Leibniz Gemeinschaft (2015): Leitlinie. Empfehlungen der Leibniz-Gemeinschaft zur Sicherung guter wissenschaftlicher Praxis und zum Umgang mit Vorwürfen wissenschaftlichen Fehlverhaltens.
https://www.leibniz-gemeinschaft.de/forschung/gute-wissenschaftliche-praxis/ [Zugriff: 05.06.2018].

Max Planck Gesellschaft (2000): Regeln zur Sicherung Guter Wissenschaftlicher Praxis. Verfahrensordnung bei Verdacht auf Wissenschaftliches Fehlverhalten. https://www.mpg.de/ueber_uns/verfahren [Zugriff: 05.06.2018].

Politische Vierteljahresschrift (2011): Autorenhinweise 2011. www.kj.nomos.de/fileadmin/pvs/doc/PVS_Autorenhinweise_2011_deutsch.pdf [Zugriff: 05.06.2018].

Recker, Astrid/Müller, Stefan/Trixa, Jessica/Schumann, Natascha (2015): Paving the Way For Data-Centric, Open Science. An Example From the Social Sciences. In: Journal of Librarianship and Scholarly Communication 3, 2, eP1227. http://dx.doi.org/10.7710/2162-3309.1227.

Ulrich, Dagmar (2010): Bitstream Preservation. In: Neuroth, Heike/Oßwald, Achim/Scheffel, Regine/Strathmann, Stefan/Huth Karsten (Hrsg.): nestor Handbuch. Eine kleine Enzyklopädie der digitalen Langzeitarchivierung. Kap. 8:3-8:8. Version 2.3. http://nbn-resolving.de/urn/resolver.pl?urn:nbn:de:0008-2010071949 [Zugriff: 05.06.2018].

Vlaeminck, Sven/Siegert, Olaf (2012): Welche Rolle spielen Forschungsdaten eigentlich für Fachzeitschriften? Eine Analyse mit Fokus auf die Wirtschaftswissenschaften. Working Paper Series des Rates für Sozial- und Wirtschaftsdaten 210. https://hdl.handle.net/11108/71 [Zugriff: 05.06.2018].

Wallace, David A (2001): Archiving Metadata Forum. Report from the Recordkeeping Metadata Working Meeting. June 2000. In: Archival Science 1, S. 253-269.

Watteler, Oliver (2010): Erstellung von Methodenberichten für die Archivierung von Forschungsdaten.
https://www.gesis.org/fileadmin/upload/institut/wiss_arbeitsbereiche/datenarchiv_analyse/Aufbau_Methodenbericht_v1_2010-07.pdf [Zugriff: 05.06.2018].

Wilkinson, Mark D. et al. (2016): The FAIR Guiding Principles for Scientific Data Management and Stewardship. In: Scientific Data 3, 160018. https://dx.doi.org/10.1038/sdata.2016.18.

ZBW - Leibniz-Informationszentrum Wirtschaft/GESIS- Leibniz-Institut für Sozialwissenschaften/RatSWD - Rat für Sozial- und Wirtschaftsdaten (2015): Auffinden, Zitieren, Dokumentieren. Forschungsdaten in den Sozial- und Wirtschaftswissenschaften. https://dx.doi.org/10.4232/10.fisuzida2015.2.

Linkverzeichnis

Dataverse Online (o.J.): https://dataverse.org/best-practices/replication-dataset [Zugriff: 27.06.2018].
datorium (o.J.a): https://datorium.gesis.org/xmlui/ [Zugriff: 27.06.2018].
datorium (o.J.b): Empfehlungen zur Aufbereitung. https://datorium.gesis.org/xmlui/?publication [Zugriff: 27.06.2018].
DDI Alliance (2017): Data Documentation Initiative: http://www.ddialliance.org/ [Zugriff: 27.06.2018].
DOI-System (2018): Digital Object Identifier: https://www.doi.org/ [Zugriff: 27.06.2018].
Force11 (2017): The FAIR Data Principles: https://www.force11.org/group/fairgroup/fairprinciples [Zugriff: 27.06.2018].
GESIS – Leibniz-Institut für Sozialwissenschaften (2018a): Datenarchivierung: https://www.gesis.org/angebot/archivieren-und-registrieren/datenarchivierung [Zugriff: 27.06.2018].
GESIS – Leibniz-Institut für Sozialwissenschaften (2018b): Datenservices: https://www.gesis.org/datenservices.
ISCED (2011): International Standard Classification of Education. UNESCO Institute for Statistics: http://uis.unesco.org/en/topic/international-standard-classification-education-isced [Zugriff: 27.06.2018].

4. Datenschutz im Forschungsdatenmanagement[1]

Oliver Watteler und Thomas Ebel

In den Sozialwissenschaften wird oft mit personenbezogenen und eventuell sensiblen Daten von Studienteilnehmer/innen geforscht. Erhebung, Verarbeitung und Nutzung von personenbezogenen Daten unterliegen dann datenschutzrechtlichen und forschungsethischen Bestimmungen.

Ziel dieses Kapitels ist es, sozialwissenschaftlichen Forscher/innen die grundlegenden Regelungen im Bereich des Datenschutzes aufzuzeigen und Anleitungen aus der Praxis zu bieten, wie diese Regelungen konkret umgesetzt werden können.

Zu diesen Zwecken werden im ersten Abschnitt (4.1) dieses Kapitels forschungsethische und datenschutzrechtliche Aspekte in der sozialwissenschaftlichen Forschung erörtert. Daran anschließend diskutiert Abschnitt 4.2 den Datenschutz in den unterschiedlichen Phasen eines Forschungsprojekts. Im dritten Abschnitt (4.3) werden Anonymisierungsmöglichkeiten für quantitative Daten vorgestellt und anhand von Fallbeispielen aus der Praxis verdeutlicht. Abschließend gehen wir auf häufig wiederkehrende Fehler von Forscher/innen in der Umsetzung datenschutzrechtlicher Bestimmungen ein (Abschnitt 4.4).

4.1 Der Datenschutz in der sozialwissenschaftlichen Forschung

Fragen des Datenschutzes betreffen Daten, die von Individuen oder über sie erhoben werden (*human subject research*). Solche Daten fallen u.a. in Befragungen an. Für unsere Zwecke unterscheiden wir drei große Bereiche von Individualdaten: Erstens den Bereich der amtlichen Statistik, zweitens den Bereich prozess-produzierter Daten, zu denen man auch internetbasierte Daten (z.B. Social-Media-Daten) zählen kann, und drittens Daten aus eigenen Befragungen (Watteler 2017: 127-136).

Die Daten werden u.a. durch Messungen, also die Zuordnung von Zahlen zu Objekten oder Ereignissen, oder über qualitativ orientierte Verfahren, wie offene Interviews oder Beobachtung, gewonnen (ebd.). Unabhängig davon, welche Methoden verwendet werden, beziehen sich die Untersuchungen, mit denen wir uns an dieser Stelle befassen, auf Personen. Beim Umgang mit diesen Personen, der Beobachtung ihres Verhalten, der Erfragung ihrer Ansichten und Einstellungen oder der Darstellung ihrer sozialen und wirtschaftlichen Lebensbedingungen sind besondere forschungsethische Rahmenbedingungen zu beachten. Die Personen dürfen nicht geschädigt werden und es sind rechtliche Regelungen und freiwillige Verpflichtungen zu ihrem Schutz zu beachten (Graumann 2006: 253-256). Dazu zählen die Persönlichkeitsrechte, wie das Recht auf informationelle Selbstbestimmung, das Recht am eigenen Bild oder das Recht auf Privat- und Intimsphäre (Palandt 2008: 1216-1226). Ein besonderes Schutzrecht ist der Datenschutz (RatSWD 2016; Höhne 2010; Watteler 2010; Bethlehem 2009; Wirth 2003; Metschke/Wellbrock 2002; Wirth 1992), wonach „die Grundrechte und Grundfreiheiten natürlicher Personen und insbesondere deren Recht auf Schutz

---

[1] Wir danken dem externen Datenschutzbeauftragten von GESIS, Harald Eul, und Wolfgang Jagodzinski für ihre Anmerkungen und Änderungsvorschläge.

https://doi.org/10.3224/84742233.05

personenbezogener Daten" zu wahren sind (Datenschutz-Grundverordnung (DSGVO) Art. 1 Abs. 2). Neu ist infolge der DSGVO, dass der Grundrechtsschutz und nicht mehr der Schutz der Daten im Vordergrund steht.[2] Mit natürlichen Personen sind im Rahmen des seit 25. Mai 2018 geltenden Rechts lebende Menschen gemeint. Die *Handreichung Datenschutz* des Rates für Sozial- und Wirtschaftsdaten (RatSWD 2017) bietet einen sehr guten Überblick über das Thema. Wir konzentrieren uns daher im Folgenden auf praktische Hinweise zum Umgang mit Daten, die in sozialwissenschaftlichen Projekten bei Personen erhoben worden. Wir beginnen mit einem Überblick über die aktuelle rechtliche Situation.[3]

Grundsätzlich kann man drei Ebenen des Datenschutzrechts unterscheiden:

1. die Ebene der Grundrechte, die in der deutschen Verfassung sowie in der Charta der Grundrechte der Europäischen Union verankert sind,
2. die Ebene der Einzelgesetze (national wie international) und
3. die Ebene der Regulierungen etwa über wissenschaftliche Fachgremien.

Schaukasten 4.1: Definition personenbezogene/-beziehbare Daten

Personenbezogene Daten

Personenbezogene Daten wurden im Bundesdatenschutzgesetz bisher definiert als „Einzelangaben über persönliche oder sachliche Verhältnisse einer bestimmten oder bestimmbaren natürlichen Person (Betroffener)" (§ 3 Abs. 1 BDSG). Personenbezogene Daten sind in Zukunft „alle Informationen, die sich auf eine identifizierte oder identifizierbare natürliche Person […] beziehen" (Art. 4 Abs. 1 DSGVO). Identifizierbar ist eine natürliche Person, wenn sie direkt oder indirekt unter Zuhilfenahme anderer Daten und Merkmale identifiziert werden kann (ebd.).

Besondere Arten personenbezogener Daten

Das BDSG, die EU-Datenschutzrichtlinie 95/46/EG und die DSGVO heben einige Merkmale natürlicher Personen als besonders schutzwürdig hervor. Dies waren im bisherigen BDSG „Angaben über die rassische und ethnische Herkunft, politische Meinungen, religiöse oder philosophische Überzeugungen, Gewerkschaftszugehörigkeit, Gesundheit oder Sexualleben". Die DSGVO übernimmt in Artikel 9 (Verarbeitung besonderer Kategorien personenbezogener Daten) diese Aufzählung und erweitert sie explizit um genetische und biometrische Daten (Art. 9 Abs. 1 DSGVO).

Personenbeziehbare Daten

Wenn eine Identifizierung nur indirekt, beispielsweise durch die Kombination mehrerer Merkmalswerte in den Daten, durch Zusatzwissen oder die Kombination mit externen Datenquellen möglich erscheint, wurde bisher der Begriff der Personenbeziehbarkeit verwendet (Metschke/Wellbrock 2002: 15). Den Unterschied zwischen personenbezogenen und personenbeziehbaren Daten macht die DSGVO nicht mehr.

Quelle: Eigene Darstellung

Auf der Ebene der Grundrechte steht dem Recht auf Freiheit der Forschung das Recht des Einzelnen auf informationelle Selbstbestimmung gegenüber. Beide sind im Grundgesetz festgeschrieben oder wurden durch Auslegung des Bundesverfassungsgerichts (BVerfG) genauer bestimmt. Diese beiden Grundrechte wurden auch in die Charta der Grundrechte der Europäischen Union übernommen. So bezieht sich Artikel 8 ausdrücklich auf den *Schutz personenbezogener Daten* und umreißt die Rahmenbedingungen für den Datenschutz, etwa die Verarbeitung von Daten für festgelegte Zwecke und die Einwilligung zur Verarbeitung durch betroffene Personen. Artikel 13 der Charta bestimmt, dass die Forschung frei ist.

---

[2] Bis zum Inkrafttreten der DSGVO war unter Datenschutz der Schutz einer natürlichen Person davor zu verstehen, „durch den Umgang mit seinen personenbezogenen Daten in seinem Persönlichkeitsrecht beeinträchtigt" zu werden (Bundesdatenschutzgesetz (BDSG-alt) § 1 Abs. 1).

[3] Man muss berücksichtigen, dass sich zum Zeitpunkt der Erstellung dieses Textes (Sommer 2018) das Datenschutzrecht vor allem durch das Inkrafttreten der DSGVO in Bewegung befindet. Daher können an dieser Stelle keine abschließenden Aussagen zum Datenschutzrecht getroffen werden.

Für den Fall, dass solche Grundrechte in Konflikt geraten, hat der Gesetzgeber Regelungen zu schaffen, die dem Grundsatz der *praktischen Konkordanz* entsprechen. Beispiele für Regelungen sind die inhaltlichen und formalen Anforderungen an rechtswirksame Einwilligungen in die Verarbeitung personenbezogener Daten. In diversen Gesetzen (u.a. DSGVO, Bundes- und Landesdatenschutzgesetze) wurden daher Voraussetzungen festgelegt, unter denen personenbezogene Daten für Forschungszwecke verarbeitet werden dürfen (zur Definition personenbezogener bzw. -beziehbarer Daten s. Schaukasten 4.1). Ferner ist in der Forschung seit Längerem das Konzept des *informed consent* bekannt, welches die Entscheidung über eine freiwillige Teilnahme an Forschungsprojekten von ausreichender Information über das Vorhaben abhängig macht.

Auf der Ebene der Einzelgesetze gibt es seit dem Inkrafttreten der DSGVO einen EU-weit einheitlichen Rahmen für das Datenschutzrecht. Die DSGVO löste im April 2016 die EU-Datenschutzrichtlinie 1995/46/EG ab und ist unmittelbar in allen EU-Mitgliedsstaaten anwendbar. Die Vorschriften der DSGVO dürfen vom nationalen Gesetzgeber nur abgeändert oder konkretisiert werden, wenn und soweit der europäische Gesetzgeber sogenannte *Öffnungsklauseln* vorgesehen hat.

Einer der Anwendungsbereiche, die Änderungen sowohl auf europäischer als auch auf nationaler Ebene erfuhren, ist die Forschung. Auf der Basis der in der DSGVO genannten Öffnungsklauseln wurde das Bundesdatenschutzgesetz (BDSG-alt) im Juli 2017 durch das *Gesetz zur Anpassung des Datenschutzrechts*, kurz DSAnpUG-EU, reformiert (im Folgenden BDSG-neu). Das Gesamtbild der Änderungen in diesem Fall kann zum jetzigen Zeitpunkt noch nicht abschließend dargestellt werden. Insgesamt ist jedoch davon auszugehen, dass das bisher in der Forschung übliche Vorgehen (informierte Einwilligung, Zweckbindung, Trennung von direkten Identifizierungsmerkmalen von den Befragungsdaten, Risikoabschätzung u.a.) auch weiterhin Gültigkeit haben wird (vgl. Buchner 2016).

Führt man also z.B. eine allgemeine Bevölkerungsumfrage im gesamten Gebiet der Bundesrepublik Deutschland durch, so gelten die DSGVO und das Bundes- bzw. das jeweilige Landesdatenschutzgesetz.[4] Da Daten von Personen erhoben werden, gilt das Datenschutzrecht und das Prinzip des *Verbots mit Erlaubnisvorbehalt*. D.h., dass es keine anlasslose Datensammlung von personenbezogenen Daten geben darf.[5] Dieses Verbot gilt nicht, wenn Personen z.B. ihre informierte Einwilligung erteilen (sogenannter Erlaubnistatbestand). Der Einwilligung kommt somit wie oben bereits erwähnt eine zentrale Bedeutung für die wissenschaftliche Forschung zu (zu den Details s. Schaukasten 4.2).[6]

Schaukasten 4.2: Definition informierte Einwilligung („informed consent")

Die Einwilligung zur Teilnahme an einer Untersuchung muss freiwillig erfolgen, die Person muss einwilligen können bzw. dürfen, die Informationen müssen verständlich sein und, falls die Einwilligung in Schriftform erfolgt, muss nachgewiesen werden, dass diese Art der Zustimmung vorliegt (Gola 2017 bietet im Kommentar zu Artikel 7 der DSGVO einen Überblick über die rechtliche Situation; Schaar 2017 geht auf die Neuerungen bei der Einwilligung ein). Die Einwilligung gilt als „Ausdruck des aus dem allgemeinen Persönlichkeitsrecht abgeleiteten Rechts auf informationelle Selbstbestimmung" (Rogosch 2013: 17).

Quelle: Eigene Darstellung

---

4 Im Einzelfall können bei der Erhebung und Verarbeitung von personenbezogenen oder personenbeziehbaren Daten weitere Gesetze Berücksichtigung finden. Zu diesen Gesetzen zählen etwa das Sozialgesetzbuch (SGB) oder auf Länderebene die Schulgesetze.
5 Das Prinzip wird auch in der aktualisierten Rechtssituation beibehalten (Buchner 2016: 156).
6 Anders liegt die Situation im Falle von Daten der amtlichen Statistik, bei denen die Teilnahme in aller Regel per Gesetz verpflichtend ist (Wirth 2016). Zu prozessproduzierten Daten, wie denen der Deutschen Rentenversicherung, vgl. z.B. Himmelreicher et al. (2017) und Hansen et al. (2012).

Die DSGVO regelt, welche Inhalte eine Einwilligungserklärung enthalten muss. Maßgeblich sind hier die Artikel 6 (Rechtmäßigkeit der Verarbeitung), 7 (Bedingungen für die Einwilligung), 8 (Bedingungen für die Einwilligung eines Kindes in Bezug auf Dienste der Informationsgesellschaft) und 9 (Verarbeitung besonderer Kategorien personenbezogener Daten). Die Betroffenen müssen grundsätzlich freiwillig und informiert einwilligen. Voraussetzung dazu ist, dass sie umfassend über alle wesentlichen Aspekte der Rechtsgrundlagen und Zwecke der Verarbeitung ihrer Daten informiert werden (Schaukasten 4.3 bietet Verweise auf Vorlagen für Einwilligungserklärungen).

Schaukasten 4.3: Beispiele für die Einwilligungserklärung

ADM (Arbeitskreis Deutscher Markt und Sozialinstitute e.V.): Mustererklärung für mündliche oder schriftliche Interviews. https://www.adm-ev.de/datenschutz/ [Zugriff: 09.02.2017].

Forschungsdaten-Bildung: Checkliste für die Erstellung eigener Einwilligungserklärungen mit besonderer Berücksichtigung von Erhebungen an Schulen. http://www.forschungsdaten-bildung.de/get_files.php?action=get_file&file=FDB_Einwilligung_Checkliste.pdf [Zugriff: 28.07.2016].

RatSWD: Mustererklärungen für die Erhebung personenbezogener qualitativer Daten sowie deren Archivierung. http://www.ratswd.de/dl/RatSWD_WP_238.pdf [Zugriff: 28.07.2016].

QualiService: MUSTER – Einwilligungserklärung zur Erhebung und Verarbeitung personenbezogener Interviewdaten. http://www.qualiservice.org/fileadmin/text/Einverstaendnis2013_08.pdf [Zugriff: 07.06.2018].

Quelle: Eigene Darstellung

Die Einwilligungserklärung sollte mindestens folgende Informationen enthalten (Schaar 2017; Verbund Forschungsdaten Bildung/Rechtsanwälte Goebel & Scheller 2015; Metschke/Wellbrock 2002: 25ff.):

- Identität der verantwortlichen und verarbeitenden Stelle(n), sprich in unserem Fall Leiter/in und Träger/in des Forschungsvorhabens sowie Name und Kontakt der Stellen, an denen Daten verarbeitet werden (z.B. Einrichtungen der Markt- und Meinungsforschung);
- Zweckbestimmung der Verarbeitung der Daten (der Begriff Verarbeitung schließt sämtliche Phasen einer Datennutzung ein, wie etwa das Erheben, Erfassen, die Organisation, das Ordnen, die Speicherung, die Veränderung, das Auslesen, das Abfragen, die Verwendung, die Offenlegung, Verbreitung, die Verknüpfung oder das Löschen (vgl. Art. 4 Abs. 2 DSGVO), sprich in unserem Fall regelmäßig die Forschung als Zweck);
- Kategorien der Empfänger der Daten;
- Art der verarbeiteten Daten und Hinweis auf vertraulichen Umgang mit personenbezogenen Daten;
- Hinweis auf die Rechte der Befragten (Auskunft, Berichtigung, Widerruf und Löschung, die aber eingeschränkt werden können, wenn z.B. durch die Ausübung dieser Rechte die Verwirklichung der Forschungszwecke ernsthaft beeinträchtigt würde) und insbesondere auf die Freiwilligkeit der Angaben und die Widerruflichkeit der Einwilligung mit Wirkung für die Zukunft;
- Bei Erhebung von besonderen Arten personenbezogener Daten sind diese gesondert und ausdrücklich in der Einwilligungserklärung aufzuführen (Art. 9 Abs. 2a DSGVO; BDSG-neu § 27 Abs. 1 (Ausnahme); RatSWD 2017: 21ff.).

Ergänzt werden muss die Einwilligungserklärung um Informationen über die Verarbeitung der Daten. Darunter fallen die Rechtsgrundlagen und Zwecke der Verarbeitung (soweit diese über die Einwilligung hinausgehen), eine eventuelle Datenübermittlung in Länder außerhalb der EU, die Speicher- bzw. Löschfristen der personenbezogenen Daten und das Beschwerderecht bei einer Datenschutzaufsichtsbehörde.

Vor dem Einholen von Einwilligungen ist zudem noch zu klären, ob die Betroffenen einwilligen können (Mindestalter und Einsichtsfähigkeit), inwieweit es weitere Vorschriften gibt, die einzuhalten sind (insbesondere Landesgesetze und Schulgesetze bei Befragungen von Schülern/innen) und wer in den Adressatenkreis der Einwilligenden fällt (beispielsweise bei Minderjährigen die Eltern).[7] Idealerweise wird zusätzlich darauf hingewiesen, dass die Daten anderen Forscher/innen nur in einer Form zur Nachnutzung zur Verfügung gestellt werden, die keine Rückschlüsse auf die Person der Befragten zulassen.

Ein weiterer Rechtsbereich, der besonders bei der Verarbeitung von internetbasierten Daten von Bedeutung ist, betrifft Lizenzrechte und das fehlende Einverständnis für die Nutzung von Daten für andere Zwecke. Unternehmen, die z.B. sogenannte Social-Media-Dienste wie Chats, Messaging, Info Boards oder den Tausch digitaler Bilder anbieten, behalten sich Rechte an den von ihnen verarbeiteten Inhalten vor. Diese Rechte werden in Allgemeinen Geschäftsbedingungen und in aller Regel in Datenschutzbestimmungen geregelt. Internetbasierte Daten können als prozessproduzierte Daten gesehen werden. Wie im Falle anderer prozessproduzierter Daten, wie denen von Verwaltungen, wurden sie ursprünglich nicht zu Zwecken der Forschung erzeugt (zu Social-Media-Daten s. auch Kapitel 11; Bender et al. 2017; Lane et al. 2014).

Auf der Ebene der Regulierungen haben sich viele Fachverbände freiwillige Verpflichtungen zur Forschungsethik gegeben, die im Wesentlichen ähnliche Ideen aufgreifen. So stellt der Ethikcode der Deutschen Gesellschaft für Soziologie z.B. dar, dass bei der Datenerhebung das Prinzip der informierten Einwilligung gilt und Studienteilnehmer/innen nicht geschädigt werden dürfen. Der Code erwähnt auch ausdrücklich den Schutz vor Re-Identifizierung. Schaar (2017) stellt die Regelungen verschiedener Fachverbände gegenüber. Darüber hinaus richten viele Hochschulen derzeit allgemeine Ethikkommissionen ein, die Forschungsvorhaben im Vorfeld begutachten und Maßnahmen zum Schutz der Untersuchungspersonen vorschlagen (zu Ethikkommissionen in den Sozialwissenschaften vgl. von Unger/ Simon 2016).

Diese knappe Darstellung des Datenschutzrechts verdeutlicht, dass es zwar eine Vielfalt rechtlicher und freiwilliger Regelungen auf verschiedenen administrativen Ebenen gibt, ein möglicher gemeinsamer Kern für viele sozialwissenschaftliche Projekte jedoch die informierte Einwilligung der Untersuchungsperson auf der Basis ausreichender Angaben zum Forschungsvorhaben ist. Wie in der Praxis mit den Daten und dem Datenschutz umgegangen werden kann, um den Schutz der Grundrechte der Untersuchungspersonen bei der Verarbeitung ihrer Daten zu gewährleisten, wird im Folgenden ausführlich dargelegt.

4.2 Datenschutz in typischen Phasen der Forschung

Die folgenden Ausführungen orientieren sich am sogenannten *Lebenszyklus* von Forschungsdaten, wie in Kapitel 2.2 dieses Buches vorgestellt. Im hiesigen Kontext spielen die Phase der Archivierung und Nachnutzung eine zentrale Rolle. Fehler, die eventuell in einer vorherigen Forschungsphase gemacht wurden, lassen sich im Nachhinein zumeist nur noch schwer oder gar nicht korrigieren.

Im Zusammenhang mit datenschutzrelevanten Aspekten unterscheiden wir im Folgenden generell drei zentrale Phasen im Lebenszyklus:

1. Design- und Erhebungsphase,
2. Aufbereitungs- und Analysephase,
3. Veröffentlichungs- oder Archivierungsphase.

---

7 Eine Checkliste findet sich bei Verbund Forschungsdaten Bildung/Rechtsanwälte Goebel & Scheller (2015).

4.2.1 Design- und Erhebungsphase

In der Designphase werden die grundsätzlichen Entscheidungen über Art und Umfang der Forschungsdaten getroffen, die im Projekt zur Beantwortung einer oder mehrerer Forschungsfragen verwendet werden sollen. Die anschließende Erhebungsphase bestimmt die Güte dieser Daten (vgl. u.a. Diekmann 2007: 186-229). Zentral für den Umgang mit Forschungsdaten prinzipiell und mit Datenschutz im Besonderen ist unseres Erachtens ein gut geplantes Forschungsdatenmanagement. Dies entspricht zum einen der guten wissenschaftlichen Praxis und zum anderen dem Erforderlichkeitsgrundsatz des Datenschutzes (vgl. RatSWD 2017). Die Auseinandersetzung mit diesen Aspekten schon zu Beginn der Forschung erleichtert die spätere Veröffentlichung und Nachnutzung der Daten, wie in Kapitel 3.2.2 ausführlicher dargestellt. Wir beziehen uns hier daher auf eine weitere Publikation des Rates für Sozial- und Wirtschaftsdaten zu diesem Thema (RatSWD 2016). In dieser werden u.a. folgende Leitfragen zum Umgang mit personenbezogenen Daten gestellt, die wir hier übernehmen (s. auch Schaukasten 4.4).

„Welche Daten erheben oder verwenden Sie?" (RatSWD 2016: 10)

Prinzipiell steht es Forscher/innen frei, auf legalem Weg alle für ein Forschungsvorhaben notwendigen Daten zu erheben (s.o.). Je nach Design wird man im Rahmen einer sogenannten Sekundäranalyse auf bereits bestehende Daten zurückgreifen. Erhebungsprogramme wie das Sozio-oekonomische Panel (SOEP), das deutsche Nationale Bildungspanel (NEPS) oder die Allgemeine Bevölkerungsumfrage der Sozialwissenschaften (ALLBUS) sind Beispiele für breit genutzte Datenbestände. In diesen Programmen und in Datenangeboten, die etwa von den im Rat für Sozial- und Wirtschaftsdaten (RatSWD) zusammengefassten Forschungsdatenzentren oder vom Datenarchiv von GESIS bereitgestellt werden, sind bereits organisatorische Vorkehrungen für eine datenschutzkonforme Nachnutzung von Forschungsdaten getroffen. Eine Nachnutzung von Daten erfüllt auch das datenschutzrechtliche Gebot der Datenminimierung: „Personenbezogene Daten müssen […] c) dem Zweck angemessen und erheblich sowie auf das für die Zwecke der Verarbeitung notwendige Maß beschränkt sein" (Art. 5 Abs. 1c DSGVO).[8] D.h., Forscher/innen erheben keine eigenen Daten und damit werden zu beforschende Personen weniger oft auf eine Teilnahme angesprochen. Da für die genannten Daten bereits Regelungen getroffen wurden, konzentrieren wir uns im Folgenden auf die Erhebung eigener Daten.

„Welche Nachnutzungsmöglichkeit der Daten planen Sie für die Zeit nach dem Projektende? Wie werden die Forschungsdaten innerhalb und nach Ablauf des Projekts genutzt? Werden Daten an mehreren Projektstandorten genutzt?" (RatSWD 2016: 10)

Bereits zu Beginn eines Projektes sollte man sich Gedanken darüber machen, ob und, wenn ja, wie die Daten nach Abschluss des Projektes weiterverwendet werden sollen. Vom gewählten Szenario hängt das Einverständnis der Befragten ab.

Das Vorgehen beim Umgang mit Daten im Forschungsvorhaben und im Anschluss ist Teil der informierten Einwilligung. Die datenschutzrechtlichen Vorgaben zu Einwilligungen umfassen, wie im ersten Abschnitt dieses Kapitels erwähnt, die Informiertheit, die Zweckbindung und die Freiwilligkeit. Befragte müssen vollständig über die Verwendung ihrer Daten aufgeklärt werden, damit sie wirksam einwilligen können.

Zwischen dem Forschungsinteresse der Wissenschaftler und Wissenschaftlerinnen und datenschutzrechtlichen Vorgaben kann es in der Praxis zu einem Spannungsverhältnis kommen. Zum einen kann zum Zeitpunkt der Erhebung nicht abgeschätzt werden, ob die

---

8 Im BDSG-alt wurde von Datensparsamkeit gesprochen.

personenbezogenen Daten länger benötigt werden. Zum anderen wären bei sehr strikter Abgrenzung des Zwecks spätere, auch vermeintlich geringfügige Änderungen des Forschungsvorhabens oder Folgestudien ausgeschlossen. Ein wesentlicher Bestandteil der informierten Einwilligung ist daher der Nutzungszweck. Um Schwierigkeiten zu vermeiden, sind für die wissenschaftliche Forschung – im Gegensatz zu anderen Bereichen – weit gefasste Formulierungen der Zweckbindung akzeptabel. Dabei muss darauf geachtet werden, den Zweck hinreichend bestimmt zu umgrenzen und gleichzeitig die Erklärung so zu verfassen, dass eine inhaltliche Ausweitung der ursprünglichen Forschungsfrage möglich ist (Metschke/Wellbrock 2002: 22f.).

Die Verarbeitung der Daten zu Forschungszwecken und die Zusicherung der Verarbeitung ohne Rückschlüsse auf die einzelne Person sind gängige Formulierungen in der Praxis. Im Sinne der Nachnutzung sollte besonders darauf geachtet werden, wie lange welche Daten vorgehalten werden sollen. Das Forschungsvorhaben (Projekt oder Programm) als Nutzungszweck ist von der wissenschaftlichen Forschung per se als Zweck ohne zeitliche Befristung zu unterscheiden (vgl. zur prinzipiellen Offenheit der Forschung aus rechtlicher Sicht Starck 2010; aus wissenschaftstheoretischer Sicht vgl. Chalmers 2007).[9] Ist eine längerfristige Datenerhebung, wie etwa ein Panel geplant, ist das Einbeziehen von Datentreuhändern möglich, der als einziger in der Lage ist, einen Personenbezug herzustellen. Dies kann als Instrument genutzt werden, um den Datenschutz einzuhalten und mögliche Sorgen der Betroffenen zu begegnen.

Soll eine Studie mit minderjährigen Personen durchgeführt werden, ist zu beachten, dass ggf. die Eltern zusätzlich in die Erhebung einwilligen müssen. Ob dies zutrifft, hängt zum einen vom Alter der Befragten bzw. ihrer Einsichtsfähigkeit und zum anderen von den möglichen Schäden, die ihnen durch die Erhebung (und eine mögliche Re-Identifizierung) entstehen könnten. Üblicherweise werden als Mindestalter für das Vorliegen von Einsichtsfähigkeit 14 oder 16 Jahre angenommen (Rogosch 2013: 49). Die DSGVO sieht als Altersgrenze für eine rechtmäßige Verarbeitung von Daten ohne Einwilligung der Eltern das 16. Lebensjahr vor (Art. 8 Abs. 1 DSGVO). Sollen Schüler/innen befragt werden, müssen darüber hinaus spezielle Landesschulgesetze eingehalten werden.

Idealerweise lassen Forscher/innen Befragte zusätzlich in die Archivierung ihrer Daten einwilligen. Auf diese Weise sind einerseits die Befragten umfänglich darüber informiert, was langfristig mit ihren Angaben geschieht, andererseits ist die Archivierung rechtlich abgesichert.

Internetbasierte Forschung stellt Sozialwissenschaftler/innen vor neue Herausforderungen, da es schwierig, wenn nicht sogar unmöglich ist, informierte Einwilligungen zur Teilnahme an einem Forschungsvorhaben einzuholen. Beispielsweise ermöglicht es der Mikroblogging-Dienst Twitter Dritten, mehrere tausend Nachrichten, sogenannte Tweets, pro Tag zu durchsuchen und auszuwerten. Dies wird zwar in den Lizenzbedingungen des Unternehmens dargelegt, allerdings ist fraglich, ob diese Nutzung betroffenen Twitter-Nutzern bewusst ist, wie in Kapitel 11 dargelegt.

Überlegungen, warum personenbezogene Daten erhoben werden müssen, zu welchem Zeitpunkt Pseudonymisierungs- und/oder Anonymisierungsmaßnahmen unternommen werden sollen, sowie das Löschdatum für die personenbezogenen Daten müssen in dem eingangs erwähnten Forschungsdatenmanagementplan festgehalten werden. Falls es schriftliche Einwilligungserklärungen gibt, müssen auch diese vorgehalten werden.

---

9   Aus der täglichen Praxis kennen die Autoren Beispiele für Einverständniserklärungen, in denen eine Datennutzung ausschließlich im Rahmen des Forschungsprojektes vorgesehen wird. Damit ist unseres Erachtens eine Nachnutzung oder anonymisierte Archivierung ausgeschlossen, da die Befragten ihre Teilnahme auf der Basis der Erklärung machen.

Für den Fall, dass Forscher/innen zur Archivierung ihrer Daten verpflichtet sind oder eine Archivierung freiwillig anstreben, sollten sie sich frühzeitig mit dem Repositorium oder Datenarchiv ihrer Wahl in Verbindung setzen. Diese Einrichtungen helfen bei Fragen rund um datenschutzrechtliche Voraussetzungen oder Schutzmaßnahmen der Datenarchivierung (vgl. dazu ausführlich Kapitel 7.4). Die in Schaukasten 4.4 zusammengefassten Leitfragen des RatSWD (2016: 16) bieten eine beispielhafte Checkliste zur Datensicherheit im Forschungsprojekt an.

Schaukasten 4.4: Checkliste zum weiteren Vorgehen bei der Datenspeicherung und -sicherung im Projekt

„ D.1 Wie werden die Daten während des Forschungsprozesses gespeichert und gesichert?
Leitfragen:
- Werden Versionierungen der Dateien vorgenommen und wie erfolgt dies?
- Wie werden die Daten gesichert, d.h. welche Art von Sicherung wird in welchen Intervallen durchgeführt?
- Ist sichergestellt, dass ausreichende Kapazitäten für Speicherung und Sicherung der Daten zur Verfügung stehen?

D.2 Wie wird der Zugriff auf die Daten verwaltet und werden die Daten vor Zugriffen Unbefugter geschützt?
[…]
Leitfragen:
- Wie wird verhindert, dass Unbefugte auf die Daten zugreifen können?
- Wie werden Daten bei der Übermittlung (z.B. zwischen den im Feld eingesetzten Systemen und den Systemen am Arbeitsplatz oder zwischen Projektmitarbeitenden unterschiedlicher Einrichtungen) geschützt?"

Quelle: Auszugsweise Darstellung nach RatSWD (2016: 16)

4.2.2 Aufbereitungs- und Analysephase

Daten, die direkte Identifikationsmerkmale wie Namen der Befragten, Anschriften oder E-Mail-Adressen enthalten, besitzen einen Personenbezug. Aber auch andere Merkmale, z.B. genaue Angaben zum Beruf oder kleinräumige Angaben zur Wohnregion, können eventuell indirekt mit den Befragten in Verbindung gebracht werden (siehe Abschnitt 4.3). Wie oben erläutert, können in Forschungsvorhaben alle Daten verarbeitet werden, in deren Verarbeitung die Befragten informiert eingewilligt haben. Allerdings sollten während der Verarbeitung bereits Schutzmaßnahmen getroffen werden. Dazu zählt etwa die getrennte Speicherung direkter Identifizierungsmerkmale. Das Datenschutzrecht sieht weitere Maßnahmen wie die Pseudonymisierung und die Anonymisierung vor, um Befragte auch über das Ende des Forschungsvorhabens hinaus zu schützen. Im Folgenden gehen wir zunächst auf die Pseudonymisierung und schlaglichtartig auf den sicheren Umgang mit Daten ein. Es folgt eine längere Darlegung des Konzeptes der Anonymisierung, das für die meisten Formen der Nachnutzung außerhalb des Forschungsvorhabens, etwa durch Dritte, wichtig ist.

Das Konzept der Pseudonymisierung

Die Pseudonymisierung erfährt in der DSGVO eine deutliche Aufwertung, indem sie in verschiedenen Artikeln als zentrales Instrument des Datenschutzes genannt wird, u.a. in Art. 25 Abs. 1, Art. 32 Abs. 1 und Art. 89 Abs. 1 (vgl. Marnau 2016: 430ff.; Schaar 2016: 7ff.). Die DSGVO definiert Pseudonymisierung in Art. 4 Abs. 5 als eine „Verarbeitung personenbezogener Daten in einer Weise, dass die personenbezogenen Daten ohne Hinzuziehung zusätzlicher Informationen nicht mehr einer spezifischen betroffenen Person zugeordnet werden können". Diese wird durch Datentrennung erreicht. Dazu werden identifizierende von sonstigen Angaben getrennt und in einem zweiten Datensatz untergebracht. Beide Datensätze sind durch eindeutige Zuordnungsschlüssel (Pseudonyme) wieder miteinander verknüpfbar. Die Möglichkeit der Feststellung der wahren Identität bleibt erhalten (Gola 2017 Art. 4: 173).

Neben der Pseudonymisierung sollten personelle und technische Maßnahmen genutzt werden, die eine unkontrollierte Verbreitung von Dateien mit sensiblen Inhalten verhindern. Dazu zählt, die Verarbeitung der Daten auf bestimmte Personen zu beschränken. Nur Bearbeiter/innen, die mit den Bestimmungen des Datenschutzes vertraut ist, sollten im Projekt über Zugriffsrechte auf die (in der Regel mindestens pseudonymisierten) Daten verfügen (Häder 2009: 13). Die Daten sollten zudem nicht ungeschützt auf Netzlaufwerken abgelegt werden. In aller Regel gelangen Daten auf Netzlaufwerken nämlich (automatisiert) in Backups des Instituts oder eines Rechenzentrums. Zur Sicherung der personenbezogenen Merkmale bieten sich hier verschiedene Formen der technischen Verschlüsselung an (s. zur Datensicherheit Kapitel 5.3.3; Hammer/Knopp 2015: 507).

Das Konzept der Anonymisierung

Die DSGVO definiert Anonymisierung in Erwägungsgrund 26 derart, dass die Grundsätze des Datenschutzes nicht mehr für „Informationen, die sich nicht auf eine identifizierte oder identifizierbare natürliche Person beziehen, oder personenbezogene Daten [gelten], die in einer Weise anonymisiert worden sind, dass die betroffene Person nicht oder nicht mehr identifiziert werden kann." Diese Definition wird in der Praxis *absolute Anonymität* genannt (s. Schaukasten 4.5). Die vielleicht unscheinbare Trennung zwischen *nicht* und *nicht mehr* weist jedoch darauf hin, dass Anonymisierung durch die DSGVO weiterhin als aktive Handlung bestimmt wird (so auch Wójtowicz/Cebulla 2017: 187). Das BDSG-neu ergänzt ferner, dass besondere Kategorien personenbezogener Daten zu anonymisieren sind, sobald dies nach Forschungs- oder Statistikzweck möglich ist.

Schaukasten 4.5: Anonymisierungsniveaus

Unabhängig von der Rechtslage unterscheidet man in der einschlägigen Literatur drei Niveaus der Anonymisierung: die formale, die faktische und die absolute (Höhne 2010: 10f.; Metschke/Wellbrock 2002: Kap. 3.3).

Formale Anonymisierung

Die formale Anonymisierung umfasst das Entfernen direkter Identifizierungsmerkmale. Es gilt zu beachten, dass die Daten weiterhin datenschutzrechtlichen Bestimmungen unterliegen.

Faktische Anonymisierung

Faktische Anonymisierung entspricht der Teildefinition des bisherigen alten BDSG (§ 3 Abs. 6) zu Anonymisierung, nach der Einzelangaben „nur mit einem unverhältnismäßig großen Aufwand an Zeit, Kosten und Arbeitskraft einer bestimmten oder bestimmbaren natürlichen Person zugeordnet werden können".

Absolute Anonymisierung

Von absoluter Anonymisierung spricht man, wenn es in jeder Hinsicht ausgeschlossen ist, dass Daten auf eine natürliche Person bezogen werden können.

Quelle: Eigene Darstellung in Anlehnung an Höhne (2010) und Metschke/Wellbrock (2002)

Zwar kennt das neue Datenschutzrecht auf europäischer und nationaler Ebene keine explizite Unterscheidung mehr zwischen *absoluter* und sogenannter *faktischer* Anonymität, allerdings wird im Erwägungsgrund 26 der DSGVO davon gesprochen, dass als *objektive Faktoren*, die „nach allgemeinem Ermessen wahrscheinlich zur Identifizierung der natürlichen Person genutzt werden [können], […] Faktoren, wie die Kosten der Identifizierung und der dafür erforderliche Zeitaufwand, herangezogen werden" sollten. Diese Bestimmung entspricht nun wiederum dem Ansatz der *faktischen* Anonymität. Da die Unterscheidung zwischen den beiden Ansätzen den Bereich der Archivierung und Nachnutzung von Daten auf Individualebene zu Forschungszwecken betrifft, erscheint uns eine Erläuterung hier wichtig.[10]

Es ist umstritten, ob Verantwortliche, also in unserem Fall die Forscher/innen, jedes mögliche Risiko auch bei der Verarbeitung nicht mehr personenbezogener Daten im Griff haben müssen. Offen ist etwa die Frage, ob jedes Zusatzwissen über die Befragten den Verantwortlichen zuzurechnen ist. Die Mehrheit der Autoren und Autorinnen folgt hier der sogenannten relativen Theorie. Diese geht davon aus, dass man lediglich das Wissen und die Fähigkeiten in Betracht ziehen muss, welche der verarbeitenden Stelle (also etwa dem Forschungsvorhaben) momentan zur Verfügung stehen (Boehme-Neßler 2016: 420; Marnau 2016: 429f.; Karg 2015: 525). Auch die DSGVO folgt dieser relativen Position. Prinzipiell ist das „Bestehen eines theoretischen Restrisikos der möglichen erneuten Individualisierung nach erfolgter Anonymisierung […] von Gesetzes wegen hinzunehmen." (Gola 2017 Art. 6: 197)

Bei einer Wiederherstellung des Personenbezugs, also einer möglichen Re-Identifizierung oder De-Anonymisierung, kann unseres Erachtens also nicht von einer *absoluten* Anonymität der hier betrachteten Forschungsdaten für die Nachnutzung ausgegangen werden. Diese Position wird auch von der Artikel-29-Datenschutzgruppe (2014) und dem Europäischen Gerichtshof geteilt (EUGH 2016, Urteil zum Personenbezug dynamischer IP-Adressen; Wójtowicz/Cebulla 2017: 189f.).

Bei der Anonymisierung sind Abwägungen zu treffen. Einerseits sollen Forscher/innen Daten vorhalten, um Replikationen und Sekundäranalysen zu ermöglichen, andererseits soll der Persönlichkeitsschutz der Befragten dadurch gestärkt werden, dass Daten nicht länger als benötigt gespeichert werden. Nicht mehr benötigte personenbezogene Merkmale, wie z.B. Adressangaben oder Telefonnummern, müssen gelöscht werden, sobald der Forschungszweck erreicht ist.

Als problematisch ist prinzipiell jedes Zusatzwissen über Untersuchungspersonen anzusehen, über welches Dritte verfügen könnten, die auf die Daten zugreifen. Nach der oben genannten *relativen Theorie* und den Ausführungen in der DSGVO müssen Forscher/innen dieses Zusatzwissen *nach allgemeinem Ermessen* (Erwägungsgrund 26 DSGVO) momentan überschauen. Zum Zusatzwissen zählen die bei Dritten eventuell vorhandene Teilnahmekenntnis und jede Möglichkeit, über eindeutige Angaben im Datensatz weitere Informationen den Daten hinzuzufügen. Bei dieser möglichen Hinzufügung ist u.a. der *Stand der Technik* zu beachten, der Dritten zur Verfügung steht, um ggf. unrechtmäßig eine De-Anonymisierung durchzuführen. Allerdings ist dieses Konzept dynamisch, sodass für die praktische Arbeit nur von anerkannten Regeln der Technik ausgegangen werden kann (Grundlach/Weidenhammer 2018).

Eine Anonymisierung wird u.a. durch Angaben aus Antworten zu offen gestellten Fragen, durch die Datenerhebung in speziellen Populationen (z.B. sogenannte Eliten) oder die Kombinierbarkeit mit anderen Datenquellen erschwert:

   a) Offene Angaben in quantitativen Datensätzen und in Transkripten qualitativer Interviews sind immer mit dem Risiko verbunden, dass der Befragte sich zu seinen persönlichen oder sachlichen Verhältnissen äußert und so zu seiner möglichen Re-Identifikation beitragen kann. Daher müssen diese sehr intensiv geprüft werden und führen zu einem beträchtlichen Arbeitsaufwand bei den die Anonymisierung durchführenden Stellen.

---

10 Seit Ende Juli 2018 liegen alle überarbeiteten Landesdatenschutzgesetze vor. Acht von 16 Bundesländern haben ihre Gesetze um Definitionen von „Anonymität" im Sinne „faktischer Anonymität" ergänzt. Es sind dies Brandenburg, Hessen, Niedersachsen, Nordrhein-Westfalen, Sachsen, Sachsen-Anhalt, Schleswig-Holstein und Thüringen (Landesdatenschutzgesetze 2018).

4. Datenschutz im Forschungsdatenmanagement

b) Bei Datenerhebungen in speziellen Populationen sind bereits durch die Begrenzungen, die sich aus den Definitionen der Populationen ergeben, Anonymisierungsmaßnahmen notwendig. Ein Fall spezieller Populationen stellen Professoren/innen dar. In der Regel stehen deren Lebensläufe online zur Verfügung, inklusive Angaben z.B. zur Promotion oder zu persönlichen Lebensverhältnissen (verheiratet, Anzahl Kinder, Wohnort etc.). Enthält eine Studie etwa unter deutschen Archäologieprofessoren/innen Angaben zum Jahr, in denen diese promoviert wurden, kann eine einfache Suchmaschinen-Anfrage bereits zur Identifikation der einzelnen Personen führen.

c) Neben der Kombinierbarkeit von Merkmalen innerhalb eines Datensatzes kann die Verknüpfung von Daten einer Studie mit anderen Datenquellen zu einer Verschärfung der Problemlage führen. Dies kann selbst dann der Fall sein, wenn die eigentlichen Daten an sich ohne jegliches identifizierendes Material zu sein scheinen. Beispielsweise konnten Narayanan und Shmatikov (2008) anonymisierte Personen aus einem frei verfügbaren Datensatz des Online-Streaming-Dienstes Netflix mit hoher Wahrscheinlichkeit Nutzerprofilen des Filmbewertungsportals Internet Movie Database (IMDb) zuordnen. Hierdurch erhöhte sich das Risiko einer möglichen Re-Identifizierung. Das Beispiel zeigt, dass die Einhaltung des Datenschutzes nicht mehr von der erhebenden Stelle kontrolliert werden kann, wenn ein Weg gefunden wird, die publizierten Daten mit anderen, externen Daten zu verbinden. Auf konkrete Maßnahmen der Anonymisierung gehen wir in Abschnitt 4.3 ein.

Die Herausforderungen beim Umgang mit von Personen erhobenen Daten in der Forschung werden durch eine ganzheitliche Betrachtung der Situation gemildert. Ein wichtiger Teil dieser ganzheitlichen Betrachtung ist die Bewertung des möglichen Risikos für die Untersuchungspersonen. Hierbei werden die für eine Veröffentlichung der Daten notwendigen Maßnahmen bestimmt und von der *verarbeitenden Stelle* wird das Risiko einer möglichen Re-Identifizierung bewertet. Geht man von einer *faktischen* Anonymität und einem hinnehmbaren Restrisiko aus, sollte die Wahrscheinlichkeit des Eintretens einer Re-Identifizierung oder einer De-Anonymisierung vernachlässigbar sein. Für eine vollständige Abschätzung eignet sich z.B. der von Bieker et al. (2016) auf der Basis des Standard-Datenschutzmodells (vgl. SDM 2016) sowie der DSGVO erstellte Ablauf für eine Datenschutz-Folgenabschätzung (ausführlich auch Forum Privatheit 2016).

Beispiele für einen sicheren Umgang mit Forschungsdaten, der nicht allein auf die Anonymisierung abzielt, sind Datenerhebungsprogramme wie etwa das SOEP oder das Projekt CILS4EU (s. Schaukasten 4.6). Im Fall des Sozio-oekonomischen Panels haben weder das Deutsche Institut für Wirtschaftsforschung (DIW) noch das Team des SOEP direkten Zugriff auf die Kontaktdaten der Befragten. Diese liegen nur dem Erhebungsinstitut vor. Ferner gelten für den Zugriff auf die Daten besondere vertragliche Regelungen (Frick et al. 2010).

Schaukasten 4.6: Beispiel für Nutzungsbestimmungen ist die Studie Children of Immi-grants Longitudinal Survey in Four European Countries (CILS4EU)

- Der Zugang zur Vollversion (http://dx.doi.org/10.4232/cils4eu.5353.3.3.0) ist nur nach expliziter Zustimmung des Datengebers in die Zwecke der Sekundärnutzung und nach Vertragsabschluss an einem technisch besonders umfangreich gesicherten Gastarbeitsrechner (Secure Data Center) möglich.
- Der Zugang zu einer reduzierten Version (http://dx.doi.org/10.4232/cils4eu.5656.3.3.0) außerhalb von GESIS ist nur nach expliziter Zustimmung des Datengebers in die Zwecke der Sekundärnutzung und nach Vertragsabschluss möglich. Die Daten werden verschlüsselt zum Download freigeschaltet.
- Der CILS4EU-Vertrag stellt einige besondere Anforderungen an die Nachnutzenden:
  - Bezüglich der Anonymität beispielsweise: Alle Versuche einer Re-Identifizierung von Studienteilnehmer/innen sind zu unterlassen, keine Verknüpfung mit anderen Daten auf Individualebene, keine Darstellung von Einzelfällen (einzelne Studienteilnehmer/innen).
  - Bezüglich sonstiger Bedingungen beispielsweise: Bei allen Publikationen auf Grundlage von CILS4EU muss das Projekt referenziert werden, keine Weitergabe an Dritte, keine kommerzielle Nutzung.

Quelle: Eigene Darstellung

Zusammenfassend lässt sich sagen, dass in der Aufbereitungs- und Analysephase die geplanten und notwendigen Maßnahmen zum Datenschutz auch sachgerecht umgesetzt werden sollten. Personenbezogene Merkmale in den Daten sollten getrennt von den Analysemerkmalen gespeichert werden. Je nach Grad des Risikos für den Grundrechtsschutz der Untersuchungspersonen treten informationsverändernde Maßnahmen wie die Pseudonymisierung und Anonymisierung hinzu. Der Grundrechtsschutz kann zudem durch Mittel wie den Zugriffsschutz verstärkt werden. Alle genannten Maßnahmen dienen dem Grundrechtsschutz der Untersuchungspersonen bei der Veröffentlichung und Archivierung. Sie sollten vor der Datenerhebung geplant und ihnen sollte durch die Betroffenen über die informierte Einwilligung zugestimmt werden.

4.2.3 Veröffentlichungs- oder Archivierungsphase

„Welche Daten müssen gelöscht werden?" (RatSWD 2016: 17)

An dieser Stelle müssen wir zunächst eine Einschränkung machen. Wenn die Einverständniserklärung eine Nutzung nach Abschluss des Forschungsvorhabens ausschließt, dürfen Forschungsdaten nicht archiviert werden. Das gilt auch, wenn diese Daten nach rechtlichen Vorgaben pseudonymisiert oder anonymisiert wurden. Selbst anonyme Daten dürfen nicht verwendet werden, wenn die Einwilligung explizit eine Nutzung nach Projektende ausschließt. Über die Einverständniserklärung wird erstens der *Forschung* als Zweck der Datennutzung zugestimmt und zweitens Untersuchungspersonen eine Wahrung ihrer Grundrechte durch Schutz ihrer Daten (z.B. durch Nutzung ohne Personenbezug) zugesichert (siehe oben).

Archive für Forschungsdaten verfügen – neben ihrer Expertise bezüglich Anonymisierungsmaßnahmen – über eine Reihe weiterer Möglichkeiten, die zur Einhaltung der datenschutzrechtlichen Vorgaben beitragen. Dazu zählen u.a. technische Zugangsbeschränkungen, Verpflichtungen über Nutzungsverträge/-bedingungen und kontrollierte Gastarbeitsrechner. Forscher/innen sollten sich frühzeitig mit dem Archiv ihrer Wahl in Verbindung setzen und mit den Ansprechpartner/innen dort das notwendige Schutzniveau für die einzureichenden Daten diskutieren.

„Wie werden die Daten für die Nachnutzung zur Verfügung gestellt?" (Ebd.)

Der Rat für Sozial- und Wirtschaftsdaten (RatSWD) empfiehlt, Daten selbst dann in Repositorien zu sichern, wenn keine Verfügbarmachung für Sekundärstudien vorgesehen ist, beispielsweise weil keine Dokumentationsmaterialien erstellt wurden. Durch diese Sicherung wird zumindest gewährleistet, dass die Daten datenschutzkonform sowie sicher und langfristig lesbar vorgehalten werden (RatSWD 2016: 6). Die Archivierung in einem Repositorium oder Archiv hat weitere Vorteile, wenn die eingereichten Daten mit anderen Forscher/innen geteilt werden.

„Welchen Beschränkungen unterliegt die Nachnutzung bzw. wer kann die Daten unter welchen Bedingungen nachnutzen?" (Ebd.)

Wenn Daten in einem Repositorium bzw. Archiv eingereicht werden sollen, ist mit den dort zuständigen Ansprechpartner/innen zu klären, unter welchen Nachnutzungsbedingungen und Zugangsbeschränkungen die Daten verfügbar sein sollen. Es muss etwa die Frage geklärt werden, wer über welchen Zugangsweg und unter welchen Einschränkungen die Daten nutzen dürfen soll. Einen Einblick in mögliche Bedingungen für die Nachnutzung von Daten aus einem Archiv bietet die Benutzungsordnung des GESIS Datenarchivs (2018).

4.3 Anonymisierungs- und weitere Schutzverfahren

Wie dargestellt, sollte bereits im Forschungsvorhaben mit Maßnahmen wie Datentrennung, Pseudonymisierung und Verschlüsselung gearbeitet werden. Ab wann von anonymisierten Daten gesprochen werden kann, ist im Einzelfall zu bestimmen (s. Abschnitt 4.2.2).

Im Folgenden werden nur einige der gängigsten Anonymisierungsmaßnahmen in den Sozialwissenschaften dargestellt. Einzig auf die Eigenschaft k-anonymity soll abschließend noch einmal gesondert eingegangen werden.

4.3.1 Verfahren der Pseudonymisierung und Anonymisierung

Bei der Pseudonymisierung oder Anonymisierung werden alle Merkmale verändert, entfernt oder gelöscht, die Daten auf eine natürliche Person beziehbar machen. Hierbei ist zwar weiterhin ein (reduzierter) Informationsgehalt für Analysen gegeben, Einzelperson können jedoch nicht mehr identifiziert werden. Eine Auflistung möglicher direkter und indirekter Identifikationsmerkmale findet sich in Schaukasten 4.7. Neben dem Löschen der Daten bzw. ganzer Variablen, das mehr oder weniger selbsterklärend ist, gibt es die Möglichkeit, Variablenwerte zu klassifizieren oder einzelne Werte zu recodieren.

Schaukasten 4.7: Direkte und indirekte Identifizierungsmerkmale

Direkte Identifizierungsmerkmale

- a) Namen
- b) Anschrift
- c) Telefonnummer
- d) Kfz-Kennzeichen *(mögliche Identifizierung Fahrzeughalter)*
- e) Personalausweisnummer
- f) Sozialversicherungsnummer
- g) E-Mail-Adresse *(z.B. berufliche mit Vor- und/oder Nachnamen)*
- h) feste IP-Adresse
- i) ein-eindeutige Berufsbezeichnung (z.B. Präsidentin, Rektorin, Direktorin etc. in Kombination mit Name Arbeitgeber)

Indirekte Identifizierungsmerkmale

- j) Offene Berufsangabe (ggf. Name Unternehmen oder eindeutige Berufsangabe)
- k) Offene Angabe zu Schul- und Berufsbildung (ggf. Name der Bildungseinrichtung)
- l) Karriereangaben im Lebensverlauf
- m) Geburtsland
- n) Staatsangehörigkeit
- o) Muttersprache

Regionalangaben[11]

- p) Postleitzahl
- q) Kreiskennziffer
- r) Gemeindekennziffer
- s) Ortsnamen (auch Ortsnamen in der Dokumentation beachten)
- t) Stadtteilnamen
- u) Bundesland oder Regierungsbezirk in Kombination mit Gemeindegrößenklasse oder Boustedt-Regionen

---

Quelle: Kinder-Kurlanda/Watteler (2015: 19)

---

11 Hierzu zählen auch Geokoordinaten, die Kinder-Kurlanda und Watteler (2015) nicht erwähnen.

Die Anonymisierung von qualitativem Forschungsmaterial ist in den meisten Fällen (beispielsweise für Interviewtranskripte) deutlich aufwendiger und für Audio- und Videoaufnahmen zudem technisch anspruchsvoller. Dies sind entscheidende Gründe, warum qualitative Daten selten vollständig veröffentlicht und archiviert werden. Dass dies keine Ausschlussgründe sein müssen und es geeignete Anonymisierungsmaßnahmen auch für die qualitative Forschung gibt, zeigen u.a. Meyermann und Porzelt (2014).[12]

Strategie 1: Aggregieren einzelner Werte/Kategorien

Wenn einzelne Werte einer Variablen sehr selten vorkommen, insbesondere an den Rändern ihrer Verteilung, kann dies die Re-Identifizierung von Studienteilnehmer/innen ermöglichen. In diesem Fall ist es empfehlenswert, die problematischen Werte der Variable zu aggregieren (Ebel/Meyermann 2015: 7f). Beispielsweise können sehr kleine bzw. sehr große Werte in einer nach unten bzw. nach oben offenen Kategorie zusammengefasst werden (*Top*- bzw. *Bottom-Coding*).

Schaukasten 4.8: Aggregieren einzelner Werte			
Informationen in Variable	Ursprüngliche Kodierung	Mögliches Datenschutzproblem	Exemplarische Lösung
Alter	offene Angaben	Seltene Werte an den Rändern der Verteilung (Extrema)	Je nach Stichprobe: Top-Coding und/oder Bottom-Coding
Einkommen	offene Angaben	Seltene Werte an den Rändern der Verteilung (Extrema)	Je nach Stichprobe: Top-Coding und/oder Bottom-Coding
Muttersprache	offene Angaben	Seltene Werte (Zusatzwissen/ Teilnahmekenntnis)	Alle seltenen Werte zu einer gemeinsamen Kategorie umcodiert

Quelle: Ebel/Meyermann (2015: 8)

Es kann darüber hinaus sinnvoll sein, insbesondere bei herausgehobenen Populationen (z.B. Eliten), auf eine Mindestbesetzung von Zellen (des zu anonymisierenden Merkmals) zu achten. Empfehlungen zur Mindestbesetzung können nicht generalisiert werden. In Schaukasten 4.8 werden einige beispielhafte Recodierungen gezeigt.

Strategie 2: Aggregieren aller Werte

Die gesamte Variable sollte recodiert werden, wenn mehrere Werte problematisch erscheinen, sofern dieser Aufwand geleistet werden kann und die recodierte Variable einen tatsächlichen Informationsgehalt besitzt (ebd.: 8). In Schaukasten 4.9 werden einige für sozialwissenschaftliche Umfragen typische Variablen recodiert.

---

12 Der Vollständigkeit halber sei hier auf die Maßnahmen im Bereich der statistical disclosure control verwiesen, welche vor allem im Bereich amtlicher Mikrodaten verwendet werden (vgl. die kurze Einführung in Bethlehem 2009: 342-358).

Schaukasten 4.9: Aggregieren aller Werte		
Informationen in Variable	*Ursprüngliche Kodierung*	*Exemplarische Lösung*
Berufsangabe	offene Angaben	Kategorisierung der Angaben in (dreistellige) ISCO-Codes
Berufsangabe	vierstellige ISCO-Codes	Kürzen auf dreistellige Angaben (Löschen der letzten Ziffer)
Postleitzahl	Postleitzahl	Aggregieren in z.B. Bundesland oder BIK-Region

Quelle: Ebel/Meyermann (2015: 8)

Strategie 3: Löschen von Variablen

Als dritte Strategie sollte das Löschen ganzer Variablen aus dem Datensatz ins Auge gefasst werden (ebd.). Da der Informationsverlust hierbei am größten ist, sollte das Löschen nur durchgeführt werden, wenn das Aggregieren einzelner Werte zu aufwendig ist oder aus sonstigen Gründen – etwa wenn der Informationsgehalt der recodierten Variable den Aufwand nicht rechtfertigt – nicht geleistet werden kann oder soll (vgl. die Beispiele zu IP-Adressen und Regionalangaben in Schaukasten 4.10).

Schaukasten 4.10: Löschen von Variablen	
Informationen	*Exemplarische Lösung*
kleinräumige Regionalangaben wie Postleitzahl, Kreiskennziffern, Orts- oder Stadtteilnamen,	Aggregieren in z.B. Bundesland oder BIK-Region u.U. zu aufwendig, daher die Variable löschen.
(fixe) IP-Adressen	Der Informationsgehalt lässt sich eventuell nicht erhalten beim Aggregieren der Werte, daher die Variable löschen.

Quelle: Ebel/Meyermann (2015: 9)

4.3.2   Exkurs: k-anonymity

Die Eigenschaft *k-anonymity* wurde von Sweeney (2002) eingeführt. Ein Datensatz besitzt diese Eigenschaft, wenn ein Individuum, bezogen auf jede Kombination einer Auswahl von Variablen – Quasi-Identifier genannt – nicht von k-1 anderen Individuen unterschieden werden kann (ebd: 8ff.). Quasi-Identifier sind diejenigen Variablen, die zum einen mit größerer Wahrscheinlichkeit in externen Datenquellen vorkommen könnten und zum anderen spezifisch genug sind, dass bestimmte Kombinationen aller Variablen des Sets nur von relativ wenigen Individuen im Datensatz geteilt werden.

k-anonymity dient dazu, dass sich keine Person eindeutig identifizieren lässt, wenn weitere, externe Informationen mit dem Datensatz verlinkt werden, da immer mindestens k-1 identische Personen vorhanden sind. Dies stellt im Zeitalter von Big Data eine attraktive ergänzende Vorsichtsmaßnahme zu traditionellen Anonymisierungsstrategien wie der Unterdrückung einzelner Werte (Höhne 2010: 25) dar, da die Existenz von verknüpfbaren externen Datenbeständen immer wahrscheinlicher wird (Sweeney 2002: 4).

Das Vorgehen bei dieser Strategie ist eine Erweiterung der Aggregation bei einzelnen Variablen. Im Falle der k-anonymity werden individuelle Variablenausprägungen durch für k Fälle identische Ausprägungen ersetzt. Welcher Wert für k gewählt werden sollte, muss in

Abhängigkeit des Einzelfalls entschieden werden und kann nur soweit verallgemeinert werden, dass k in jedem Fall mindestens 3 sein sollte.

Beispiel: In einer Elitestudie wurden Angaben von Juniorprofessoren/innen an Universitäten zu einem Fragebogen sowie Informationen zur Arbeitsstelle erfasst. Die Primärforscher gehen davon aus, dass Geschlecht, Zeitpunkt des Stellenantritts und Bundesland Quasi-Identifier sind. Angestrebt wird k-anonymity, mit k=3. D.h., keine Person im Datensatz darf sich bezogen auf die Quasi-Identifier von weniger als 2 weiteren unterscheiden. In Schaukasten 4.11 sieht man, dass das Ziel der k-anonymity mit k=3 erreicht wird.

Schaukasten 4.11: Beispiel für k-anonymity mit k=3 (Von den sieben dargestellten Variablen sind Geschlecht, Stellenantritt und Bundesland Quasi-Identifier.)

Fall	Geschlecht	Stellenantritt	Bundesland	V1	V2	V3
1	weiblich	Sept. 2014	Niedersachsen	20	1	3600€
2	weiblich	Sept. 2014	Niedersachsen	20	1	2100€
3	weiblich	Sept. 2014	Niedersachsen	10	1	1800€
4	männlich	Dez. 2015	Bayern	30	1	n/a
5	männlich	Dez. 2015	Bayern	40	1	5000€
6	männlich	Dez. 2015	Bayern	20	1	1500€

Quelle: Eigene Darstellung

4.3.3 Public und Scientific Use Files

Unabhängig von der gewählten Anonymisierungsstrategie sollte auf eine konsistente und sorgfältige Arbeitsweise geachtet werden. Alle Anonymisierungsentscheidungen müssen in einer nachvollziehbaren Weise dokumentiert werden (beispielsweise im Codehandbuch). Sind die Verluste des Auswertungspotentials der Daten durch Anonymisierungsmaßnahmen sehr groß, kann und sollte überlegt werden, ob eine Aufteilung in einen öffentlich verfügbaren, absolut anonymisierten *Public Use File*, und einen nur an einem Gastarbeitsrechner des Archivs bearbeitbaren *Scientific Use File* sinnvoll scheint (vgl. die Datenzugangsbedingungen auf der Webseite der Statistischen Ämter des Bundes und der Länder 2018):

- Daten in *Public Use Files* (PUF) sind normalerweise so weit anonymisiert, dass sie zu öffentlichen Zwecken zugänglich sind (vgl. Wende 2004: 338). Im Falle der Amtlichen Statistik wird sogar von *absolut anonymisierten Mikrodaten* gesprochen.
- Daten in *Scientific Use Files* (SUF) sind so weit anonymisiert, dass sie zu Forschungszwecken verwendet werden dürfen. Sie bieten im Vergleich zu den On-Site-Zugangswegen ein geringeres Analysepotential, sind jedoch so konzipiert, dass sie sich für einen großen Teil der wissenschaftlichen Forschungsvorhaben eignen.

4.3.4 Zugangs- und Zugriffsbeschränkungen

Als ergänzende (nicht ersetzende) Maßnahme kann in der Phase der Veröffentlichung und Archivierung der Zugriff auf oder sogar der Zugang zu Daten beschränkt werden. Der Zugriff kann technisch nur registrierten Personen ermöglicht werden, die einer Datennutzungsvereinbarung zustimmen. Diese sollte umfassen, dass ausschließlich aggregierte Werte publiziert werden, die keinen Rückschluss auf einzelne Studienteilnehmer/innen ermöglichen. Des Weiteren beschränkt sie den Nutzerkreis in der Regel auf Wissenschaftler/innen. Außerdem werden ein Verbot der Weitergabe der Daten an Dritte und ein Datum zur Löschung der Daten aufgenommen.

Eine Beschränkung des Zugangs erfolgt in manchen Instituten über eine On-Site-Nutzung der Daten. Das bedeutet, Wissenschaftler/innen können ausschließlich vor Ort an einem Gastarbeitsrechner mit den Daten arbeiten. Beispielsweise wird der Mikrozensus in einer anonymisierten Version zur On-Site-Nutzung zur Verfügung gestellt (vgl. Zugangsbedingungen der Forschungsdatenzentren auf www.forschungsdatenzentrum.de). Dieses Beispiel für einen Scientific Use File enthält noch sehr detaillierte Informationen. Ein ähnliches Angebot macht GESIS über das Secure Data Center. Auch in dieser Arbeitsumgebung können Gastwissenschaftler/innen Scientific Use Files mit allen gängigen Statistikprogrammen analysieren. Der Datenzugriff ist technisch so gesichert, dass es unmöglich ist, die Daten an andere Stellen zu übermitteln oder auf Datenträger zu kopieren. Der Output der statistischen Auswertungen wird in beiden Einrichtungen von Mitarbeiter/innen geprüft und, falls keine kritischen Informationen enthalten sind, freigegeben, wie in Kapitel 7.4.4 am Beispiel des Datenarchivs für Sozialwissenschaften der GESIS – Leibniz-Institut für Sozialwissenschaften näher ausgeführt.

On-Site-Zugang kann als Maßnahme an sich bereits als ein Schritt in Richtung faktischer Anonymisierung gewertet werden, da ein erheblicher Aufwand für die Anreise einberechnet und der Nutzerkreis kontrolliert sowie auf Wissenschaftler/innen begrenzt werden kann (Höhne 2010: 11).

4.3.5 Zwei Fallbeispiele zu Datenschutzkonzepten

Die folgenden Skizzierungen von Datenschutzkonzepten zweier deutscher Studien zeigen exemplarisch, wie unter verschiedenen Ausgangsbedingungen mit datenschutzrechtlichen Vorgaben umgegangen werden kann (weitere Beispiele finden sich bei Kinder-Kurlanda/Watteler 2015).

Beispiel 1: ALLBUS Datenschutzkonzept

Die seit 1980 alle zwei Jahre erhobene Allgemeine Bevölkerungsumfrage der Sozialwissenschaften (ALLBUS) ist eine repräsentative Querschnittsbefragung zu Einstellungen, Verhaltensweisen und zur Sozialstruktur der deutschen Wohnbevölkerung (FDZ ALLBUS 2017). Sie umfasst umfangreiche Informationen zu jedem Befragten, u.a. kleinteilige geographische Informationen sowie Berufsangaben (vierstellige ISCO-Codes).

ALLBUS-Studien werden umfangreiche regionale Kontextdaten zugespielt, u.a. das Bundesland der Befragung und die politische Gemeindegrößenklasse des Wohnorts sowie BIK-Regionen (zu BIK s. Behrens/Wiese 2013). Aus Datenschutzgründen können nicht alle Informationen frei verfügbar gemacht werden. Einige Informationen, beispielsweise die exakte Wohnortgröße, werden nicht oder nur recodiert angeboten. Andere kleinteilige geographische Angaben (Regierungsbezirk) werden nicht in den jedem Wissenschaftler bzw. jeder Wissenschaftlerin zur Verfügung stehenden Standarddatensätzen veröffentlicht. Sie sind ausschließlich bei begründetem Forschungsinteresse und innerhalb vertraglicher Nutzungsbedingungen im GESIS Secure Data Center nutzbar (GESIS 2017; Wasmer et al. 2014: 33).

Beispiel 2: Studierendenstudie MESARAS

Die zweite Studie ist MESARAS 2013: *Mobility, Expectations, Self-Assessment and Risk Attitude of Students*. Sie ist ein Beispiel dafür, dass Teilnahmekenntnis und Zusatzwissen Dritter, insbesondere in Verbindung mit kleinräumigen geographischen Angaben, beim Datenschutz mitbedacht werden müssen. Ihre Darstellung zeigt darüber hinaus, dass auch Einzelforscher/innen in der Lage sind, Datenbestände wirksam zu schützen.

Für diese Studie wurden 2013 an sieben Universitäten in Deutschland Studierende befragt. Ziel der Befragung war es, den Zusammenhang zwischen Mobilitätsentscheidungen von Studenten und Studentinnen und verschiedenen Determinanten, wie individuellen Einstellungen und Persönlichkeitsmerkmalen, zu untersuchen. Zu diesem Zweck wurden umfangreiche und kleinteilige geographische Angaben erfasst.

Bei kleinteiligen geographischen Angaben besteht die Gefahr, dass diese in Kombination mit anderen, ansonsten nicht-personenbeziehbaren Merkmalen das Risiko der De-Anonymisierung erhöhen. Im vorliegenden Fall kommt hinzu, dass davon ausgegangen werden musste, dass Student/innen sowie Lehrkräfte Kenntnis über die Teilnahme der Befragten hatten. Dadurch wären Personen in der Lage gewesen, auch in formal anonymisierten Daten nach ihren Bekannten und Kommilitonen/innen zu suchen. Wäre beispielsweise die Staatsangehörigkeit differenziert erfasst und käme nur eine Person afghanischer Herkunft in den Daten vor, könnten ihre Kommilitonen/innen und Lehrkräfte sie über diese Information im Datensatz erkennen und anschließend alle sonstigen Angaben auf sie beziehen.

Der Primärforscher hat die Daten zum Schutz der Betroffenen formal anonymisiert und anschließend in zwei Versionen eingeteilt. Ein *Public Use File* (Weisser 2016a) wurde inhaltlich stark verändert und faktisch anonymisiert. Es wurden vor allem geographische Angaben, Nennungen der Universitäten, Angaben zu Ausbildung, Auslandsaufenthalten und Studiengang entfernt oder kategorisiert. Das Analysepotential ist vermindert. Da allerdings weiterhin die Distanzen zwischen den anonymisierten Studien- und Wohnorten (geographische Distanzen in Kilometern zwischen den Schwerpunkten von Flächen) enthalten sind, ist eine Auswertung bezüglich des ursprünglichen Forschungszwecks weiterhin möglich.

Die zweite Version ist ein *Scientific Use File* (Weisser 2016b), der weitestgehend einem weniger stark anonymisierten Datensatz entspricht und nur über das GESIS Secure Data Center zugänglich ist. Auf diese Weise wird sichergestellt, dass der Scientific Use File nicht an Dritte weitergegeben wird und ausschließlich Wissenschaftler/innen Zugang erhalten. Es ist hier lediglich eine Ergänzung von Kontextdaten über administrative Einheiten, wie Bundesländer oder Kreise, sowie teilweise über Georeferenzen möglich, nicht jedoch eine Verknüpfung mit anderen Datenquellen auf Individualebene. D.h., es kann nicht versucht werden, über einen Abgleich mit einem anderen Datensatz identische Befragte zu finden und ggf. zu identifizieren. Nutzer/innen unterschreiben einen Vertrag und die Einhaltung der Nutzungsbedingungen wird von Mitarbeitern/innen vor Ort kontrolliert. Diese Version ist durch die Kombination von technischen und Anonymisierungsmaßnahmen ebenfalls faktisch anonym.

4.4 Häufige Fehler

Datenschutz und ethisches Forschen sind komplexe Themengebiete. Forscher/innen fühlen sich oftmals nicht ausreichend informiert in diesen Bereichen. Aus Unkenntnis oder Sorge heraus, den einzelnen Bestimmungen nicht gerecht zu werden, geschieht es in der Praxis immer wieder, dass Forscher/innen entweder noch striktere Anforderungen an den eigenen

4. Datenschutz im Forschungsdatenmanagement

Umgang mit den erhobenen Daten stellen, als dies vom Gesetzgeber verlangt wird, oder gleich gänzlich auf jede datenschutzrechtliche Planung verzichten.

Im Folgenden werden im Archivkontext häufig beobachtbare Probleme dargestellt. Es wird gezeigt, wie diese Situationen sowohl in Einklang mit datenschutzrechtlichen Bestimmungen als auch den Bedürfnissen der Forschungspraxis gebracht werden können.

4.4.1 *Untätigkeit aus Unsicherheit und überzogene selbstauferlegte Einschränkungen*

Aus Unsicherheit aufgrund der Komplexität der datenschutzrechtlichen Bestimmungen und/oder Unwissen über diese verzichten Forscher/innen teilweise unbegründet auf weitere Forschung mit und Archivierung von erhobenen Daten. (Anonyme) Daten werden dann beispielsweise unmittelbar nach Erreichung des Projektziels gelöscht, obwohl dies nicht durch die Gesetze oder die Einwilligungserklärung verlangt wird. Oder die Projektleiter/innen nehmen erst gar keinen Kontakt mit Experten in ihren Hochschulen oder in datenhaltenden Einrichtungen auf und verzichten auf die Vorteile des *Data Sharing* (vgl. Kapitel 7).

Insbesondere bei Studien mit kleinen Grundgesamtheiten, Elitenstudien und qualitativem Forschungsmaterial sind Forscher/innen schnell geneigt, die Möglichkeit des Data Sharing bzw. der Archivierung auszuschließen, um Studienteilnehmer/innen vermeintlich besonders gewissenhaft zu schützen. Stattdessen werden alle Daten nach Abschluss des eigenen Projekts gelöscht oder ‚verschwinden' auf persönlichen Datenträgern.

Der beste Umgang mit der Komplexität von datenschutzrechtlichen Bestimmungen ist:

a) Einschlägige sozialwissenschaftliche Ratgeber lesen, beispielsweise die Handreichung Datenschutz (RatSWD 2017) oder das hier vorliegende Kapitel,
b) die Erstellung eines Datenmanagementplans bei der Planung des Forschungsprojektes (s. Kapitel 3),
c) ggf. Absprachen bzgl. des Vorhabens mit dem Datenschutzbeauftragten treffen und die rechtzeitige Kontaktaufnahme mit einem Archiv.

4.4.2 *Unzureichende Planung des Forschungsdatenmanagements*

Das Einhalten des Datenschutzes spielt in jeder Phase des Forschungszyklus eine Rolle. Finden in der Design- und Erhebungsphase keine oder nur unzureichende Überlegungen zum Forschungsdatenmanagement und insbesondere zum Umgang mit personenbezogenen/-beziehbaren Daten statt, ergeben sich vielfältige Probleme in nachfolgenden Phasen.

Beispielsweise ist in vielen Projekten nicht vorab festgehalten worden, ob personenbeziehbare Daten tatsächlich erhoben werden müssen und ob sie zur Erreichung des Projektziels notwendig sind. Hier sollte das oben beschriebene Prinzip der Datenminimierung beachtet werden. Wenn Daten im Projekt selbst erhoben werden sollen, sind folgende Fragen vorausschauend zu klären: Wann können sie gelöscht oder anonymisiert/pseudonymisiert werden, ohne das Erreichen des Projektziels zu gefährden? Müssen Studienteilnehmer/innen unter Umständen zu einem späteren Zeitpunkt erneut kontaktiert werden (nächste Welle in einer Panelstudie, Nachfolgeprojekt etc.)?

Die vielleicht schwerwiegendste Konsequenz hieraus ist die dann erfolgende mangelhafte Ausgestaltung der Einwilligungserklärungen. Die Bestimmungen in Einwilligungserklärungen dürfen nicht übergangen werden und Einwilligungen können nur unter großen Schwierigkeiten nachträglich erneut eingeholt werden. Ist beispielsweise zugesagt worden, alle Kontaktdaten zu einem bestimmten Zeitpunkt zu löschen, besteht keine Möglichkeit, diese Daten länger aufzubewahren, außer die Befragten werden erneut um Erlaubnis gebeten.

Wenn Einwilligungserklärungen nicht spezifizieren, wie Erhebung und Verarbeitung von personenbezogenen Daten erfolgen sollen, ist anschließend unklar, unter welchen Bedingungen die Datennutzung nach Abschluss des Projekts (Nachfolgeprojekt, Replikationsstudie, Datenverwertung durch den/die Primärforscher/in in einem anderen Kontext) möglich ist. Erfreulicherweise ist das Erstellen von Datenmanagementplänen immer häufiger eine Voraussetzung für die Förderung von Projekten.

4.4.3 Ex-post-Anonymisierung

Ein ähnliches Problem entsteht, wenn die Notwendigkeit der Anonymisierung von Daten erst im Nachhinein bedacht wird (Ex-post-Anonymisierung). In der Praxis stellt sich vielleicht heraus, dass zum einen die detaillierten Angaben in der Originalvariable gar nicht erst zur Beantwortung der Forschungsfragen benötigt wurden und der Aufwand der (nachträglichen) Anonymisierung somit überflüssig war. Zum anderen erweist sich die nachträgliche Anonymisierung in bestimmten Fällen (z.B. Datensätze mit inhaltlich detaillierten Variablen) als besonders zeitraubend und schwierig.

Die nachträgliche Anonymisierung kann zu Fehlern in den Daten führen. Der/die Datenverarbeitende kann die Daten ungewollt manipulieren und beispielsweise die Werte falsch recodieren. Idealerweise werden im Datenmanagementplan die Archivierung und das Data Sharing mitbedacht und alle Variablen anhand dieser Überlegungen so erhoben, dass entweder keine nachträgliche Anonymisierung notwendig ist oder diese möglichst einfach und fehlerfrei erfolgen kann.

4.4.4 Pseudonyme aus personenbezogenen Angaben zusammensetzen

Manchmal werden Pseudonyme aus Teilnehmer/innen-Informationen zusammengesetzt, insbesondere wenn sich Personen selbst in Studien zu einem späteren Zeitpunkt identifizieren sollen, z.B. in der Befragung der nächsten Welle einer Panelstudie. Häufig gibt es in solchen Konstellationen eine Anleitung für die Teilnehmer/innen, die diese bittet, sich das eigene Pseudonym beispielsweise aus den ersten zwei Buchstaben des väterlichen Vornamens, den ersten zwei Buchstaben des mütterlichen Vornamens und dem eigenen Geburtsjahr zusammenzusetzen. Manchmal werden auch eindeutige Identifikationsmittel aus anderen Kontexten genutzt, beispielsweise die Matrikelnummer von Studierenden. Diese Pseudonyme haben den Vorteil, dass sie einfach zu merken sind bzw. bei der nächsten Gelegenheit ohne Schwierigkeiten erneut konstruiert werden können.

Probleme bereiten jedoch seltene Kombinationen in Verbindung mit Teilnahmekenntnis sowie Personenbezug dieser Pseudonyme. Wurden beispielsweise Studierende gebeten, ein Pseudonym unter Verwendung der Vornamen ihrer Eltern zu bilden, dann lässt sich über einen ausgeprägten Vornamen ggf. auf einen Migrationshintergrund der/des Studierenden schließen. Alle Personen mit Teilnahmekenntnis, möglicherweise also Lehrkräfte, Kommiliton/innen und Eltern, die Zugriff auf die ausgefüllten Fragebögen und/oder Datensätze erhalten, könnten die/der Studierende re-identifizieren. Personen ohne Kenntnisse der Teilnehmer/innen hätten immerhin einen zusätzlichen Informationsgewinn (Migrationshintergrund).

Eine weitere Schwierigkeit ist, dass durch das Pseudonym die Bestimmbarkeit der Betroffenen verhindert werden soll (vgl. Art. 4 Abs. 5 DSGVO). Das gelingt nicht, wenn das Pseudonym oder ein Teil davon selbst aus personenbezogenen Daten generiert wurde. Daher eignen sich beispielsweise die Sozialversicherungs-, Telefon- und Matrikelnummer sowie die E-Mail-Adresse nicht als Pseudonym.

4.5 Zusammenfassung

Sozialwissenschaftler/innen dürfen für Forschungszwecke mit personenbezogenen Daten arbeiten. Erheben sie diese selbst, müssen Untersuchungspersonen in aller Regel informiert in eine Teilnahme am Forschungsvorhaben zustimmen. Wissenschaftler/innen haben im Laufe ihrer Vorhaben sowie bei der eventuellen Veröffentlichung oder Archivierung auf den Schutz der Untersuchungspersonen zu achten. Hierfür bieten sich Maßnahmen wie die Datentrennung, die Verschlüsselung von Datenbeständen, die Pseudonymisierung oder die Anonymisierung der Daten an. Ein Forschungsdatenmanagementplan, der die Risiken der erhobenen Daten sowie Maßnahmen für den Schutz der Personen umfasst, ist ein wertvoller Leitfaden u.a. für das technische Management hinter der Forschungsarbeit. Fachverbände, Ethikkommissionen und Datenarchive bzw. Forschungsdatenzentren unterstützen Forscher/innen beim datenschutzkonformen Management und eröffnen Möglichkeiten der Nachnutzung von Daten im Zusammenspiel mit informationsreduzierenden Verfahren wie der Anonymisierung.

Literaturverzeichnis

Artikel-29-Datenschutzgruppe (2014): Artikel-29-Datenschutzgruppe, Stellungnahme 5/2014 zu Anonymisierungstechniken, Brüssel (0829/14/DE; WP216).
   http://ec.europa.eu/justice/article-29/documentation/opinion-recommendation/files/2014/wp216_en.pdf [Zugriff: 11.06.2018].
BDSG-alt (1990): Bundesdatenschutzgesetz (BDSG) vom 20. Dezember 1990 (BGBl. I S. 2954), neugefasst durch Bekanntmachung vom 14. Januar 2003 (BGBl. I S. 66), zuletzt geändert durch Gesetz vom 29.07.2009 (BGBl. I, S. 2254), durch Artikel 5 des Gesetzes vom 29.07.2009 (BGBl. I, S. 2355 [2384] und durch Gesetz vom 14.08.2009 (BGBl. I, S. 2814). Aktualisierte, nicht amtliche Fassung 11.06.2010.
   https://www.baden-wuerttemberg.datenschutz.de/wp-content/uploads/2013/02/BDSG.pdf [Zugriff: 07.06.2018].
BDSG-neu (2017): Bundesdatenschutzgesetz vom 30. Juni 2017 (BGBl. I S. 2097).
   http://www.gesetze-im-internet.de/bdsg_2018/BDSG.pdf [Zugriff: 17.10.2018].
Behrens, Kurt/Wiese, Kathrin (2013): Stadtregionen: Von Boustedt zu BIK, In: GESIS und Arbeitsgruppe Regionale Standards (Hrsg.): Regionale Standards: Ausgabe 2013, 2, vollst. überarb. u. erw. Aufl., Köln, S. 86-120.
   http://nbn-resolving.de/urn:nbn:de:0168-ssoar-348207 [Zugriff: 06.06.2018].
Bender, Stefan/Jarmin, Ron/Kreuter, Frauke/Lane, Julia (2017): Privacy and confidentiality, In: Foster, Ian/Ghani, Rayid/Jarmin, Ron S./Kreuter, Frauke/Lane, Julia (Hrsg.): Big Data and Social Science. A Practical Guide to Methods and Tools. Boca Raton u.a.: CRC Press, S. 299-312.
Bethlehem, Jelke (2009): Applied Survey Methods. A Statistical Perspective. New Jersey: John Wiley & Sons.
Bieker, Felix/Hansen, Marit/Friedewald, Michael (2016): Die grundrechtskonforme Ausgestaltung der Datenschutz-Folgenabschätzung nach der neuen europäischen Datenschutz-Grundverordnung. In: Recht der Datenverarbeitung 2016, 4, S. 188-197.
Boehme-Neßler, Volker (2016): Das Ende der Anonymität. Wie Big Data das Datenschutzrecht verändert. In: Datenschutz und Datensicherheit – DuD 2016, 7, S. 419-423.
Buchner, Benedikt (2016): Grundsätze und Rechtmäßigkeit der Datenverarbeitung unter der DS-GVO. In: Datenschutz und Datensicherheit – DuD 2016, 3, S. 155–161.
Chalmers, Alan F. (2007): Wege der Wissenschaft. Einführung in die Wissenschaftstheorie, 6. Berlin u.a.: Springer.
Diekmann, Andreas (2007): Empirische Sozialforschung: Grundlagen, Methoden, Anwendungen. Reinbek: Rowohlt.
Ebel, Thomas/Meyermann, Alexia (2015): Hinweise zur Anonymisierung von quantitativen Daten. forschungsdaten bildung informiert 3. Frankfurt/Main: Deutsches Institut für Internationale Pädagogische Forschung.
   http://www.forschungsdaten-bildung.de/forschungsdaten-bildung-informiert [Zugriff: 04.06.2016].

EU-DSGVO (2016): Verordnung (EU) 2016/679 des europäischen Parlaments und des Rates vom 27. April 2016 zum Schutz natürlicher Personen bei der Verarbeitung personenbezogener Daten, zum freien Datenverkehr und zur Aufhebung der Richtlinie 95/46/EG (Datenschutz-Grundverordnung). https://eur-lex.europa.eu/legal-content/DE/TXT/PDF/?uri=CELEX:32016R0679 [Zugriff: 06.06.2018].

EUGH (2016): Gerichtshof der Europäischen Union, Urteil in der Rechtssache C-582/14 Patrick Breyer/Bundesrepublik Deutschland. https://medien-internet-und-recht.de/pdf/VT-MIR-2016-Dok-033.pdf [Zugriff: 07.06.2018].

Frick, Joachim R./Goebel, Jan/Haas, Jan/Krause, Peter/Sieber, Ingo/Engelmann, Michaela (2010): Verfahren für den Datenschutz beim Zugang zu den SOEP-Daten innerhalb und außerhalb des DIW Berlin. https://www.diw.de/documents/dokumentenarchiv/17/diw_01.c.347090.de/soep_datenschutzverfahren.pdf [Zugriff: 21.11.2017].

Forum Privatheit (2016): White Paper. Datenschutz-Folgenabschätzung. Ein Werkzeug für einen besseren Datenschutz. https://www.forum-privatheit.de/forum-privatheit-de/publikationen-und-downloads/veroeffentlichungen-des-forums/themenpapiere-white-paper/Forum_Privatheit_White_Paper_Datenschutz-Folgenabschaetzung_2016.pdf [Zugriff: 29.03.2018].

GESIS - Leibniz-Institut für Sozialwissenschaften (2017): ALLBUS – Kumulation 1980–2012. Sensitive Regionaldaten (ZA5260). http://dx.doi.org/10.4232/1.13010.

Gola, Peter (2017): Datenschutz-Grundverordnung VO (EU) 2016/679. Kommentar. München: Beck.

Graumann, Sigrid (2006): Forschungsethik. In: Düwell, Marcus/Hübenthal, Christoph/Werner, Micha H. (Hrsg.): Handbuch Ethik 2. Stuttgart u.a.: J. B. Metzler, S. 253-258.

Grundlach, Rocco/Weidenhammer, Detlef (2018): Wer kennt den „Stand der Technik"? Umsetzungsempfehlungen für Energienetzbetreiber. In: Datenschutz und Datensicherheit – DuD 2018, 2, S. 106-110.

Hammer, Volker/Knopp, Michael (2015): Datenschutzinstrumente. Anonymisierung, Pseudonyme und Verschlüsselung. In: Datenschutz und Datensicherheit – DuD 2015, 8, S. 503-509.

Hansen, Ingmar/Himmelreicher, Ralf K./Mai, Dirk/Röder, Frank (2012): Entwicklung des Datenangebots und deren Nachfrage in neun Jahren Forschungsdatenzentrum der Rentenversicherung (2004 bis 2012). RatSWD Working Paper Series 212. http://nbn-resolving.de/urn:nbn:de:0168-ssoar-427657 [Zugriff: 06.06.2018].

Häder, Michael (2009): Der Datenschutz in den Sozialwissenschaften. Anmerkungen zur Praxis sozialwissenschaftlicher Erhebungen und Datenverarbeitung in Deutschland. RatSWD Working Paper Series 90. http://www.ratswd.de/download/RatSWD_WP_2009/RatSWD_WP_90.pdf [Zugriff: 11.06.2016].

Himmelreicher, Ralf/vom Berge, Philipp/Fitzenberger, Bernd/Günther, Roland/Müller, Dana (2017): Überlegungen zur Verknüpfung von Daten der Integrierten Erwerbsbiographien (IEB) und der Verdienststrukturerhebung (VSE), Berlin. RatSWD Working Paper Series 262. https://www.ratswd.de/dl/RatSWD_WP_262.pdf [Zugriff: 19.04.2018].

Höhne, Jörg (2010): Verfahren zur Anonymisierung von Einzeldaten. Statistik und Wissenschaft. Bd. 16. Statistisches Bundesamt. https://www.destatis.de/DE/Publikationen/StatistikWissenschaft/Band16_AnonymisierungEinzeldaten_1030816109004.pdf?__blob=publicationFile [Zugriff: 07.06.2018].

Karg, Moritz (2015): Anonymität, Pseudonyme und Personenbezug revisited? In: Datenschutz und Datensicherheit – DuD 2015, 8, S. 520-526.

Kinder-Kurlanda, Katharina/Watteler, Oliver (2015): Hinweise zum Datenschutz. Rechtlicher Rahmen und Maßnahmen zur datenschutzgerechten Archivierung sozialwissenschaftlicher Forschungsdaten. GESIS Papers 2015/01. https://www.gesis.org/fileadmin/upload/forschung/publikationen/gesis_reihen/gesis_papers/GESIS-Papers_2015-01.pdf [Zugriff: 24.04.2018].

Lane, Julia/Stodden, Victoria/Bender, Stefan/Nissenbaum, Helen (2014): Privacy, Big Data, and the Public Good. Frameworks for Engagement, Cambridge: Cambridge University Press.

Marnau, Ninja (2016): Anonymisierung, Pseudonymisierung und Transparenz für Big Data. Technische Herausforderungen und Regelungen in der Datenschutz-Grundverordnung. In: Datenschutz und Datensicherheit – DuD 2016, 7, S. 428-433.

Metschke, Rainer/Wellbrock, Rita (2002): Datenschutz in Wissenschaft und Forschung. https://www.hu-berlin.de/de/datenschutz/einwilligung/datenschutz-in-wissenschaft-und-forschung [Zugriff: 07.06.2018].

Meyermann, Alexia/Porzelt, Maike (2014): Hinweise zur Anonymisierung von qualitativen Daten. Forschungsdaten Bildung informiert 1. Frankfurt/Main: Deutsches Institut für Internationale Pädagogische Forschung. http://www.forschungsdaten-bildung.de/forschungsdaten-bildung-informiert [Zugriff: 04.06.2016].

Narayanan, Arvind/Shmatikov, Vitaly (2008): Robust De-anonymization of Large Sparse Datasets. http://arxiv.org/abs/cs/0610105v2 [Zugriff: 22.06.2016].

Palandt, Otto/Bassenge, Peter (2008): Bürgerliches Gesetzbuch mit Einführungsgesetz (Auszug) und andere. München: Beck.
RatSWD – Rat für Sozial- und Wirtschaftsdaten (2017): Handreichung Datenschutz. Output Series 5. https://www.ratswd.de/dl/RatSWD_Output5_HandreichungDatenschutz.pdf [Zugriff: 24.07.2017].
RatSWD – Rat für Sozial- und Wirtschaftsdaten (2016): Forschungsdatenmanagement in den Sozial-, Verhaltens- und Wirtschaftswissenschaften. Orientierungshilfen für die Beantragung und Begutachtung datengenerierender und datennutzender Forschungsprojekte. Output Series 3.
http://www.ratswd.de/dl/RatSWD_Output3_Forschungsdatenmanagement.pdf [Zugriff: 24.07.2017].
Rogosch, Patricia M. (2013): Die Einwilligung im Datenschutzrecht. Baden-Baden: Nomos.
Schaar, Katrin (2016): Was hat die Wissenschaft beim Datenschutz künftig zu beachten? Allgemeine und spezifische Änderungen beim Datenschutz im Wissenschaftsbereich durch die neue Europäische Datenschutz-Grundverordnung. RatSWD Working Paper Series 257.
http://www.ratswd.de/dl/RatSWD_WP_257.pdf [Zugriff: 31.06.2016].
Schaar, Katrin (2017): Anpassung von Einwilligungserklärungen für wissenschaftliche Forschungsprojekte. Die informierte Einwilligung nach der DS-GVO und den Ethikrichtlinien. In: Zeitschrift für Datenschutz 5, S. 213-220.
SDM – Standard-Datenschutzmodell (2016): Das Standard-Datenschutzmodell. Eine Methode zur Datenschutzberatung und -prüfung auf der Basis einheitlicher Gewährleistungsziele, V.1.0. Erprobungsfassung von der 92. Konferenz der unabhängigen Datenschutzbehörden des Bundes und der Länder am 9. und 10. November 2016 in Kühlungsborn einstimmig zustimmend zur Kenntnis genommen (Enthaltung durch Freistaat Bayern). https://www.datenschutzzentrum.de/uploads/sdm/SDM-Methode_V1.0.pdf [Zugriff: 29.03.2018].
Starck, Christian (2010): Grundgesetz, Artikel 5, Absatz 3. In: v. Mangoldt, Hermann/Klein, Friedrich/Starck, Christian (Hrsg.): Kommentar zum Grundgesetz, München, S. 625-674.
Sweeney, Latanya (2002): k-anonymity: a model for protecting privacy. In: International Journal on Uncertainty, Fuzziness and Knowledge-based Systems 10 (5), S. 557-570.
Unger von, Hella/Simon, Dagmar (2016): Ethikkommissionen in den Sozialwissenschaften. Historische Entwicklungen und internationale Kontroversen. RatSWD Working Paper Series 253.
https://www.ratswd.de/dl/RatSWD_WP_253.pdf [Zugriff: 02.05.2018].
Verbund Forschungsdaten Bildung & Rechtsanwälte Goebel & Scheller (2015): Checkliste zur Erstellung rechtskonformer Einwilligungserklärungen mit besonderer Berücksichtigung von Erhebungen an Schulen.
https://www.forschungsdaten-bildung.de/files/Einwilligung_Checkliste_20150508.pdf [Zugriff: 04.05.2018].
Wasmer, Martina/Blohm, Michael/Walter, Jessica/Scholz, Evi/Jutz, Regina (2014): Konzeption und Durchführung der „Allgemeinen Bevölkerungsumfrage der Sozialwissenschaften" (ALLBUS) 2014. GESIS Technical Reports 2017, 20, http://nbn-resolving.de/urn:nbn:de:0168-ssoar-53370-3 [Zugriff: 07.06.2018].
Watteler, Oliver (2010): Datenschutz und die Archivierung von Daten der qualitativen empirischen Sozialforschung, Kapitel 3.2. In: Medjedovic, Irena/ Witzel, Andreas (Hrsg.): Wiederverwendung qualitativer Daten. Archivierung und Sekundärnutzung qualitativer Interviewtranskripte. Wiesbaden: Springer, S. 63-85.
Watteler, Oliver (2017): Recherche nach sozialwissenschaftlichen Forschungsdaten. In: Berninger, Ina/Botzen, Katrin/Kolle, Christian/Vogl, Dominikus/Watteler, Oliver (Hrsg.): Grundlagen sozialwissenschaftlichen Arbeitens. Eine anwendungsorientierte Einführung. Stuttgart: UTB, S. 127-155.
Weisser, Reinhard A. (2016a): MESARAS 2013: Mobility, Expectations, Self-Assessment and Risk Attitude of Students. Reduzierte Version. GESIS Datenarchiv, Köln. ZA6295 Datenfile Version 1.0.0. http://dx.doi.org/10.4232/1.12545.
Weisser, Reinhard A. (2016b): MESARAS 2013: Mobility, Expectations, Self-Assessment and Risk Attitude of Students. Vollversion. GESIS Datenarchiv, Köln. ZA6294 Datenfile Version 1.0.0. http://dx.doi.org/10.4232/1.12544.
Wende, Thomas (2004): Different Grades of Statistical Disclosure Control Correlated with German Statistics Law. In: DomingoFerrer, Josep/Torra, Vincenc (Hrsg.): Privacy in Statistical Databases. CASC Project International Workshop, PSD 2004. Berlin u.a.: Springer, S. 336-342.
Wirth, Heike (1992): Die faktische Anonymität von Mikrodaten. Ergebnisse und Konsequenzen eines Forschungsprojektes. In: ZUMA-Nachrichten 1992, 30, S. 7-44.
Wirth, Heike (2003): Szenarien für Angriffe auf wirtschaftsstatistische Einzeldaten – Ein Überblick. In: Ronning, Gerd/Gnoss, Roland (Hrsg.): Anonymisierung wirtschaftsstatistischer Einzeldaten. Forum der Bundesstatistik. Bd. 42. Wiesbaden: Statistisches Bundesamt. S. 11-24.
Wirth, Heike (2016): Analytical Potential Versus Data Protection – Finding the Optimal Balance. In: Wolf, Christof/Joye, Dominique/Smith, Tom E. C./Fu, Yang-chih (Hrsg.): The SAGE Handbook of Survey Methodology, Los Angeles u.a.: Sage, S. 488-501.

Wójtowicz, Monika/Cebulla, Manuel (2017): Anonymisierung nach der DSGVO. In: Privacy in Germany 05, S. 186-192.

Linkverzeichnis

Datenzugangsbedingungen auf der Webseite der Statistischen Ämter des Bundes und der Länder (2018): http://www.forschungsdatenzentrum.de/datenzugang.asp [Zugriff: 06.06.2018].
FDZ ALLBUS: https://www.gesis.org/institut/forschungsdatenzentren/fdz-allbus/ [Zugriff: 06.06.2018].
GESIS, Benutzungsordnung (2018): https://www.gesis.org/fileadmin/upload/dienstleistung/daten/umfragedaten/_bgordnung_bestellen/2018-05-25_Benutzungsordnung_GESIS_DAS.pdf [Zugriff: 06.06.2018].
Landesdatenschutzgesetze (2018): https://www.datenschutz-wiki.de/Landesdatenschutzgesetze [Zugriff: 17.10.2018]
Secure Date Center: https://www.gesis.org/angebot/daten-analysieren/weitere-sekundaerdaten/secure-data-center-sdc/ [Zugriff: 06.06.2018].
Übersicht über die länderspezifischen Besonderheiten für Befragungen an Schulen: https://www.forschungsdaten-bildung.de/genehmigungen [Zugriff: 06.06.2018].

5. Dateiorganisation in empirischen Forschungsprojekten

Jonas Recker und Evelyn Brislinger

Forschungsdaten bilden die Grundlage empirischer Forschungsprojekte in den Sozialwissenschaften und stehen damit im Fokus der Aufmerksamkeit der Wissenschaftlerinnen und Wissenschaftler. Jedoch entstehen in Projekten neben erhobenen Forschungsdaten typischerweise große Mengen an weiteren Dokumenten, die im Rahmen des Forschungsdatenmanagements Beachtung finden sollten. Hierzu gehören einerseits Dokumente wie Besprechungsprotokolle oder E-Mail-Kommunikationen, die den Projektverlauf und die Projektorganisation dokumentieren und so z.B. getroffene Entscheidungen oder die Aufgabenverteilungen und Verantwortlichkeiten nachvollziehbar machen. Andererseits fallen aber auch Materialien an, die dazu geeignet sind, Auskunft über Entstehung, Aufbereitung, Inhalt und Qualität der erhobenen oder genutzten Daten zu geben – z.B. Informationen zur Entstehung des Erhebungsinstruments, Paradaten über die Erhebungssituation, Syntaxdateien und Reports über die Datenaufbereitung. Diese Informationen tragen wesentlich dazu bei, den Forschungsprozess insgesamt nachvollziehbar zu machen. Es entsteht also im Projektverlauf eine Informationssammlung, die nicht nur im aktuellen Projektkontext, sondern auch darüber hinaus von Bedeutung ist. Zum Beispiel kann sie für die Primärforschenden eine wichtige Informationsquelle für nachfolgende Erhebungswellen darstellen. Aber auch für eine Nutzung der Daten durch Dritte zu Replikationszwecken oder zur Beantwortung neuer Forschungsfragen sind Teile dieser Informationssammlung unabdingbar, da sie Transparenz über den Forschungsprozess und insbesondere die Entstehung und Aufbereitung der Daten herstellen.

Der Großteil dieser bis zum Projektende entstehenden Informationen durchläuft eine Vielzahl von Bearbeitungsschritten, die z.T. durch unterschiedliche Personen vorgenommen werden. So liegen Daten und Dokumente am Ende eines Projekts oft in mehreren Aufbereitungsstufen und Versionen vor. Ein Projektteam steht damit vor der Herausforderung, diese heterogenen Informationen so zu organisieren und bereitzustellen, dass sie für ihre jeweiligen Adressatinnen und Adressaten leicht auffindbar und zugreifbar sind. Gerade in kollaborativen Forschungsprojekten kann es schwierig sein, sicherzustellen, dass Informationen einfach identifizierbar und auffindbar sind, dass sie nachfolgende Arbeitsschritte zeitnah erreichen, dass sie nicht irrtümlich gelöscht oder überschrieben werden, aus Back-up-Routinen herausfallen oder aus technischen Gründen verloren gehen. Damit steigen mit der Komplexität des Projektworkflows und der Anzahl der interagierenden Beteiligten auch die Anforderungen an die Strukturierung der Informationen und die Organisation des Informationsflusses (vgl. Macías/Petrakos 2006: 4). Folgen diese nicht verbindlichen, im Projekt abgestimmten Leitlinien, führt dies häufig dazu, dass im Laufe der Arbeit immer wieder ad hoc Entscheidungen über die Organisation von Dateien getroffen werden, die nicht für alle Beteiligten transparent und nachvollziehbar sind und daher nicht selten zu Informationsverlusten führen.

Dies zu vermeiden, ist Ziel eines systematischen Vorgehens bei der Organisation von Informationen (in Form von Dateien) und von Informationsflüssen in einem empirischen Forschungsprojekt. Ein solches Vorgehen trägt dazu bei, die Auffindbarkeit von Informationen zu verbessern und die Gefahr eines Verlustes von Daten oder relevanten Kontextinformationen zu minimieren. Darüber hinaus leisten transparente und gut strukturierte Arbeits- und Kommunikationsprozesse einen wichtigen Beitrag zur Erhöhung der Datenqualität: Sie verbessern die Zusammenarbeit der Beteiligten und helfen sicherzustellen, dass die erforderlichen Informationen zur richtigen Zeit und an der richtigen Stelle auffindbar und zugreifbar sind. Am ehesten kann dies erreicht werden, wenn sich die Organisation von Dateien unmittelbar an den im Projekt definierten Arbeitsprozessen und Informationsflüssen orientiert und diese abbildet.

Die Grenzen zwischen genuinen Forschungsaktivitäten, Maßnahmen des Projektmanagements und des Datenmanagements verlaufen demzufolge teilweise fließend und eine eindeutige Zuordnung von Aktivitäten zu einem der drei Bereiche ist nicht immer möglich. Im Folgenden soll das Thema Dateiorganisation und Strukturierung von Informationen daher aus zwei Blickwinkeln betrachtet werden:

- Auf der *Prozessebene* stellt sich die Frage, wie Informationsflüsse über den gesamten Projektverlauf so ausgestaltet werden können, dass Informationen (z.B. Daten, Dokumentationen, Prozessinformationen) sicher dort verfügbar sind, wo sie benötigt werden. Dies erfordert zum einen das Wissen darüber, welche Daten, Dokumentationen sowie Prozessinformationen im Projektverlauf entstehen und von wem sie wann und in welcher Form genutzt bzw. weiter bearbeitet werden. Sollen die Projektergebnisse Dritten zur Nachnutzung zur Verfügung gestellt werden, erfordert es zum anderen die Verknüpfung der Forschungsdaten mit allen Kontextinformationen, die für das Verständnis und die Nutzbarkeit der Daten über die Projektlaufzeit hinaus von Bedeutung sind.
- Auf der *Dateiebene* gilt es im Rahmen des Forschungsdatenmanagements Organisationsprinzipien zu finden, mit Hilfe derer die im Projekt anfallenden Informationen sinnvoll geordnet werden können – sei es in einer lokalen oder webbasierten Verzeichnisstruktur oder auch in einer kollaborativen Arbeitsumgebung.

Vor allem in Forschungsprojekten mit regional verteilten Partnern werden zunehmend Onlineportale genutzt, die einen geschützten virtuellen Arbeitsraum für das Daten- und Projektmanagement sowie die Kommunikation und den Informationstransfer zwischen den beteiligten Forscherinnen und Forschern bieten. Die im Folgenden vorgestellten Empfehlungen zur Organisation von Dateien und Informationsflüssen lassen sich sowohl in verzeichnisbasierten Strukturen als auch in Online-Portalen umsetzen.

Im Abschnitt 5.1 soll zunächst aufgezeigt werden, wie Modelle, die den Lebenszyklus von Forschungsdaten beschreiben, genutzt werden können, um die im Projekt anfallenden Informationen auf der Datei- und der Prozessebene zu strukturieren. Diese theoretischen Überlegungen werden anschließend mit Hilfe eines Beispielszenarios konkretisiert (5.2). Erläuterungen und Hinweise zu allgemeinen Maßnahmen der Dateiorganisation – von der Dateibenennung über die Versionskontrolle bis hin zu Zugangsrechten und Back-up-Strategien – schließen das Kapitel ab (5.3).

5.1 Lebenszyklusmodelle für die Projekt- und Dateiorganisation

Wie oben dargestellt, erfordert das sinnvolle Strukturieren der im Projektverlauf entstehenden Informationen eine detaillierte Planung des Forschungsprozesses. Dies beinhaltet zum einen die Beschreibung der auszuführenden Aufgaben, die Festlegung der verantwortlichen Projektbeteiligten sowie die Definition der erwarteten Outputs. Zum anderen müssen die Wege der Informationen im Projektverlauf festgelegt und hierbei die Beziehungen zwischen den Informationen berücksichtigt werden. Die Aktualisierung oder Korrektur einer Information zieht sehr häufig Veränderungen in den Daten und Dokumentationen verknüpfter Projektphasen nach sich und erfordert einen guten Überblick über den Projektworkflow.

Modelle, die den Lebenszyklus von Forschungsdaten über den gesamten Forschungsprozess hinweg (und auch darüber hinaus) abbilden, sind hierbei ein hilfreiches Werkzeug. Sie lassen sich an die Bedürfnisse kleiner wie großer Projekte anpassen und ermöglichen eine detaillierte Strukturierung des Forschungsprozesses in einzelne Phasen, Workflows und

5. Dateiorganisation in empirischen Forschungsprojekten

unmittelbare Arbeitsschritte. Mit Hilfe solcher Lebenszyklusmodelle lässt sich auch darstellen, welche Daten und Informationen in einer Projektphase erforderlich sind, neu produziert oder weiter bearbeitet werden bzw. an nachfolgende Phasen transferiert werden müssen. Sie bilden damit nicht nur einen geeigneten Rahmen für die Planung und Organisation der Kommunikation und Zusammenarbeit im Projektverlauf (Prozessebene), sondern hierauf aufbauend auch für die unmittelbare Organisation der Daten und Dokumentationen (Dateiebene). Projektergebnisse können so in strukturierter Weise abgelegt werden.

Es existiert eine Vielzahl verschiedener Lebenszyklusmodelle, die je nach Projekterfordernissen als Vorlage genutzt werden können. Sie beschreiben einfache bis sehr komplexe Projektworkflows und können unterschiedliche Ziele in den Fokus stellen – z.B. die Publikation von Projektergebnissen oder die Übergabe von Daten und Dokumentationen an ein Datenarchiv (vgl. Ball 2012) – oder sind auf bestimmte Studientypen abgestimmt, z.B. Längsschnittstudien oder Kulturvergleiche (vgl. Barkow et al. 2013; Survey Research Center 2016).[1] So bezieht das Lebenszyklusmodell der Data Documentation Initiative (DDI) die Archivierung, Dissemination und Nachnutzung von Forschungsdaten mit ein (vgl. Kapitel 2.2).

Das Survey Lifecycle Model (SLM) der Cross-Cultural Survey Guidelines (CCSG) definiert indessen sehr detailliert die Phasen, die empirische, international oder kulturell vergleichende Forschungsprojekte üblicherweise durchlaufen (vgl. Survey Research Center 2016; vgl. Schaukasten 5.1 für eine Übersicht der Phasen). Die Guidelines erläutern für die einzelnen Phasen die Arbeitsschritte einschließlich der Maßnahmen zur Sicherung der Datenqualität, benennen Verantwortlichkeiten und geben einen Überblick über die entstehenden Daten und Metadaten. Vergleichbar zum DDI-Modell schließt das Modell auch die Veröffentlichung und Nachnutzung der erhobenen Daten mit ein. Es erlaubt damit, die Nutzung der Daten und Metadaten sowie der Dokumentation für die Replikation und die sekundäranalytische Nutzung durch Dritte frühzeitig in der Projektplanung zu berücksichtigen.

Schaukasten 5.1: Phasen des CCSG Survey Lifecycle Modells	
1. Study Design and Organizational Structure	9. Pretesting
2. Study Management	10. Interviewer Recruitment, Selection, and Training
3. Tenders, Bids, & Contracts	11. Data Collection
4. Sample Design	12. Paradata and Other Auxiliary Data
5. Questionnaire Design	13. Data Harmonization
6. Instrument Technical Design	14. Data Processing & Statistical Adjustment
7. Translation	15. Data Dissemination
8. Adaptation	

Quelle: Survey Research Center (2016)

Bei der Organisation von Dateien und Dokumenten und der Strukturierung von Kommunikationsprozessen im Projekt anhand eines Lebenszyklusmodells kann wie folgt vorgegangen werden:

1. Ausgehend von der Art, Zielstellung und Komplexität des Forschungsprozesses werden die erforderlichen Phasen zu einem projektspezifischen Lebenszyklusmodell kombiniert. Zu berücksichtigende Faktoren können hierbei sein:

---

[1] Ein Überblick über verschiedene Lebenszyklusmodelle findet sich bei Ball (2012).

- a) *Art des Projektes*: Handelt es sich um ein Forschungsprojekt, das eine Datenerhebung plant (vgl. dazu Kapitel 3), oder werden bereits bestehende Daten nachgenutzt, etwa im Rahmen von Sekundäranalysen, wie in Kapitel 8 beschrieben?
- b) *Zielstellung*: Werden die Daten ausschließlich für die eigene Verwendung oder auch für die Nachnutzung durch Dritte aufbereitet, wie im Zusammenhang mit dem Thema *Data Sharing* in Kapitel 7 diskutiert?
- c) *Komplexität*: Handelt es sich beispielsweise um ein nationales Projekt einer/eines einzelnen Forschenden oder um eine multinationale Studie, in der regional verteilte Projektpartner zusammenarbeiten, wie im Kontext der Datenaufbereitung und Dokumentation in Kapitel 6 beleuchtet wird?
- d) *Art der Datenquellen*: Geht es z.B. um Geodaten, die mit Umfragedaten verbunden werden sollen, bzw. Forschungsdaten, die aus Social Media gewonnenen werden, wie in den Kapiteln 11 und 12 thematisiert?

2. Für den entstehenden Projektworkflow werden die konkreten Arbeitsschritte und Prozesse beschrieben sowie die Beteiligten, ihre Rollen und ihre Verantwortlichkeiten benannt.
3. Darauf aufbauend wird der erforderliche Informationstransfer zwischen den Phasen aufgeführt und die Interaktion der Beteiligten definiert: Welche Daten und Informationen werden aus vorausgehenden Phasen benötigt, welche werden neu produziert und welche müssen an nachfolgende Projektphasen oder Arbeitsschritte übergeben werden? Damit kann dieser Schritt auch die Selektion von Informationen und Materialien beinhalten, die am Ende des Projekts an ein Datenarchiv übergeben werden müssen.
4. Schließlich werden die Erfordernisse in praktische Strategien und Maßnahmen zur Organisation und Strukturierung der Dateien im Projektverlauf umgesetzt, um Transparenz über die verfügbaren Daten und Informationen herzustellen, einen einfachen Zugang zu ihnen zu garantieren und den Informationsfluss im Projekt zu befördern.

Im nächsten Abschnitt soll anhand von Beispielen dargestellt werden, wie sich auf der Grundlage eines projektspezifischen Lebenszyklusmodells konkrete Workflows und Informationsflüsse definieren und die Organisation von Dateien praktisch umsetzen lässt.

5.2 Beispielszenario: Dateiorganisation in einem multinationalen Primärforschungsprojekt

Betrachtet werden nachfolgend Beispiele für die Organisation von Dateien in einem multinationalen Primärforschungsprojekt, das Daten in mehreren Wellen selbst erhebt und diese nach Projektabschluss über ein Datenarchiv zur Nutzung bereitstellt. Als Beispiel verwenden wir die Europäische Wertestudie (European Values Study), da sie es ermöglicht, komplexe Ordnerstrukturen darzustellen, die sich dann an die Erfordernisse mittlerer oder kleinerer nationaler Projekte anpassen lassen. Unmittelbar kooperierende Projektbeteiligte sind in unserem Beispiel die zentralen Planungsgruppen, wie z.B. die Theoriegruppe und die Methodengruppe, die für die Entwicklung des Erhebungsinstruments bzw. die Erhebung und Aufbereitung der Daten und ihre Qualität verantwortlich sind, sowie die regional verteilten nationalen Teams, die die Erhebungen in den jeweiligen Ländern umsetzen. Darüber hinaus erfolgt eine Abstimmung mit dem Datenarchiv über die zu übergebenden und zu publizierenden Daten und Materialien.

Zunächst wird ein Lebenszyklusmodell erarbeitet, in dem die erforderlichen Hauptschritte zur Realisierung der vereinbarten Projektziele definiert sind (vgl. Abbildung 5.1). Es schließt als Phasen die Projektplanung und Fragebogenentwicklung sowie die Datenerhebung und Datenaufbereitung ein und berücksichtigt eine sich anschließende Phase der Archivierung und Bereitstellung der Daten. Das multinationale Design der Europäischen Wertestudie erfordert als weitere Schritte die Übersetzung des Erhebungsinstruments in die

5. Dateiorganisation in empirischen Forschungsprojekten

erforderlichen Sprachen und Konsultationsprozesse zwischen der Methodengruppe und den nationalen Teams, um die Vergleichbarkeit der Erhebungsinstrumente, Stichproben und Harmonisierungskonzepte zu überprüfen. Das Modell ist damit der Ausgangspunkt für eine detaillierte Projektplanung, in welcher für die einzelnen Phasen konkrete Aufgaben und Ergebnisse definiert, die Verantwortlichkeiten zwischen den Projektpartnern vereinbart und Schritte der Qualitätskontrolle implementiert werden (vgl. Macías/Petrakos 2006: 2).

Abbildung 5.1: Beispielhaftes Lebenszyklusmodell für ein multinationales Forschungsprojekt

Projektplanung → Entwicklung Übersetzung Fragebogen → Konsultationsprozesse → Feldphase → Datenaufbereitung → Datenarchivierung / Forschung

Quelle: Eigene Darstellung

Betrachtet man den Bestand an Dateien, der in diesem Projekt organisiert werden muss, dann umfasst dieser zu Beginn des Projekts die Daten und Metadaten der vorausgehenden Erhebungswellen. Hierzu zählen z.B. das Erhebungsinstrument und die Frageübersetzungen und die Schritte der Datenharmonisierung, an die bei der Planung der neuen Erhebungswelle angeknüpft werden kann (vgl. zur Wiederverwendung bereits existierender Metadaten Kapitel 9.1.3). Im Projektverlauf werden neue Dokumente, Daten, Metadaten und Prozessinformationen für die aktuelle Erhebungswelle produziert, die als Originalinformationen, interne Arbeitsdateien und zu publizierende Dateien in verschiedenen Versionen abgelegt werden und z.T. besondere Maßnahmen der Datensicherheit erforderlich machen (vgl. Kapitel 4.3). Nach Projektabschluss werden ausgewählte Daten und Dokumentationen, die eine Nutzung durch Dritte unterstützen, in den vereinbarten Formaten an das Datenarchiv übergeben.

Für die Organisation dieser Dateien wird zu Beginn des Projektes eine Ordnerstruktur aufgebaut (vgl. Abbildung 5.2), die für Projektmitglieder intuitiv verständlich ist und von ihnen konsistent genutzt werden kann. Hierfür werden die Ordner der ersten Ebene aus den Phasen des Lebenszyklusmodells des Projekts – wie der Planungsphase, der Fragebogenübersetzung usw. – abgeleitet.

Die weitere Strukturierung in Unterordner folgt den unmittelbaren Arbeitsprozessen, die für die jeweiligen Projektphasen definiert sind. Somit wird es im Projektverlauf möglich, die Ordnerstrukturen auf der unmittelbaren Arbeitsebene zu erweitern, ohne dass sie für andere Projektmitglieder ihre Transparenz verlieren oder eine konsistente Nutzung erschwert wird. Hierfür werden im Projektkontext generelle und konkrete Regeln vereinbart und Vorgaben für eine standardisierte Beschreibung der Ordner entwickelt, z.B. in Form von Steckbriefen (s. die Schaukästen 5.2 und 5.3). Die Beschreibungen ermöglichen es den Projektbeteiligten, auf einen Blick zu erfassen, welche Arten von Informationen ein Ordner enthält, für wen diese zugänglich sind bzw. sein müssen und ob sie besondere Schutzanforderungen haben.

Generelle Regeln sollen helfen, den Informationsfluss im Projektverlauf zu garantieren. Das erfordert, die Inhalte für die Ordner zu vereinbaren und sicherzustellen, dass erforderliche Daten und Informationen mit den erforderlichen Zugriffsrechten versehen sind und für die jeweiligen Projektmitglieder zur Verfügung stehen. Konkrete Regeln beziehen sich unmittelbar auf die Organisation und Sicherheit der Dateien und sollen helfen, redundante Dateiablagen zu vermeiden, den Zugriff auf aktuelle Dateiversionen zu garantieren oder auch sensitive Informationen vor dem Zugriff sowie Originaldateien vor dem Überschreiben zu schützen. Sie legen darüber hinaus die Häufigkeit fest, in der Sicherungskopien für Dateien und Back-ups für die Ordnerstruktur erstellt werden müssen und geben Anleitungen für die Benennung und Versionierung von Dateien (s. Abschnitt 5.3.4).

Abbildung 5.2: Hauptordner auf Grundlage des Lebenszyklusmodells

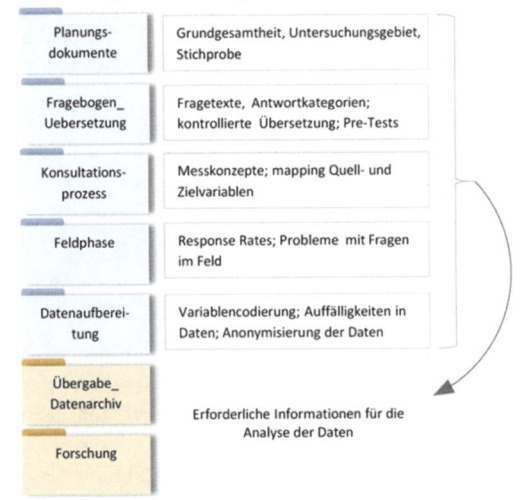

Ordner	Inhalt
Planungsdokumente	Grundgesamtheit, Untersuchungsgebiet, Stichprobe
Fragebogen_Uebersetzung	Fragetexte, Antwortkategorien; kontrollierte Übersetzung; Pre-Tests
Konsultationsprozess	Messkonzepte; mapping Quell- und Zielvariablen
Feldphase	Response Rates; Probleme mit Fragen im Feld
Datenaufbereitung	Variablencodierung; Auffälligkeiten in Daten; Anonymisierung der Daten
Übergabe_Datenarchiv	Erforderliche Informationen für die Analyse der Daten
Forschung	

Quelle: Eigene Darstellung

Um den Übergang der Projektergebnisse in die Datenarchivierung und Nachnutzung möglichst einfach zu gestalten, sollte bereits zu Beginn des Projekts definiert werden, welche Daten und Dokumente für die Nachnutzung benötigt werden (s. Kapitel 3.2). Dazu gehören neben den Daten selbst auch ergänzende Dokumente, die es ermöglichen, die methodischen Grundlagen, den Inhalt und die Qualität der Daten sowie ihre Relevanz für das eigene Projekt zu beurteilen. Finale Versionen der entsprechenden Dateien werden dann nicht nur an eine nachfolgende Phase im Lebenszyklus weitergegeben, sondern finden in unserem Beispielszenario zusätzlich Eingang in den Ordner *Übergabe_Datenarchiv*.

5.2.1 Beispiel 1: Ordner Planungsdokumente

Das erste Beispiel in Abbildung 5.3 beschreibt die Struktur des Hauptordners *Planungsdokumente*, der die Konzepte, Standards und Erhebungsinstrumente enthält, die zu Beginn eines Projektes entwickelt werden. Sie stellen für die Primärforschenden die Grundlage zur Durchführung des Projekts dar und sind für Sekundärforschende eine zentrale Informationsquelle bei der Nachnutzung der Daten. Die Aufgabe des Ordners ist es, für die zentralen Planungsgruppen die Entstehung und Veränderung der Dokumente nachvollziehbar zu machen und für alle Projektmitglieder jederzeit den Zugriff auf die aktuellen Versionen der Projekt-Guidelines zu garantieren.

Die Planungsdokumente werden vorrangig in Besprechungen der zentralen Planungsgruppen, wie der Methodengruppe und der Theoriegruppe bei der Europäischen Wertestudie, entwickelt und in den internen *Meetings-Ordnern* abgelegt. An geeigneter Stelle (z.B. auf der übergeordneten Hierarchieebene oder im Ordner selbst) kann ein Ordnersteckbrief *Planungsdokumente* hinterlegt werden, wie in Schaukasten 5.2 dargestellt. Der Ordner *Version History* ermöglicht es, die im Projektverlauf vorgenommenen Veränderungen an den Planungsdokumenten nachzuvollziehen. Die verifizierten Versionen der Dokumente werden in einem Ordner *Projekt Guidelines* gespeichert, der bei komplexeren Projekten weiter in

5. Dateiorganisation in empirischen Forschungsprojekten

Unterordner strukturiert werden kann, die thematisch den Lebenszyklusphasen folgen. Die Planungsdokumente stehen damit allen Akteuren zur Verfügung und können die Grundlage für nachfolgende Prozesse und Entscheidungen bilden. Nach Abschluss des Projekts sind sie Teil der Informationen, die zusammen mit den Daten an ein Datenarchiv übergeben werden.

Abbildung 5.3: Struktur des Ordners Planungsdokumente

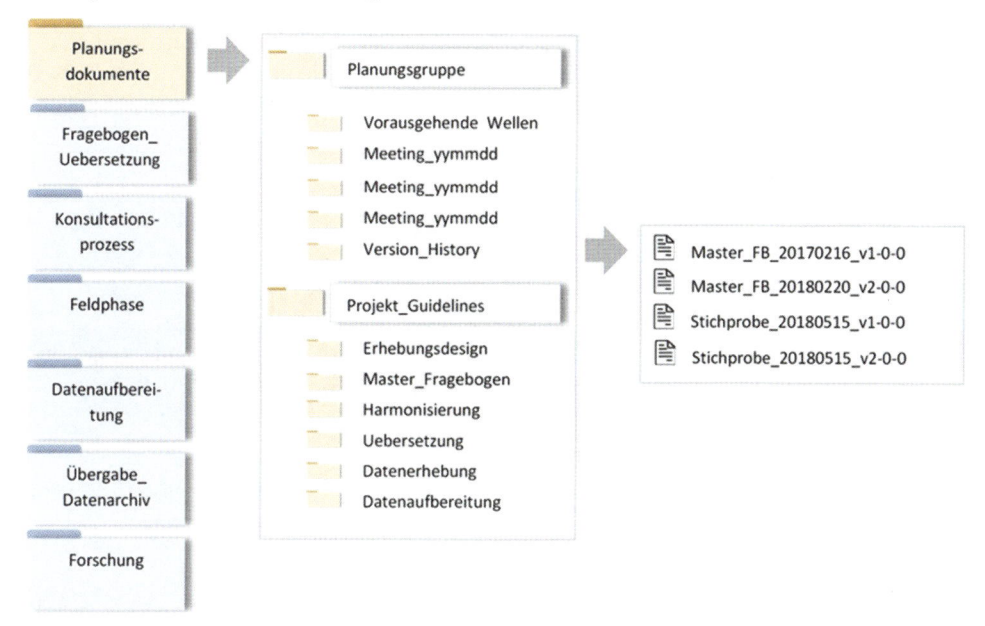

```
Planungsdokumente
├── Planungsgruppe
│   ├── Vorausgehende Wellen
│   ├── Meeting_yymmdd
│   ├── Meeting_yymmdd
│   ├── Meeting_yymmdd
│   └── Version_History
│       ├── Master_FB_20170216_v1-0-0
│       ├── Master_FB_20180220_v2-0-0
│       ├── Stichprobe_20180515_v1-0-0
│       └── Stichprobe_20180515_v2-0-0
├── Projekt_Guidelines
│   ├── Erhebungsdesign
│   ├── Master_Fragebogen
│   ├── Harmonisierung
│   ├── Uebersetzung
│   ├── Datenerhebung
│   └── Datenaufbereitung
├── Fragebogen_Uebersetzung
├── Konsultationsprozess
├── Feldphase
├── Datenaufbereitung
├── Übergabe_Datenarchiv
└── Forschung
```

Quelle: Eigene Darstellung

Schaukasten 5.2: Ordnersteckbrief *Planungsdokumente*	
Kriterium	*Beschreibung des Ordners*
Inhalt	Erhebungsinstrumente, methodische Konzepte, Standards
Verantwortlichkeit	Zentrale Planungsgruppe(n)
Quelle der Information	Meetings der zentralen Planungsgruppe(n)
weitere Quellen	Ergebnisse vorausgehender Erhebungswellen oder anderer Datenkollektionen
Informationstransfer	an alle folgenden Phasen
Zugang zu den Ergebnissen	alle Projektmitglieder
Zugang zu internen Dokumenten	zentrale Planungsgruppe(n)
besondere Anforderung	Version History für die offiziellen Planungsdokumente
Datensicherheit	--

Quelle: Eigene Darstellung

5.2.2 Beispiel 2: Ordner Datenaufbereitung

Der Hauptordner *Datenaufbereitung* enthält zum einen die Daten und Informationen, die aus der Feldphase an die Phase der Datenaufbereitung übergeben wurden. Er beinhaltet zum anderen die aufbereiteten Daten und Dokumentationen, die nach Abschluss der Projektarbeiten an ein Datenarchiv weitergegeben und für die Forschung bereitgestellt werden (siehe Abbildung 5.4). Seine Aufgabe hierbei ist es, den Dialog und die Zusammenarbeit zwischen den Projektpartnern zu unterstützen, Transparenz zu den entstehenden Daten und Informationen herzustellen und vorgenommene Modifikationen an den Daten nachvollziehbar zu machen (s. Kapitel 6).

Abbildung 5.4: Struktur des Ordners Datenaufbereitung

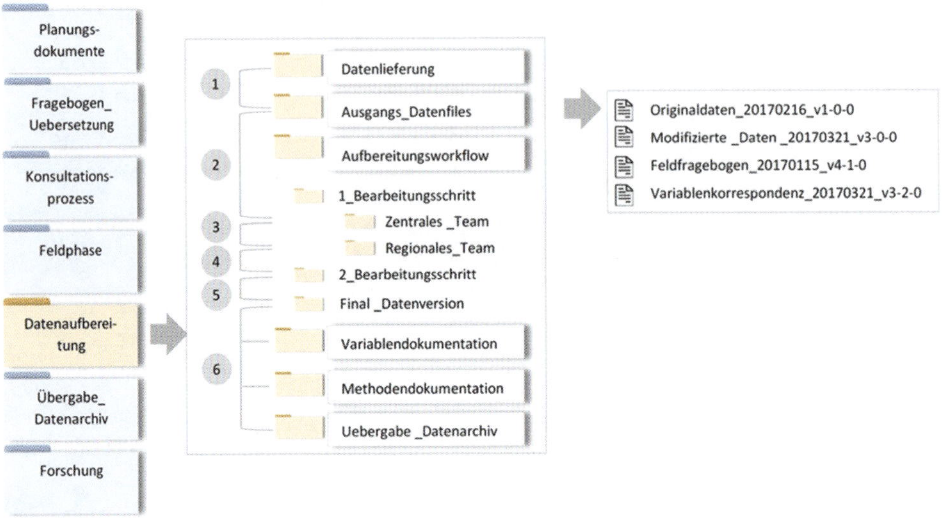

Quelle: Eigene Darstellung

Hierfür wird eine Ordnerstruktur (inklusive Steckbrief *Datenaufbereitung*, wie in Schaukasten 5.3 dargestellt) aufgebaut, die die Hauptschritte des Datenaufbereitungsworkflows nachbildet. Beschreibende Namen geben Auskunft über die Inhalte der Ordner und die verantwortlichen Akteure sowie den Status, in dem sich die jeweiligen Dateien im Workflow befinden. Die Akteure in diesem Prozess sind ein zentrales Team und regionale Teams, die zur Überprüfung und Verifizierung vorgenommener Bearbeitungsschritte Dateien untereinander transferieren.

- ① Die in der Feldphase erhobenen Daten und Informationen werden von dem regionalen Team in dem Ordner *Datenlieferung* abgelegt und vor dem Überschreiben geschützt. Sie werden vom zentralen Forschungsteam auf Vollständigkeit hin überprüft und in den Ordner *Ausgangs_Datenfiles* abgelegt. Dieser Ordner bildet den Ausgangspunkt für die weiteren Aufbereitungsschritte.
- ②③④ Der Aufbereitungsworkflow kann einen oder mehrere Bearbeitungsrunden umfassen. Hierbei werden die Daten von dem zentralen Team weiter überprüft und bearbeitet und in den Ordner *Zentrales_Team* abgelegt. Daran anschließend werden die Veränderungen von dem regionalen Team überprüft, bestätigt bzw. weitere Veränderungen vorgeschlagen und die Ergebnisse in den Ordner *Regionales_Team* abgelegt.
- ⑤ Ist die Bearbeitung und Überprüfung abgeschlossen, werden die verifizierten Files durch das zentrale Forschungsteam in den Ordner *Final_Datenversion* abgelegt und sind dem regionalen Team zugänglich.

- ⑥ Interne Prozessinformationen werden zusammen mit Informationen aus den vorausgehenden Projektphasen in Methodenberichten und Variablendokumentationen zusammengestellt. Sie werden zusammen mit den aufbereiteten Daten und ggf. Paradaten[2] in dem Ordner *Uebergabe_Datenarchiv* gespeichert.

Schaukasten 5.3: Ordnersteckbrief *Datenaufbereitung*	
Kriterium	Beschreibung des Ordners
Inhalt	Daten, Metadaten, Dokumente, Prozessinformationen
Verantwortlichkeit	zentrales Aufbereitungsteam/nationales Team
Quelle der Information	Daten und Metadaten aus der Feldphase
weitere Quellen	Informationen aus den vorausgehenden Projektphasen
Weitergabe der Ergebnisse	für Analysen der Primärforscher und Übergabe an Datenarchiv
Zugang zu den Ergebnissen	Primärforschende/Sekundärforschende
besondere Anforderung	Sicherung der Originaldaten Version History für alle Datenmodifikationen
Datensicherheit	Sicherung von nicht faktisch anonymisierten Daten

Quelle: Eigene Darstellung

Die bisherigen Beispiele beschreiben die Dateiorganisation in einem größeren Forschungsprojekt. Ausgehend von dem Lebenszyklus des Projekts wurde eine Ordnerstruktur entwickelt, die es ermöglicht, die Daten und Informationen der Projektphasen strukturiert abzulegen und durch eine tiefere Gliederung in Unterordner die Zusammenarbeit der beteiligten Akteure zu unterstützen. Mittlere und kleine Projekte können dieses Modell einfach an ihre Erfordernisse anpassen. Das Lebenszyklus-Modell beinhaltet dann nur die für das Projekt erforderlichen Phasen und eine tiefere Strukturierung der Ordner wird nur vorgenommen, wenn z.B. die Versionierung von Files nicht ausreichend ist, um die einzelnen Bearbeitungsschritte der Projektmitglieder nachvollziehen zu können.

5.3 Allgemeine Maßnahmen und Hinweise zur Dateiorganisation

Zum Abschluss sollen noch allgemeine Handlungsempfehlungen zur Organisation, Benennung und Handhabung von Dateien im Projektkontext gegeben und so die Anpassung der in den vorangegangenen Beispielen geschilderten Maßnahmen an eigene Projekte erleichtert werden.

5.3.1 *Konventionen für die Benennung von Dateien und Ordnern*

Unabhängig vom Projektumfang verbessern durchdachte und konsistent angewandte Regeln für die Benennung von Dateien und Ordner die Auffindbarkeit gesuchter Informationen. Sie verringern mittelbar auch die Gefahr, an veralteten oder falschen Versionen einer Datei zu

---

[2] Bei Paradaten handelt es sich um Daten, die im Prozess der Erhebung von Umfragedaten entstehen. Je nach Erhebungsmodus können das z.B. sein: die Anzahl und das Ergebnis der Kontaktaufnahmen mit dem Befragten, Zeitpunkt und Dauer der Befragung, die Beschreibung der Wohngegend bzw. des Haushalts oder auch das Antwortverhalten der befragten Personen (vgl. Felderer/Birg/Kreuter 2014: 357f).

arbeiten und dienen so der Qualitätssicherung. Projekte sollten daher Benennungskonventionen für Dateien und Ordner formulieren und schriftlich fixieren. Die Einhaltung der Konventionen sollte regelmäßig überprüft werden. Schaukasten 5.4 enthält Hinweise zu formalen Aspekten, die bei der Benennung von Ordnern und Dateien zu beachten sind.

Schaukasten 5.4: Namenskonventionen für Ordner und Dateien

Neben inhaltlichen Aspekten sind bei der Benennung von Dateien und Ordnern auch formale Regeln zu beachten. Dies hilft sicherzustellen, dass Datei- und Pfadnamen von verwendeter Software verarbeitet werden können. So sollten die Namen von Ordnern und Dateien:

- keine Leer- und Sonderzeichen enthalten (Ausnahme: Unterstriche und Bindestriche sind möglich),
- nicht zu lang sein, da unter Windows nur eine maximale Pfadlänge von 255 Zeichen möglich ist. Längere Pfade können bedeuten, dass Dateien nicht mehr geöffnet oder verschoben werden können oder dass automatisierte Back-ups nicht erfolgen.
- einheitlichen Regeln für Groß-/Kleinschreibung folgen, da manche Betriebssysteme oder Softwareprodukte diesbezüglich unterscheiden. D.h. *MeetingProtokoll.txt* und *Meetingprotokoll.txt* werden in manchen Umgebungen als identisch, in anderen als zwei unterschiedliche Dokumente interpretiert.

Quelle: Eigene Darstellung

Auf inhaltlicher Ebene können insbesondere Dateinamen Informationen transportieren, die es erlauben, den Inhalt der Datei zu erkennen – z.B. den Dokument- oder Dateityp, das Erstellungsdatum, die erstellende Person oder die Version. So enthält etwa der Dateiname *quest_che_ger_20170401_v1-0-1.docx* folgende Informationen:

- *quest*: Es handelt sich um einen Fragebogen;
- *che*: Der Fragebogen bezieht sich auf die Schweiz (Verwendung des Codes für Länder nach ISO 3166);
- *ger*: Die Sprache des Fragebogens ist Deutsch (Verwendung des Codes für Sprachen nach ISO 639);
- *20170401*: Die Datei wurde am 1. April 2017 erstellt (angegeben im Format YYYYMMDD);
- *v1-0-1*: Es handelt sich um Version 1.0.1.

Für die Benennung von Ordnern sind sprechende Namen zu empfehlen, wie in den Beispielen verwendet. Diese sorgen für eine möglichst intuitive Nutzbarkeit der Ordnerstruktur und erleichtern Projektmitarbeitenden so die Orientierung und das zügige Auffinden relevanter Informationen. Zu diesem Zweck ist es außerdem empfehlenswert, Ordner nicht zu tief zu strukturieren, sondern sich, wenn möglich, auf wenige Hierarchieebenen zu beschränken. Zentral abgelegte Kurzbeschreibungen der Ordner, z.B. in Form der beschriebenen Steckbriefe (vgl. Schaukästen 5.2 und 5.3), können die Orientierung für alle Projektmitarbeiterinnen und -mitarbeiter weiter erleichtern und damit einen effizienten Arbeitsprozess unterstützen.

5.3.2 Metadaten und Versionskontrolle

Um die Datei- und Ordnernamen nicht zu überfrachten, ist es empfehlenswert, weitere Informationen zum Inhalt oder Bearbeitungsstatus einer Datei auf leicht zugängliche Weise in anderer Form zu dokumentieren. So können Informationen zur Version und darüber, wer ein Dokument erstellt hat, wann es erstellt wurde und wann es durch wen zuletzt bearbeitet wurde im Kopfbereich des Dokuments oder als Variable im Datensatz mitgeführt werden. Wenn dies nicht möglich oder praktikabel ist, können diese Informationen auch in einer gesonderten Datei festgehalten werden.

Es kann zudem hilfreich sein, eingebettete Dateiinformationen zu pflegen. Beispielsweise ermöglichen es alle gängigen Betriebssysteme, Schlagworte und Kategorien für Dateien zu vergeben. Diese können die gezielte Suche nach Informationen unterstützen, sollten aber

5. Dateiorganisation in empirischen Forschungsprojekten

nicht als ausschließliches Mittel zur Speicherung dieser Informationen genutzt werden, da sie programm- und betriebssystemabhängig sind und bei Systemwechseln in der Regel nicht mittransportiert werden.

Schaukasten 5.5: Beispiel Versionshistorie und -informationen im Dokumentkopf				
Dokumenttitel	Länderfragebogen Schweiz (deutsch)			
Inhalt	Fragebogen für die Erhebungswelle 2018 (Schweiz, deutschsprachig)			
Dokument erstellt von	Susanne Dubois			
Dokumentstatus	Entwurf			
Verantwortlich	Susanne Dubois			
Beziehung zu anderen Dokumenten	Übersetzung des englischen Master-Questionnaire 2018, Version 1.0.0			
	Version	Geändert von	Änderungsprotokoll	Geändert am
	2.0.0	Mika Taylor	fehlende Fragen 43 und 44 eingefügt	2017-05-12
	1.1.2	Mika Taylor	Tippfehler im Erläuterungstext Frage 16 korrigiert	2017-05-08
	1.1.1	Alex Friedrich	Tippfehler in Fragen 2, 4, 11 korrigiert	2017-05-03
	1.1.0	Alex Friedrich	Überarbeitung der Intervieweranweisung in Fragen 10, 20, 25	2017-04-15
	1.0.0	Susanne Dubois	Fragebogen als Übersetzung erstellt	2017-04-01

Quelle: Eigene Darstellung

Die Versionierung und das Protokollieren von Änderungen an Dokumenten und Datensätzen dienen der Nachvollziehbarkeit und damit auch der Qualitätssicherung im Projekt. Es wird z.B. Transparenz darüber hergestellt, welche Veränderungen an Datensätzen und Dokumenten seit der ersten Erstellung vorgenommen wurden. Jedes Projekt sollte Regeln für die Versionierung festlegen und als Richtlinie schriftlich fixieren. Dies beinhaltet Regeln, wie Änderungen zu dokumentieren sind und welche Änderungen zu einer neuen Version führen. Bei der Erstellung von Versionierungsregeln ist auch darauf zu achten, dass Beziehungen zwischen unterschiedlichen Versionen zusammengehöriger Dateien ersichtlich bleiben.

Die Version einer Datei kann an ganz unterschiedlichen Stellen festgehalten werden, wie etwa im Dateinamen oder in der Datei selbst und verschiedene Formen annehmen. So kann die Version einer Datei etwa durch das Datum der letzten Bearbeitung oder eine fortlaufende Versionsnummer markiert werden. Verbreitete Verfahren sind hierbei das der *Major.Minor*-Versionsnummer (zweistellig) oder der *Major.Minor.Sub-minor*-Versionsnummer (dreistellig). Auch die Versionshistorie kann in einem separaten Dokument gepflegt oder direkt im Kopf des betreffenden Dokuments mitgeführt werden (s. Schaukasten 5.5).

Jensen (2012: 42) empfiehlt bei der Versionierung von Datensätzen im dreistufigen Verfahren folgende Regeln zum Hochzählen der Versionsnummer:

- „1. Position / Major-Nummer: Sie wird verändert, wenn
  - eine oder mehrerer Fälle [sic] in (aus) einem Datensatz eingefügt (gelöscht) werden;
  - eine oder mehrerer Variablen [sic] in (aus) einem Datensatz eingefügt (gelöscht) werden;
  - eine oder mehrere neue Wellen in einen integrierten Datensatz eingefügt werden;
  - ein o. mehrere Sample in den integrierten o. kumulierten Datensatz eingefügt werden.

- 2. Position / Minor-Nummer: Sie wird verändert, wenn Änderungen einer Variablen, d.h. bedeutungsrelevante Korrekturen oder Ergänzungen im Datensatz vorgenommen werden (Labels, Recodierungen, Datenformate, etc.).
- 3. Position / Revision-Nummer: Sie wird verändert, wenn etwa einfache Überarbeitungen von Labels ohne Bedeutungsrelevanz vorgenommen werden."

Analog dazu können selbstverständlich auch Regeln für die Versionierung von Textdokumenten erstellt werden.

Versionskontrolle kann intellektuell erfolgen oder teilweise automatisiert mit Hilfe von Software wie z.B. *git* oder *Subversion* (vor allem für Quelltext), *Etherpad*, *Owncloud* (Textdokumente) oder dem *Open Science Framework*. Hierbei ist zu beachten, dass die Software zwar in der Regel die Änderungen an einem Dokument automatisch aufzeichnet, dass aber häufig eine Versionsnummer zur Bezeichnung eines bestimmten Stands manuell vergeben werden muss und so kommentiert werden sollte, dass deutlich wird, wie Versionen sich unterscheiden.

5.3.3 Zugangsrechte

Im Rahmen der Planung der Informationsflüsse und der Dateiorganisation im Projekt sollten insbesondere in kollaborativen Projekten auch differenzierte Zugangsrechte zu Ordnern sowie ggf. weitere Schutzmaßnahmen für sensitive Daten schriftlich festgelegt werden. Dies kann z.B. auf Netzlaufwerken über Berechtigungen erreicht werden. So empfiehlt es sich vor allem, Masterfiles durch Beschränkung der Schreibrechte gegen Überschreiben oder Löschen zu schützen und Änderungen nur an Arbeitsversionen der Daten und Dokumente vorzunehmen.

Wann immer im Projekt personenbezogene Daten anfallen, sind geeignete Schutzmaßnahmen zu ergreifen, damit diese Informationen nur von autorisierten Personen gelesen und bearbeitet werden können. Hierzu gehören restriktive Lese- und Schreibrechte, Passwortschutz und die Verwendung von Verschlüsselungsprogrammen.

Bei der technischen Verschlüsselung von Dateien oder Laufwerken werden diese von einem geeigneten Programm auf der Bit-Ebene so verändert, dass sie keine Informationen mehr transportieren, sondern nur noch aus bedeutungslosen Zeichenfolgen bestehen. Nur mit Hilfe des richtigen Schlüssels in Form eines Passworts können die Bitsequenzen der Originaldateien wiederhergestellt und lesbar gemacht werden. Selbst wenn nun unautorisierte Personen Zugriff auf Dateien oder Laufwerke erhalten – z.B. weil sie bei der Übermittlung über unsichere Kommunikationskanäle mitgelesen wurden (unverschlüsseltes WLAN, E-Mail), weil ein Datenträger in die falschen Hände geraten ist (Verlust, Diebstahl) oder weil jemand sich Zugang zu dem Server verschafft hat (Hacking) –, ist ein Auslesen der gespeicherten Informationen ohne Kenntnis des Schlüssels nicht möglich. Das bedeutet aber auch, dass bei Verlust des Schlüssels die Informationen für die Forschenden selbst nicht mehr zu rekonstruieren sind, weshalb dieser unbedingt sicher und vor Verlust geschützt aufbewahrt werden sollte.

Grundsätzlich ist von einer Speicherung und Übermittlung personenbezogener Daten ohne vorherige Verschlüsselung abzuraten. Einen Überblick über verfügbare Software bieten UK Data Service (2018) und der vierte Teil des CESSDA Expert Tour Guide on Data Management (2017).

Eine weitere Maßnahme zum Schutz von Personen, deren Daten in Forschungsprojekten erhoben und gespeichert werden, ist die getrennte Speicherung von direkten Identifizierungsmerkmalen und übrigen erhobenen Daten. Zu diesem Zweck würden z.B. Kontaktinformationen wie Namen und E-Mail-Adressen aus dem Datensatz entfernt und in einer separaten, besonders geschützten, Datei gespeichert werden. Eine Zuordnung der Kontaktinformationen zum jeweiligen Fall im Datensatz erfolgt dann über eine ein-eindeutige ID (*Schlüssel*).

5.3.4 Back-up-Strategien

Unabhängig davon, wie Dateien im Projekt organisiert werden, sollte mit Hilfe einer geeigneten Back-up-Strategie dafür Sorge getragen werden, dass es nicht zu versehentlichen Verlusten von Dateien und Informationen kommt. Der Abschnitt „Backup" im vierten Kapitel des CESSDA Expert Tour Guide on Data Management (CESSDA 2017[3]) empfiehlt hierzu die Orientierung an den folgenden Fragen:

1. Verfügt die eigene Institution über eine Back-up-Strategie? Wenn ja, sollten Projekte Details dieser Strategie in Erfahrung bringen und mit den eigenen Anforderungen abgleichen. Sofern aus Projektsicht Maßnahmen erforderlich sind, die über die institutionelle Strategie hinausgehen, sollten diese in der Projektplanung berücksichtigt und entsprechende Kosten eingeplant werden.
2. Was soll gesichert werden? Hier gilt es zu entscheiden, ob bei jedem Back-up der komplette Bestand an Dateien gesichert werden soll oder ob z.B. nur seit dem letzten Back-up aktualisierte Dateien in die Speicherung einfließen sollen.
3. Wie viele Kopien werden benötigt und wo sollen sie gesichert werden? In der Regel wird empfohlen, drei redundante Sicherungskopien der Projektdateien anzufertigen und möglichst an unterschiedlichen Orten aufzubewahren (z.B. auf Servern, die nicht im selben Gebäude stehen). Die Häufigkeit der Back-ups sollte sich daran orientieren, wie häufig (umfangreiche) Änderungen an den Dateien vorgenommen werden.
4. Wieviel Speicherkapazität wird benötigt? Wenn eine größere Kapazität benötigt wird, als z.B. die eigene Institution kostenlos zur Verfügung stellt, sollten entsprechende Kosten bei der Projektplanung berücksichtigt werden.
5. Gibt es Software, mit denen Back-ups gemäß den Projektanforderungen automatisiert durchgeführt werden können? Automatische Back-ups können helfen, Datenverlust durch menschliches Versagen (z.B. durch Vergessen oder versehentliches Überschreiben) zu verhindern. Wenn eine Software zur automatisierten Erstellung von Sicherungskopien verwendet wird, sollte dennoch regelmäßig überprüft werden, dass dies tatsächlich korrekt erfolgt ist.
6. Wie lange sollen Back-ups aufbewahrt werden und wie sollen sie vernichtet werden? Es ist häufig nicht notwendig, alle Sicherungskopien, die im Projektverlauf erstellt werden, über die gesamte Projektlaufzeit aufzubewahren. Insbesondere wenn Speicherkapazitäten knapp sind, kann zusätzlicher Speicherplatz durch die (geregelte) Löschung alter Sicherungskopien freigegeben werden. Im Fall von sensitiven, personenbezogenen Daten sollten zudem geeignete Maßnahmen zur sicheren Vernichtung der Informationen erfolgen (z.B. mehrfaches Überschreiben mit Hilfe geeigneter Software).
7. Wie werden personenbezogene Daten geschützt? Die Faustregel im Fall von personenbezogenen Daten lautet: Die Sicherungskopien müssen mit der gleichen Sorgfalt geschützt werden wie die zu sichernden Ausgangsdateien. D.h., auch hier sind, wie oben beschrieben, technische Schutzvorkehrungen wie Passwörter und Verschlüsselung einzusetzen. Zudem ist es bei sensitiven Daten u.U. empfehlenswert, weniger als drei Sicherungskopien anzufertigen.

Wenn unter Berücksichtigung dieser Fragen eine Back-up-Strategie erstellt wurde, sollten – wie in anderen Bereichen der Projekt- und Datenmanagementplanung auch – klare Verantwortlichkeiten benannt werden (vgl. CESSDA 2017). Diese sollten u.a. die (Kontrolle der) Durchführung der Back-ups und die regelmäßige Überprüfung der Lesbarkeit der gesicherten Dateien beinhalten. So ist sichergestellt, dass im Falle eines Datenverlusts keine schwerwiegenden Konsequenzen drohen, die den Projekterfolg gefährden könnten.

---

3 Die Absätze 1 bis 7 erstellten die Autor/-innen in Anlehnung an den englischsprachigen Guide.

5.4 Zusammenfassung

Im Rahmen des Forschungsdatenmanagements gilt es zu Beginn des Forschungsprojekts wichtige Maßnahmen zur Dateiorganisation und der Gestaltung von Informationsflüssen im Projekt abzustimmen und zu verschriftlichen. Auf der Prozessebene umfasst dies insbesondere die Beschäftigung mit der Frage, welche der im Projekt erhobenen und/oder verarbeiteten Informationen für welche Akteurinnen und Akteure zu welchem Zeitpunkt verfügbar sein müssen. Dies bezieht sich nicht nur auf die primären Forschungsobjekte, d.h. die Daten, sondern auch auf vielfältige Prozessinformationen. Auf der Dateiebene gilt es, das Bemühen um einen möglichst transparenten und effizienten Forschungsprozess mit Regeln zur Benennung und Versionierung von Dateien sowie differenzierten Zugangsrechten zu Informationen zu unterstützen. Übergeordnetes Ziel all dieser Maßnahmen ist die Vermeidung von Informationsverlusten sowie die Nachvollziehbarkeit des Forschungsprozesses mit allen getroffenen Entscheidungen, die Auswirkungen auf die Forschungsergebnisse haben. Dies unterstützt nicht nur den Forschungsprozess im Ausgangsprojekt, sondern erleichtert auch die Nachnutzung von Projektergebnissen durch Dritte.

Lebenszyklus-Modelle von Forschungsdaten können hilfreich dabei sein, Informationsflüsse im Projekt und die Strukturierung von Informationen in Dateien und Ordnern zu planen und für alle Projektbeteiligten transparent umzusetzen. So kann anhand der Phasen des Modells veranschaulicht werden, welche Informationen wann und durch wen generiert werden und an wen sie im nächsten Schritt übergeben werden müssen. Sprechende Datei- und Ordnernamen und die Ordnung von Dateien anhand der Phasen des Lebenszyklus unterstützen die Auffindbarkeit von Informationen. Die Authentizität und Integrität der gespeicherten Informationen lässt sich mit Hilfe von Versionierungsregeln und einem differenzierten Rechtemanagement für den Zugriff auf Dateien gewährleisten. Derartige Maßnahmen fördern einen reibungslosen Projektverlauf und die erfolgreiche Umsetzung der Forschungsziele.

Literaturverzeichnis

Ball, Alex (2012): Review of Data Management Lifecycle Models. Version 1.0. REDm-MED Project Document. http://opus.bath.ac.uk/28587/1/redm1rep120110ab10.pdf [Zugriff: 02.05.2018].

CESSDA (2017): Expert Tour Guide on Data Management. Chapter 4. Store. https://www.cessda.eu/dmguide.

Barkow, Ingo/Block, William/Greenfield, Jay/Gregory, Arofan/Hebing, Marcel/Hoyle, Larry/Zenk-Möltgen, Wolfgang (2013): Generic Longitudinal Business Process Model. DDI Working Paper Series – Longitudinal Best Practices 5. https://doi.org/10.3886/DDILongitudinal05.

Felderer, Barbara/Birg, Alexandra/Kreuter, Frauke (2014): Paradaten. In: Baur, Nina /Blasius, Jörg (Hrsg.): Handbuch Methoden der empirischen Sozialforschung. Wiesbaden: Springer.

International Standardisation Organisation (2007): ISO 639-3:2007 – Codes for the Representation of Names of Languages. Part 3: Alpha-3 Code for Comprehensive Coverage of Languages.

International Standardisation Organisation (2013): ISO 3166-1:2013 – Codes for the Representation of Names of Countries and Their Subdivisions. Part 1: Country codes.

Jensen, Uwe (2012): Leitlinien zum Management von Forschungsdaten. Sozialwissenschaftliche Umfragedaten. GESIS Technical Reports 2012/07. http://nbn-resolving.de/urn:nbn:de:0168-ssoar-320650.

Macías, Enrique Fernández/Petrakos, Michalis (2006): Quality assurance in the 4th European Working Conditions Survey. Paper, first EASR conference, Barcelona 18-22 July, 2005.

Survey Research Center (2016): Guidelines for Best Practice in Cross-cultural Surveys. Full Guidelines. http://ccsg.isr.umich.edu/ [Zugriff: 02.05.2018].

UK Data Service (2018): Data Encryption. https://www.ukdataservice.ac.uk/manage-data/store/encryption [Zugriff: 02.05.2018].

Linkverzeichnis

Etherpad: http://etherpad.org/ [Zugriff: 02.05.2018].
European Values Study: http://www.europeanvaluesstudy.eu/ [Zugriff: 02.05.2018].
Git: https://git-scm.com/ [Zugriff: 02.05.2018].
Open Science Framework: https://osf.io/ [Zugriff: 02.05.2018].
Owncloud: https://owncloud.org/ [Zugriff: 02.05.2018].
Subversion: https://subversion.apache.org/ [Zugriff: 02.05.2018].

6. Datenaufbereitung und Dokumentation

Evelyn Brislinger und Meinhard Moschner

6.1 Datenaufbereitung im Lebenszyklus eines Projekts

Die Datenaufbereitung und Dokumentation als eine Phase im Verlauf eines empirischen Forschungsprojekts hat das Ziel, die erhobenen Daten für die Forschung nutzbar zu machen. Hierbei werden die Daten codiert, überprüft, bearbeitet und dokumentiert. Das stellt Forschende vor die Aufgabe, die einzelnen Arbeitsschritte zu definieren und zu einem Workflow zusammenzusetzen. Dieser geht idealerweise von der Art und Komplexität der Daten aus und hilft, die Ziele des Projekts umzusetzen, ohne die oft begrenzten zeitlichen und finanziellen Ressourcen aus dem Blick zu verlieren.

Unter empirischen Forschungsprojekten verstehen wir in diesem Kapitel Projekte, die auf der Grundlage eines Erhebungsinstruments einfache oder komplexe zeit- und/oder ländervergleichende Daten erheben und diese als Analysefiles aufbereiten. Die Projektziele können ausgehend von den Prinzipien guter wissenschaftlicher Praxis zunächst auf die Datenqualität, im Sinne möglichst fehlerfreier Daten, gerichtet sein. Darüber hinausgehend können sie weitere Möglichkeiten der Datennutzung, wie z.B. die Replikation der Projektergebnisse oder auch eine Nachnutzung der Daten durch Dritte, eröffnen. Mit der Komplexität der Daten und dem Wunsch, den Prozess ihrer Entstehung und Bearbeitung transparent zu machen, wachsen gleichzeitig die Anforderungen an ihre Aufbereitung und Dokumentation. Vorgenommene Datenmodifikationen müssen dann auch für Forschende außerhalb des Projekts nachvollziehbar und Datenprobleme gut dokumentiert sein. Nur so bleibt die Datenqualität für nachfolgende Analysen bewertbar und es erschließen sich insbesondere komplexe Datenfiles auch ohne internes Projektwissen.

Die Angebote von Repositorien und Datenarchiven können dann genutzt werden, um die Projektergebnisse nachhaltig zu sichern und für eine erneute Nutzung bereitzustellen (DFG 2015). Hierfür muss am Ende eines Projekts eine Dokumentation zur Verfügung stehen, die Datennutzenden eine Bewertung des Inhalts und der Qualität der Daten ermöglicht und gleichzeitig den Standards des gewählten Repositoriums oder Datenarchivs entspricht. Erfahrungsgemäß gelingt dies eher dann und ohne zusätzliche Ressourcen, wenn dieser Schritt frühzeitig geplant wird und die Informationen und Dokumentationen im Projektverlauf zeitnah aufgebaut und systematisch organisiert werden (Ball 2012: 3).

Da im Alltag empirischer Forschungsprojekte die Analyse der erhobenen Daten und die Publikation der Forschungsergebnisse im Vordergrund stehen, sind Ressourcen und Zeit für ihre tiefere Aufbereitung und umfassende Dokumentation oft begrenzt. Projekte stehen demzufolge vor der Herausforderung, einen Datenaufbereitungsworkflow zu entwickeln, der möglichst schlank ist und gleichzeitig eine hohe Datenqualität sowie umfassende Dokumentation ermöglicht. Ausgehend hiervon richtet sich der Beitrag auf die Frage, wie ein systematisches Forschungsdatenmanagement (Jensen 2011) helfen kann, die Ziele eines Projekts in praxisnahe Workflows und Arbeitsschritte zu übersetzen und diese zwischen den beteiligten Personen zu kommunizieren.

Hierfür erörtern wir zunächst die Bedeutung der Planung der Datenaufbereitungsschritte im Lebenszyklus eines Forschungsprojekts (Kapitel 6.2). Wir gehen dann auf Regeln, Standards und Prozeduren ein, die für die Variablencodierung (Kapitel 6.3) sowie für die Prüfung und Behandlung von Datenfehlern (Kapitel 6.4), als Kernaufgaben der Datenaufbereitung, erforderlich sind. Auf dieser Grundlage entwickeln wir das Modell eines Datenaufbereitungsworkflows (Kapitel 6.5), der die geplanten Bearbeitungsschritte zusammenfasst und hilft, diese in die Praxis umzusetzen. Abschließend erörtern wir die Bedeutung des Transfers der Daten und Informationen im Projektverlauf für den Aufbau einer umfassenden Dokumentation (Kapitel 6.6).

Die Beispiele, die wir hierfür verwenden, stammen z.T. aus größeren Forschungsprojekten. Sie illustrieren den Grundgedanken des Beitrags, zu Beginn eines Projekts Datenaufbereitungsregeln zu vereinbaren und die erforderlichen Datensätze und Variablen zu definieren, hieraus geeignete Bearbeitungsschritte abzuleiten und schließlich die einzelnen Elemente zu einem Workflow zusammenzusetzen. Sie lassen sich somit gleichermaßen in die Praxis mittlerer und kleinerer Projekte umsetzen.

6.2 Planung der Datenaufbereitung und Dokumentation

Lebenszyklusmodelle stellen ein hilfreiches Werkzeug für die Planung und das Management von Forschungsdaten dar, indem sie es ermöglichen, die erforderlichen Schritte der Entstehung und Bearbeitung der Daten frühzeitig zu bedenken (Ball 2012: 3). Eine umfassende Darstellung des Lebenszyklus von Forschungsdaten findet sich in Kapitel 2.2. Abbildung 6.1 illustriert ein vereinfachtes Modell, auf das wir in diesem Kapitel in verschiedenen Zusammenhängen zurückkommen werden. Beim Aufbau eines Lebenszyklusmodells gehen Forschende idealerweise von der Art, den Zielen und der Komplexität des Projekts aus und definieren die erforderlichen Projektphasen. Für die einzelnen Phasen können dann, wie in der Abbildung exemplarisch gezeigt, die Arbeitsschritte sowie die hierbei zu generierenden Daten und Informationen geplant werden. Auf dieser Grundlage wiederum werden die Verantwortlichkeiten zwischen den am Projekt beteiligten Akteuren vereinbart und der Transfer der Daten und Informationen zwischen ihnen organisiert. Schließlich kann das entstandene Lebenszyklusmodell hinsichtlich redundanter Arbeitsschritte, wie z.B. wiederholt eingesetzte Prozeduren der Datenbearbeitung, überprüft und ggf. vereinfacht werden. Für eine umfassende und detaillierte Beschreibung der Phasen empirischer Forschungsprojekte verweisen wir auf die Cross-Cultural Survey Guidelines (Survey Research Center 2016).

Schaut man auf die Daten, die die Phasen des Lebenszyklusmodells durchlaufen, zeigt sich ein einfacher Workflow: In der Planungsphase wird das Erhebungsinstrument entwickelt. Auf dieser Grundlage werden die Daten erhoben und in das sogenannte Rohdatenfile überführt. Die Rohdaten werden weiter bearbeitet und als interne Arbeitsfiles gesichert. Diese wiederum bilden den Ausgangspunkt für die Generierung der Analysefiles, die für eine Nutzung innerhalb und außerhalb des Projekts bereitgestellt werden können. Bei kleinen Projekten sind an diesem Prozess das Projektteam und ggf. ein Datenarchiv oder Repositorium beteiligt. Mittlere und große Projekte arbeiten darüber hinaus oft mit einem oder mehreren Erhebungsinstituten bzw. mit regional verteilten Projektpartnern zusammen.

6. Datenaufbereitung und Dokumentation

Abbildung 6.1: Datenaufbereitung als Phase im Lebenszyklus von Forschungsdaten

Projektplanung
- Erhebungsinstrument
- Datenaufbereitungsworkflow
- Regeln der Variablencodierung &
- Prüfung/Behandlung von Datenfehlern

Bereitstellung Archivierung
- Überprüfung der Daten/Dokumentation
- Erstellung von Metadaten
- Bereitstellung in Retrieval-Systemen
- Mittel-/langfristige Archivierung

Forschung

Datenerhebung Datenerfassung
- Variablencodierung
- Aufbau des Rohdatenfiles
- Anwendung von Prüfprozeduren
- Dokumentation der Datenerhebung

Datenaufbereitung Dokumentation
- Aufbau der Arbeits- und Analysefiles
- Variablencodierung
- Prüfung/Behandlung von Datenfehlern
- Dokumentation der Datenaufbereitung

Quelle: Eigene Darstellung in Anlehnung an Survey Research Center (2016)

Betrachtet man nur die Phase der *Datenaufbereitung und Dokumentation* im Lebenszyklusmodell, dann müssen hierfür Regeln, Standards und Prozeduren vereinbart werden. Diese umfassen den Prozess von der Definition der einzelnen Variablen bis hin zur Bereitstellung des Analysefiles für die Forschung. Bei der Planung der erforderlichen Arbeitsschritte und Ressourcen sollten Faktoren, wie die Komplexität und Fehleranfälligkeit der Daten, die angezielte Datenqualität sowie die erwartete Datennutzung berücksichtigt werden (Lück/Landrock 2014: 405; Jensen 2012: 16f.).

So erfordern komplexe Daten, die z.B. im Ergebnis der Kumulation von Erhebungswellen oder der Integration nationaler Daten entstehen, eine umfassendere Dokumentation. Gleichermaßen lassen komplizierte Filterführungen oder eine Reihe offener Fragen im Erhebungsinstrument einen höheren Aufwand für die Variablencodierung und Überprüfung der Daten erwarten. Demgegenüber kann der Aufwand für die Datenaufbereitung verringert werden, wenn die Antworten der Befragten bereits während der Datenerhebung standardisiert und überprüft werden können. Darüber hinaus ermöglichen die Dokumentation der einzelnen Prüfschritte sowie der Transfer der Prüfergebnisse im Projektverlauf, nachfolgende Bearbeitungsschritte gezielt vorzunehmen und redundante Datenmodifikationen einzuschränken. Das wiederum kann die Gefahr neuer Datenfehler, die generell bei der Überprüfung und Bearbeitung der Daten entstehen können, oder auch die Gefahr einer verzögerten Bereitstellung der Analysefiles für die Forschung verringern (Survey Research Center 2016: 654). Um eine gute Balance zwischen der Datenqualität, der Projektzeit und den Ressourcen finden zu können, sollte demzufolge bereits zu Projektbeginn entschieden werden, welche Arbeitsschritte in welchen Phasen des Projekts durchzuführen sind (Schäfer et al. 2006: 1).

Im Folgenden geben wir eine kurze Beschreibung der in Abbildung 6.1 beschriebenen Phasen des Lebenszyklusmodells und setzen hierbei den Schwerpunkt auf ihre besondere Bedeutung für die *Datenaufbereitung und Dokumentation*.

6.2.1   Projektplanung: Projektempfehlungen und Erhebungsinstrument

Geht man von Best-Practice-Beispielen, wie z.B. dem European Social Survey (ESS)[1], aus, dann werden in der *Planungsphase* die Regeln, Standards und Prozeduren für die folgenden Phasen der *Erhebung, Aufbereitung und Dokumentation* sowie der *Bereitstellung* der Daten ausgearbeitet. Das Projektteam entwickelt das Erhebungsinstrument und legt damit bereits die Grundlage für die nachfolgenden Schritte der Codierung und Überprüfung der Variablen. Darüber hinaus wird festgelegt, welche Daten und Dokumentationen produziert werden, welche Regeln für die Codierung, Überprüfung, Bearbeitung und Dokumentation der Daten anzuwenden sind und welche projektspezifischen bzw. internationalen Standards genutzt werden sollen (Kolsrud et al. 2010). In Kooperation mit einem Datenarchiv werden geeignete Publikationskanäle für die Daten vereinbart, um ggf. erforderliche Anonymisierungsschritte frühzeitig bedenken zu können. Die hierbei entstehenden Projektempfehlungen haben das Ziel, den Entstehungs- und Aufbereitungsprozess der Daten transparent zu machen und vorgenommene Datenmodifikationen auch nach Abschluss des Projekts nachvollziehen zu können (vgl. GESIS Survey Guidelines (GESIS 2016); Guidelines for Best Practice in Crosscultural Surveys (Survey Research Center 2016)).

6.2.2   Datenerhebung: Rohdatensatz und Dokumentation

In der *Erhebungsphase* werden die Antworten der Befragten erhoben und zumeist durch ein Erhebungsinstitut in ein Datenformat gebracht, das der Struktur des Erhebungsinstruments entspricht. Je nach Erhebungsmethode werden die Antworten in digital programmierten Fragebögen erfasst (*computer-assisted interview*, CAI) oder von Hand in gedruckten Fragebögen eingegeben (*paper and pencil interview*, PAPI bzw. schriftliche Befragung). Letzteres macht einen weiteren Schritt der digitalen Erfassung der Antworten der Befragten erforderlich. In kleineren Projekten kann dieser Schritt durch die Erstellung einer Datenmatrix und die manuelle Dateneingabe mit Hilfe von Dateneditoren erfolgen. Hilfreiche Tools werden von Statistiksoftware wie SPSS, STATA oder SAS bereitgestellt (Lück/Landrock 2014: 400f.; Jensen 2012: 23). Im Ergebnis dieser Phase entsteht das Rohdatenfile. Die Daten werden zusammen mit methodischen Informationen über den Erhebungs- und Erfassungsprozess und ggf. Paradaten[2] an die Phase der Datenaufbereitung übergeben.

6.2.3   Datenaufbereitung: Arbeits- und Analysefiles und Dokumentation

Während der *Datenaufbereitung* werden die Rohdaten weiter codiert, überprüft, bereinigt und dokumentiert. Ein Projekt kann sich hierbei das Ziel stellen, möglichst fehlerfreie und gut dokumentierte Daten zu generieren bzw. darüber hinausgehend die Daten durch weitere Schritte der Standardisierung und Harmonisierung aufzuwerten. So werden z.B. die Einzeldatensätze, die bei zeit- oder ländervergleichenden Erhebungen entstehen, weiter technisch standardisiert und inhaltlich harmonisiert. Die Verwendung einheitlicher Variablennamen und Werte für die Fragen im Erhebungsinstrument bzw. die Harmonisierung der zeit- oder

---

1   Der European Social Survey (ESS) ist eine auf wissenschaftlichen Standards beruhende länderübergreifende Erhebung, die seit 2001 alle zwei Jahre europaweit durchgeführt wird.
2   Bei Paradaten handelt es sich um Daten, die im Prozess der Erhebung von Umfragedaten entstehen. Je nach Erhebungsmodus sind dies z.B. die Anzahl und das Ergebnis der Kontaktaufnahmen mit den zu befragenden Personen, der Zeitpunkt und die Dauer der Befragung, die Beschreibung der Wohngegend bzw. des Haushalts ebenso wie Anmerkungen zum individuellen Antwortverhalten (vgl. Felderer/Birg/Kreuter 2014).

länderspezifisch erhobenen Variablen ermöglicht ihre anschließende Integration in einen Gesamtdatensatz. Gleichermaßen können Datentransformationen vorgenommen werden, um die Nutzbarkeit der Daten sowie ihre Vergleichbarkeit innerhalb oder zwischen Datenkollektionen zu verbessern. Die in dieser Phase entstehenden internen Master-Arbeitsfiles sind das Ergebnis aller vorgenommenen Bearbeitungsschritte und bilden die Grundlage für die zu generierenden Analysefiles. Diese stellen eine zumeist reduzierte Datensatzversion dar, in der z.B. interne Hilfsvariablen gelöscht und die Daten für eine Nachnutzung durch Dritte stärker anonymisiert sind. Die Datenfiles werden zusammen mit der Dokumentation der vorgenommenen Arbeitsschritte und Datenmodifikationen für eine nachhaltige Sicherung bzw. breite Nutzung an ein Datenarchiv oder Repositorium weitergegeben.

6.2.4 Bereitstellung: Analysefiles, Dokumentation und Metadaten

Datenarchive oder Repositorien, die am Ende des Lebenszyklusmodells stehen, können naturgemäß nur die Daten und Informationen für eine breitere Nutzung zur Verfügung stellen, die im Projektverlauf generiert wurden und nach Projektabschluss noch verfügbar sind. Demgegenüber stehen Projekte oft vor der Herausforderung, große Mengen an Dateien organisieren bzw. die Verluste an Projektwissen infolge des Wechsels im Projektteam kompensieren zu müssen. Eventuelle Versäumnisse im projektinternen Forschungsdatenmanagement zeigen sich spätestens bei der Zusammenstellung der Daten und Dokumentation, die für eine breitere Nachnutzung erforderlich sind. Entsprechen diese nicht den Qualitätserfordernissen und Standards z.B. eines Datenarchivs oder wurden Datenschutzerfordernisse nicht eingehalten, können auch nach Projektabschluss noch Arbeitsschritte erforderlich werden.

6.3 Schritte der Variablencodierung

Sind die im Projektverlauf aufzubauenden Datenfiles geplant, kann im Weiteren vereinbart werden, welche Variablen sie enthalten sollen und welche Codierschritte hierfür erforderlich sind. Das ist die Aufgabe der Variablencodierung, in deren Ergebnis Datensätze mit eindeutig definierten Variablen entstehen. Damit wird für die weitere Bearbeitung und Nutzung der Daten festgelegt, „welcher Eintrag in der Datenmatrix welche Information repräsentiert" (Lück/Landrock 2014: 399). Hierfür werden Regeln und Standards vereinbart, die die Daten nutzbar und ggf. vergleichbar machen und den Datenaufbereitungsprozess weniger fehleranfällig gestalten. Die Regeln können sich generell auf den Datenaufbereitungsworkflow beziehen bzw. unmittelbar auf die Struktur der Daten und Metadaten in einem Datensatz gerichtet sein.
 Generelle Regeln definieren z.B. die Bearbeitungsstufen, die die Daten durchlaufen sollen. Diese können von der Überprüfung und Bearbeitung der Daten über ihre Anonymisierung bis hin zur Integration von Einzeldatensätzen reichen. Damit werden bereits die Grundlagen für den Datenaufbereitungsworkflow und die Schritte der Variablencodierung gelegt. Darüber hinaus kann vereinbart werden, dass die Analysefiles alle verfügbaren empirischen Informationen enthalten und der Grad der Informationstiefe der Daten möglichst dem der Rohdaten entspricht. Ist z.B. eine Kategorisierung von Informationen für Variablen wie Alter oder Einkommen erforderlich, werden neben den Variablen mit höherem Aggregationsniveau die detaillierten Quellvariablen in den Daten behalten und zugänglich gemacht. Enthalten die Daten potentiell datenschutzrelevante Informationen, wie z.B. regionale Kennziffern

oder detaillierte sozio-demographische Variablen, werden diese erst in den Analysefiles, die über die entsprechenden Publikationswege für Dritte zugänglich gemacht werden, gelöscht. Zusätzlich kann für die Datenfiles innerhalb eines Projekts oder zwischen Projekten vereinbart werden, die Codierung der Variablen sowie ihre Beschreibung mit Metadaten nach einheitlichen Regeln vorzunehmen. Die Anwendung standardisierter Schemata, wie z.B. eines Systems negativer Werte für die Definition der fehlenden Werte, vereinfacht erfahrungsgemäß den Aufbau und die Dokumentation der Daten, reduziert die Fehlerquellen während der Datenaufbereitung und erhöht die Transparenz für die Datennutzenden.

Konkrete Codierregeln werden vereinbart und angewendet, um die Struktur eines Datensatzes, seine Variablen und Werte sowie die beschreibenden Metadaten (Variablen- und Wertelabels) zu definieren. Hierfür werden bereits im Erhebungsinstrument den Fragen eindeutige Variablennamen und den Antwortkategorien der geschlossenen Fragen eindeutige Werte zugewiesen. Das Erhebungsinstrument bildet damit den Master für die Erstellung eines Setup File (oder Codeplans), auf dessen Grundlage die Struktur des Rohdatenfiles definiert werden kann. Bei den einzelnen Schritten der Variablencodierung kann dann von bestehenden und in der Projektpraxis erprobten Regeln ausgegangen werden. Sie helfen im unmittelbaren Projektkontext, geeignete Variablennamen abzuleiten, die Skalenniveaus und Formate zu definieren, aussagekräftige Variablen- und Wertelabels aufzubauen sowie ein passendes Codierschema für die fehlenden Werte zu bestimmen. Für detaillierte Zusammenstellungen entsprechender Regeln und Standards verweisen wir auf Netscher/Eder (2018); Ebel und Trixa (2015), Lück und Landrock (2014), Jensen (2012) sowie Survey Research Center (2016).

Abbildung 6.2: Schritte der Variablencodierung

Interner Rohdatensatz	Internes Master-Arbeitsfile	Scientific Use File (Nutzungsvertrag)	Public Use File (Datendownload)
1 Inhaltliche Variable	Inhaltliche Variable	Inhaltliche Variable	Inhaltliche Variable
2 Sozio-demographische Variable › Beruf (offen erfragt) › Region (offen erfragt) › Region: NUTS 3	Standardisierte sozio-demographische Variable › Beruf (offen erfragt) › Beruf: ISCO 4, 3, 2 digits › Region (offen erfragt) › Region: NUTS 3, 2, 1	3 Standardisierte sozio-demographische Variable › Gelöscht › Beruf: ISCO 4, 3, 2 digits › Gelöscht › Region: NUTS 3, 2, 1	4 Standardisierte sozio-demographische Variable › Beruf: ISCO 2 digits › Region: NUTS 1
	5 › Konstruierte Variablen › Technische Variablen › Interne Hilfsvariablen	› Konstruierte Variablen › Technische Variablen › Gelöscht	› Konstruierte Variablen › Technische Variablen
Länder-spezifische Variable › Bildung › Religion	6 Harmonisierte Variable › Bildung: ISCED97 › Religion: Projektstandard Standardisierte länder-spezifische Quellvariable (ISO-3166) › Bildung › Religion	Harmonisierte Variable › Bildung: ISCED97 › Religion: Projektstandard Standardisierte länder-spezifische Quellvariable (ISO-3166) › Bildung › Religion	Harmonisierte Variable › Bildung: ISCED97 › Religion: Projektstandard Standardisierte länder-spezifische Quellvariable (ISO-3166) › Bildung › Religion

Quelle: Eigene Darstellung

Ausgehend hiervon wird im Weiteren festgelegt, wann im Projektverlauf die Variablen zu generieren und welche Codierschritte hierfür erforderlich sind. Variablenübersichten in Excel-Format haben sich in der Projektpraxis hierfür bewährt. Sie unterstützen die Organisation dieses Schrittes und schaffen die erforderliche Transparenz im Projektverlauf. Abbildung 6.2 zeigt einen Ausschnitt aus einer Variablenübersicht, die für die European Values

Study (EVS) 2008[3] aufgebaut wurde. Das Beispiel geht von einem einfachen nationalen Datensatz aus und zeigt vier Bearbeitungsstufen eines Datensatzes sowie die jeweils enthaltenen bzw. aufzubauenden Variablen. Es beschreibt exemplarisch sechs Schritte der Variablencodierung (EVS 2016), die gleichermaßen auf andere Projekte anwendbar sind.

Das erste Beispiel in der Abbildung bezieht sich auf die inhaltlichen Variablen in einem Datensatz. Der überwiegende Teil dieser Variablen liegt bereits im Rohdatenfile in einer Form vor, die nachfolgende Datenanalysen unterstützt. Weitere Transformationsschritte können notwendig werden, wenn z.B. die fehlenden Werte erst nachträglich in ein einheitliches Schema codiert werden (Survey Research Center 2016: 637ff.).

Das zweite Beispiel beschreibt die Codierung soziodemographischer Variablen wie Beruf bzw. berufliche Tätigkeit oder Region. Werden die Antworten der Befragten als Textinformationen erhoben, müssen diese in nachfolgenden Schritten standardisiert werden. Für die Variable *Region* erfolgt dies bereits während der Datenerhebung, indem die Informationen in den *NUTS*-Standard der amtlichen Statistik für die Europäische Union (NUTS 2006) transformiert werden. Auf dieser Grundlage werden in späteren Codierschritten weitere Variablen auf höherem Aggregationsniveau generiert.

Die Beispiele drei und vier zeigen Schritte der Datenanonymisierung, die erforderlich werden, um eine Re-Identifizierung der Befragten zu verhindern. Wie in Kapitel 4.3 beschrieben, wird hierfür die Informationstiefe der Variablen *Beruf* und *Region* an die gewählten Publikationswege für die Daten angepasst. In Beispiel drei werden Variablen mit detaillierten Textinformationen aus den Analysefiles gelöscht. Ein geschützter Zugangsweg mit Datennutzungsvertrag kann dann gewählt werden, um die Daten mit den standardisierten, aber noch immer sehr detaillierten Angaben zu Beruf und Region bereitzustellen (*Scientific Use File*). Darauf aufbauend zeigt Beispiel vier, wie die Informationstiefe der Daten weiter verringert wird, um nur Informationen mit höherem Aggregationsniveau in dem Analysefile zu belassen. Das entstehende *Public Use File* kann dann über Retrieval-Systeme mit direkten Downloadmöglichkeiten für eine breite Nutzung zugänglich gemacht werden.

Beispiel fünf bezieht sich auf neu konstruierte und technische Variablen, die die Daten in eine einfacher nutzbare Form bringen sollen (Lück/Landrock 2014: 402f.). Hierzu gehören klassierte Variablen (z.B. für das *Alter*), dichotome Variablen, die für Fragen mit Mehrfachantworten generiert werden, sowie technische und administrative Variablen (wie Identifikations- oder Versionsnummern).

Beispiel sechs ist auf die Codierung länderspezifischer Fragen gerichtet, die erforderlich sind, um z.B. Bildungsniveaus in unterschiedlichen Schul- und Ausbildungssystemen oder Religionszugehörigkeit adäquat erfassen zu können. Für die Harmonisierung *der Bildungsvariable* wird hier die *International Standard Classification of Education (ISCED 2011)* angewendet und für die Religionsvariable ein kollektionsspezifischer Standard. Um die vorgenommenen Harmonisierungsschritte später replizieren zu können, werden ergänzend zu den harmonisierten Variablen standardisierte länderspezifische Quellvariablen zur Verfügung gestellt.

Eine Variablenübersicht, wie in Abbildung 6.2 dargestellt, kann zu Beginn eines Projekts aufgebaut und sollte im Projektverlauf als Arbeitsgrundlage kontinuierlich aktualisiert werden. Sie kann nach Projektabschluss zusammen mit dem Erhebungsinstrument sowie der Dokumentation der Codierschritte als eine zusätzliche Informationsquelle für Nachnutzende der Daten bereitgestellt werden.

---

3   Die European Values Study (EVS) ist eine transnationale empirische Langzeitstudie, die seit 1981 in einem Zyklus von neun Jahren durchgeführt wird. Der beschriebene Workflow wurde für die Daten der vierten Erhebungswelle, EVS 2008, aufgebaut und an die Erfordernisse der fünften Erhebungswelle, EVS 2017, angepasst.

6.4 Prüfung und Behandlung von Datenfehlern

Ausgehend von den definierten Datensätzen und den in ihnen enthaltenen Variablen können die erforderlichen Prozeduren für die Überprüfung der Daten und die Behandlung von Datenfehlern geplant werden. Typische Quellen für Datenfehler lassen sich in den verschiedenen Projektphasen, beginnend mit der Definition der zu befragenden Population und des Samples bis hin zur Analyse der Daten und der Interpretation der Ergebnisse, identifizieren (Schäfer et al. 2006: 1ff.). In den folgenden Ausführungen beschränken wir uns auf Datenfehler, die ihre Ursache im Erhebungsinstrument haben können, während der Datenerhebung oder -erfassung produziert wurden bzw. das Ergebnis des Datenaufbereitungsprozesses selbst sind (s. auch Braun 2014: 760; Pötschke 2010: 55). Der Prozess der Fehlersuche ist dabei vorrangig auf „unmögliche, unwahrscheinliche und widersprüchliche Werte" in den Daten (Lück 2014: 403) gerichtet, die die Analyseergebnisse verfälschen können.

Analog zur Variablencodierung werden auch hier Regeln vereinbart, die im Projektverlauf entscheiden lassen, welche Prüfprozeduren wann einzusetzen sind. Prüfprozeduren werden generell angewendet, um die Daten auf mögliche Fehlerarten hin zu überprüfen. Ihr wiederholter Einsatz wird erforderlich, um Fehler infolge vorgenommener Datenmodifikationen aufzudecken oder die Inhalte verschiedener Datensatzversionen zu vergleichen. Wurden potentielle Fehler in den Daten gefunden, müssen in weiteren Schritten die Quellen der Fehler analysiert und geeignete Maßnahmen der Fehlerbehandlung angewendet werden.

6.4.1 Schritt 1: Überprüfung der Daten und Metadaten

In diesem Schritt werden formale und logische Prüfprozeduren angewendet, die sich auf die einzelnen Variablen, auf Variablenkombinationen oder auf Datensätze beziehen können. In Schaukasten 6.1 sind häufig auftretende Fehler zusammengestellt, die erfahrungsgemäß Gegenstand der Datenüberprüfung sind (Survey Research Center 2016: 651ff.; Lück/Landrock 2014: 405ff.; Eurofound o.J.: 4f.). Die Variablen eines Datensatzes werden z.B. nach System Missing Values, Wild Codes oder Outliers untersucht. Verschiedene Kombinationen von Variablen werden gebildet, um Antwortmuster der Befragten auf Konsistenz und Plausibilität hin zu überprüfen. Auf der Ebene der Datensätze werden die erwarteten Fall- und Variablenzahlen bzw. die Struktur des Datensatzes kontrolliert.

Die Position der Prüfprozedur im Projektworkflow und die Art der Datenfehler entscheiden darüber, inwieweit visuelle Datenchecks mit einfachen oder komplexen Syntax-Checks verbunden werden können und welche Maßnahmen der Fehleranalyse erforderlich sind:

- *Visuelle Checks* werden vorgenommen, um die Übereinstimmung zwischen Erhebungsinstrument und Datensatz zu überprüfen, Variablen- und Wertelabels, Formate und Messniveaus der Variablen zu kontrollieren sowie Auffälligkeiten in den Daten zu identifizieren.
- *Einfache und komplexe Syntax-Checks* ermöglichen es, mit Hilfe von Häufigkeitsverteilungen, Kreuztabellen, deskriptiven Statistiken oder programmierten Prüfroutinen die Daten auf *benutzerdefinierte fehlende Werte*, *System Missing Values* und *Wild Codes* hin zu überprüfen. Ebenso können Filterinkonsistenzen, Inkonsistenzen innerhalb einer Item-Batterie bzw. logisch ausgeschlossene Beziehungen zwischen Variablen aufgedeckt sowie generell Datenmodifikationen überprüft werden.
- *Zusätzliche Kontextinformationen*, wie z.B. Bevölkerungsstatistiken, sind für Plausibilitätskontrollen soziodemographischer Verteilungen in den Daten sowie für die Überprüfung von Werten erforderlich, die außerhalb des realistischen Bereichs liegen. Sie unterstützen darüber hinaus die Kontrolle der Daten hinsichtlich sensibler Informationen über die befragte Person.

6. Datenaufbereitung und Dokumentation

Schaukasten 6.1: Überblick über potentielle Datenfehler

Ebene	Die Prüfung der Daten bezieht sich auf
Variable	• nicht eindeutige IDs für Befragte, Interviewer, Datensätze • fehlerhafte Variablennamen und Werte sowie Variablenlabels/Werteetiketten • Fehler in Formaten, Messniveaus, Missing Value Definitionen • Wert außerhalb des realistischen Bereichs (Outliers) • Wert außerhalb des gültigen Bereichs (Wild codes) • ungültige fehlende Wert
befragte Person	• Inkonsistenzen im Antwortverhalten innerhalb des Fragebogens • Filterführungsfehler • duplizierte Fälle • unvollständige Interviews • Werte, die im Widerspruch zu Kontextinformationen oder Paradaten stehen • ungewöhnliche Antwortmuster
Datensatz	• fehlerhafte Anzahl der Variablen und/oder Fälle im Datensatz • Abweichungen in der Reihenfolge der Variablen im Datensatz und Fragebogen

Quelle: Eigene Darstelung

6.4.2 Schritt 2: Analyse der Quellen potentieller Datenfehler

Werden potentielle Fehler in den Daten identifiziert, müssen die möglichen Ursachen hierfür geklärt werden. Auf dieser Grundlage können geeignete Maßnahmen der Fehlerbehandlung gewählt werden. In Schaukasten 6.2 sind mögliche Quellen potentieller Datenfehler aufgeführt. Sie lassen sich auf die verschiedenen Phasen des Lebenszyklusmodells zurückführen und können das Erhebungsinstrument und den Übersetzungsprozess, die Befragungssituation und Datenerfassung sowie die Datenaufbereitung betreffen.

Schaukasten 6.2: Mögliche Quellen potentieller Datenfehler in den Projektphasen

Projektphase	Mögliche Quellen für Datenfehler
Planungsphase	Erhebungsinstrument: fehlende/sich überschneidende Antwortkategorien, komplexe oder fehlerhafte Filterführung
	Übersetzungsprozess: fehlerhafte Übersetzung, nicht vergleichbare Fragestellung, gedrehte Skalen, fehlende/zusätzliche Antwortkategorien
Datenerhebung/ Datenerfassung	Befragte oder Interviewer: unzutreffende bzw. bewusst falsche Angaben
	Interviewer: bewusste Fälschung bzw. Duplikation von Fällen
	Codierer: fehlerhafte Codierung offener Angaben
	Datenerfassung: technische und manuelle Fehler, mehrfache Erfassung von Fällen
Datenaufbereitung	• Fehlerhafte Codierung während der Fehlersuche und Fehlerbehandlung • der Standardisierung und Harmonisierung • der Generierung neuer Variablen • der Integration/Kumulation der Daten • der Anonymisierung der Daten

Quelle: Eigene Darstellung

Der Aufwand für den Schritt der Fehlersuche und Fehlerbehandlung lässt sich verringern, wenn z.B. das Erhebungsinstrument getestet wurde. Ist es zudem möglich, die Daten zeitnah zu ihrer Entstehung zu überprüfen, kann häufig auf die Quelle der Informationen zurückgegriffen werden (Lück/Landrock 2014: 406f.). Das ermöglicht es erfahrungsgemäß, Fehler mit geringerem Aufwand aufzuklären und Informationsverluste in den Daten zu vermeiden. Dementsprechend werden in *computer-assisted*-Interviews Prüfprozeduren direkt in den digital programmierten Fragebogen implementiert. Bei unzulässigen bzw. inkonsistenten Antworten werden den interviewenden bzw. befragten Personen Fehlermeldungen angezeigt, die sie bereits während der Befragungssituation überprüfen und ggf. korrigieren können (Survey Research Center 2016; Eurofound and GfK EU3C o.J.: 50ff.). Knüpft bei *paper-and-pencil*-Interviews oder schriftlichen Befragungen die Datenüberprüfung zeitlich an die Datenerhebung oder Datenerfassung an, kann ggf. auf die Erhebungsinstrumente zurückgegriffen werden, um z.B. fehlende Werte sowie Werte, die außerhalb des gültigen bzw. realistischen Wertebereichs liegen, zu überprüfen. Werden dagegen potentielle Datenfehler erst in einer zeitlich nachgelagerten Phase der Datenaufbereitung entdeckt, lassen sie sich z.T. nur noch schwer aufklären.

Prüfprozeduren sollten demzufolge, und sofern die Projektressourcen es erlauben, möglichst dann implementiert werden, wenn die originalen Erhebungsinstrumente bzw. die befragten, interviewenden, codierenden bzw. aufbereitenden Personen noch verfügbar sind (Survey Research Center 2016: 636).

6.4.3 Schritt 3: Behandlung und Dokumentation der identifizierten Datenfehler

Wurden potentielle Fehler in den Daten identifiziert, werden die vereinbarten Regeln der Fehlerbehandlung angewendet. Wie in Abbildung 6.3 dargestellt, können potentielle Datenfehler nach ihrer Überprüfung als korrekt akzeptiert, in einen anderen Wert recodiert oder *geflaggt* werden. *Flag*-Variablen zeigen das Vorliegen (Wert = 1) bzw. das Nicht-Vorliegen (Wert = 0) eines potentiellen Fehlers an (Kveder/Galico 2008: 6f.; Kampmann et al. 2014). Dadurch wird die Entscheidung, wie konkret mit dem jeweiligen Fehler in der Datenanalyse umgegangen werden soll, den Datennutzenden überlassen.

Abbildung 6.3: Möglichkeiten der Behandlung potentieller Datenfehler

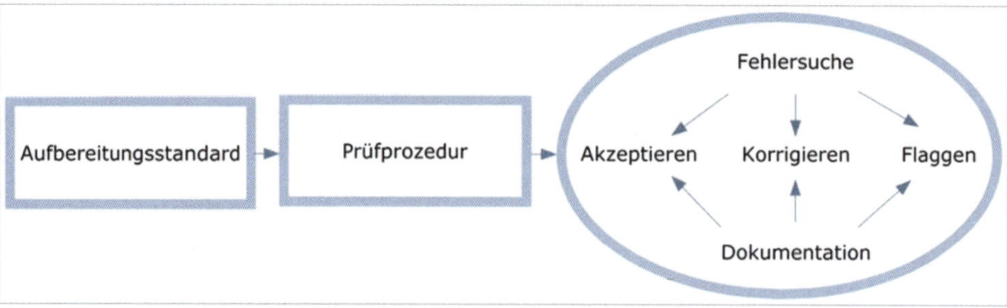

Quelle: Eigene Darstellung (siehe auch Kampmann et al. 2014)

Die Regeln für die Behandlung potentieller Fehler werden projektspezifisch definiert. Nach Lück und Landrock (2014: 406) sollte hierbei zwischen *zweifelsfrei* und *nicht zweifelsfrei* nachweisbar fehlerhaften Werten unterschieden werden:

- Zweifelsfrei fehlerhafte Werte sollten korrigiert werden, wenn der wahre Wert mit hoher Wahrscheinlichkeit nachgewiesen werden kann.

- Zweifelsfrei fehlerhafte Werte sollten gelöscht bzw. durch einen *Missing Value* ersetzt werden, wenn der wahre Wert nicht mit hoher Wahrscheinlichkeit nachgewiesen werden kann.
- Kann für einen Wert nicht zweifelsfrei nachgewiesen werden, dass er fehlerhaft ist, sollte er in dem Datensatz mit Hilfe von *Flag*-Variablen markiert werden.

Ob Fehler in den Daten jedoch nur dokumentiert oder auch behandelt werden, kann z.B. von der Zahl der betroffenen Fälle abhängig gemacht werden. Sind mehr als nur einzelne Fälle betroffen, wird das Datenproblem dokumentiert und ggf. *geflaggt*, um damit die ursprüngliche Qualität der erhobenen Daten zu erhalten und sichtbar zu machen (Kolsrud et al. 2010: 64). So wird bei der European Value Study beispielsweise *geflaggt*, sobald (mehr als) 1 % der Stichprobe betroffen sind. Schaukasten 6.3 enthält einzelne Beispiele für Codierregeln, die für diese Datenkollektion aufgestellt wurden (EVS 2017). Zusammenstellungen über verschiedene Prüfverfahren und Entscheidungsregeln finden sich auch bei Lück und Landrock (2014: 407) und Jensen (2012).

Schaukasten 6.3: Beispiele für Codierregeln in einer multinationalen Umfrage	
Univariate Codier-Regeln	Recodieren in ‚keine Angabe' und dokumentieren • Wert außerhalb des gültigen Bereichs (Wild codes) • Wert außerhalb des realistischen Bereichs (Outliers)
Multivariate Codier-Regeln	Dokumentieren • widersprüchliche Antworten auf verschiedene Fragen • nicht-plausible, aber logisch mögliche Werte des Befragten
Regeln für Filterfragen	Rekonstruieren/recodieren und dokumentieren • Missing Values nach Filterfragen werden recodiert: in trifft nicht zu, wenn der Befragte nicht gefragt werden sollte; • in keine Angabe, wenn der Befragte gefragt werden sollte

Quelle: Eigene Darstellung

Die Dokumentation des Prozesses der Fehlersuche und Fehlerbehandlung hat Bedeutung sowohl für Forschende, die die Daten erheben, als auch für diejenigen, die sie nachnutzen wollen. Primärforschenden hilft sie, ähnliche Fehlerquellen in nachfolgenden Erhebungen zu vermeiden (Survey Research Center 2016: 651f.). Für Sekundärforschende schafft sie Transparenz über die Qualität der vorliegenden Daten und ermöglicht, Datenmodifikationen nachzuvollziehen bzw. die Daten gezielt nach weiteren potentiellen Fehlern zu untersuchen (vgl. dazu Kapitel 8.1). Die Sicherung der Rohdaten bzw. die Bereitstellung eines Datensatzes, in dem die identifizierten Datenfehler markiert sind, erlaubt darüber hinaus, den potentiellen Wert des Datenaufbereitungsprozesses zu überprüfen (Kveder/Galico 2008: 3ff.).

6.5 Entwicklung eines Workflows der Datenaufbereitung

In den bisherigen Ausführungen wurden die im Projektverlauf zu generierenden Datensätze geplant, die Variablen definiert und hieraus Regeln und Prozeduren für die Variablencodierung sowie die Datenüberprüfung abgeleitet. Im Folgenden wird ein Workflow vorgestellt, der Forschenden helfen soll, die einzelnen Schritte in die Projektpraxis umzusetzen. Der Workflow in Abbildung 6.4 wurde für die Aufbereitung eines einfachen Datenfiles entwickelt. Er basiert auf einem System von Datenfiles, Syntax-Files und Ordnern und lässt sich an unterschiedliche Projekterfordernisse anpassen. So können kleinere Projekte ggf. weniger

Prüfschritte benötigen und müssen komparative Projekte weitere Schritte der Harmonisierung und Integration der Daten einbauen. Beispiele hierzu finden sich bei Harzenetter und Wronski (2015: 10ff.), Kampmann et al. (2014) sowie bei Brislinger et al. (2011). Der entstehende Datenaufbereitungsworkflow setzt sich aus drei Hauptbausteinen zusammen:

1. eine Ordnerstruktur, die eine strukturierte Ablage der Daten und Dokumentationen ermöglicht,
2. Datenfiles, die die einzelnen Schritte der Erfassung, Bearbeitung und Publikation der Daten sichtbar machen, sowie
3. Syntax-Files, die die geplanten Schritte der Variablencodierung, Fehlersuche und Fehlerbehandlung ausführen.

Ausgehend von dem in Abbildung 6.1 beschriebenen Lebenszyklusmodell beginnt der Workflow mit den Projektempfehlungen aus der Phase der Projektplanung, beinhaltet die Rohdaten und Informationen, die aus der Datenerhebung übergeben werden, und endet mit den Analysefiles, die für die sekundäranalytische Nutzung über ein Repositorium oder Datenarchiv bereitgestellt werden (s. Kapitel 7.4). Hierbei werden, wie oben ausgeführt, die Dateien in einer Ordnerstruktur abgelegt, definieren die Datenfiles die Struktur des Datenaufbereitungsworkflows und schaffen die Syntax-Files Transparenz über die einzelnen Bearbeitungsschritte.

6.5.1 Aufbau der Ordnerstruktur

Abbildung 6.4: Aufbau eines Datenaufbereitungsworkflows

Ordner für Dokumente aus der Planungsphase

- Projektempfehlungen
- Erhebungsinstrument

Ordner für Lieferung aus der Datenerhebung

- eingesetztes Erhebungsinstrument
- Rohdaten, Paradaten
- Feld- oder Methodenbericht

Ordner für den Aufbereitungsworkflow

Interne Arbeitsfiles:
- Rohdatenfile
- Syntax-File
- Master-Arbeitsfile
- Syntax-File

Nutzer-Datenfiles:
- Scientific Use File (Nutzungsvertrag)
- Public Use File (Datendownload)

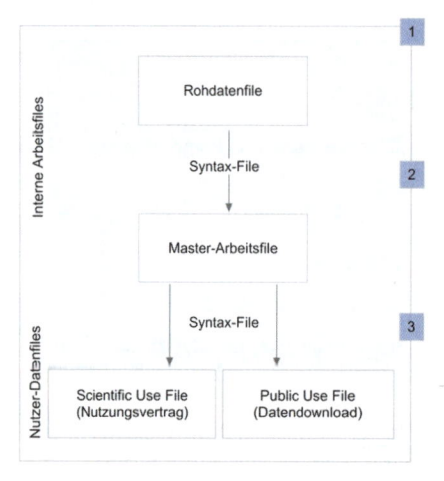

Kommentierte Syntax

- Erstellung des Datenfiles: FILE-NAMEN
- Rohdatenfile: FILE-NAMEN
- Quelldokumente: FILE-NAMEN
- Setup Datum: YYMMTT
- Bearbeiter: NAME
- Speicherort: PFAD-NAME
- Version History: Veränderungen zwischen Versionen

Internes Rohdatenfile (Schritt 1)

- Sicherung des Rohdatenfiles vor Überschreiben
- Überprüfung: Anzahl der Fälle und Variablen

Erstellung des internen Master-Arbeitsfiles (Schritt 2)

- visuelle Checks: Übereinstimmung Erhebungsinstrument und Daten, Formate, Labels, fehlende Variablen/Werte
- Konstruktion administrativer/technischer Variablen
- Definieren der Variablenlisten für Prüfprozeduren
- Konsistenzprüfungen
  o doppelte Befragten-Nummern
  o Wild Codes, Outliers
  o Filterführung, Item-Batterien und Mehrfachnennungen
  o Gewichtungsvariablen
- Überprüfung der fehlenden Werte
  o identifizieren/recodieren der System Missings
  o standardisieren der Werte und Wertelabels
- Datensatzstruktur: Variablen Reihenfolge, Formate, Messniveaus

Erstellung der Analysefiles für die Forschung (Schritt 3)

- Umsetzung des Anonymisierungskonzepts für Publikationsweg: Nutzungsvertrag oder Datendownload
- abschließende Überprüfung der Analysefiles:
  o Anzahl der Fälle und Variablen, fehlende Werte, Labels

Quelle: Eigene Darstellung in Anlehnung an Brislinger et al. (2011)

Datei-Systeme mit einer bereits zu Beginn des Projekts definierten Ordnerstruktur vereinfachen erfahrungsgemäß die Ablage und das Auffinden der Daten und Dokumentationen, schaffen Transparenz und helfen Informationsverluste zu vermeiden. Wie in Kapitel 5 beschrieben kann eine Ordnerstruktur, die entlang des Lebenszyklus eines Projekts aufgebaut wird, am ehesten den Erfordernissen des Daten- und Informationsmanagements gerecht werden. Dem folgend sind in Abbildung 6.4 exemplarisch Ordner für die Projektempfehlungen aus der *Planungsphase* sowie die Daten und Dokumentationen aus der *Datenerhebungsphase* angelegt. Der Ordner *Aufbereitungsworkflow* enthält die Daten und Informationen, die während der Datenaufbereitung selbst bearbeitet oder neu erstellt werden. Seine weitere Untergliederung in Unterordner ermöglicht es, die generierten Datenfiles strukturiert abzulegen. Das Dateisystem, das hierbei schrittweise entsteht, macht die produzierten Daten, Dokumentationen und Prozessinformationen für alle Projektbeteiligten sichtbar und zugänglich. Am Ende eines Projekts bildet es eine gute Grundlage für die Auswahl der Dateien, die im Projektkontext aufzubewahren sind bzw. an ein Datenarchiv oder Repository übergeben werden müssen.

6.5.2 Aufbau der Datenfiles

Wie bereits ausgeführt, können die im Datenaufbereitungsprozess zu generierenden Datenfiles nach ihren Bearbeitungsstufen und Aufgaben bei der Realisierung der Projektziele unterschieden werden. Die *Rohdatenfiles* aus der Datenerhebung werden gesichert und schaffen Transparenz über den Datenaufbereitungsprozess, indem vorgenommene Datenmodifikationen jederzeit zurückverfolgt bzw. verloren gegangene Daten rekonstruiert werden können. Sie bilden die Grundlage für die internen Master-Arbeitsfiles, die alle erhobenen und neu generierten Variablen enthalten und den Ausgangspunkt für spätere Daten-Updates sowie die Dokumentation der Daten bilden. Aus diesen Datenfiles wiederum werden am Ende des Workflows die Analysefiles generiert, die für die Forschung im Projekt sowie darüber hinausgehend für eine breitere Nachnutzung der Daten über verschiedene Publikationswege bereitgestellt werden können.

6.5.3 Aufbau der Syntax-Files

Mit Hilfe kommentierter Syntax-Files werden die beschriebenen Schritte der Variablencodierung sowie der Fehlersuche und Fehlerbehandlung durchgeführt. Sie sollten möglichst strukturiert aufgebaut sein und, wie in Abbildung 6.4 dargestellt, z.B. Informationen über den Bearbeitenden, den Zeitpunkt der Bearbeitung und den zu bearbeitenden Datensatz enthalten. Ein Verzeichnis der Bearbeitungsschritte sowie ihre Kommentierung ermöglichen es auch Dritten, die Programmlogik nachzuvollziehen. Mit Hilfe der Syntax-Files werden die Rohdaten in Master-Arbeitsfiles und diese wiederum in Analysefiles transformiert. Hierbei werden, wie in Abbildung 6.4 gezeigt, die Rohdaten aufgerufen (Schritt 1), schrittweise überprüft, korrigiert und standardisiert und als internes Master-Arbeitsfile gesichert (Schritt 2). In einem weiteren Schritt werden die Anonymisierungsmaßnahmen umgesetzt, um die entstehenden Analysefiles über die gewünschten Publikationswege zur Verfügung stellen zu können (Schritt 3).

Wird ein solches Modell bereits zu Beginn des Projekts geplant, macht es den Datenaufbereitungsworkflow für alle Beteiligten transparent und verständlich. Es hilft darüber hinaus, die eingangs formulierte Frage zu beantworten, wann im Datenaufbereitungsworkflow die erforderlichen Bearbeitungsschritte implementiert werden sollten und wo die hierfür notwendigen und die produzierten Dateien abgelegt bzw. abzulegen sind.

6.6 Informationstransfer und Datendokumentation

Die Planungsdokumente, Erhebungsinstrumente bzw. internen Prozessinformationen, die im Projektverlauf aufgebaut werden, bilden die Grundlage für die Datendokumentation. Diese umfasst im idealen Falle den gesamten Prozess der Planung, Erhebung und Aufbereitung der Daten (Häder 2006). Der Transfer dieser Informationen zwischen den einzelnen Phasen schafft die erforderliche Transparenz und bildet die Grundlage für das Zusammenwirken der Projektmitglieder sowie die Entscheidungen, die sie im Umgang mit den Daten treffen müssen. Abbildung 6.5 zeigt das eingangs verwendete Lebenszyklusmodell, diesmal erweitert um Informationen, die in den einzelnen Projektphasen generiert und an die nachfolgenden Phasen übergeben werden.

Abbildung 6.5: Informationstransfer zwischen den Projektphasen

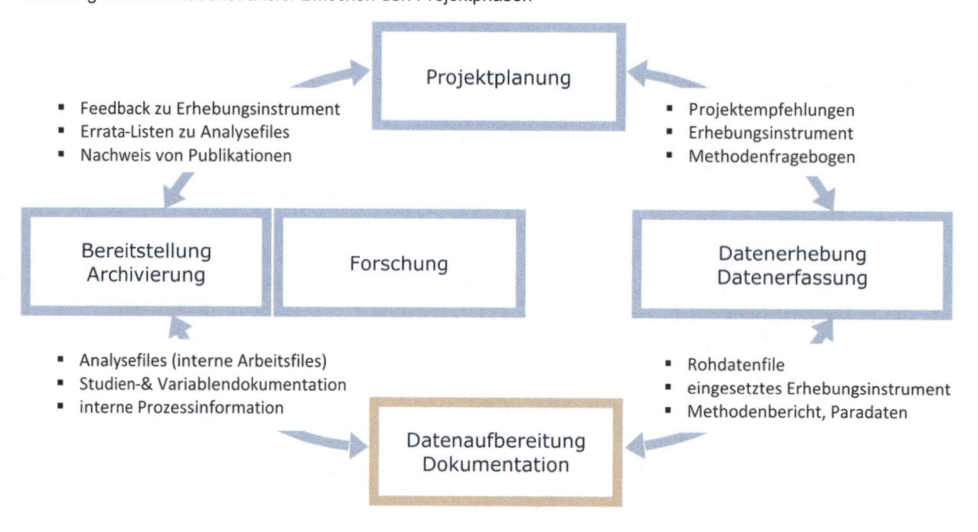

```
                        ┌──────────────────┐
                        │  Projektplanung  │
                        └──────────────────┘
  • Feedback zu Erhebungsinstrument              • Projektempfehlungen
  • Errata-Listen zu Analysefiles                • Erhebungsinstrument
  • Nachweis von Publikationen                   • Methodenfragebogen

┌──────────────────┐    ┌──────────────────┐    ┌──────────────────┐
│  Bereitstellung  │    │    Forschung     │    │  Datenerhebung   │
│   Archivierung   │    │                  │    │  Datenerfassung  │
└──────────────────┘    └──────────────────┘    └──────────────────┘

  • Analysefiles (interne Arbeitsfiles)         • Rohdatenfile
  • Studien- & Variablendokumentation           • eingesetztes Erhebungsinstrument
  • interne Prozessinformation                  • Methodenbericht, Paradaten
                        ┌──────────────────┐
                        │ Datenaufbereitung│
                        │  Dokumentation   │
                        └──────────────────┘
```

Quelle: Eigene Darstellung in Anlehnung an Survey Research Center (2016)

Für eine übersichtliche Darstellung wird hier nur eine Auswahl an möglichen Files aufgeführt und ist der Transfer zwischen den Phasen auf die jeweils neu entstehenden Daten und Informationen begrenzt. In der Projektpraxis müssen jedoch Dokumentationen, wie z.B. die Projektempfehlungen, nicht nur an die unmittelbar nachfolgende Phase weitergegeben werden, sondern allen Projektmitgliedern in der aktuellen Version jederzeit zur Verfügung stehen.

Schaut man aus Sicht der *Datenaufbereitung und Dokumentation* auf das Lebenszyklusmodell, dann werden die Daten und Informationen der vorausgehenden Projektphasen an diese Phase transferiert und bilden die Grundlage für die weiteren Aufbereitungsschritte. Hierbei werden neue Informationen generiert, die die vorgenommenen Datenmodifikationen und die Besonderheiten in den Daten beschreiben. Im Ergebnis entsteht eine Datendokumentation, die im idealen Fall die wichtigen im Projektverlauf produzierten Informationen umfasst.

6. Datenaufbereitung und Dokumentation 111

Sollen die Daten nach Abschluss des Projektes für eine nachhaltige Sicherung und weitere Nutzung an ein Datenarchiv oder Repositorium übergeben werden, muss eine Auswahl aus dem umfangreichen Informationsbestand getroffen werden. Die entstehende Datendokumentation sollte Informationen auf Projekt-, Studien- und Variablenebene enthalten und damit sowohl den Kontext des Projekts als auch den unmittelbaren Entstehungs- und Bearbeitungsprozess der Daten für Dritte verständlich machen. Hauptbestandteile sind: (1) die Projektempfehlungen, das Erhebungsinstrument sowie Interviewer-Informationen aus der Planungsphase, die helfen sollen, die Projektziele zu erreichen und Daten mit der angestrebten Qualität zu produzieren, (2) Informationen, die während der Erhebung der Daten generiert wurden und Auskunft über z.B. die Antwortbereitschaft und das Antwortverhalten der befragten Personen geben, und (3) interne Prozessinformationen, wie die Arbeitsfiles und Syntaxfiles, die es darüber hinaus ermöglichen, Datenprobleme, die während späterer Analysen gefunden werden, aufzuklären. Sie bilden zusammen mit der Beschreibung des Datenaufbereitungsworkflows einen guten Ausgangspunkt, falls nachfolgende Erhebungswellen geplant sind (Survey Research Center 2016: 667).

Ein Teil dieser Informationen kann in einem weiteren Schritt in einem Methodenbericht sowie Variablenreport aggregiert werden, die Forschenden den Zugang zu und den Umgang mit den Daten erleichtern. Sie geben am Ende eines Projekts detailliert Auskunft über die Entstehung der Daten, ihren Inhalt und die Qualität und ermöglichen damit eine adäquate Nutzung (Lück/Landrock 2014).

6.6.1 Methodenbericht

Der Methodenbericht beinhaltet neben allgemeinen projektbeschreibenden Informationen – wie Titel und Zitation der Daten, Primärforscher/innen sowie Quellen der Projektfinanzierung – methodische Informationen aus den einzelnen Projektphasen. Er beschreibt den Prozess der Fragebogenentwicklung, die Grundgesamtheit, das Auswahlverfahren und enthält Informationen über den Befragungszeitraum und die Befragungsmethode sowie die Ausschöpfung der Stichprobe. Projekte, die die Daten selbst erheben, müssen die erforderlichen Informationen möglichst zeitnah zu ihrer Entstehung und umfassend protokollieren. Wird ein Erhebungsinstitut mit der Datenerhebung beauftragt, ist der Methodenbericht oder Feldbericht zumeist Bestandteil der Datenlieferung an das Projekt. Bei multinationalen Projekten basiert er auf einem Methoden- oder Feldfragebogen, der Teil der Planungsdokumente ist und es ermöglicht, auch bei mehreren involvierten Erhebungsinstituten die Entstehung der Daten strukturiert zu beschreiben.

6.6.2 Variablenreport

Der Variablenreport beschreibt die in dem Datensatz enthaltenen Variablen und gibt einen Überblick über die eingesetzten Prüfprozeduren und vorgenommenen Datenmodifikationen. Die Dokumentation der einzelnen Bearbeitungsschritte macht es auch Forschenden außerhalb des Projekts möglich, die Qualität der Daten zu bewerten und zu entscheiden, ob im eigenen Forschungskontext weitere Prüfprozeduren bzw. Datentransformationen erforderlich sind. Hierfür werden Informationen aus den verschiedenen Phasen des Forschungsprojekts und aus unterschiedlichen Quellen zusammengeführt. Im idealen Falle werden die einzelnen Variablen durch die Metadaten des Datensatzes (Variablenname, Werte sowie Variablen- und Wertelabels) beschrieben und mit weiteren Informationen verknüpft. Das sind häufig der exakte Wortlaut der Frage aus dem Erhebungsinstrument sowie die absoluten und relativen Häufigkeitsverteilungen des Analysefiles, die einen ersten Blick auf die Verteilungen in den Daten geben. Darüber hinaus können Kommentare zu den Variablen ergänzt werden, die z.B. über die Quelle der eingesetzten Frage, die verwendeten Standards sowie Besonderheiten in den Daten informieren. Für den Aufbau solcher Variablendokumentationen stehen Tools zur Verfügung, die internationale Metadatenstandards anwenden und damit einen plattformübergreifenden Transfer der Dokumentationen erlauben, wie im zweiten Teil von Kapitel 9 näher beschrieben wird. Nach Abschluss des Projekts kann die Variablendokumentation über Retrieval-Systeme zugänglich gemacht werden und Datennutzende bei Recherchen in den Fragetexten und damit bei der direkten Erschließung der Dateninhalte unterstützen.

Die Dokumentationen, die zusammen mit den Daten weitergegeben werden, bilden im Kontext eines Datenarchivs oder Repositoriums eine wichtige Grundlage für die Erstellung strukturierter Metadaten. Die Aufgabe der Metadaten ist es dann, die Daten inhaltlich und methodisch möglichst exakt und umfassend zu beschreiben (vgl. Kapitel 9.2) und in Retrieval-Systemen, wie z.B. Datenkataloge, für Sekundärforschende einfach auffindbar und zugänglich zu machen (vgl. Kapitel 8.1).

6.7 Fazit

Eine systematische Dokumentation der Entstehung und Bearbeitung der Daten gibt im unmittelbaren Projektkontext einen guten Einblick in die Datenqualität und schafft einen adäquaten Datenzugang. Vermittelt über ein Repositorium oder Datenarchiv ermöglicht sie es auch Dritten, die Daten im Rahmen eigener Forschungsprojekte zu verwenden sowie die originären Projektergebnisse zu replizieren. Eine nachhaltige Sicherung der Ergebnisse des Projekts erlaubt es darüber hinaus, diese als einen Ausgangspunkt für die zukünftige Projektplanung zu nutzen.

Die Grundlage hierfür ist die Planung und Organisation der Datenaufbereitung und Dokumentation im Projektverlauf, wofür sich Lebenszyklusmodelle als sehr hilfreich erweisen. Sie schaffen die erforderliche Transparenz sowohl für die einzelnen Arbeitsschritte als auch für komplexe Aufbereitungsworkflows und ermöglichen es den Forschenden, adäquate Wege für die Realisierung der Projektziele zu finden und dabei die Projektressourcen zu berücksichtigen.

Literaturverzeichnis

Ball, Alex (2012): Review of Data Management Lifecycle Models. Version 1.0. REDm-MED Project Document. University of Bath. http://opus.bath.ac.uk/28587/1/redm1rep120110ab10.pdf [Zugriff: 02.05.2018].
Braun, Michael (2014): Interkulturell vergleichende Umfragen. In: Nina Baur, Jörg Blasius (Hrsg.): Handbuch Methoden der empirischen Sozialforschung. Wiesbaden: Springer, S. 757-766.
Brislinger, Evelyn/Nijs Bik, Emile de/Harzenetter, Karoline/Hauser, Kristina/Kampmann, Jara/Kurti, Dafina/Luijkx, Ruud/Ortmanns, Verena/Rokven, Josja/Sieben, Inge/Solanes Ros, Ivet/Stam, Kirsten/Weijer, Steve van de/ Vlimmeren Eva van/Zenk-Möltgen, Wolfgang (2011): European Values Study 2008: Project and Data Management. GESIS Technical Reports 2011/14. http://www.gesis.org/fileadmin/upload/forschung/publikationen/gesis_reihen/gesis_methodenberichte/2011/TechnicalReport_2011-14.pdf [Zugriff: 23.06.2018].
DFG – Deutsche Forschungsgemeinschaft (2015): Umgang mit Forschungsdaten, Leitlinien zum Umgang mit Forschungsdaten.

6. Datenaufbereitung und Dokumentation

http://www.dfg.de/download/pdf/foerderung/antragstellung/forschungsdaten/richtlinien_forschungsdaten.pdf [Zugriff: 23.06.2018].

Ebel, Thomas/Trixa, Jessica (2015): Hinweise zur Aufbereitung quantitativer Daten. GESIS Papers 2015/09. http://nbn-resolving.de/urn:nbn:de:0168-ssoar-432235 [Zugriff: 25.06.2018].

Eurofound (o.J.): 3rd European Quality of Life Survey. Data Editing & Cleaning Report. EU27 and non-EU Countries (Internal Report). UK Data Archive Study Number 7316 – European Quality of Life Survey, 2011–2012. http://doc.ukdataservice.ac.uk/doc/7316/mrdoc/pdf/7316_3rd_eqls_data_editing_and_cleaning_report.pdf [Zugriff: 10.07.2018].

Eurofound and GfK EU3C (o.J.): 3rd European Quality of Life Survey. Technical Report. Working Document for The European Foundation for the Improvement of Living and Working Conditions. https://www.eurofound.europa.eu/sites/default/files/ef_files/surveys/eqls/2011/documents/technicalreport.pdf [Zugriff: 10.07.2018].

EVS – European Values Study (2016): EVS 2008 - Variable Report Integrated Dataset. GESIS-Variable Report 2016/2. https://dbk.gesis.org/dbksearch/file.asp?file=ZA4800_cdb.pdf [Zugriff: 25.06.2018].

EVS – European Values Study (2017): Data Processing Guidelines for the European Values Study 2017. GESIS-DAS & EVS Tilburg University. Internes Arbeitspapier. Mai 2018.

Felderer, Barbara/Birg, Alexandra/Kreuter, Frauke (2014): Paradaten. In: Baur, Nina/Blasius, Jörg (Hrsg.): Handbuch Methoden der empirischen Sozialforschung. Wiesbaden: Springer, S. 357-365.

GESIS – Leibniz-Institut für Sozialwissenschaften (2016): GESIS Survey Guidelines. http://www.gesis.org/gesis-survey-guidelines/home/ [Zugriff: 01.06.2018].

Harzenetter, Karoline/Wronski, Pamela (2015): Aufbereitung und Dokumentation von Studien der Bundeszentrale für gesundheitliche Aufklärung (BZgA). GESIS-DAS. Interner Abschlussbericht. 29.09.2015.

Häder, Michael (2006). Empirische Sozialforschung. Eine Einführung. Wiesbaden: VS.

Jensen, Uwe (2011): Datenmanagementpläne. In: Büttner, Stephan/Hobohm, Hans-Christoph/Müller, Lars (Hrsg.): Handbuch Forschungsdatenmanagement. Bad Honnef: Bock + Herchen, S. 71-82.

Jensen, Uwe (2012): Leitlinien zum Management von Forschungsdaten. Sozialwissenschaftliche Umfragedaten. GESIS Technical Reports 2012/07. http://nbn-resolving.de/urn:nbn:de:0168-ssoar-320650 [Zugriff: 02. 05. 2018].

Kampmann, Jara/Harzenetter, Karoline/Wronski, Pamela/Brislinger, Evelyn/Solanes Ros, Ivet (2014): Data Processing Toolkit: Help, Tools, and Features. GESIS-DAS. Internes Arbeitspapier.

Kolsrud, Kirstine/Midtsæter, Hege/Orten, Hilde/ Skjåk, Knut Kalgraff/Øvrebø, Ole-Petter (2010): Processing, Archiving and Dissemination of ESS data. The Work of the Norwegian Social Science Data Services. In: Ask: Research and Methods, Vol. 19 (1, 2010), S. 51-92. http://hdl.handle.net/1811/69570 [Zugriff: 10.07.2018]

Kveder, Andrej/Galico, Alexandra (2008): Guidelines for Cleaning and Harmonization of Generations and Gender Survey Data. https://www.ggp-i.org/sites/default/files/questionnaires/GGP_2008_DCHGuide_1.pdf [Zugriff: 23.06.2018].

Netscher, Sebastian/Eder, Christina (Hrsg.) (2018): Data Processing and Documentation: Generating High Quality Research Data in Quantitative Social Science Research. GESIS Papers, 2018/22. https://nbn-resolving.org/urn:nbn:de:0168-ssoar-59492-3 [Zugriff 26.10.2018].

NUTS – Nomenclature of Units for Territorial Statistics (2006): Eurostats. Regions in the European Union. Nomenclature of Territorial Units for Statistics. NUTS 2006/EU-27. 17.01.2008. http://ec.europa.eu/eurostat/web/nuts/publications [Zugriff: 23.06.2018].

Pötschke, Manuela (2010): Datengewinnung und Datenaufbereitung. In: Wolf, Christof/Best, Henning (Hrsg.): Handbuch der sozialwissenschaftlichen Datenanalyse. Wiesbaden: VS, S. 41-64.

Schäfer, Christin/Bömermann, Hartmut/Nauenburg, Ricarda/Wenzel, Karsten (2006): Data Driven Identification of Sources of Errors for Improving Survey Quality. Proceedings of Q2006. European Conference on Quality in Survey Statistics. http://citeseerx.ist.psu.edu/viewdoc/download?doi=10.1.1.610.3024&rep=rep1&type=pdf [Zugriff: 23.06.2018].

Survey Research Center (2016): Guidelines for Best Practice in Cross-cultural Surveys. Full Guidelines. Ann Arbor, MI: Institute for Social Research, University of Michigan. http://ccsg.isr.umich.edu/ [Zugriff: 02.05.2018].

Lück, Detlev/Landrock, Uta (2014): Datenaufbereitung und Datenbereinigung in der quantitativen Sozialforschung. In: Baur, Nina/Blasius, Jörg (Hrsg.): Handbuch Methoden der empirischen Sozialforschung. Wiesbaden: Springer, S. 397-409.

Linkverzeichnis

ESS – European Social Survey: http://www.europeansocialsurvey.org/data/round-index.html [Zugriff: 20.05.2018].
EVS – European Values Study (2017): https://europeanvaluesstudy.eu/methodology-data-documentation/survey-2017/ [Zugriff: 12.11.2018]
EVS - European Values Study (2008): https://europeanvaluesstudy.eu/methodology-data-documentation/previous-surveys-1981-2008/survey-2008/ [Zugriff: 12.11.2018]
ISCED (2011): International Standard Classification of Education. UNESCO Institute for Statistics: http://uis.unesco.org/en/topic/international-standard-classification-education-isced [Zugriff: 12.11.2018]

7. Data Sharing: Von der Sicherung zur langfristigen Nutzung der Forschungsdaten

Reiner Mauer und Jonas Recker

Transparente Forschungsprozesse und reproduzierbare Ergebnisse sind Qualitätsmerkmale wissenschaftlichen Arbeitens. Die dauerhafte Verfügbarkeit von Forschungsdaten – und damit auch deren Archivierung als notwendige Voraussetzung – leistet hierbei einen wesentlichen Beitrag: Sie macht empirische Forschung nicht nur nachvollziehbar, sondern auch anschlussfähig. Darüber hinaus ist ein möglichst offener Zugang zu qualitätsgesicherten und gut dokumentierten Forschungsdaten eine wichtige Basis für den wissenschaftlichen Fortschritt, indem Möglichkeiten für neue und innovative Fragestellungen auch über Disziplingrenzen hinweg geschaffen werden.

Dieses Bewusstsein für den Wert von Forschungsdaten ist im gesamten Wissenschaftssystem deutlich gestiegen, mit teilweise sehr konkreten Auswirkungen: Es schlägt sich zum einen in gesteigerten förderpolitischen Maßnahmen zum Aufbau datenbezogener Infrastrukturen und Services nieder und in der Folge in einer Zunahme entsprechender Angebote. So sind beispielsweise in den letzten Jahren an vielen Hochschulen, aber auch an außeruniversitären Einrichtungen Repositorien und Services für Forschungsdaten aufgebaut worden, um den Bedarf der Forschenden an professionellen Lösungen für das Management, die Sicherung und die Veröffentlichung von Forschungsdaten zu decken. Darüber hinaus treten neue, teils kommerzielle Anbieter wie Figshare oder Mendeley Data in Erscheinung.

Auch sehen Forschende sich zunehmend mit gestiegenen Erwartungen hinsichtlich des Umgangs mit den von ihnen erzeugten Forschungsdaten konfrontiert. Das veränderte Bewusstsein für den Wert von Forschungsdaten drückt sich auf forschungs- und förderpolitischer Ebene mittlerweile nicht mehr nur in der Form von eher allgemeinen und unverbindlichen Appellen aus, sondern mündet zunehmend auch in konkreten Maßnahmen und Auflagen. So gehen Forschungsförderer etwa dazu über, zumindest Aussagen zum geplanten Umgang mit erzeugten Daten bereits bei der Antragsstellung einzufordern, und beziehen diese zunehmend in die Entscheidung über eine Förderung ein. Vereinzelt finden sich mittlerweile in Bescheiden deutscher Förderer Auflagen dazu, wie nach Projektende mit den erzeugten Forschungsdaten zu verfahren ist. Zum Beispiel fordert das Bundesministerium für Bildung und Forschung (BMBF) in bestimmten Programmen, dass „Standards des Forschungsdatenmanagements" eingehalten und erhobene Forschungsdaten nach Projektende an ein geeignetes Forschungsdatenzentrum übergeben werden, „um im Sinne der guten wissenschaftlichen Praxis eine langfristige Datensicherung für Replikationen und gegebenenfalls Sekundärauswertungen zu ermöglichen" (BMBF 2017: B2).

Auch wenn derartige Regelungen zurzeit in Deutschland eher noch die Ausnahme bilden, lässt sich eine Tendenz hin zu mehr Verbindlichkeit – wie sie beispielsweise in den USA und im Vereinigten Königreich schon deutlich weiter vorangeschritten ist – auch in Deutschland erkennen. Angesichts dieser Entwicklung stellt sich für viele Forschende die (idealerweise schon zu Projektbeginn zu beantwortende) Frage, wie sie mit ihren Forschungsdaten nach dem Ende des Projekts verfahren sollen. In diesem Zusammenhang gilt es, die geeignete Form der Sicherung, Archivierung oder Veröffentlichung der Daten zu bestimmen und sich ggf. für ein geeignetes Repositorium oder Datenzentrum zu entscheiden.

In diesem Kapitel soll ein Überblick über die verschiedenen Optionen gegeben werden, Forschungsdaten zu erhalten und zur Nachnutzung durch Dritte zur Verfügung zu stellen. Dazu werden zunächst zentrale Begriffe erläutert, die Forschenden immer wieder begegnen, wenn sie sich mit der Frage beschäftigen, was mit den Daten nach Ende des eigenen Forschungsprojekts geschehen soll (Abschnitt 7.1). Abschnitt 7.2 befasst sich darauf aufbauend mit Zugangswegen zu Forschungsdaten sowie mit Lizenzen, die die Nutzung der Daten regeln können. Anschließend soll in Abschnitt 7.3 ein Überblick über bestehende Möglichkeiten gegeben werden, Daten über die Projektlaufzeit hinaus zu sichern und zugänglich zu machen. Abschnitt 7.4 beschreibt Maßnahmen, die Datenzentren üblicherweise durchführen, wenn sie Forschungsdaten für eine langfristige Sicherung und Bereitstellung übernehmen. Das Kapitel schließt mit Hinweisen dazu, wie Forschende ein für ihre Bedarfe geeignetes Repositorium auswählen können (Abschnitt 7.5).

7.1 Zentrale Begriffe: Forschungsdaten sichern, archivieren und teilen

Das Thema Forschungsdatenmanagement ist eng mit der Frage verknüpft, was mit Forschungsdaten geschehen soll, wenn das Projekt endet, in dem sie erhoben und analysiert wurden. In diesem Zusammenhang begegnen Wissenschaftlerinnen und Wissenschaftlern einer Vielzahl von Begriffen. So ist die Rede davon, dass Daten aufbewahrt, gesichert, archiviert und geteilt werden sollen. In der Regel existieren aber keine einheitlichen Definitionen der Begriffe und ihre Bedeutung ist stark vom jeweiligen Verwendungskontext abhängig. Dies erschwert das Verständnis sowohl in Bezug auf die Anforderungen, denen Forschende genügen sollen, aber auch im Hinblick auf das Leistungsspektrum verschiedener Datenzentren. Wie unterscheidet sich z.B. eine *Sicherung* von einer *Archivierung* der Daten? Und was bedeutet es, Daten mit Dritten zu teilen (*Data Sharing*)?

Die nachfolgende Klärung häufig verwendeter Terminologie soll vor diesem Hintergrund dazu beitragen, ein gemeinsames Verständnis für die in diesem Kapitel verwendeten Begrifflichkeiten zu entwickeln. Insbesondere sollen die Erläuterungen Forschenden aber dabei helfen, forschungsdatenbezogene Empfehlungen und Forderungen (vgl. z.B. DFG 2015; Allianz der deutschen Wissenschaftsorganisationen 2010) besser zu verstehen und Serviceangebote am Markt in ihrem Leistungsspektrum einschätzen zu können.

7.1.1 Aufbewahrung und Sicherung

Mit der Forderung, Forschungsdaten *aufzubewahren* bzw. zu *sichern* (vgl. DFG 2013: Empfehlung 7), gehen die geringsten Anforderungen an den Umgang mit den Objekten (in unserem Fall digitale Forschungsdaten und dazugehörige Begleitmaterialien, wie z.B. die Datendokumentation) einher. Im Vordergrund der Maßnahmen steht typischerweise der Erhalt dieser Objekte in definierten (in der Regel unveränderten) Zuständen. Dies beinhaltet vor allem den Schutz vor Verlust – sei es durch Zerstörung oder Löschung, Beschädigung und damit einhergehender Unlesbarkeit oder durch Unauffindbarkeit – sowie den Schutz vor unberechtigtem Zugriff. Die Sicherung digitaler Objekte wird insbesondere durch die systematische Speicherung und weitere organisatorische und technische Maßnahmen realisiert.

7.1.2 (Digitale) Archivierung und Kuratierung

Im Vergleich zur Sicherung ist mit dem Begriff der *Archivierung* nicht nur ein systematisches Vorgehen bei der Speicherung bzw. im analogen Umfeld der Aufbewahrung von Objekten verbunden, sondern es kommen – der Tradition von Registraturen und Archiven folgend – weitere zentrale Funktionen hinzu, wie etwa Auswahl und Bewertung, Erschließung, Herstellung und Erhalt der Nutzbarkeit sowie die Organisation des Zugriffs auf das Archivgut. Typischerweise zielt Archivierung im Kontext von Bibliotheken, Archiven oder Museen darauf ab, Objekte zeitlich unbegrenzt aufzubewahren, benutzbar zu machen und zu erhalten. Die zentralen Konzepte und Verfahrensweisen der Archivierung wurden zwar im analogen Umfeld entwickelt, finden mittlerweile aber auch im Bereich der *digitalen Archivierung* (auch: digitale Langzeitarchivierung) Anwendung. Die Erhaltung von Information in digitaler Form gestaltet sich dabei wesentlich schwieriger als der Erhalt analoger Objekte, wie z.B. Papier oder Mikrofilm. Dies ergibt sich vor allem daraus, dass digitale Informationen abhängig von komplexen, technischen Umgebungen sind. Digitale Informationen sind mehr oder weniger eng mit Hardware, Speichermedien, Betriebssystemen und Anwendungssoftware verbunden. Diese unterliegen einem ständigen technologischen Wandel und so ist es in erster Linie der technologische Fortschritt, der digitale Informationen kontinuierlich bedroht. Eine gesicherte Aufbewahrung digitaler Informationen im Sinne von Speicherung reicht demnach nicht aus, um deren Lesbarkeit und schon gar nicht deren Interpretierbarkeit langfristig sicherzustellen. *Langfristig* wird dabei im zentralen Rahmenstandard für die digitale Langzeitarchivierung (ISO 14721: Open Archival Information System [OAIS]: Reference Model) verstanden als „lange genug […], um sich mit den Auswirkungen des Technologiewandels inklusive der Unterstützung von neuen Datenträgern und Datenformaten sowie einer sich verändernden vorgesehenen Zielgruppe" zu befassen (nestor 2013: 13).

Digitale Langzeitarchivierung verfolgt daher im Wesentlichen zwei sich ergänzende Ziele: (1) die Substanzerhaltung der Dateninhalte, aus denen digitale Objekte physikalisch bestehen (*bitstream preservation*) sowie (2) den Erhalt der dauerhaften Benutzbarkeit und (inhaltlichen) Interpretierbarkeit. Letzteres zielt darauf ab, die in den Daten enthaltenen Informationen sowie das für deren Interpretation notwendige Wissen, das nicht in den Daten selbst enthalten ist, zu sichern. So wird inhaltliche Interpretierbarkeit gewährleistet, indem alle zum Verständnis der Daten benötigten Informationen zusammengestellt werden. Hierzu zählen in der quantitativen empirischen Sozialforschung vor allem Informationen zur Entstehung der Daten insgesamt (Studiendesign, Methoden, Messinstrument) und zur Bedeutung der einzelnen Variablen des Datensatzes. Zentral für den Erhalt der dauerhaften Interpretierbarkeit sind damit insbesondere eher klassische Verfahren zur Erschließung und Dokumentation. Technisch kommen hingegen Strategien wie etwa Emulation (Nachbildung der technischen Umgebung der Objekte) oder Migration (Dateiformate, Speichermedien, technische Umgebungen) zum Einsatz.

Mit Blick auf die Nachnutzbarkeit von Forschungsdaten – als eine besondere Form digitaler Objekte – kommt der *Kuratierung* und Pflege dieser Daten eine besondere Rolle zu. Digitales Kuratieren (*digital curation*) ist ein Konzept, das sich in weiten Teilen mit Konzepten und Tätigkeiten im Bereich der digitalen Langzeitarchivierung überschneidet, wie die Definitionen in Schaukasten 7.1 verdeutlichen.

> **Schaukasten 7.1: Zwei Beispieldefinitionen von *digital curation***
>
> - „Digital curation is all about maintaining and adding value to a trusted body of digital information for future and current use; specifically, the active management and appraisal of data over the entire life cycle. Digital curation builds upon the underlying concepts of digital preservation whilst emphasising opportunities for added value and knowledge through annotation and continuing resource management." (Pennock 2006: 1)
> - „Digital curation involves maintaining, preserving and adding value to digital research data throughout its lifecycle." (Digital Curation Centre o.J.)

Aufgrund dieser großen inhaltlichen Überschneidungen werden die Begriffe *Kuratierung* und *Langzeitarchivierung* häufig nicht trennscharf verwendet. *Kuratierung* soll im Sinne der hier zitierten Definitionen als Oberbegriff für alle Aktivitäten im Lebenszyklus von digitalen Objekten verstanden werden, die nicht nur darauf abzielen, diese zu erhalten und nutzbar zu machen, sondern insbesondere auch, die digitalen Objekte mit Mehrwert (*added value*) zu versehen.

Dieser Mehrwert kann z.B. darin bestehen, dass die Daten mit zusätzlichen Informationen, etwa über Eigenschaften der jeweiligen politischen Systeme in international-vergleichenden Studien, versehen werden. Ein Mehrwert wird aber auch dann geschaffen, wenn die Daten selbst ergänzt werden, z.B. durch die Imputation fehlender Werte. Die Begriffe *Aufbereitung* und *Dokumentation* fallen unter diesen Oberbegriff und können als einzelne Arbeitsschritte im Rahmen der Kuratierung angesehen werden. Während die Aufbereitung sich insbesondere auf die Arbeit an den Daten selbst bezieht, werden im Rahmen der standardisierten Datendokumentation die Daten zum Zwecke der inhaltlichen Einordung und Nachvollziehbarkeit beschrieben (vgl. Kapitel 6). Dass in diesem Kontext unterschiedliche Arten von Metadaten bei der Dokumentation, Erschließung und langfristigen Bereitstellung von Studien, Daten und Kontextinformationen eine besondere Rolle spielen, wird in Kapitel 9 thematisiert. Damit werden unter den Begriff der Kuratierung auch Tätigkeiten gefasst, die nicht erst bei der Aufnahme der Daten in Datenzentren (vgl. Abschnitt 7.4), sondern die – zumindest teilweise – bereits von den datenproduzierenden Wissenschaftlerinnen und Wissenschaftlern durchgeführt werden.

7.1.3 Daten teilen (Data Sharing)

Die Diskussion um die eingangs skizzierten Entwicklungen und Forderungen wird in der Regel unter Verwendung der Schlagworte *Data Sharing*, *Open Science* und *Open Data* geführt. Unter *Data Sharing* versteht man die Praxis, in einem Projekt erhobene und/oder analysierte Forschungsdaten Dritten mit allen zum Verständnis und zur Nutzung notwendigen Materialien unter klar definierten Bedingungen zugänglich zu machen. Dieses Teilen von Daten dient entweder dem Zweck der Replikation oder dazu, neue Forschungsfragen zu beantworten. Zudem kann die Nutzung von veröffentlichten Daten im Rahmen der Lehre die Ausbildung von Nachwuchswissenschaftlerinnen und -wissenschaftlern unterstützen. Gründe für und Vorteile von *Data Sharing* sind ausführlich diskutiert (vgl. z.B. Herb 2015; Piwowar/Vision 2013).

Abbildung 7.1: Offenheitsgrade von Daten

	Geschützt		Zugänglich		Offen
Zugang	Unter Verschluss	Intern	Auf Anfrage für bestimmte Zwecke	Öffentlich, für bestimmte Zwecke	Zugang für jeden für alle Zwecke
Bedingungen	Individuelle Freigabe für bestimmte, identifizierte Personen	Arbeitsvertrag und Betriebsvereinbarungen	Nutzungsvertrag	Lizenz mit Einschränkung der Nutzung (z.B. CC-BY-ND)	Offene Lizenz (z.B. CC0, CC-BY)
Beispiel	Daten mit Relevanz für die nationale Sicherheit	Nicht-anonymisierte Daten zum Krankenstand	Schwach anonymisierte Umfragedaten	Twitter Feed	Fahrplan

Quelle: Eigene Darstellung nach Open Data Institute (o.J.)

Zu beachten ist, dass *Data Sharing* – anders als die Begriffe *Open Data* und *Open Science* implizieren – nicht notwendig bedeutet, alle Forschungsergebnisse, und insbesondere die gewonnenen Forschungsdaten, unmittelbar und für jeden frei im Internet zugänglich zu machen (Herb 2015: 26). So lässt sich ein offener Zugang, verstanden als die Ermöglichung einer freien Nutzung zu allen Zwecken und für alle interessierten Personengruppen, nicht immer realisieren. Dies betrifft u.a. personenbezogene Daten, aber auch Daten, die im Zusammenhang mit gewerblichen Schutzrechten (z.B. Patenten) stehen. Weiterhin sind Daten zu berücksichtigen, deren Veröffentlichung aus Sicherheitsgründen (z.B. nationale Sicherheit) nicht möglich ist oder deren Bekanntwerden den Untersuchungsgegenstand gefährden würde. Dies kann z.B. in der Biodiversitätsforschung der Fall sein, wenn die Daten Hinweise enthalten, die zur unerwünschten Lokalisierung von seltenen Tierpopulationen oder schützenswerter Natur durch Dritte führen könnten. Dies bedeutet aber nicht, dass solche Daten anderen überhaupt nicht zugänglich gemacht werden können. Vielmehr ist es hilfreich, Zugänglichkeit nicht so sehr als binären Gegensatz von *open* vs. *closed* zu denken, sondern, wie in Abbildung 7.1 dargestellt, als Spektrum von Offenheitsgraden zu verstehen. Innerhalb dieses Spektrums existieren abgestufte Möglichkeiten, Forschungsdaten je nach Sensitivität oder unter Berücksichtigung anderer rechtlicher und organisatorischer Rahmenbedingungen unter geeigneten Zugangs- und Nutzungsbedingungen mit einer definierten Zielgruppe zu teilen.

7.2 Zugangswege und Lizenzen

Forschende können im Rahmen des *Data Sharing* durch die Wahl geeigneter Zugangswege zu den Daten und die Vergabe von Lizenzen steuern, wie und unter welchen Bedingungen auf die Daten zugegriffen werden darf.

Zugangswege, die auch für sozialwissenschaftliche Daten gängig sind, umfassen z.B.:

- *Freier Zugang über das Internet*: Daten und Dokumentation sind online verfügbar und können über das Internet ohne weitere Hürden zur Nutzung heruntergeladen werden;
- *Zugang nach Registrierung*: Nutzende müssen einen Account beim Anbieter der Daten erstellen und sich anmelden, um Zugang zu Daten zu erhalten;
- *Geschützter Remote-Zugang*: Besonders sensitive Daten werden – in der Regel nach Antragstellung und nach Abschluss eines Vertrags – in einer besonders geschützten Remote-Umgebung zur Analyse bereitgestellt. Dies bedeutet, dass Forschende zwar über das Internet auf die Daten zugreifen können,

dieser Zugriff aber durch technische Schutzmechanismen beschränkt wird (vgl. Schiller et al. 2017). So ist ein Herunterladen der Daten in der Regel nicht möglich und erstellte Analyseergebnisse werden ggf. von Mitarbeitenden des Datenanbieters auf Einhaltung des Datenschutzes kontrolliert, bevor sie an die Forschenden weitergegeben werden;

- *Vor-Ort-Zugang*: Forschungsdaten sind nach Antragstellung und Vertragsschluss in einer geschützten Umgebung lokal beim Datenanbieter zugänglich. Auch hier werden Analyseergebnisse in der Regel kontrolliert, bevor sie ausgehändigt werden.

Zu beachten sind bei der Wahl eines Zugangswegs für Forschungsdaten – sofern relevant – die Regelungen des Datenschutzes sowie Zusicherungen und Angaben, die Studienteilnehmenden im Zusammenhang mit der informierten Einwilligung gegeben wurden. Zudem ist zu beachten, dass (die Entscheidung über) eine Veröffentlichung und Modalitäten der Nutzung der Daten nur von Inhaberinnen und Inhabern der Verwertungsrechte erfolgen kann. Dies kann insbesondere im Fall von Sekundäranalysen zu Problemen führen, wenn in der eigenen Forschung bereits existierende Datenbestände Dritter genutzt werden. Hier ist es in der Regel notwendig, Rechteinhaber/-innen zu kontaktieren und eine explizite Genehmigung für eine Veröffentlichung einzuholen.

Innerhalb des formalen Rahmens, der durch die oben genannten Zugangswege geschaffen wird, können zusätzliche Nutzungsbedingungen definiert werden. Diese legen fest, durch wen und für welche Nutzungszwecke Forschungsdaten zugänglich sein sollen. Solche Nutzungsbedingungen werden auch als Lizenzen bezeichnet. So schreibt Kreutzer (2016: 19):

> Eine Lizenz ist eine Nutzungserlaubnis für Handlungen, die ohne Zustimmung nicht erlaubt wären. Ob eine Lizenz ein Vertrag oder ein einfaches, einseitiges Versprechen ist, ist von Land zu Land verschieden. Die Auswirkungen sind hingegen dieselben: Die Lizenz ist eine rechtlich gültige Vereinbarung, die die Verwendung eines bestimmten Werkes regelt. Verwendungen, die nicht von der Lizenz abgedeckt sind oder die gegen die Lizenzpflichten verstoßen, sind widerrechtliche Handlungen, die rechtliche Folgen nach sich ziehen können.

Lizenzen sind ein hilfreiches Instrument, um die Nutzung von Daten durch Dritte zu regeln. Sie erlauben es einerseits – im Sinne eines möglichst offenen Zugangs zu den Ergebnissen öffentlich geförderter Forschung –, Regeln aufzustellen, die im Vergleich zum deutschen Urheberrecht die Nutzung der Daten erleichtern und Hürden abbauen. Andererseits schaffen Lizenzen Transparenz über erlaubte Nutzungsformen, da sie für Nutzende oft leichter verständlich sind als das Urheberrecht. Dies gilt umso mehr, wenn Lizenztexte nicht frei formuliert werden, sondern standardisierte und möglichst weit verbreitete Lizenzen verwendet werden, wie beispielsweise die in Schaukasten 7.2 dargestellten Creative Commons-Lizenzen.

Bei der Nutzung von Creative Commons (CC) und anderen Standardlizenzen für Forschungsdaten ist zu beachten, dass diese Lizenzen erforderliche oder erwünschte Zugangs- und Nutzungsszenarien nicht immer abbilden können. Zum Beispiel können Daten, die unter besonderem Schutz stehen und deshalb nur in einer geschützten technischen Umgebung verarbeitet werden dürfen, nicht unter eine CC-Lizenz gestellt werden, da diese immer auch die Weitergabe der betreffenden Daten an Dritte erlaubt. Ebenso ist die Beschränkung auf eine rein wissenschaftliche Nutzung der Daten mit Hilfe von CC-Lizenzen nicht darstellbar.

Die Klärung rechtlicher Aspekte der Nutzung von Forschungsdaten durch Dritte ist ein wichtiger Schritt in der Entscheidung, ob und wie diese Daten anderen zur Nutzung bereitgestellt werden können und sollen. Ist dies erfolgt, können weitere Schritte zur Auswahl einer geeigneten Lösung für die Sicherung sowie ggf. Archivierung und Veröffentlichung der Daten erfolgen. Hierzu geben die folgenden Abschnitte einen Überblick darüber, welche Arten von unterschiedlichen Diensten es gibt, welche Leistungen sie erbringen und wie Forschende für ihre Bedürfnisse geeignete Angebote identifizieren können.

> **Schaukasten 7.2: Creative-Commons-Lizenzen**
>
> - Creative-Commons-(CC)-Lizenzen beruhen auf vier definierten Nutzungsbedingungen, die sich zu insgesamt sechs Standardlizenzen kombinieren lassen:
>   - Namensnennung (attribution - *BY*),
>   - Weitergabe unter gleichen Bedingungen (share alike – *SA*),
>   - nicht-kommerziell (non-commercial – *NC*),
>   - keine Bearbeitungen (no derivatives – *ND*).
>
>   Alle Kombinationen erfordern die Namensnennung der Urheberin oder des Urhebers des Werks, z.B. CC-BY-SA oder CC-BY-NC-SA (vgl. Creative-Commons - Mehr über die Lizenzen o.J.).
> - Für alle CC-Standardlizenzen gibt es eine kurze alltagssprachliche Zusammenfassung, die es den Lizenzgeberinnen und -gebern sowie den Nutzenden ermöglicht, sich schnell über den Umfang einer Lizenz zu informieren. Verbindlich für die Nutzung sind aber die ausformulierten und juristisch geprüften Lizenztexte.
> - CC-Lizenzen sind prinzipiell für alle Arten von urheberrechtlich geschützten Werken nutzbar – von Bildern über Musik bis zu wissenschaftlichen Textpublikationen und Forschungsdaten. Zu beachten ist aber, dass eine Lizenz nur vom Inhaber/der Inhaberin der sogenannten Verwertungsrechte vergeben werden kann. Dies sind in der Regel die Urheberinnen und Urheber oder ihre Arbeitgeber, sofern ein Werk als Teil eines Beschäftigungsverhältnisses geschaffen wurde.
> - Wollen Forschende ihre Daten ohne jegliche Einschränkung der Nutzung anderen zur Verfügung stellen, können sie auch eine sogenannte CC0-Lizenz vergeben. Eine kurze Erläuterung der Besonderheiten dieser Lizenz geben Steinhau und Pachali (2017). Auch wenn die Namensnennung des Urhebers oder der Urheberin hier keine Nutzungsbedingung mehr darstellt, ist das Zitieren aller verwendeten Quellen im wissenschaftlichen Kontext zur Wahrung der guten wissenschaftlichen Praxis selbstverständlich trotzdem erforderlich.

Quelle: Eigene Darstellung mit Verweis auf die genannten Quellen

7.3 Bereitstellung und Veröffentlichung von Daten nach Projektende

Sollen Forschungsdaten nach der unmittelbaren Projektphase anderen zur Nachnutzung bereitgestellt werden, sollte dies idealerweise von Anfang an eingeplant werden. So kann der Aufwand, der ggf. am Projektende bei der Übergabe an ein Repositorium zur Veröffentlichung der Daten entsteht, teils drastisch gesenkt werden. Zusätzlich profitieren während der Projektlaufzeit alle Beteiligten von gut gepflegten und dokumentierten Daten.

7.3.1 Aufbewahrung zur Sicherung guter wissenschaftlicher Praxis

Selbst wenn erzeugte Forschungsdaten nach Projektende nicht veröffentlicht werden sollen oder dürfen, gilt es, die Minimalanforderungen für die Sicherung und Aufbewahrung von Forschungsdaten, wie sie sich regelmäßig in den Regeln guter wissenschaftlicher Praxis finden, im Blick zu halten. So empfiehlt beispielsweise die Deutsche Forschungsgemeinschaft (DFG 2013), an der sich viele institutionelle Regeln orientieren, Daten mindestens zehn Jahre aufzubewahren. Dies soll sicherstellen, dass Daten auf Nachfrage zu Replikationszwecken herausgegeben werden können. Auch wenn diese und ähnliche Empfehlungen (vgl. z.B. Leibniz-Gemeinschaft 2015; ALLEA 2017) das Thema Dokumentation nur rudimentär aufgreifen, sollten Forschende Vorkehrungen treffen, damit im Fall der Fälle auf die richtigen Versionen zugegriffen werden kann und auch noch nachvollziehbar ist, wie diese entstanden und zu interpretieren sind.

Die wahrscheinlich nach wie vor häufigste Form des Umgangs mit Forschungsdaten nach der Beendigung eines Projektes ist die Speicherung auf eigenen Computern, USB-Sticks oder

DVDs (vgl. z.B. Kindling/Schirmbacher/Simukovic 2013: 54; Kuipers/van der Hoeven 2009: 32). Sie ist gleichzeitig die am wenigsten geeignete, um die vorgenannten Anforderungen zu erfüllen. Solche Lösungen sind meist der Tatsache geschuldet, dass die oben angesprochenen Fragen zum Nachnutzungsszenario nicht ausreichend bzw. frühzeitig adressiert wurden. Typischerweise steht am Projektende keine Zeit zur Verfügung, sich mit Organisation, Aufbereitung, Dokumentation und Veröffentlichung der Daten zu befassen. Vielmehr müssen Abschlussberichte geschrieben und neue Projekte beantragt werden. Nach Projektende lösen sich Projektteams auf, Mitarbeitende übernehmen neue Aufgaben oder wechseln zu einer anderen Institution. All dies führt nicht selten dazu, dass Forschungsdaten selbst den unmittelbar an der Erhebung beteiligten Wissenschaftlerinnen und Wissenschaftlern nicht mehr in geeigneter Form zur Verfügung stehen, um zu einem späteren Zeitpunkt Analyseergebnisse zu überprüfen oder weiterführende Fragestellungen zu bearbeiten. Aber nicht nur die Speicherung auf dafür nicht geeigneten Datenträgern bzw. in unsicheren Umgebungen birgt Risiken.

Selbst eine planvollere Herangehensweise, die eine professionelle und redundante Datenhaltung beinhaltet, ist nicht unbedingt eine Garantie dafür, dass Daten über einen längeren Zeitraum nutz- und interpretierbar bleiben. Unsicherheit bzgl. vorhandener Versionen, undokumentierte Bereinigungen, Aufbereitungen oder sonstige Veränderungen an den Daten, unzureichende Dokumentation der Datenerhebung oder der Stichprobenziehung kompromittieren den Wert von Daten für eine spätere Verwendung. Einen oft übersehenen Risikofaktor stellen die gewählten Dateiformate dar. So können Dateien komplett unlesbar werden oder sich Einschränkungen in der Nutzbarkeit der Daten ergeben, wenn die zur Erstellung ursprünglich genutzte Software nicht mehr oder nur in neueren Versionen zur Verfügung steht. Insbesondere wenn längere Zeiträume der Nachnutzung angestrebt werden, bedarf es daher eines systematischen Ansatzes zur digitalen Langzeitarchivierung, wie oben bereits erwähnt.

7.3.2 Optionen zur Veröffentlichung und Archivierung von Forschungsdaten

Wenn Forschungsdaten veröffentlicht werden sollen, bieten sich hierfür verschiedene Wege oder Formen an. Mittlerweile existiert eine Vielzahl von Diensten, die Forschende bei der Sicherung, Aufwertung und Veröffentlichung von Forschungsdaten unterstützen. Diese unterscheiden sich jedoch z.T. erheblich, z.B. hinsichtlich Art und Umfang der angebotenen Dienstleistungen, der fachlichen Abdeckung oder auch der Art und Weise, wie Daten Dritten zur Nachnutzung zur Verfügung gestellt werden. Neben generischen Angeboten, die offen für Daten aus allen Fachgebieten sind, finden sich solche, die auf bestimmte Disziplinen, Themen oder Datentypen spezialisiert sind (s. Schaukasten 7.3 für Beispiele).

Institutionelle Repositorien konzentrieren sich in der Regel auf Forschungsoutputs der eigenen Einrichtung, während disziplin- oder domänenspezifische Forschungsdateninfrastrukturen eher auf nationaler oder internationaler Ebene arbeiten, dafür aber nicht allen Communities oder Datentypen offenstehen. Neben der eigenständigen Veröffentlichung der Forschungsdaten in einem Repositorium oder Datenzentrum, besteht auch die Möglichkeit, ein *Data Paper* in einem Datenjournal zu veröffentlichen (s.u.). Diese konzentrieren sich im Gegensatz zu klassischen Fachzeitschriften auf die Publikation von Forschungsdaten bzw. auf Beschreibungen dieser Daten. Darüber hinaus werden Forschungsdaten aber auch als Ergänzung zu einer wissenschaftlichen (Text-)Publikation veröffentlicht, z.B. als *Supplementary Material*.

Welcher Weg nun für die Sicherung, Archivierung und Veröffentlichung der eigenen Forschungsdaten am geeignetsten ist, kann pauschal nicht beantwortet werden, sondern hängt von einer Vielzahl von Faktoren ab. Einige Hinweise werden im folgenden Abschnitt gegeben.

Unter *Repositorien* werden in diesem Kontext über das Internet zugängliche Plattformen zur Sicherung und Veröffentlichung von Forschungsdaten verstanden. Datenproduzentinnen und -produzenten können Forschungsdaten über ein Online-Formular in das Repositorium laden und mit mehr oder weniger reichhaltigen Metadaten beschreiben. Im Zuge der Veröffentlichung werden die Daten mit einem persistenten Identifikator versehen, sodass sie dauerhaft auffindbar, referenzierbar und zitierbar sind, wie in Kapitel 10 behandelt. Neben dem Vorteil einer systematischen Sicherung der eigenen Daten bieten Repositorien eine sehr gute Möglichkeit, Daten anderen Personen zur Verfügung zu stellen. Idealerweise können Forschende dabei selbst entscheiden, wem und unter welchen Bedingungen ihre Daten zur Verfügung gestellt werden. Dies geschieht sinnvollerweise durch die Verwendung standardisierter und – sofern möglich – offener Lizenzen (s. Abschnitt 7.2).

Schaukasten 7.3: Angebote zur Sicherung und Veröffentlichung von Forschungsdaten (Beispiele)

Art des Dienstes	*Hinweise*	*Beispiele*
Fachübergreifend, nicht institutionell gebunden	Geschäftsbedingungen prüfen – z.B. auf (unerwünschte) Gewährung von Rechten zur Datennutzung, Aspekte der Datensicherheit und des Datenschutzes, garantierte Haltefristen. Für die Inanspruchnahme der Dienste zur Veröffentlichung können (einmalige oder wiederkehrende) Kosten anfallen.	Kommerzieller Träger • Figshare • Mendeley Data Öffentlich geförderter Träger • Zenodo • RADAR (kostenpflichtig)
Institutionelles Repositorium	Einreichung von Daten in der Regel nur für Institutionsangehörige	• heiDATA, Universität Heidelberg • Forschungsdatenzentrum des Robert Koch-Instituts
Disziplinspezifische Angebote	Frühzeitig Anforderungen für eine Einreichung zur Archivierung und Veröffentlichung in Erfahrung bringen (z.B. in Bezug auf Datenformate, Dokumentation). Für die Inanspruchnahme der Dienste zur Veröffentlichung können (einmalige oder wiederkehrende) Kosten anfallen.	• PsychData, Leibniz-Zentrum für Psychologische Information und Dokumentation, für Daten der Psychologie • Qualiservice Bremen für qualitative sozialwissenschaftliche Daten • GESIS Datenarchiv für Sozialwissenschaften für quantitative sozialwissenschaftliche Daten • Datenservicezentrum Betriebs- und Organisationsdaten, Universität Bielefeld

Quelle: Eigene Darstellung

In den letzten Jahren wurden insbesondere an Hochschulen Repositorien für Forschungsdaten aufgebaut (teilweise auf Grundlage der bereits existierenden Dienste für Open-Access-Publikationen), um Forschende an den jeweiligen Einrichtungen beim Umgang mit den veränderten Anforderungen in Bezug auf Forschungsdaten zu unterstützen. Meist werden zusätzliche Informations- und Unterstützungsangebote rund um das Thema Forschungsdatenmanagement und die Veröffentlichung der Daten im hauseigenen Dienst angeboten.[1]

Zu den Vorteilen solch institutioneller Dienste zählen ihre räumliche und organisatorische Nähe und die auf die jeweiligen institutionsspezifischen Bedürfnisse, Regeln und

---

1 Häufig werden solche Beratungsangebote an Hochschulen und außeruniversitären Forschungseinrichtungen gemeinsam mit einer Forschungsdatenleitlinie etabliert. Daher stellt die regelmäßig aktualisierte Übersicht über institutionelle Policies im Wiki von www.forschungsdaten.org einen guten Ausgangspunkt dafür dar, sich einen Überblick über existierende Beratungsangebote zu verschaffen.

Policies angepassten Angebote. So stellen institutionelle Repositorien einerseits eine sehr gute Anlaufstelle für Forschende dar. Andererseits ermöglichen sie es der betreibenden Einrichtung, den eigenen Forschungsoutput gut organisiert und sichtbar darzustellen, insbesondere wenn sie über geeignete Schnittstellen an ein Forschungsinformationssystem zur Erfassung solcher Forschungsoutputs angebunden sind.

Ungeachtet der Unterschiede in der technischen oder organisatorischen Ausgestaltung der jeweiligen institutionellen Repositorien ist diesen zumindest im hochschulischen Kontext typischerweise gemein, dass sie Daten aus allen oder zumindest mehreren Disziplinen offenstehen. Dies ist einerseits ein Vorteil, da derartige niedrigschwellige Angebote die Möglichkeit bieten, vielfältige Formen von Forschungsdaten zu archivieren und zu veröffentlichen, um so beispielsweise entsprechenden Anforderungen von Förderern zu begegnen. Andererseits folgt aber daraus auch, dass sie nicht auf Besonderheiten der jeweiligen Disziplinen respektive Daten ausgerichtet werden können. So müssen beispielsweise eher generische Metadatenschemata zur Beschreibung der Forschungsdaten eingesetzt werden, die sich häufig auf bibliographische Angaben beschränken und daher nur eingeschränkt geeignet sind, Spezifika der jeweiligen Daten und Disziplinen abzubilden. Auch haben die meist sehr geringen Anforderungen hinsichtlich Dokumentation, Aufbereitung und technischer Aspekte (z.B. Formate) Auswirkungen auf die Nutzbarkeit der Daten. So kann nicht wirklich sichergestellt werden, dass die veröffentlichten Datensätze langfristig nutzbar sein werden bzw. dass ihre Analysepotentiale vollständig ausgenutzt werden können. Häufig sind zudem die Möglichkeiten einer fachspezifischen Beratung der Forschenden aufgrund knapper Ressourcen eingeschränkt. Gerade in dem für die Sozialwissenschaften wichtigen Themenkomplex Datenschutz, Anonymisierung und informierte Einwilligung fehlen oft entsprechende Beratungsangebote. Auch haben institutionelle, disziplinübergreifende Repositorien in der Regel eine geringere Sichtbarkeit innerhalb der Fachcommunity, sodass die Daten von der Zielgruppe kaum gefunden werden können.

Insbesondere in den letztgenannten Bereichen liegen die Stärken von fachspezifischen Angeboten (s. Schaukasten 7.3 für Beispiele). Auch in diesem Segment gibt es allerdings eine große Heterogenität in Bezug auf Art, Umfang und Struktur der jeweiligen Angebote. Die Bandbreite reicht von einfachen Angeboten zur Sicherung und Veröffentlichung von Forschungsdaten mittels Repositorien bis hin zu komplexen Forschungsdateninfrastrukturen, die, teils auf internationaler Ebene, vielfältige Dienste rund um die Aufbereitung, Dokumentation, Registrierung und Langzeitarchivierung anbieten sowie umfangreiche Informations-, Beratungs- und Schulungsangebote bereithalten.

In den Sozialwissenschaften existieren solche Dateninfrastrukturen schon recht lange (Mochmann 2008). Der Aufbau begann bereits kurz nach dem Zweiten Weltkrieg und entwickelte in den 1960er Jahren – u.a. mit der Etablierung des Zentralarchivs für Empirische Sozialforschung, dem heutigen GESIS Datenarchiv für Sozialwissenschaften – weltweit eine gewisse Dynamik. Allein in Europa sind derzeit sozialwissenschaftliche Datenserviceeinrichtungen aus 34 Ländern im Consortium of European Social Science Data Archives (CESSDA) organisiert, wovon gegenwärtig 17 dieser Einrichtungen im Rahmen eines sogenannten European Research Infrastructure Consortium (ERIC) eine gemeinsame europäische Dateninfrastruktur aufbauen. In den deutschen Sozialwissenschaften hat sich darüber hinaus eine Reihe spezialisierter Forschungsdatenzentren[2] herausgebildet, die Datenservices ausschließlich für bestimmte Forschungsdaten anbieten – meist für Daten, die an der jeweiligen Institution selbst erhoben werden – und in der Regel nicht für die Aufnahme von externen Daten zur Verfügung stehen. Bei diesen Zentren handelt es sich meist um kleinere Einheiten, die bei der datenerzeugenden oder -haltenden Organisation angesiedelt sind und einen

---

2 Diese sind in die Forschungsdateninfrastruktur des Rats für Sozial- und Wirtschaftsdaten eingebunden.

thematisch engen Fokus haben, um eine hohe fachwissenschaftliche Qualität der Datenhandhabung zu gewährleisten. Einen Überblick über die Struktur und Entwicklung sozialwissenschaftlicher Infrastrukturen bieten Quandt und Mauer (2012), Mauer (2012) sowie Scheuch (2003).

Darüber hinaus haben sich in jüngster Zeit vermehrt auch sogenannte Datenjournale (*Data Journals*) etabliert, die sich im Gegensatz zu klassischen Fachzeitschriften auf die Publikation von Forschungsdaten bzw. Beschreibungen von Forschungsdaten konzentrieren.[3] Die Daten selbst werden meist in kooperierenden Repositorien veröffentlicht. In der Regel ist eine solche ‚Datenpublikation' an ein Begutachtungsverfahren gekoppelt. Neben klassischen Peer-Reviews, die beispielsweise durch eine Begutachtung von Datenspezialistinnen und -spezialisten ergänzt werden (wie beispielsweise beim Research Data Journal for the Humanities and Social Sciences), werden auch innovative Verfahren zur Begutachtung eingesetzt. So kommt im Fall des Earth System Science Data (ESSD) ein mehrstufiges *Interactive-Public-Peer-Review*-Verfahren zum Einsatz. Datenjournale tragen in der nach wie vor vorherrschenden Kultur von *publish or perish* dem Umstand Rechnung, dass in der Vergangenheit die erhebliche Arbeit, die in die Aufbereitung von Daten für die Forschung und insbesondere für eine Nachnutzung durch Dritte fließt, nicht ausreichend gewürdigt oder gar als Forschungsleistung anerkannt wurde. Indem *Data Papers* als referierte Publikation anerkannt werden können, schaffen sie einen zusätzlichen Anreiz zum Teilen und Veröffentlichen von Forschungsdaten.

Ebenso ist es gängig, die einem wissenschaftlichen Artikel zugrunde liegenden Forschungsdaten als *Supplementary Material* der Textpublikation unmittelbar beizufügen, d.h. sie auf den Webseiten der Zeitschrift bzw. des Verlags zu veröffentlichen. Diese Supplemente erhalten häufig keinen eigenen persistenten Identifikator und fallen unter die gleichen Zugriffsschranken wie ggf. der Artikel selbst (vgl. National Information Standards Organization 2013). Zudem ist in diesem Fall zu beachten, dass Autorinnen und Autoren möglicherweise vertragliche Vereinbarungen mit dem Verlag schließen (*Autorenvertrag*), die diesem ggf. umfassende Verwertungsrechte an den Daten einräumen. Dies kann Implikationen für die Verwendung der Daten in der eigenen Forschung haben. Auch müssen Forschende sich bei der Frage der langfristigen Sicherung und Bereitstellung der Daten auf den Verlag verlassen (vgl. Reilly et al. 2011: 47). Eine Veröffentlichung in einem Repositorium und Verknüpfung mit dem Artikel über einen persistenten Identifikator ist daher vorzuziehen. Wenn dies nicht möglich oder erwünscht ist, sollten Forschende darauf achten, dass sie dem Verlag nur ein einfaches Nutzungsrecht an den Daten übertragen und stattdessen ihre Daten soweit als möglich unter einer offenen Lizenz veröffentlichen.

Im folgenden Abschnitt sollen die Abläufe einer Veröffentlichung von Forschungsdaten in einem disziplinspezifischen oder institutionellen Datenzentrum skizziert werden. Dabei wird vor allem auf für sozialwissenschaftliche Forschungsdaten relevante Aspekte eingegangen.

7.4 Überblick: Was machen Datenzentren mit meinen Forschungsdaten?

Disziplinspezifische Datenzentren bieten forschungsdatenbezogene Services an, die auf die besonderen Bedarfe einer Disziplin oder Community zugeschnitten sind. Sie verfügen in der

---

3 Eine Übersicht über Datenjournale findet sich bei www.forschungsdaten.org.

Regel über die dafür notwendige fachwissenschaftliche Expertise, denn nur so können die Spezifika der jeweiligen Forschungsprozesse und der dort entstehenden bzw. verwendeten Forschungsdaten in entsprechenden Services abgebildet werden.

Im GESIS Datenarchiv durchlaufen eingehende Forschungsdaten und Dokumentationen einen mehrstufigen Prozess, der letztlich darauf ausgerichtet ist, die Nachvollziehbarkeit und das Analysepotential der Daten zu erhöhen sowie ihre Nachnutzbarkeit langfristig zu sichern. Die einzelnen Schritte dieses Prozesses können entsprechend den Bedarfen der Forschenden bzw. ihrer Daten in Umfang und Tiefe unterschiedlich ausgestaltet werden.

7.4.1 Vorbereitung der Datenübergabe

Idealerweise klären Forschende und Dateninfrastruktur vor der eigentlichen Übergabe von Forschungsdaten zunächst Details bzgl. Art, Umfang und Zustand der jeweiligen Daten und besprechen, welche Aufbereitungs- und Dokumentationsziele angestrebt werden. Auch die Frage, auf welchem Weg und unter welchen Bedingungen die Daten zur Nachnutzung bereitgestellt werden sollen bzw. können, sollte vor der Übergabe geklärt werden. Dies kann im Gespräch mit Archivmitarbeitenden erfolgen oder auf Grundlage der auf der Webseite bereitgestellten Informationen entschieden werden. Diese Absprachen werden in der Regel in einer sogenannten Archivierungsvereinbarung festgehalten (vgl. Schaukasten 7.4). In der Vereinbarung wird auch die für eine Archivierung und Weitergabe notwendige Übertragung von Nutzungsrechten an das Archiv definiert. Diese Vorbereitung sollte möglichst früh im Lebenszyklus einer Studie ansetzen, sodass die Archivierung und damit insbesondere eine Nachnutzung durch Dritte möglichst reibungslos ablaufen können (s. Kapitel 3).

Schaukasten 7.4: Typische Inhalte einer Archivierungsvereinbarung

- Übertragung von Rechten zur Speicherung, Vervielfältigung und Verbreitung der Forschungsdaten unter den vereinbarten Bedingungen
- Festlegung der Zugangsbedingungen zu den Daten
- Bestätigung des Datengebers/der Datengeberin, dass die Rechte zur Veröffentlichung der Daten bei ihm/ihr liegen
- Rechtsnachfolge: Was geschieht beim Ableben des Datengebers/der Datengeberin?
- Verpflichtung zur Einhaltung der Regelungen des Datenschutzes durch Datengeber/-innen und das Archiv

---

Quelle: Eigene Darstellung

7.4.2 Datenübergabe und Übernahme in das Archiv

In der Regel erfolgt die Datenübergabe an das GESIS Datenarchiv entweder in Absprache mit den verantwortlichen Mitarbeitenden über ein Tool zur sicheren Datenübertragung oder über ein Formular. In diesem ergänzen Forschende beschreibende Metadaten zu den eingereichten Forschungsdaten und laden die Daten dann zusammen mit allen erforderlichen Dokumenten – üblicherweise Codebuch, Erhebungsinstrument und ggf. Syntaxen – hoch.

Bei der sich anschließenden Aufnahme der Daten in das Archiv werden diese durch erfahrene Kuratorinnen und Kuratoren geprüft. Eine solche standardisierte Eingangskontrolle umfasst beispielsweise Prüfungen der folgenden Aspekte:

- Technische Kontrollen der Dateien: Liegen die Daten in einem akzeptierten Format vor? Sind die Dateien lesbar und virenfrei?
- Vollständigkeit und Nutzbarkeit: Sind Daten, Messinstrument, Methodenbericht, Datendokumentation und weitere Dokumente wie vereinbart und vollständig übergeben worden? Beziehen sich alle

übergebenen Materialien logisch aufeinander? Insbesondere: Passen Erhebungsinstrument, Datensatz und Datendokumentation zusammen?
- Konsistenz: Gibt es Werte außerhalb des zulässigen Bereichs (*wild codes*)? Sind fehlende Werte definiert und wenn ja, wie? Stimmen die Daten mit der im Fragenbogen vorgegebenen Filterführung überein (*question routing*)? Gibt es widersprüchliche Merkmalskombinationen?
- Datenschutz: Da es sich bei den durch GESIS archivierten Studien vorrangig um Mikrodaten handelt, werden sie darüber hinaus auch auf datenschutzrechtlich relevante Aspekte untersucht.

Bei der Eingangskontrolle festgestellte Inkonsistenzen oder sonstige Fehler werden dokumentiert und zurückgemeldet. In Abhängigkeit vom Ergebnis der Eingangskontrolle und einem zuvor festgelegten Aufbereitungs- und Dokumentationsziel folgen der Eingangskontrolle weitere Arbeitsschritte, wie beispielsweise die Konvertierung der übergebenen Dateien in definierte Langfristsicherungsformate und deren Überführung in den zentralen Archivspeicher.

7.4.3 Aufbereitung und Dokumentation der Daten

Ein wichtiger Bestandteil der Kuratierung von Forschungsdaten besteht darin, diese so aufzubereiten und zu dokumentieren, dass sie durch Dritte gefunden und genutzt werden können. Der dabei vom Datenarchiv übernommene Umfang dieser Arbeiten ist einerseits abhängig vom jeweiligen Ausgangszustand der Daten und andererseits vom konkreten Aufbereitungs- und Publikationsziel der jeweiligen Studie. Das Spektrum reicht von reinen Empfehlungen, wie die betreffenden Daten verbessert oder aufgewertet werden können, über die Erstellung von Studienbeschreibungen, die in standardisierter Form (kompatibel zur Metadatenspezifikation der internationalen Data Documentation Initiative, DDI) inhaltliche, methodische und technische Charakteristika einer Studie spezifizieren, bis hin zur Übernahme umfangreicher und komplexer Aufbereitungs- und Dokumentationsarbeiten durch das Archiv. Diese umfassen beispielsweise:

- weitergehende Standardisierung und Aufbereitung der Daten,
- Harmonisierung und Integration von Daten zu komplexen zeit- und/oder ländervergleichenden Datensätzen,
- standardisierte Dokumentation des Erhebungsinstruments, inkl. Filter- und Intervieweranweisungen,
- Erweiterung der Dokumentation um Metadaten auf Studienebene.

Dieser umfangreiche Bestand an strukturierten Metadaten kann zum einen über verschiedene Datenportale und Recherchesysteme zur Verfügung gestellt werden. Zum anderen dient er auch dazu, begleitende Dokumentationen etwa in der Form von Codebüchern oder Methodenberichten zu erstellen.

7.4.4 Bereitstellung von Daten und Dokumentationen

Zentrales Ziel der vorausgegangenen Tätigkeiten ist die Bereitstellung der Forschungsdaten für die Nachnutzung; sei es, um publizierte Forschungsergebnisse nachzuvollziehen oder aber – und das gilt für die überwältigende Anzahl der Fälle – um neue Forschungsfragen mit Hilfe dieser Daten zu beantworten (vgl. Kapitel 8). In der Regel werden Daten und weitere Materialien, wie etwa Fragebögen oder Codebücher, in Portalen zum direkten Download angeboten. Das GESIS Datenarchiv unterhält wie alle Archive der CESSDA-Infrastruktur einen Online-Katalog (Datenbestandskatalog, DBK), der als zentraler Zugangspunkt Informationen zu allen archivierten Studien bereitstellt. Neben bibliographischen Angaben werden dort insbesondere Inhalte und methodische Aspekte beschrieben, wie etwa die

Stichprobenziehung oder die in der Studie eingesetzten Erhebungsverfahren. Darüber hinaus finden sich auch Hinweise auf Veröffentlichungen und die Versionsgeschichte sowie aktuell bekannte Fehler in den Daten. Studien, die beispielsweise aus datenschutzrechtlichen Gründen nur nach Abschluss eines gesonderten Nutzungsvertrags zugänglich gemacht werden, können über ein Warenkorbsystem bestellt werden. Besonders schützenswerte Daten werden über das Secure Data Center (SDC) in eigens dafür eingerichteten Räumen – sogenannten *Safe Rooms* – zur Vor-Ort-Nutzung bereitgestellt. Eine ausführliche Darstellung von Services des GESIS Datenarchivs im Bereich der Aufbereitung, Dokumentation und Bereitstellung von Daten findet sich in Recker, Zenk-Möltgen und Mauer (2017).

Der Umfang und die konkrete Ausgestaltung der hier am Fallbeispiel GESIS geschilderten Schritte können sich von Infrastruktur zu Infrastruktur unterscheiden und somit als ein Kriterium im Prozess der Auswahl eines geeigneten Repositoriums dienen. Im folgenden Abschnitt sollen nun abschließend noch weitere Hinweise zur kriteriengeleiteten Auswahl eines geeigneten Dienstes gegeben werden.

7.5 Auswahl eines geeigneten Repositoriums

Das Angebot an Diensten zur Sicherung, Archivierung und Veröffentlichung von Forschungsdaten ist mittlerweile groß und entsprechend unübersichtlich. Forschende stehen damit vor der Schwierigkeit, passende Angebote für ihre spezifischen Anforderungen zu identifizieren, zu bewerten und eine – idealerweise kriteriengestützte – Auswahlentscheidung zu treffen. Bei der Identifikation geeigneter Angebote können Forschende folgendermaßen vorgehen:

Viele Hochschulen und Forschungseinrichtungen unterhalten inzwischen institutionelle Angebote für die Sicherung und Veröffentlichung der an der eigenen Einrichtung generierten Daten. Alternativ, insbesondere wenn das institutseigene Repositorium eine disziplinübergreifende, generische Ausrichtung hat, werden oftmals Empfehlungen für fachspezifische Angebote ausgesprochen. Hier können beispielsweise Bibliotheken und/oder besonders Servicestellen für Forschungsdatenmanagement weiterhelfen, wie sie bereits an einer Reihe deutscher Hochschulen bestehen.

Wenn die eigene Institution keine Orientierung oder Hilfestellung bietet, können auch wissenschaftliche Verlage als Anlaufstellen dienen. So empfehlen PLOS One oder Nature geeignete Repositorien für die Publikation von Daten zu bei ihnen veröffentlichten Artikeln.

Eine weitere Möglichkeit, einen geeigneten Dienst für die Archivierung und/oder Bereitstellung der erhobenen Daten zu identifizieren, sind Onlineverzeichnisse für Forschungsdatenrepositorien. Nationale Forschungsinfrastrukturen können im Informationsportal RISources der DFG recherchiert werden. Internationale Angebote sind im Onlineverzeichnis Re3Data verzeichnet, wo sie mit Hilfe eines eigens entwickelten Metadatenschemas (Rücknagel et al. 2015) beschrieben werden und über eine facettierte Suche auffindbar sind. Um in Re3data einen geeigneten Dienst für die Veröffentlichung von Daten zu identifizieren, sind – neben der Auswahl der Disziplin (*subject*) und/oder des Datentyps (*content type*) – vor allem die in Schaukasten 7.5 erläuterten Felder von Bedeutung.

7. Data Sharing

Schaukasten 7.5: Ausgewählte Metadatenfelder in der Re3Data-Suche	
Feld	*Erläuterung*
Data upload (Data upload restrictions)	Die Felder geben Auskunft darüber, wer in einem Dienst Daten veröffentlichen kann. Nur Dienste mit dem Merkmal *Data upload: Open* stehen grundsätzlich allen Forschenden für die Veröffentlichung von Daten offen. Doch auch Dienste mit dem Merkmal *Data upload: Restricted* können häufig nach Regis-trierung (*Data upload restriction: Registration*) ohne weitere Einschränkungen zur Veröffentlichung genutzt werden.
Data access (Data access restrictions) Database access (Database access restrictions)	Die Felder enthalten Informationen darüber, unter welchen Bedingungen die Daten und das Repositorium für Nutzende zugänglich sind. Liegen Zugangsbeschränkungen (z.B. Zugang nur nach Registrierung) vor, werden sie im entsprechenden Feld näher beschrieben.
Certificates	Das Feld enthält Informationen über eine vorliegende Zertifizierung des Repositoriums und gibt damit z.B. Auskunft darüber, ob ein Dienst nach anerkannten Archivierungsstandards betrieben wird (s. auch Abschnitt 7.5).

Quelle: Eigene Darstellung

Sofern Forschende nicht durch eine institutionelle Policy an die Veröffentlichung der Daten über einen bestimmten Dienst gebunden sind, können die folgenden Kriterien bei der Auswahl eines Repositoriums einbezogen werden.[4]

Inhaltliche Ausrichtung: Insbesondere disziplinäre Repositorien haben häufig einen Sammelschwerpunkt. D.h., sie archivieren vorrangig Forschungsdaten eines bestimmten Typs und/oder mit einem bestimmten thematischen Fokus. So archiviert etwa das GESIS Datenarchiv vorwiegend quantitative Daten, während qualitative Daten bei Qualiservice Bremen archiviert werden können.

Technische Einschränkungen: Archive, die Daten langfristig archivieren und kuratieren, beschränken häufig die Dateiformate, in denen Daten eingereicht werden können. Wenn die zu erhebenden Daten im Projekt nicht direkt in diesen Formaten generiert oder später verlustfrei in diese überführt werden können, muss ggf. ein anderer Dienst gewählt werden. Es empfiehlt sich aber im Zweifel, zunächst Rücksprache mit dem entsprechenden Dienst zu halten.

Auffindbarkeit der Daten für die primäre Zielgruppe: In der Regel haben disziplinspezifische Angebote den Vorteil, dass sie für die Fachcommunity relevante Daten bündeln und so eher Anlaufpunkte für die gezielte Suche nach Daten sind. Damit erreichen Forschungsdaten in diesen Angeboten die intendierte Zielgruppe in höherem Maße. Jener Nachteil institutioneller oder generischer Angebote kann aber ggf. abgeschwächt werden, wenn die beschreibenden Metadaten von anderen, auch disziplinspezifischen Angeboten, geharvested werden und gezielt durchsucht werden können.

Zugangsbedingungen und -lizenzen: Repositorien bieten teils unterschiedliche Zugangsbedingungen und Lizenzoptionen für Forschungsdaten. Diese müssen zu den Daten selbst sowie zu den Bedürfnissen der Datenproduzentinnen und -produzenten sowie der Nutzenden passen. So ermöglichen nicht alle Repositorien, Forschungsdaten für einen begrenzten Zeitraum unter ein Embargo zu setzen oder Zugangsbeschränkungen für sensitive Daten einzurichten. Beispielsweise erlaubt Dryad eine Veröffentlichung von Daten nur unter einer CC0-Lizenz, d.h. ohne jegliche Einschränkungen der Nutzung (vgl. Dryad 2018). Haben For-

---

4 Eine Checkliste zur Auswahl eines geeigneten Repositoriums bietet Whyte (2015). Ein kriteriengeleiteter Vergleich ausgewählter Dienste findet sich bei Gautier und Murphy (2018).

schende Befragten zugesichert, dass ihre Daten nur wissenschaftlich genutzt werden dürfen, können diese Daten nicht unter einer CC0-Lizenz veröffentlicht werden.

Kuratierungslevel: Wie oben dargestellt, unterscheiden sich Angebote zur Sicherung und Bereitstellung von Daten häufig hinsichtlich der durchgeführten Kuratierung. Viele Angebote sichern und veröffentlichen Daten nur unverändert und mit den von den Datengebenden vergebenen Metadaten. Andere – unter Umständen auch kostenpflichtige – Dienste prüfen Qualität und Konsistenz der Daten, transformieren sie in Archivierungs- und Nutzungsformate und schaffen Mehrwerte, indem sie Daten umfassend erschließen und mit weiteren Informationen anreichern. Die Frage, welches Kuratierungslevel für die jeweiligen Daten angemessen ist, ist nicht immer einfach zu beantworten. Sie hängt einerseits von der Bedeutung und Einmaligkeit der Daten sowie zukünftigen Nutzungsszenarien, andererseits von den verfügbaren Mitteln ab. Hinweise zur Auswahl von Daten für die Archivierung gibt das Digital Curation Centre (2014).

Services für Datengebende: Existierende Dienste unterscheiden sich z.B. im Umfang der Beratungs- und Unterstützungsleistungen für Forschende. Ein weiteres Kriterium kann die Verfügbarkeit von Zugriffsstatistiken oder sogenannter Altmetrics sein (vgl. Neylon 2014), die für Forschende eine wichtige Rolle dabei spielen können, ihren wissenschaftlichen Impact zu dokumentieren. Auch die Einbindung des ORCID-Diensts kann ein für Forschende relevanter Mehrwert sein.

Kosten: Es gibt eine große Bandbreite an kostenlosen Diensten, sowohl von öffentlich finanzierten Einrichtungen als auch von kommerziellen Anbietern. Kosten für die Datengebenden können z.B. dann entstehen, wenn seitens des Repositoriums die Daten noch aufwändig bearbeitet oder mit Informationen angereichert werden oder wenn ein großer Speicherbedarf besteht. Gleichfalls können Kosten für besondere Formen der Zugänglichmachung anfallen. Solche Kosten sollten idealerweise direkt bei der Projektplanung berücksichtigt werden und in Anträge auf Projektförderung Eingang finden.

Qualität und Reputation des Diensts: Um zu einer Einschätzung der Qualität und Reputation zu gelangen, können Forschende auf folgende Aspekte achten: Wird das Repositorium von Fachgesellschaften, Zeitschriften, Verlagen empfohlen? Zudem können bei der Beantwortung der Frage, ob ein Dienst in der Lage ist, die langfristige Sicherung und Kuratierung mit dem Ziel des Erhalts der Nutzbarkeit der Forschungsdaten zu leisten, vorliegende Zertifizierungen und Akkreditierungen hilfreich sein. Es existiert eine Reihe von Verfahren, die die Qualität und fachliche Expertise von Repositorien bewerten. Das Data Seal of Approval (DSA) und ICSU World Data System (WDS), welche unterdessen vom CoreTrustSeal (CTS) abgelöst wurden, sowie das (nicht forschungsdatenspezifische) nestor-Siegel für vertrauenswürdige digitale Langzeitarchive setzen einen Schwerpunkt beim Aspekt der Langzeitarchivierung, beziehen aber dennoch disziplinspezifische Aspekte und die Dimension der Nutzbarkeit archivierter Objekte mit ein. Das Akkreditierungsverfahren des Rats für Sozial- und Wirtschaftsdaten (RatSWD) hingegen legt einen starken Fokus auf fachspezifische Aspekte sowie auf die Bereitstellung von Forschungsdaten für die wissenschaftliche Nutzung. Erwähnt werden soll hier auch das DINI-Zertifikat. Dieses richtet sich hauptsächlich an sogenannte Hochschulschriftenserver, d.h. primär Repositorien für Textpublikationen. Es evaluiert insbesondere Aspekte, die im Zusammenhang mit Open Access zu Publikationen von Bedeutung sind (Zugänglichkeit, Sichtbarkeit, etc.). Durch seine Ausrichtung hat das DINI-Zertifikat eine eher geringe Aussagekraft bezüglich der Qualität von Forschungsdatenrepositorien – dennoch kann es Hinweise darauf geben, ob ein Dienst seine Arbeitsabläufe kritisch reflektiert hat und Mechanismen zur Qualitätssicherung bestehen.

Sofern möglich, sollten Forschende bei der Auswahl eines geeigneten Dienstes fachlichen Repositorien den Vorzug geben, die sich einer der erwähnten Zertifizierungen oder Akkreditierungen unterzogen haben. Damit können sie sicher sein, dass die entsprechenden Dienste grundsätzlich in der Lage sind, Forschungsdaten fachgerecht und nachhaltig zu kuratieren und für die wissenschaftliche Nutzung bereitzustellen. Zudem erfüllen zertifizierte Dienste in der Regel die Anforderungen von Forschungsförderern, die zunehmend verlangen, dass Forschungsdaten nach Abschluss der Förderphase zur Verfügung gestellt werden.

7.6 Fazit

Der Fokus von Forschenden ist in erster Linie darauf gerichtet, die für die jeweiligen Forschungsfragen benötigten Daten zu erzeugen, zu verwalten und auszuwerten. Um die Nachvollziehbarkeit der Forschungsergebnisse zu gewährleisten und/oder die generierten Forschungsdaten Dritten für die Nutzung in neuen Kontexten und Projekten zugänglich zu machen, muss aber auch die Zeit nach der aktiven Projektphase in der Forschungsdatenmanagementplanung berücksichtigt und gezielt vorbereitet werden. Hierzu sollten Forschende sich frühzeitig eine Orientierung über die vielfältigen, teils neuen Möglichkeiten verschaffen, ihre Daten (langfristig) zu sichern und zu veröffentlichen und insbesondere die reichhaltigen Informations- und Beratungsangebote in Anspruch nehmen.

Literaturverzeichnis

ALLEA – All European Academies (2017): The European Code of Conduct for Research Integrity. Revised Edition. https://ec.europa.eu/research/participants/data/ref/h2020/other/hi/h2020-ethics_code-of-conduct_en.pdf [Zugriff: 17.04.2018].
Allianz der deutschen Wissenschaftsorganisationen (2010): Grundsätze zum Umgang mit Forschungsdaten. http://www.allianzinitiative.de/de/handlungsfelder/forschungsdaten/grundsaetze/ [Zugriff: 17.04.2018].
BMBF – Bundesministerium für Bildung und Forschung (2017): Bekanntmachung. Richtlinie zur Förderung von Forschung zu Digitalisierung im Bildungsbereich – Grundsatzfragen und Gelingensbedingungen. In: Bundesanzeiger, AT. 26.09.2017.
Creative Commons – Mehr über die Lizenzen (o.J.). https://creativecommons.org/licenses/ [Zugriff: 24.08.2018].
DFG – Deutsche Forschungsgemeinschaft (2015): Umgang mit Forschungsdaten. DFG-Leitlinien zum Umgang mit Forschungsdaten. http://www.dfg.de/download/pdf/foerderung/antragstellung/forschungsdaten/richtlinien_forschungsdaten.pdf [Zugriff: 13.04.2018].
DFG – Deutsche Forschungsgemeinschaft (2013): Sicherung guter wissenschaftlicher Praxis. Denkschrift. Weinheim: Wiley-VCH. http://www.dfg.de/download/pdf/dfg_im_profil/reden_stellungnahmen/download/empfehlung_wiss_praxis_1310.pdf [Zugriff: 13.04.2018].
Digital Curation Centre (o.J.): What is Digital Curation? http://www.dcc.ac.uk/digital-curation/what-digital-curation [Zugriff: 13.04.2018].
Digital Curation Centre (2014): Five Steps to Decide What Data to Keep. A Checklist for Appraising Research Data. Volume 1. http://www.dcc.ac.uk/resources/how-guides/five-steps-decide-what-data-keep [Zugriff: 13.04.2018].
Dryad (2018): Frequently Asked Questions. What Kinds of Data does Dryad Accept? https://datadryad.org/pages/faq [Zugriff: 13.04.2018].
Gautier, Julian/Murphy, Derek (2018): Comparative Review of Data Repositories. https://doi.org/10.7910/DVN/WS9OUR.
Herb, Ulrich (2015): Open Science in der Soziologie. Eine interdisziplinäre Bestandsaufnahme zur offenen Wissenschaft und eine Untersuchung ihrer Verbreitung in der Soziologie. Glückstadt: Werner Hülsbusch. https://doi.org/10.5281/zenodo.31234.
ISO – International Standards Organisation (2012): ISO 14721:2012 (CCSDS 650.0-P-1.1). Space Data and Information Transfer Systems. Open Archival Information System (OAIS). Reference model.

Kindling, Maxi/Schirmbacher, Peter/Simukovic, Elena (2013): Forschungsdatenmanagement an Hochschulen. Das Beispiel der Humboldt-Universität zu Berlin. In: LIBREAS. Library Ideas 23, S. 43-63. https://doi.org/10.18452/9041.

Kreutzer, Till (2016): Open Content. Ein Praxisleitfaden zur Nutzung von Creative-Commons-Lizenzen. https://irights.info/artikel/neue-version-open-content-ein-praxisleitfaden-zu-creative-commons-lizenzen/26086 [Zugriff: 13.04.2018].

Kuipers, Tom/ Hoeven van der, Jeffrey (2009): Insight into digital preservation of research output in Europe. Survey Report. PARSE.Insight D3.4. http://libereurope.eu/wp-content/uploads/2010/01/PARSE.Insight.-Deliverable-D3.4-Survey-Report.-of-research-output-Europe-Title-of-Deliverable-Survey-Report.pdf [Zugriff: 17.04.2018].

Leibniz-Gemeinschaft (2015): Empfehlungen der Leibniz-Gemeinschaft zur Sicherung guter wissenschaftlicher Praxis und zum Umgang mit Vorwürfen wissenschaftlichen Fehlverhaltens. https://www.leibniz-gemeinschaft.de/forschung/gute-wissenschaftliche-praxis/ [Zugriff: 17.04.2018].

Mauer, Reiner (2012): Das GESIS Datenarchiv für Sozialwissenschaften. In: Altenhöner, Reinhard/Oellers, Claudia (Hrsg.): Langzeitarchivierung von Forschungsdaten. Standards und disziplinspezifische Lösungen. Berlin: Scivero, S. 197-215. https://www.ratswd.de/dl/downloads/langzeitarchivierung_von_forschungsdaten.pdf [Zugriff: 17.04.2018].

Mochmann, Ekkehard (2008): Improving the Evidence Base for International Comparative Research. In: International Social Science Journal 59, 193/194, S. 489-506.

NISO – National Information Standards Organization (2013): Recommended Practices for Online Supplemental Journal Article Materials. https://groups.niso.org/apps/group_public/download.php/10055/RP-15-2013_Supplemental_Materials.pdf [Zugriff: 17.04.2018].

nestor-Arbeitsgruppe OAIS-Übersetzung/Terminologie (2013): Referenzmodell für ein Offenes Archiv-Informations-System. Deutsche Übersetzung 2.0. nestor Materialien 16. http://nbn-resolving.de/urn:nbn:de:0008-2013082706 [Zugriff: 17.04.2018].

Neylon, Cameron (2014): Altmetrics: What are they good for? http://blogs.plos.org/opens/2014/10/03/altmetrics-what-are-they-good-for/ [Zugriff: 13.04.2018].

Open Data Institute (o.J.): The Data Spectrum. https://theodi.org/about-the-odi/the-data-spectrum/ [Zugriff: 13.04.2018].

Pennock, Maureen (2006): JISC Briefing Paper. Digital Preservation. Continued Access to Authentic Digital Assets. https://www.webarchive.org.uk/wayback/archive/20140614202005/http://www.jisc.ac.uk/publications/briefingpapers/2006/pub_digipreservationbp.aspx#main-content-area [Zugriff: 17.04.2018].

Piwowar, Heather/Vision, Todd J. (2013): Data Reuse and the Open Data Citation Advantage. In: PeerJ 1:e175. https://doi.org/10.7717/peerj.175.

Quandt, Markus/Mauer, Reiner (2012): Sozialwissenschaften. In: Neuroth, Heike/Strathmann, Stefan/Oßwald, Achim/Scheffel, Regine/Klump, Jens/Ludwig, Jens (Hrsg.): Langzeitarchivierung von Forschungsdaten. Eine Bestandsaufnahme. Boizenburg: Werner Hülsbusch, S. 61-81. http://www.nestor.sub.uni-goettingen.de/bestandsaufnahme/nestor_lza_forschungsdaten_bestandsaufnahme.pdf [Zugriff: 17.04.2018].

Recker, Jonas/Zenk-Möltgen, Wolfgang/Mauer, Reiner (2017): 7. Applications of Research Data Management at GESIS Data Archive for the Social Sciences. In: Kruse, Filip/Thestrup, Jesper Bosperup (Hrsg.): Research Data Management - A European Perspective. Berlin, Boston: De Gruyter, S. 119-146.

Reilly, Susan/Schallier, Wouter/Schrimpf, Sabine/Smit, Eefke/Wilkinson, Max (2011): ODE – Opportunities for Data Exchange. Report on Integration of Data and Publications. https://doi.org/10.5281/zenodo.8307.

Rücknagel, Jessika/Vierkant, Paul/Ulrich, Robert/Kloska, Gabriele/Schnepf, Edeltraut/Fichtmüller, David/Reuter, Evelyn/Semrau, Angelika/Kindling, Maxi/Pampel, Heinz/Witt, Michael/Fritze, Florian/van de Sandt, Stephanie/Klump, Jens/Goebelbecker, Hans-Jürgen/Skarupianski, Michael/Bertelmann, Roland/Schirmbacher, Peter/Scholze, Frank/Kramer, Claudia/Fuchs, Claudio/Spier, Shaked/Kirchhoff, Agnes (2015): Metadata Schema for the Description of Research Data Repositories. Version 3.0. https://doi.org/10.2312/re3.008.

Scheuch, Erwin K. (2003): History and Visions in the Development of Data Services for the Social Sciences. In: International Social Science Journal 55, 177, S. 385-399.

Schiller, David H./Eberle, Johanna/Fuß, Daniel/Goebel, Jan/Heining, Jörg/Mika, Tatjana/Müller, Dana/Röder, Frank/Stegmann, Michael/Stephan, Karsten (2017): Standards des sicheren Datenzugangs in den Sozial- und Wirtschaftswissenschaften. Überblick über verschiedene Remote-Access-Verfahren. RatSWD Working Paper Series 261. https://www.ratswd.de/dl/RatSWD_WP_261.pdf [Zugriff: 17.04.2018].

Steinhau, Henry/Pachali, David (2017): Was ist Creative Commons Zero? https://irights.info/artikel/was-ist-cc0/28750 [Zugriff: 17.04.2018].

Whyte, Angus (2015): Where to Keep Research Data. DCC Checklist for Evaluating Data Repositories v.1.1. http://www.dcc.ac.uk/resources/how-guides-checklists/where-keep-research-data/where-keep-research-data [Zugriff: 17.04.2018].

Linkverzeichnis

CESSDA – Consortium of European Social Science Data Archives: https://www.cessda.eu/ [Zugriff: 16.04.2018].
CTS – CoreTrustSeal: https://www.coretrustseal.org/ [Zugriff: 16.04.2018].
Cryptshare: https://www.cryptshare.com/de/start/ [Zugriff:.04.2018].
Data Documentation Initiative: https://www.ddialliance.org/ [Zugriff: 16.04.2018].
DSA – Data Seal of Approval: https://www.datasealofapproval.org/en/ [Zugriff: 16.04.2018].
DBK – Datenbestandskatalog: https://dbk.gesis.org/dbksearch/home.asp?db=d [Zugriff: 16.04.2018].
DINI-Zertifikat: https://dini.de/dini-zertifikat/ [Zugriff: 16.04.2018].
Dryad: https://datadryad.org/ [Zugriff: 05.06.2018].
ESSD – Earth System Science Data: Interactive Peer Review:
    https://www.earth-system-science-data.net/peer_review/interactive_review_process.html [Zugriff: 16.04.2018].
Figshare: https://figshare.com/ [Zugriff: 16.04.2018].
Forschungsdaten.org: Datenjournale: http://www.forschungsdaten.org/index.php/Data_Journals [Zugriff: 16.04.2018].
Forschungsdaten.org: Policies: http://www.forschungsdaten.org/index.php/Data_Policies#Institutionelle_Policies [Zugriff: 16.04.2018].
GESIS – Datenarchiv für Sozialwissenschaften:
    http://www.gesis.org/institut/abteilungen/datenarchiv-fuer-sozialwissenschaften/ [Zugriff: 05.06.2018].
SDC – GESIS – Secure Data Center: https://www.gesis.org/sdc [Zugriff: 16.04.2018].
WDS – ICSU-World Data System: https://www.icsu-wds.org/services/certification [Zugriff: 16.04.2018].
Leibniz-Zentrum für Psychologische Information und Dokumentation – PsychData:
    https://leibniz-psychology.org/angebote/archivieren/ [Zugriff: 05.06.2018].
Mendeley Data: https://data.mendeley.com/ [Zugriff: 16.04.2018].
Nature – Recommended Data Repositories: https://www.nature.com/sdata/policies/repositories [Zugriff: 16.04.2018].
nestor-Siegel für vertrauenswürdige digitale Langzeitarchive:
    http://www.langzeitarchivierung.de/Subsites/nestor/DE/Siegel/siegel_node.html [Zugriff: 16.04.2018].
ORCID - Open Researcher and Contributor ID: https://orcid.org/ [Zugriff: 16.04.2018].
PLOS – Recommended Repositories:
    http://journals.plos.org/plosone/s/data-availability#loc-recommended-repositories [Zugriff: 16.04.2018].
Qualiservice Bremen: http://www.qualiservice.org [Zugriff: 05.06.2018].
RADAR: https://www.radar-service.eu/ [Zugriff: 05.06.2018].
RatSWD – Rat für Sozial- und Wirtschaftsdaten: https://www.ratswd.de [Zugriff: 16.04.2018].
RatSWD: Akkreditierungsverfahren: https://www.ratswd.de/forschungsdaten/qualitaetssicherung [Zugriff: 16.04.2018].
RatSWD: Forschungsdatenzentrum: https://www.ratswd.de/forschungsdaten/FDZ [Zugriff: 16.04.2018].
Re3Data: https://www.re3data.org/ [Zugriff: 16.04.2018].
Research Data Journal for the Humanities and Social Sciences:
    http://www.brill.com/products/online-resources/research-data-journal-humanities-and-social-sciences [Zugriff: 16.04.2018].
RISources: http://risources.dfg.de/home_de.html [Zugriff: 16.04.2018].
Robert Koch-Institut, Forschungsdatenzentrum: https://www.rki.de/DE/Content/Gesundheitsmonitoring/Forschungsdatenzentrum/forschungsdatenzentrum_node.html [Zugriff: 05.06.2018].
Universität Bielefeld – Datenservicezentrum Betriebs- und Organisationsdaten: http://www.uni-bielefeld.de/dsz-bo/ [Zugriff: 05.06.2018].
Universität Heidelberg – heiDATA: https://heidata.uni-heidelberg.de/ [Zugriff: 05.06.2018].
Zenodo: https://zenodo.org [Zugriff: 05.06.2018].

8. Forschungsdatenmanagement in der Sekundäranalyse

Sebastian Netscher und Jessica Trixa

Die Verfügbarkeit von Forschungsdaten ist für Forschende in den empirischen Sozialwissenschaften eine notwendige Voraussetzung ihres wissenschaftlichen Arbeitens. Bedingt durch moderne Arbeitsinstrumente stieg in den letzten Jahren nicht nur das Volumen an Forschungsdaten, sondern auch deren Komplexität stetig an (Ludwig/Enke 2013: 13). Auffällig ist dabei die wiederholte Erhebung von vergleichbaren Forschungsdaten in ähnlichen Kontexten durch unterschiedliche Forschungsprojekte. So neigen immer noch viele Forschende dazu, die für ihre Forschungsarbeit notwendigen Daten selbst zu erheben und aufzubereiten. Die Möglichkeit, bereits existierende Forschungsdaten systematisch zu evaluieren und im Rahmen einer Sekundäranalyse nachzunutzen, wird hingegen nur bedingt wahrgenommen.

Unter dem Begriff der Sekundäranalyse verstehen wir im Folgenden die „Methode, bereits vorhandenes Material (Primärerhebung) unabhängig von dem ursprünglichen Zweck und Bezugsrahmen der Datensammlung auszuwerten" (Friedrichs 1990: 353). Mit anderen Worten werden in der Sekundäranalyse „keine Daten erhoben, vielmehr wird auf bereits existierende Datenbestände zurückgegriffen" (Stier 1996: 234). Dieser Rückgriff ist jedoch an eine Reihe von Voraussetzungen geknüpft. Hierzu gehören u.a. die Zugänglichkeit und Verständlichkeit der Ausgangsdaten ebenso wie entsprechende Nachnutzungsrechte. Dementsprechend hängt die Möglichkeit, Forschungsdaten für die Sekundäranalyse nutzen zu können, auch davon ab, ob die Primärforschenden, d.h. die ursprünglichen Datenproduzierenden, entsprechende Maßnahmen in ihrem Forschungsdatenmanagement berücksichtigt haben.

Doch auch in der Sekundäranalyse ist ein geeignetes Forschungsdatenmanagement als Teil guter wissenschaftlicher Praxis von zentraler Bedeutung. Es fördert den reibungslosen Ablauf im Forschungsprojekt und ist eine grundlegende Voraussetzung zur erfolgreichen Umsetzung des Forschungsvorhabens. Es sichert Transparenz im Forschungsprojekt und ermöglicht die Replikation erzielter Forschungsergebnisse ebenso wie die Reproduktion generierter Forschungsdaten (Büttner/Hobohm/Müller 2011; Freese 2007; Fowler 1995). Darüber hinaus kommen Forschende mit Hilfe des Forschungsdatenmanagements in der Sekundäranalyse ggf. Auflagen Dritter nach, z.B. im Rahmen der Publikation ihrer Forschungsergebnisse (Pampel/Bertelmann 2011). So fordern etwa im deutschsprachigen Raum immer mehr Journals die Replizierbarkeit von Forschungsergebnissen ebenso wie die Reproduzierbarkeit von Forschungsdaten aktiv ein, wie z.B. die Politische Vierteljahresschrift oder die Zeitschrift für Soziologie. Schließlich bedeutet die Nachnutzung bereits existierender Forschungsdaten nicht per se, dass dabei keine ‚neuen' Forschungsdaten erzeugt werden. So kann das Zusammenspielen unterschiedlicher Individualdatensätze, etwa über Regionaleinheiten wie Länder oder über die Zeit hinweg, zur Erstellung neuer Daten in der Sekundäranalyse führen (vgl. z.B. Schnell/Hill/Esser 2013: 242f; Jensen 2012: 11). Die dem Zusammenspielen zugrunde liegenden Harmonisierungskonzepte (zur softwarebasierten Dokumentation der Harmonisierung von Variablen vgl. z.B. Winters/Netscher 2016: 5f.) sind dabei möglicherweise wiederum für Dritte zur weiteren Nutzung von Interesse.

Trotz dieser vielfältigen Gründe für ein Forschungsdatenmanagement in der Sekundäranalyse fehlen in den Sozialwissenschaften bislang allgemein anerkannte Standards. Um dieser Lücke zu begegnen, versucht das vorliegende Kapitel eine erste Beschreibung des Forschungsdatenmanagements in der Sekundäranalyse quantitativer sozialwissenschaftlicher Daten. Der Schwerpunkt dieses Kapitels liegt in der Reproduzierbarkeit der verwendeten

https://doi.org/10.3224/84742233.09

Daten. Die Replizierbarkeit der Forschungsergebnisse, etwa durch die Sicherung entsprechender Programmcodes zur Datenanalyse, werden in diesem Kapitel hingegen nicht weiter thematisiert. Interessierte Lesende finden grundlegende Hinweise und Verfahrensweisen zur Dokumentation der Datenanalyse beispielsweise bei Scott J. Long (2009) oder Thomas Ebel (2016).

Im folgenden Abschnitt (8.1) werden zunächst einige Voraussetzungen zur Nachnutzung bereits existierender Daten erörtert, wie deren Auffindbarkeit und Verständlichkeit oder bestehende Nachnutzungsrechte. Daran anschließend werden in Abschnitt 8.2 Gemeinsamkeiten und Unterschiede im Forschungsdatenmanagement der Primärerhebung und der Sekundäranalyse diskutiert. Aufbauend darauf unterbreiten wir in Abschnitt 8.3 einen Vorschlag zur einfachen Dokumentation der Erstellung von Forschungsdaten in der Sekundäranalyse im Rahmen einer Aufbereitungssyntax. Das Kapitel schließt mit einer kurzen Diskussion der Bedeutung und der Möglichkeiten des Forschungsdatenmanagements in der Sekundäranalyse (Abschnitt 8.4).

8.1 Die Sekundäranalyse von Forschungsdaten

Je nach Datenlage weist die Sekundäranalyse im Vergleich zur Primärerhebung einige Vorteile auf. Forschende sparen durch die Nachnutzung bereits erhobener Forschungsdaten sowohl finanzielle als auch zeitliche Ressourcen, etwa durch den Wegfall der kosten- und arbeitsintensiven Datenerhebung. Stattdessen sind die Forschungsdaten in der Sekundäranalyse direkt verfügbar und ermöglichen es, schnell Forschungsergebnisse zu erzielen und zu publizieren. Förderer können freiwerdende Ressourcen ihrerseits wiederum in neue Forschungsprojekte investieren (Schnell/Hill/Esser 2013; Friedrichs 1990). Zuletzt profitieren auch die Befragten von der Sekundäranalyse. Vor allem bei schwer erreichbaren Personengruppen oder zu erhebenden sensiblen Informationen stellt die Nachnutzung bereits existierender Forschungsdaten eine Alternative zur wiederholten Datenerhebung dar (vgl. zu praktischen und ethischen Aspekten z.B. Medjedovic 2014: 31ff.).

Die Durchführung einer Sekundäranalyse ist jedoch an verschiedene inhaltliche, analytische und rechtliche Voraussetzungen der Ausgangsdaten gebunden. Um diese näher zu beleuchten, erörtert der vorliegende Abschnitt zunächst die inhaltliche Nachnutzbarkeit von Forschungsdaten, d.h. den Prozess des Auffindens geeigneter Ausgangsdaten für die Sekundäranalyse. Darauf aufbauend werden deren analytische und rechtliche Nachnutzbarkeit thematisiert. Damit bereits erhobene Forschungsdaten in der Sekundäranalyse verwendet werden können, müssen diese sowohl verständlich sein als auch unter rechtlichen Aspekten des Datenschutzes ebenso wie des Urheberrechts zur Nachnutzung verfügbar sein. Schließlich müssen potentiell geeignete Ausgangsdaten für die Sekundäranalyse valide und je nach Forschungsansatz ggf. mit weiteren Daten kombinierbar sein.

8.1.1 Das Auffinden geeigneter Ausgangsdaten

Eine der größten Herausforderungen im Vorfeld der Sekundäranalyse stellt das Auffinden geeigneter Ausgangsdaten dar. Diese müssen inhaltlich nachnutzbar sein, d.h. eine adäquate Beantwortung der Forschungsfrage ermöglichen. Ausschlaggebende Merkmale für die inhaltliche Nachnutzbarkeit sind a) die für die Sekundäranalyse relevanten Informationen und

b) die dabei zugrunde liegende Untersuchungspopulation (Schnell/Hill/Esser 2013; Stier 1996; Friedrichs 1990).

Um inhaltlich nachnutzbare Daten für die Sekundäranalyse zu finden, stehen Forschenden unterschiedliche Möglichkeiten zur Verfügung. Erste Anhaltspunkte können individuelle Netzwerke, Konferenzen sowie publizierte Forschungsarbeiten liefern. Darüber hinaus bieten Forschungsdatenzentren, Repositorien und Datenarchive gute Anlaufstellen. Viele dieser Einrichtungen stellen Datenbestandskataloge bereit, die Forschende zur Recherche nach geeigneten Ausgangsdaten heranziehen können. Dabei ist die jeweilige Forschungsfrage für die Recherche nach geeigneten Ausgangsdaten entscheidend. Aus ihr werden entsprechende Suchbegriffe sowohl mit Bezug auf die notwendigen Informationen als auch mit Blick auf die anvisierte Untersuchungspopulation abgeleitet. Die Suchstrategie der Forschenden kann jedoch auch ein grundlegendes Kriterium dafür sein, dass die Recherche eine gute oder eine erfolglose Trefferquote erzielt. So werden in einigen Suchsystemen beispielsweise alle eingegebenen Suchwörter gemeinsam in die Suche einbezogen. Als Konsequenz werden häufig keine oder nur sehr wenige Treffer erzielt. Daher bietet es sich an, die wichtigsten Konzepte der eigenen Forschungsfrage mit Hilfe Boole'scher Operatoren zu verbinden, etwa durch die Nutzung des Boole'schen *UND* zur Verknüpfung der Schlüsselwörter zu einem Such-String oder des Boole'schen *ODER* zur erweiterten Suche. Ebenso kann der Einsatz von sogenannten Trunkierungen oder Maskierungen, wie beispielsweise das Sternchensymbol (*) oder das Fragezeichen (?), die Suche durch alternative Schreibweisen erleichtern (Kolle 2012: 57ff).

Schaukasten 8.1 konkretisiert anhand eines fiktiven Beispiels die Merkmale von Ausgangsdaten, die für die inhaltliche Nutzbarkeit unabdingbar sind. Ausgehend von den notwendigen Informationen müssen in den Ausgangsdaten alle relevanten Variablen enthalten sein, die zur Beantwortung der jeweiligen Forschungsfrage erforderlich sind. Beispielsweise setzt die Frage nach dem Erstarken rechter Parteien bei Nationalwahlen in Europa im Zuge der Wirtschaftskrise 2009 Angaben über das individuelle Wahlverhalten (abhängige Variable) sowie Informationen zu den Gründen der individuellen Wahlentscheidung (unabhängige Variable) voraus.

Wurden die relevanten Informationen überprüft, ist zu klären, ob die potentiellen Ausgangsdaten die für die Analyse notwendige Untersuchungspopulation repräsentieren. Dies betrifft erstens die Untersuchungsobjekte als solche, wie in unserem Beispiel etwa Wähler bei Nationalwahlen. Zweitens muss die Untersuchungspopulation der Ausgangsdaten den entsprechenden Untersuchungsraum abdecken, wie z.B. die Staaten in Europa. Drittens muss auch der Untersuchungszeitraum auf Basis des Erhebungszeitpunkts der Ausgangsdaten bzw. deren zeitlicher Horizont mit der zugrunde liegenden Forschungsfrage der Sekundäranalyse übereinstimmen. Dementsprechend müssen die Daten beispielsweise als Querschnitt, Längsschnitt oder Panel vorliegen oder in Form von Ereignisdaten aufbereitet sein. In Bezug auf unser Beispiel müssen geeignete Ausgangsdaten etwa einen Zeitraum vor, während und nach dem Eintreten der Wirtschaftskrise 2009 abdecken (vgl. Schaukasten 8.1).

Erweisen sich mehrere Ausgangsdatensätze als inhaltlich nachnutzbar, gilt es, die Vor- und Nachteile jedes einzelnen Datensatzes sorgfältig zu durchdenken und diese gegeneinander abzuwägen. Beide im Schaukasten vorgestellten Datensätze ermöglichen die inhaltliche Bearbeitung der aufgeworfenen Forschungsfrage. Sowohl die Comparative Study of Electoral Systems (CSES 2014) als auch die sogenannte Voter Study der European Parliament Election Study (EES) (Schmitt et al. 2015) liefern Angaben zum individuellen Wahlverhalten sowie zu den Gründen der individuellen Wahlentscheidung. Im Gegensatz zur CSES bezieht sich die EES aber auf die Europaparlamentswahl und fragt nur retrospektiv nach der Stimmabgabe bei der vorausgegangenen Nationalwahl.

> **Schaukasten 8.1:** Das Auffinden geeigneter Ausgangsdaten für die Sekundäranalyse
>
> **Forschungsfrage:** *Führte die Wirtschaftskrise 2009 in Europa zum Erstarken rechter Parteien bei Nationalwahlen?*
>
> Inhaltlich geeignete Ausgangdaten müssen:
>
> 1. Informationen zur *individuellen Stimmabgabe bei der Nationalwahl* (abhängige Variable) sowie zu den *Motiven der Wahlentscheidung* (unabhängige Variable) beinhalten,
> 2. sich auf die *wahlberechtigte Bevölkerung in Europa vor, während und nach der Wirtschaftskrise 2009* beziehen.
>
> Aufbauend auf diesen beiden Faktoren lassen sich unterschiedliche sozialwissenschaftliche Datensätze in Bezug auf ihre inhaltliche Nachnutzbarkeit beurteilen, wie z.B.:
>
> a) die *European Parliament Election Study, Voter Study* (*EES*) zum Wahlverhalten von EU-Bürgern bei der Europaparlamentswahl:
>   1. Untersuchungsaspekt:
>   - abhängige Variable: *retrospektive Stimmabgabe bei der vorausgegangenen Nationalwahl,*
>   - unabhängige Variable: *größte Herausforderungen im jeweiligen Land vor der Europaparlamentswahl,*
>   2. Untersuchungspopulation: *wahlberechtigte Bevölkerung in den Staaten der Europäischen Union nach der Europaparlamentswahl 2009 bzw. 2014.*
> b) Die *Comparative Study of Electoral Systems* (*CSES*) harmonisiert Nachwahlbefragungen zu den Nationalwahlen aus der ganzen Welt:
>   1. Untersuchungsaspekt:
>   - abhängige Variable: *Stimmabgabe bei der jeweiligen Nationalwahl,*
>   - unabhängige Variable: *größte Herausforderungen im jeweiligen Land vor der Nationalwahl,*
>   2. Untersuchungspopulation: *wahlberechtigte Bevölkerung bei den Nationalwahlen zwischen 2005 und 2011* (drittes Modul der CSES).

Quelle: Eigene Darstellung

Umgekehrt deckt die EES mit ihren 27 (bzw. 28) EU-Mitgliedsstaaten einen weitaus größeren geographischen Raum in Europa ab als die CSES. Für diese spricht wiederum der Erhebungszeitpunkt, da sie Daten vor, während und nach der Wirtschaftskrise 2009 beinhaltet. Insgesamt wären im vorliegenden Beispiel die Daten der CSES aufgrund ihres Informationsgehalts zum Wahlverhalten bei der Nationalwahl und dem Erhebungszeitraum jenen der EES vorzuziehen.

8.1.2 Die analytische und rechtskonforme Nutzbarkeit der Ausgangsdaten

Neben dem enthaltenen Analysepotential hängt die Nutzung der Ausgangsdaten auch von verschiedenen analytischen und rechtlichen Bedingungen ab. Forschende, die geeignete Ausgangsdaten für die Sekundäranalyse gefunden haben, müssen erstens klären, ob diese überhaupt analytisch sinnvoll genutzt werden können. Nur wenn die Ausgangsdaten eine entsprechende Qualität, etwa in Bezug auf die verwendeten Messkonzepte oder die Teilnahmebereitschaft der befragten Personen, aufweisen und ausreichend dokumentiert sind, können Dritte diese vollständig nachvollziehen und beurteilen. Die Beurteilbarkeit der Qualität beruht u.a. auf dem Vorliegen von Informationen über die methodische Generierung der Ausgangsdaten, deren Aufbereitung und Anonymisierung einschließlich der Dokumentation von Auffälligkeiten und Besonderheiten in den Daten. In Bezug auf das obige Beispiel liefert die CSES neben den Daten eine umfangreiche Dokumentation in Form eines Codebuchs, das die Variablen des Datensatzes vollständig, transparent und verständlich dokumentiert. Eine adäquate methodische und inhaltliche Dokumentation, etwa in Form eines Methodenberichts, ermöglicht erst die sinnvolle Interpretation der Ausgangsdaten ebenso wie die Generalisierbarkeit der auf den Daten basierenden Forschungsergebnisse.

Zweitens müssen die Ausgangsdaten rechtskonform nachnutzbar sein. Dies betrifft vor allem die von den Urhebenden der Daten an die Nachnutzenden übertragenen Verwertungs- bzw. Nutzungsrechte. Häufig wird durch Lizenzen festgelegt, wer unter welchen Bedingungen und zu welchem Zweck auf die Daten zugreifen darf und in welcher Form diese nachgenutzt werden können. So erfordern ggf. nicht oder nur schwach anonymisierte Daten die Einschränkung des Zugangs auf bestimmte Personengruppen und bestimmte Nachnutzungszwecke. Fehlen entsprechende Nutzungsrechte beispielsweise durch restriktive Nutzungsbedingungen, kann dies unter Umständen dazu führen, dass Forschende die Ausgangsdaten zwar erhalten und analysieren können, eine Publikation der Forschungsergebnisse aber ausgeschlossen ist. Mit Hinblick auf unser CSES-Beispiel sind die aufgeführten Daten frei verfügbar und dürfen – eine adäquate Zitation vorausgesetzt – durch jede Person zu jeglichem Zweck nachgenutzt werden.

8.1.3 Die inhaltliche und methodische Validierung der Ausgangsdaten

Sind die inhaltlichen, analytischen und rechtlichen Bedingungen geklärt, müssen Forschende die Daten in Bezug auf die der Sekundäranalyse zugrunde liegende Forschungsfrage validieren. Dabei sollten mindestens drei Arbeitsschritte berücksichtigt werden. Erstens gilt es, die Dokumentation der Ausgangsdaten, d.h. die zugehörigen Methodenberichte, Codebücher usw., zu prüfen. Darin beschrieben sind u.a. die Feldphase der Datengenerierung, die Grundgesamtheit, das Stichprobenverfahren, die realisierten Interviews etc. Damit stellt die Dokumentation Transparenz in den Ausgangsdaten sicher und liefert somit wichtige Hinweise auf die Datenqualität.

Zweitens sollten die Randverteilungen zentraler soziodemographischer Variablen mit offiziellen bzw. amtlichen Statistiken verglichen werden, um sicherzustellen, dass die in den Ausgangsdaten enthaltene Untersuchungspopulation mit der in der Sekundäranalyse anvisierten Grundgesamtheit übereinstimmt. Zu bedenken sind dabei etwaige Abweichungen zwischen der offiziellen Statistik und der Untersuchungspopulation. So sind die Untersuchungsobjekte unseres Beispiels wahlberechtigte Personen in den Staaten Europas. Dementgegen beziehen sich die Daten der amtlichen Statistik, wie etwa von Eurostat (Eurostat: Database), zumeist auf die Wohnbevölkerung der einzelnen Länder. Zwischen den Randverteilungen der CSES und den Informationen von Eurostat können so Diskrepanzen im Hinblick auf die Untersuchungspopulationen entstehen, die bei der Validierung berücksichtigt werden müssen.

Drittens müssen Forschende alle in der Sekundäranalyse zu nutzenden Variablen prüfen. Dies betrifft beispielsweise Anmerkungen zu einzelnen Variablen in der Datendokumentation, etwa in Bezug auf Auffälligkeiten während der Datenerhebung. Ebenso sollten alle Variablen auf fehlende Werte bzw. Antwortverweigerungen sowie auf systematisches und inkonsistentes bzw. sich widersprechendes Antwortverhalten überprüft werden. Schließlich ist es notwendig, die Verteilungen aller relevanten Variablen zu kontrollieren. Verzerrte Verteilungen, häufig auftretende fehlende Werte, systematisches oder inkonsistentes Antwortverhalten usw. können die Analyse, die Ergebnisinterpretation sowie die Generalisierbarkeit der Forschungsergebnisse u.U. nachhaltig beeinflussen (vgl. zu Antworttendenzen in standardisierten Umfragen den Beitrag von Bogner/Landrock 2015; vgl. zur Datenkontrolle Jensen 2012: 32ff.).

8.1.4 Das Zusammenspielen unterschiedlicher Ausgangsdatensätze

Für die Sekundäranalyse werden häufig unterschiedliche Datensätze zusammengespielt, zumeist als *data* oder *record linkage* bezeichnet (Schnell/Hill/Esser 2013: 246). Dadurch können z.B. die zu analysierende Grundgesamtheit erweitert, statistische Inferenzen abgesichert oder die Ausgangsdaten um zusätzliche Informationen angereichert werden. Zusätzliche Informationen können hierbei beispielsweise administrative oder georeferenzierte Kontextdaten sein. In Bezug auf das obige Beispiel ließen sich die Individualdaten der CSES um den Datensatz der British Election Study (BES) aus dem Jahr 2010 erweitern (Whiteley/Sanders 2014). Analog können die Individualdaten um Aggregatdaten, beispielswiese zum Bruttosozialprodukt oder der Arbeitslosenquote auf Basis von Eurostatdaten (Eurostat: Database), ergänzt werden. Damit würde sich nicht nur die Anzahl an Untersuchungsobjekten auf der Individualebene erhöhen, sondern es käme auch zu einer Ausweitung des Untersuchungsraums um Großbritannien. Zudem wäre eine Anreicherung der Forschungsdaten um makroökonomische Kenngrößen möglich.

Das Zusammenspielen von unterschiedlichen Ausgangsdaten ist wiederum an diverse Voraussetzungen geknüpft. Hierzu zählen gleichermaßen die inhaltlichen, analytischen und rechtlichen Bedingungen der Nachnutzbarkeit aller Ausgangsdatensätze ebenso wie deren Validierung. Darüber hinaus treten neue Anforderungen auf, wie die Vergleichbarkeit der zu verwendenden Variablen, der zugrunde liegenden Messkonzepte sowie die Vergleichbarkeit der Stichproben bzw. Grundgesamtheiten. So muss beispielsweise vor dem Zusammenspielen der CSES-Daten mit den Kontextdaten von Eurostat sichergestellt werden, dass deren Untersuchungspopulationen vergleichbar sind. Während etwa die Individualdaten der CSES im Nachgang der jeweiligen Nationalwahl erhoben wurden, sind die Angaben von Eurostat quartalsweise erhältlich und müssen auf der Ebene der einzelnen Länder der CSES approximativ an die Individualdaten angeglichen werden.

Zur Sicherstellung der Vergleichbarkeit der verwendeten Variablen bzw. Messinstrumente sollten Forschende zunächst alle relevanten Fragen und Antwortvorgaben in den ursprünglichen Fragebögen der Studien prüfen (vgl. z.B. Winters/Netscher 2016: 9f.). Bezogen auf unser Beispiel sollten etwa die Messinstrumente bzw. Originalfragen der BES mit den Fragevorgaben der CSES abgeglichen werden, um sicherzustellen, dass diese vergleichbar sind und die darauf aufbauenden Variablen harmonisiert werden können. Dieser Prozess der Variablenharmonisierung ist vor allem dann unkompliziert, wenn die Fragen und Antwortkategorien in den Fragebögen eine hohe Übereinstimmung aufweisen. Dann kann jeder Kategorie einer Variablen eines Ausgangsdatensatzes, wie etwa der CSES, exakt eine Kategorie der entsprechenden Variablen der anderen Ausgangsdaten, z.B. der BES, zugewiesen werden. Von höherer Komplexität ist die Harmonisierung, wenn in den Ausgangsdaten zwar vergleichbare Messkonzepte genutzt wurden, die zugrunde liegenden Fragen und Antwortkategorien jedoch nicht übereinstimmen bzw. vergleichbar sind. Forschende müssen dann genau überlegen, inwiefern die unterschiedlichen Variablen und Codes in den Ausgangsdaten doch aneinander angeglichen werden können und in welchem Maß dies die Forschungsergebnisse, ihre Interpretation und Generalisierbarkeit beeinflusst (vgl. ebenda: 9f.).

8.2 Forschungsdatenmanagement in der Primär- und Sekundäranalyse

Ein Grundpfeiler der Forschung ist das Prinzip der Transparenz von Forschungsergebnissen und damit der Grundsatz der Reproduzierbarkeit von Forschungsdaten (Büttner/Hobohm/ Müller 2011; Freese 2007; Fowler 1995). Um die Reproduzierbarkeit der Forschungsdaten in der Sekundäranalyse zu gewährleisten, empfiehlt sich ein systematisches Forschungsdatenmanagement, wie es in der Primärerhebung mittlerweile weit verbreitet ist. Darüber hinaus schließt die Nachnutzung bereits existierender Daten nicht aus, dass in der Sekundäranalyse nicht durchaus auch ‚neue' Daten generiert werden können, die für Dritte wiederum einen Nachnutzungswert besitzen. Dies lässt sich sehr einfach an unserem Beispiel erkennen. Bislang ist die BES (2010) nicht in die dritte Welle der CSES integriert. Beginnen Forschende nun im Rahmen ihres Projekts die beiden Datensätze zu harmonisieren und zu integrieren, so hat dieser integrierte Datensatz ggf. einen Mehrwert für andere Forschende, die ebenfalls die beiden Datensätze zusammenspielen möchten.

Entgegen dem Prinzip transparenter Forschung und der Möglichkeit, Forschungsergebnisse, wie etwa einen integrierten Datensatz oder das entsprechende Harmonisierungskonzept, nachzunutzen, fehlen in der sozialwissenschaftlichen Praxis bislang allgemein anerkannte Standards für ein Forschungsdatenmanagement in der Sekundäranalyse. Ansätze bieten einerseits das wissenschaftliche Paradigma der Reproduzierbarkeit (King 1995). Andererseits liefern Standards des Forschungsdatenmanagements in der Primärerhebung grundlegende Hinweise. Der folgende Abschnitt erörtert in diesem Zusammenhang zunächst Gemeinsamkeiten des Forschungsdatenmanagements in Primärerhebung und Sekundäranalyse. Darauf aufbauend wird aufgezeigt, wo sich das Forschungsdatenmanagement der Sekundäranalyse von jenem der Primärerhebung unterscheidet und welche zusätzlichen Anforderungen die Sekundäranalyse an das Forschungsdatenmanagement stellt.

8.2.1 Gemeinsamkeiten des Forschungsdatenmanagements

Gemeinsamkeiten der Primärerhebung und der Sekundäranalyse finden sich bei unterschiedlichen Aspekten des Forschungsdatenmanagements. Grundsätzlich unterstützt das Forschungsdatenmanagement auch in der Sekundäranalyse die erfolgreiche Umsetzung des Forschungsprojekts. So etwa im Rahmen der Organisation und Handhabung der Forschungsdateien (s. Kapitel 5). Regelungen zur Benennung und Versionierung von Arbeitsdateien, deren Sicherung gegen Verlust (Back-ups) oder die Definition von Zuständigkeiten im Rahmen des Forschungsdatenmanagements müssen in Forschungsprojekten der Sekundäranalyse genauso geklärt werden wie bei Primärerhebungen.

Gleichfalls müssen in Primärerhebung wie Sekundäranalyse die jeweils verwendeten Forschungsdaten adäquat dokumentiert werden. Dadurch wird auch in der Sekundäranalyse die Verständlichkeit, Nachvollziehbarkeit und Interpretierbarkeit der Forschungsdaten sichergestellt. Dies betrifft beispielsweise die Kodierung neuer Variablen, die dazu genutzten Methoden bzw. Standards sowie die eindeutige Benennung der enthaltenen Variablen und ihrer Codes.

Auch in Bezug auf die längerfristige Sicherung relevanter Forschungsdateien über das Projektende hinaus unterscheiden sich das Forschungsdatenmanagement der Primär- und Sekundäranalyse kaum voneinander. In beiden Fällen gilt es, alle zur Reproduktion bzw. Nachnutzung notwendigen Forschungsdaten zu dokumentieren, entsprechende begleitende Dokumentationen zu erstellen und diese Forschungsdateien am Projektende zu sichern bzw. zu archivieren. Bei allen derartigen Aspekten kann das Forschungsdatenmanagement der Sekundäranalyse auf bereits existierende Vorgaben und Standards der Primärerhebung zurückgreifen und entsprechende Verfahrensweisen übernehmen oder anpassen.

8.2.2 Unterschiede im Forschungsdatenmanagement

Neben den Gemeinsamkeiten des Forschungsdatenmanagements existieren auch einige in der Primärerhebung besonders wichtige Aspekte, die hinsichtlich der Nachnutzung bereits existierender Forschungsdaten jedoch eher eine zweitrangige Rolle spielen. Dies zeigt sich beispielsweise in der Dokumentation der Datenerhebung. So muss das Forschungsdatenmanagement der Primärerhebung detailliert beschreiben, wie die Primärdaten erhoben und aufbereitet wurden. In der Sekundäranalyse geht es hingegen vor allem um die Nachvollziehbarkeit der verwendeten Forschungsdaten und deren Wiederauffindbarkeit durch Dritte. Dies impliziert beispielsweise, dass die Forschenden in der Sekundäranalyse die Wahl der Ausgangsdaten begründen und vor Beginn der Analyse deren Nachnutzbarkeit unter inhaltlichen, analytischen und rechtlichen Aspekten überprüfen.

Ähnlich finden sich auch im Hinblick auf datenschutzrechtliche Aspekte signifikante Unterschiede zwischen dem Forschungsdatenmanagement der Primärerhebung und der Sekundäranalyse. Im Rahmen der Primärerhebung werden neue Forschungsdaten durch das systematische Sammeln von Informationen generiert. Beinhalten diese Informationen sogenannte personenbezogene Angaben, dann bedarf es im Rahmen der datenschutzkonformen Nutzung solcher Daten zunächst der informierten Einwilligung der Befragten zu deren Erhebung, Speicherung und Verarbeitung, wie im ersten Abschnitt des vierten Kapitels näher ausgeführt. In der Sekundäranalyse wird hingegen auf bereits existierende Forschungsdaten zurückgegriffen, sodass die Sekundärforschenden keine weitere Einwilligung der ursprünglichen Befragten mehr einholen müssen. Selbstverständlich darf die informierte Einwilligung die Möglichkeit der Nachnutzung von Forschungsdaten im Rahmen der Sekundäranalyse nicht ausschließen. Diese ist aber Teil der Primärerhebung und für die Sekundärforschenden, soweit vorhanden, irrelevant.

Analog unterscheiden sich das Forschungsdatenmanagement der Primärerhebung und der Sekundäranalyse mit Blick auf Auflagen zur Anonymisierung. In der Regel arbeiten Sekundärforschende mit bereits anonymisierten Forschungsdaten und werden insofern nicht weiter mit Fragen des Datenschutzes und der Datenanonymisierung konfrontiert. Ausnahmen finden sich etwa im Hinblick auf die Nachnutzung nicht oder nur schwach anonymisierter Daten. Werden derartige Forschungsdaten in der Sekundäranalyse nachgenutzt, so sind die Sekundärforschenden selbstverständlich dazu verpflichtet, entsprechende Datenschutzmaßnahmen, wie beispielsweise das geschützte Speichern der Informationen, einzuhalten.

Zuletzt zeigen sich Differenzen mit Hinblick auf das Urheberrecht. Generell gilt, dass bei der Nachnutzung von Forschungsmaterialien, wie Forschungsdaten, Methoden oder Messkonzepten, das Urheberrecht und die damit verbundenen Nutzungsrechte zu beachten sind. Bestehende Unterschiede liegen aber gerade im Urheberrecht an den Forschungsdaten. Während dies in der Primärerhebung zumeist bei den Forschenden, deren Forschungseinrichtungen oder den Förderern des Forschungsprojekts liegt, greifen Sekundärforschende möglicherweise auf urheberrechtlich geschützte Werke anderer zurück. Dementsprechend bedarf es in der Sekundäranalyse der Zustimmung der Urheberrechtsinhaberinnen und Urheberrechtsinhaber zur Nachnutzung der Daten in Form entsprechender Verwertungsrechte, wie in Kapitel 7.2 im Kontext der Lizensierung näher erörtert.

8.2.3   Forschungsdaten in der Sekundäranalyse managen

Betrachtet man die Unterschiede, die das Forschungsdatenmanagement der Primärerhebung und das der Sekundäranalyse aufweisen, genauer, dann fällt auf, dass trotz bestehender Differenzen gewisse Parallelen existieren. Dementsprechend lassen sich – wie bereits erwähnt – aus dem Forschungsdatenmanagement der Primärerhebung durchaus Vorgehensweisen für das Forschungsdatenmanagement der Sekundäranalyse ableiten.

Dies zeigt sich z.B. im Prozess des Suchens und Auffindens geeigneter Forschungsdaten in der Sekundäranalyse. Analog zur Planung der Datenerhebung durch die Primärforschenden steht am Anfang der Sekundäranalyse der Prozess des Auffindens geeigneter Ausgangsdaten. Die Ergebnisse dieser Recherchen sollten im Rahmen des Forschungsdatenmanagements der Sekundäranalyse beschrieben werden. Sie dienen der Begründung der Datenauswahl im Forschungsprojekt und erzeugen Transparenz etwa im Rahmen der Veröffentlichung der Forschungsergebnisse. Hierzu zählen beispielsweise Angaben zu den verwendeten Suchbegriffen und Strategien oder zu den Gründen, einen bestimmten Ausgangsdatensatz nachzunutzen bzw. andere, alternative Daten nicht zu berücksichtigen.

Ähnliche Parallelen im Forschungsdatenmanagement der Primärerhebung und Sekundäranalyse zeigen sich in der Dokumentation der Forschungsdaten. In beiden Fällen dient diese der Transparenz und sichert die Verständlichkeit ebenso wie die Interpretierbarkeit der verwendeten Forschungsdaten. Die Dokumentation der Forschungsdaten in der Sekundäranalyse beginnt jedoch stets mit der Dokumentation der Ausgangsdaten als zitierfähige Nachweise der Datenquelle. In den letzten Jahren haben sich hierzu in den Sozialwissenschaften persistente Identifikatoren als Teil der Zitation etabliert, wie beispielsweise Digital Object Identifiers (DOI) oder Uniform Ressource Names (URN), wie im ersten Abschnitt des zehnten Kapitels weiter ausgeführt wird. Darüber hinaus müssen auch Sekundärforschende gewährleisten, dass ihre Forschungsdaten transparent und reproduzierbar sind. Entsprechend muss die Datenaufbereitung, wie etwa der Ausschluss von Teilen der Untersuchungspopulation der Ausgangsdaten, die Harmonisierung von Variablen oder die Datenvalidierung dokumentiert werden.

In Bezug auf die rechtlichen Aspekte des Forschungsdatenmanagements können auch in der Sekundäranalyse nicht oder nur schwach anonymisierte Forschungsdaten neu entstehen. Dies ist etwa der Fall, wenn durch das Zusammenspielen unterschiedlicher Ausgangsdatensätze bereits anonymisierte Forschungsdaten de-anonymisiert werden. So kann beispielsweise das Einspielen georeferenzierter Informationen, wie in Kapitel 12.3 beschrieben wird, dazu führen, dass natürliche Personen in den Individualdaten re-identifizierbar werden. In diesem Fall müssen Sekundärforschende selbstverständlich analog zur Primärerhebung die einschlägigen Regelungen des Datenschutzes beachten.

Schließlich erlangen auch Sekundärforschende Urheberrechte an den von ihnen erzeugten Forschungsdateien, wie etwa an Konzepten zur Harmonisierung von Variablen unterschiedlicher Ausgangsdatensätze. Dies ist vor allem dann von Relevanz, wenn derartige Konzepte für Dritte verfügbar gemacht werden sollen, egal ob zu Reproduktionszwecken oder zur weiteren Nutzung in neuen Forschungskontexten.

Analog zur Generierung nachnutzbarer Forschungsdaten in der Primärerhebung stellt sich letztlich auch in der Sekundäranalyse die Frage nach den Plänen zum längerfristigen Umgang mit zentralen Forschungsdateien. Sowohl die Sicherung zu Reproduktionszwecken als auch die Bereitstellung etwa von nachnutzbaren Harmonisierungskonzepten ist jedoch keinesfalls trivial. Zum einen gilt es festzulegen, welche vom Projekt generierten Forschungsdateien längerfristig gesichert werden sollen. Sekundärforschende haben aufgrund des Urheberrechts und entsprechender Nutzungsbedingungen der Ausgangsdaten in der Regel nicht das Recht, diese Ausgangsdaten zu archivieren oder gar Dritten verfügbar zu machen. Dies ist im

Rahmen der Sekundäranalyse aber ohnehin häufig nicht notwendig, da durch eine adäquate Zitation der Ausgangsdaten sichergestellt wird, dass diese auch zukünftig eindeutig identifizierbar und auffindbar sind.

Zum anderen muss geklärt werden, wie lange die Forschungsdateien des eigenen Projektes aufbewahrt werden sollen und zu welchem Zweck dies geschieht. Dazu muss im Rahmen des Forschungsprojekts u.a. geplant werden, an welchem Ort, in welchen Formaten und mit welchen Sicherungsmaßnahmen die Forschungsdateien vor Verlust gesichert bzw. langfristig archiviert werden sollen. In Kapitel 3.2 werden diese Maßnahmen im Abschnitt zur Planung des Forschungsdatenmanagements über das Projektende hinaus genauer beschrieben. Es gilt auch festzulegen, wie der Zugang zu den Dateien für die originären Projektbeteiligten ebenso wie für Dritte sichergestellt werden kann. Zur Bereitstellung von Harmonisierungskonzepten zur Nachnutzung durch andere Forschende bieten sich hierfür beispielsweise Reproduktionsrepositorien, wie z.B. der *GESIS Replikationsserver*, an (Ebel 2016).

8.3 Die Aufbereitungssyntax als Dokumentation der Sekundäranalyse

Sollen relevante Forschungsdateien der Sekundäranalyse längerfristig aufbewahrt bzw. Dritten zur weiteren Nutzung verfügbar gemacht werden, stellt sich die Frage, wie die Generierung dieser Daten am besten beschrieben werden kann (Winters/Netscher 2016; Dickmann/Enke/Harms 2010). Generell können Sekundärforschende die Maßnahmen ihres Forschungsdatenmanagements in einem projektinternen Datenmanagementplan systematisch dokumentieren (vgl. Kapitel 2.4). Dieser kann gemeinsam mit der Aufbereitungssyntax, d.h. der Syntax zur Erstellung und Aufbereitung der Forschungsdaten, archiviert werden. Versehen mit einer eindeutigen Zitation des Datenmanagementplans und der Aufbereitungssyntax sowie mit entsprechenden Querverweisen in beiden Dateien, lassen sich die Forschungsdaten so reproduzieren. Die Vorteile an diesem Vorgehen liegen vor allem in der leichten Handhabung sowie in der besseren Verständlichkeit der Aufbereitungssyntax.

Nachteilig ist hingegen der Umstand, dass zur weiteren Verwendung der Aufbereitungssyntax stets deren Dokumentation in Form des Datenmanagementplans notwendig ist. Gerade mit Blick auf eine mögliche Nachnutzung durch Dritte sollten bereits in der Aufbereitungssyntax möglichst alle relevanten Informationen zur Reproduktion der Forschungsdaten gebündelt werden. Dazu kann diese um entsprechende Informationen zur Erstellung der Forschungsdaten für die Sekundäranalyse ergänzt werden, um so für Dritte transparent, verständlich sowie nachvollziehbar und damit längerfristig nachnutzbar zu bleiben.

Im Folgenden unterbreiten wir einen Vorschlag zur Struktur einer derartigen, erweiterten Aufbereitungssyntax und erörtern notwendige Informationen, die zusätzlich bereitgestellt werden sollten. Dabei orientieren wir uns an verschiedenen Leitlinienpapieren zur Reproduktion von Forschungsdaten, etwa von Datenrepositorien, wie beispielsweise Dataverse, oder von Fachzeitschriften der Politik- (Gherghina/Katsanidou 2013) und der Wirtschaftswissenschaften (Vlaeminck/Siegert 2012). Generell gilt, dass die bereitgestellten Informationen es Dritten erlauben müssen, die Generierung der Forschungsdaten im originären Forschungsprojekt nachzuvollziehen und zu verstehen. Hierzu zählen u.a. Angaben zum ursprünglichen Forschungsprojekt und den Sekundärforschenden, zu den Ausgangsdaten ebenso wie ggf. zur Harmonisierung und Integration unterschiedlicher Ausgangsdatensätze. Ziel der nachfolgenden Diskussion ist die Generierung der Forschungsdaten für die Sekundäranalyse. Aspekte der Datenanalyse werden hingegen, wie eingangs bereits erwähnt, nicht weiter erörtert.

8.3.1 Informationen zum Forschungsprojekt

Um die Aufbereitungssyntax für Dritte verständlich zu gestalten, sollte diese zunächst einige grundlegende Informationen zum Forschungsprojekt enthalten (Ebel 2016: 4ff). Wie in Schaukasten 8.2 exemplarisch dargestellt, liefern derartige Angaben einen allgemeinen Einblick und dienen dem Verständnis. Dritte, die mit der Aufbereitungssyntax weiterarbeiten wollen, erhalten so einen schnellen Überblick über das ursprüngliche Forschungsprojekt sowie den Sinn und Zweck der Syntaxdatei. Sie werden dadurch in die Lage versetzt, die Aufbereitungssyntax effektiv nutzen und die damit erzeugten Forschungsdaten reproduzieren zu können.

Zu den Projektinformationen gehören zunächst der Projekttitel und die Namen der Forschenden ebenso wie Angaben zu deren Instituten und ggf. zu den Förderern des Forschungsprojekts. Dadurch werden zum einen Forschungskooperationen oder Abhängigkeiten gegenüber Mittelgebern für Dritte ersichtlich. Zum anderen wird aber auch dem Arbeit- bzw. den Mittelgebern Rechnung gezollt. Darüber hinaus sollten Informationen zum ursprünglichen Forschungsanliegen, die zugrunde liegende Forschungshypothese sowie die damit verknüpften Publikationen und das Ziel der vorliegenden Aufbereitungssyntax bereitgestellt werden.

```
Schaukasten 8.2: Die Aufbereitungssyntax zu Reproduktionszwecken: Informationen zum Forschungsprojekt

****************************************************************************
**                                                                        **
**              Aufbereitungssyntax zu Reproduktionszwecken                **
**     ------------------------------------------------------------       **
**                                                                        **
**   1. Projektinformationen:                                             **
**   -------------------------                                            **
**   Projekttitel:       Rechte Parteien und Wirtschaftskrise in Europa   **
**   Forschende:         Sebastian Netscher & Jessica Trixa               **
**   Kontakt:            forschende@gesis.org                             **
**   Institut:           GESIS - Leibniz-Institut für Sozialwissenschaften**
**   Förderer:           GESIS                                            **
**   Projekt:            Zusammenhang zwischen dem Erstarken rechter Parteien **
**                       bei den Nationalwahlen in Europa und der         **
**                       Wirtschaftskrise 2009.                           **
**   Hypothese:          Wähler stimmen für rechte Parteien, wenn sie die **
**                       Wirtschaftskrise als persönliche Bedrohung empfinden.**
**   Publikation:        Sebastian Netscher und Jessica Trixa (2018): Das **
**                       Erstarken rechter Parteien in Europa. Zeitschrift für**
**                       Wahlverhalten [in Publikation], doi.10.XXXX/XXXXX.  **
**   Syntax:             Die Syntax dient der Replikation der Forschungsdaten **
**                       zur oben genannten Publikation.                  **
**   Autor der Syntax:   Sebastian Netscher & Jessica Trixa.              **
**   Erstellungsdatum:   07.06.2017.                                      **
**   Dateiversion:       1.0.0.                                           **
**   Verfügbar unter:    [noch nicht publiziert, in Vorbereitung].        **
**   Zugang:             frei [geplant].                                  **
**   genutzte Software:  Stata, Version 12.0.                             **
**   Anmerkungen:        Zum Öffnen bzw. Speichern von Dateien müssen Befehle **
**                       in den Zeilen 46, 93 & 281 angepasst werden.     **
```

Quelle: Eigene Darstellung

Des Weiteren sollte die Aufbereitungssyntax auch Angaben über die vorliegende Syntaxdatei selbst beinhalten (Dickmann/Enke/Harms 2010: 11). Dritte sollten Kenntnis darüber haben, wann die Syntaxdatei erstellt wurde, um welche Version es sich handelt, wer die Autoren der Aufbereitungssyntax sind und wie mit diesen für eventuelle Rückfragen in Kontakt getreten werden kann. In diesem Zusammenhang ist auch anzugeben, wo die jeweilige Syntaxdatei archiviert wurde und wie sie zugänglich ist. Schließlich sollten Spezifika der Syntaxdatei kurz erörtert werden. Hierzu zählen beispielsweise Programmcodes der Syntaxdatei, die je nach Verwendung angepasst werden müssen, z.B. Pfadangaben zum Öffnen bzw. Speichern der Daten.

8.3.2 Die Ausgangsdaten der Sekundäranalyse

Neben den Angaben zum Forschungsprojekt und zur Syntaxdatei sollte die Aufbereitungssyntax Informationen zu den Ausgangsdaten beinhalten (Ebel 2016). Dazu zählt zunächst eine adäquate Zitation jedes einzelnen Ausgangsdatensatzes. Diese muss es Dritten ermöglichen, die Ausgangsdaten eindeutig identifizieren zu können, etwa mit Bezug auf die jeweilige Version jedes einzelnen Datensatzes, wie in Schaukasten 8.3 dargestellt. Dritten wird auf diese Art und Weise ermöglicht, die Ausgangsdaten wiederfinden und so die Forschungsdaten nachvollziehen zu können.

```
Schaukasten 8.3: Die Aufbereitungssysntax zu Reproduktionszwecken: Informationen zu den Ausgangsdaten

   ****************************************************************************
   **                                                                        **
   **              Aufbereitungssyntax zu Reproduktionszwecken               **
   **       ----------------------------------------------------------       **
   ...
   **   2. Ausgangsdaten:                                                    **
   **   -----------------                                                    **
   **   - Individualdaten:                                                   **
   **       ~ CSES: Comparative Study of Electoral Systems (2014):           **
   **             CSES Module 3 Full Release. GESIS Datenarchiv, Köln.       **
   **             ZA5181 Datenfile Version 4.0.0,                            **
   **             doi:10.7804/cses.module3.2013-03-27.                       **
   **             => Nachnutzungsrechte: Daten sind frei verfügbar.          **
   **       ~ BES: Whiteley, P.F. und Sanders, D. (2014):                    **
   **             British Election Study, 2010 (BES): Face-to-Face Survey    **
   **             [computer file]. Colchester, Essex: UK Data Archive (Archiv). **
   **             Verfügbar unter: http://www.britishelectionstudy.com/data- **
   **                       objects/cross-sectional-data/.                   **
   **             Zuletzt besucht: 03.08.2017.                               **
   **             => Anmerkung: ~ keine Angaben zu den Wahlen in Nordirland. **
   **                           ~ Onlinesample, Repräsentativität kontrollieren.**
   **             => Nachnutzungsrechte: Daten sind frei verfügbar.          **
   **   - Kontextdaten: Eurostat (2015): Database.                           **
   **             Verfügbar unter: http://ec.europa.eu/eurostat/data/        **
   **                       database.                                        **
   **             Zuletzt besucht: 03.08.2017.                               **
   **             => Anmerkung: Daten für ganz Großbritannien,               **
   **                           inklusive Nordirland.                        **
   **             => Nachnutzungsrechte: Daten sind frei verfügbar.          **
   ...
```

Quelle: Eigene Darstellung

Darüber hinaus sollten Auffälligkeiten in den Ausgangsdaten im Rahmen der Aufbereitungssyntax erörtert werden. Dies betrifft beispielsweise Einschränkungen in deren Zugänglichkeit, Besonderheiten ihrer Dokumentation oder spezifische Nachnutzungsrechte. Werden dabei in der Sekundäranalyse mehrere Ausgangsdatensätze zusammengespielt, müssen die Vergleichbarkeit der Datensätze, etwa in Bezug auf die Untersuchungspopulationen, sowie deren Validität beschrieben werden. Zwar lassen sich im Hinblick auf die Validierung die einzelnen Arbeitsschritte anhand der Syntaxbefehle ablesen, dennoch sollten zur besseren Verständlichkeit und Nachvollziehbarkeit kurze Erläuterungen das genaue Vorgehen und die Gründe dafür beschreiben. Dies beinhaltet neben Auffälligkeiten der Validierung auch eventuelle Einschränkungen in der Ergebnisinterpretation bzw. in deren Generalisierbarkeit. So weisen die Daten der BES in unserem Beispiel etwa keine Angaben zu Personen in Nordirland auf, was in der Interpretation und Generalisierung von Forschungsergebnissen entsprechend berücksichtigt werden muss.

8.3.3 Die Aufbereitung der Ausgangsdaten für die Sekundäranalyse

Schaukasten 8.4: Die Aufbereitungssyntax zu Reproduktionszwecken: Informationen zum Erstellen der Forschungsdaten

```
**************************************************************************
**                                                                      **
**               Aufbereitungssyntax zu Reproduktionszwecken            **
**      ---------------------------------------------------------       **
…
**   3. Erzeugen der Forschungsdaten:                                   **
**   -----------------------------                                      **
**   -> Individualdatensätze: CSES & BES:                               **
**       a) Löschen nicht benötigter Informationen:                     **
**          - Untersuchungsobjekte: ~ Länder außerhalb Europa,          **
**                                  ~ alle Nichtwähler;                 **
**          - in der Sekundäranalyse nicht genutzte Variablen.          **
**       b) Harmonisierung und Erstellen neuer Variablen:               **
**          - Harmonisierung von Variablen,                             **
**          - Erstellen einer ID-Variable (<id>)                        **
**            (Ländercodes für Kontextdaten).                           **
[Aufbereitung der Ausgangsdaten]
**   Harmonizing Respondent's Marital Status (<marital>):               **
**   - CSES: C2004 (D4):     This variable reports the respondent's current  **
**                           marital or civil union status. For instance, a  **
**                           person who is both divorced and living as       **
**                           married would be coded 1.                  **
**   - BES: aq64 (PostQ89):  Can I just check, which of these applies to you **
**                           at present? Please choose the first on the list **
**                           that applies (CARD AY).                    **
**                                                                      **
**   marital         CSES                        BES                    **
**   1. married      1. married or living        1. married             **
**                      together as married      2. living with a partner  **
**   2. widowed      2. widowed                  5. widowed             **
**   3. divorced /   3. divorced or separated    3. separated           **
**      separated                                4. divorced            **
**   4. single       4. single, never married    6. single (never married)  **
**   5. others       5. [see variable notes]     -  ---                 **
**   -7. refused     7. refused                  -2. refused            **
**   -8. don't know  8. don't know               -1. don't know         **
**   -9. missing     9. missing                  -  ---                 **
…
**   -> Kontextdaten: Eurostat:                                         **
**       a) Löschen aller Länder, die nicht Teil der Individualdaten sind, **
**       b) Erstellen einer ID-Variable (<id>)                          **
**          (Ländercodes für Kontextdaten).                             **
**                                                                      **
**   Zusammenspielen der aufbereiteten Ausgangsdaten:                   **
**   a) Zusammenspielen der Individualdatensätze (CSES & BES),          **
**   b) Zusammenspielen der kumulierten Individualdaten mit den         **
**      Kontextdaten von Eurostat anhand der erstellen ID-Variabel (<id>), **
**   c) Labeln der Variablen und ihrer Ausprägungen im Forschungsdatensatz. **
[Zusammenspielen der aufbereiteten Ausgangsdaten; Labeln der Variablen und
Codes]
[Validierung und Speicherung des Forschungsdatensatzes]
…
**   // ENDE DER DATEI //                                               **
```

Quelle: Eigene Darstellung

Beim Erstellen der Forschungsdaten lassen sich mehrere Schritte unterscheiden, wie in Schaukasten 8.4 illustriert. Mit Blick auf die Übersichtlichkeit der Daten sollten zunächst alle Informationen gelöscht werden, die für die angestrebte Sekundäranalyse unerheblich sind. Hierzu zählen etwa nicht benötigte Untersuchungsobjekte und Variablen der Ausgangsdatensätze. Die Sekundärforschenden reduzieren damit die Komplexität der Daten, ebenso wie ihren Dokumentationsaufwand und erleichtern die Handhabung des Forschungsdatensatzes. In Bezug auf unser Beispiel müssen zunächst etwa alle Nichtwähler aus den Daten entfernt werden, da sie keinen Einfluss auf das Wahlergebnis haben. Ebenso gilt es, alle Länder aus den CSES-Daten zu entfernen, die außerhalb Europas und damit außerhalb des interessierenden Untersuchungsraumes liegen.

Daran anschließend sollten alle neu zu generierenden Variablen erstellt werden, wie etwa eine eindeutige ID-Variable auf Länderebene, die das Zusammenspielen von Kontext- und Individualdaten ermöglicht. Werden mehrere Ausgangsdaten auf einer Ebene (z.B. Individualdaten) zusammengespielt, müssen darüber hinaus die einzelnen Messkonzepte verglichen und die entsprechenden Variablen harmonisiert werden. Der Schaukasten liefert hierzu ein Beispiel anhand des Familienstands der Befragten (*marital*). Um sicherzustellen, dass die zugrunde liegenden Messinstrumente und die entsprechenden Variablen der CSES und der BES vergleichbar sind, werden zunächst die ursprünglich gestellten Fragen gegenübergestellt. Anschließend werden die einzelnen Antwortvorgaben und ihre Codes angeglichen (vgl. Winters/Netscher 2016: 9f.).

Letztendlich müssen die einzelnen aufbereiteten Ausgangsdatensätze zusammengespielt werden. Dabei empfiehlt es sich, zunächst die Ausgangsdaten auf einer Ebene zusammenzuspielen, z.B. die Individualdatensätze der CSES und der BES, und so einen integrierten Datensatz mit allen Untersuchungsobjekten auf einer Ebene zu erstellen. Anschließend werden die Daten über die Ebenen hinweg zusammengeführt, wie beispielsweise der integrierte Individualdatensatz mit den Kontextdaten von Eurostat.

Bevor der so erstellte Forschungsdatensatz in der Sekundäranalyse genutzt werden kann, sollten Forschende alle Variablen sowie die darin enthaltenen Ausprägungen zur besseren Verständlichkeit *labeln*. Zu guter Letzt muss der Datensatz erneut mit Blick auf die Forschungsfrage der Sekundäranalyse validiert und alle dabei auftretenden Auffälligkeiten müssen in der Aufbereitungssyntax dokumentiert werden. Der so erzeugte und dokumentierte Forschungsdatensatz kann dann für die eigentliche Sekundäranalyse verwendet werden.

8.4 Diskussion

Wie eingangs erörtert, ist in der Primärerhebung sozialwissenschaftlicher Forschungsdaten das Forschungsdatenmanagement längst akzeptiert. Dementgegen fehlen in der Sekundäranalyse bislang allgemein anerkannte Standards. Dabei gelten hier dieselben Gründe, die in der Primärerhebung als Teil guter wissenschaftlicher Praxis anerkannt sind: Forschungsdatenmanagement unterstützt das Forschungsprojekt an sich. Es erleichtert den Forschenden den Umgang mit ihren Forschungsdaten, erzeugt Transparenz im Forschungsprojekt und unterstützt die Replizierbarkeit von Forschungsergebnissen ebenso wie von Forschungsdaten. Schließlich unterstützt das Forschungsdatenmanagement die Nachnutzung von z.B. Konzepten zur Harmonisierung unterschiedlicher Datensätze durch andere Forschende.

Die Nachnutzung bereits existierender Forschungsdaten im Rahmen der Sekundäranalyse ist an unterschiedliche Voraussetzungen gebunden. Zunächst müssen Ausgangsdaten gefunden werden, die inhaltlich nachnutzbar sind, d.h. alle für die Sekundäranalyse notwendigen

Informationen über die entsprechende Untersuchungspopulation enthalten. Analog müssen sowohl die rechtlichen als auch die analytischen Voraussetzungen zur Nachnutzung gegeben sein. Dies betrifft sowohl die Nutzungsrechte an den Ausgangsdaten als auch deren Transparenz, Verständlichkeit und Interpretierbarkeit. Ein gezieltes Forschungsdatenmanagement unterstützt die Sekundärforschenden dabei bei der Suche nach inhaltlich, rechtlich und analytisch nachnutzbaren Ausgangsdaten. Durch eine adäquate Dokumentation sichert das Forschungsdatenmanagement zudem eine dauerhafte Nachvollziehbarkeit des Suchprozesses, ebenso wie des Entscheidungsprozesses für bestimmte Ausgangsdaten.

Um die aufgefundenen Ausgangsdaten in der Sekundäranalyse nachzunutzen, müssen Sekundärforschende diese validieren und entsprechend ihres Forschungsanliegens aufbereiten. Dies umfasst die Kontrolle der Ausgangsdaten und deren Dokumentation. Werden für die Sekundäranalyse verschiedene Ausgangsdatensätze integriert, müssen Sekundärforschende diese ggf. harmonisieren und zusammenspielen. Dabei sollten sowohl die Ausgangsdaten, ihre Dokumentation und ihre Qualität, ebenso wie Konzepte der Datenharmonisierung und des Zusammenspielens unterschiedlicher Datensätze im Rahmen des Forschungsdatenmanagements detailliert beschrieben werden. Nur so kann sichergestellt werden, dass die Forschungsdaten und Konzepte als solches reproduziert bzw. durch Dritte weitergenutzt werden können.

Um die Reproduzierbarkeit bzw. Nachnutzbarkeit der verwendeten Forschungsdaten sicherzustellen, ist es notwendig, die entsprechenden Konzepte zur Aufbereitung, Harmonisierung und Integration unterschiedlicher Ausgangsdatensätze Dritten verfügbar zu machen. Ein systematisches Forschungsdatenmanagement unterstützt die Planung und Aufbereitung der Ausgangsdaten, deren Harmonisierung sowie das Zusammenspielen unterschiedlicher Ausgangsdatensätze. Die Dokumentation dieser Arbeitsschritte im Rahmen der Aufbereitungssyntax bietet den Sekundärforschenden dabei die Möglichkeit, diese Prozesse und Maßnahmen einfach zu beschreiben und Dritten zugänglich zu machen.

Literaturverzeichnis

Bogner, Kathrin/Landrock, Ute (2015): Antworttendenzen in standardisierten Umfragen. GESIS – Leibniz-Institut für Sozialwissenschaften. GESIS Survey Guidelines. https://doi.org/10.15465/gesis-sg_016 [Zugriff: 19.03.2018].

Büttner, Stephan/Hobohm, Hans-Christoph/Müller, Lars (2011): Research Data Management. In: Büttner, Stephan/Hobohm, Hans-Christoph/Müller, Lars (Hrsg.): Handbuch Forschungsdatenmanagement. Bad Honnef: Bock und Herchen, S. 13-24.

CSES - Comparative Study of Electoral Systems (2014): CSES Module 3 Full Release. GESIS Datenarchiv, Köln. ZA5181 Datenfile Version 4.0.0. https://doi.org/10.7804/cses.module3.2013-03-27 [Zugriff: 03.08.2017].

Dickmann, Frank/Enke, Harry/Harms, Patrick (2010): Technische Evaluation der Grid-Technologie für das Modellprojekt Kollaborative Datenauswertung und virtuelle Arbeitsumgebung. VirtAug. Forschungsverbund sozioökonomische Berichterstattung. soeb-Arbeitspapier 2010-1.
http://www.soeb.de/fileadmin/redaktion/downloads/VirtAug/Expertise_VirtAug.pdf [Zugriff: 19.03.2018].

Ebel, Thomas (2016): Einreichungen von Syntaxen in datorium (Replikationsserver). GESIS Datenarchiv für Sozialwissenschaften. 29.02.2016.
https://www.gesis.org/fileadmin/upload/Replikationsserver/Einreichung_Syntaxen_2016-02-29.pdf [Zugriff: 19.03.2018].

Fowler, Linda L. (1995): Replication as Regulation. Political Science and Politics 28, 3, S. 478-481.

Freese, Jeremy (2007): Replication Standards for Quantitative Social Science. Why Not Sociology. Sociological Methods & Research 36, S. 153-172.

Friedrichs, Jürgen (1990): Methoden der empirischen Sozialforschung 14. Opladen: Westdeutscher.

Gherghina, Sergiu/Katsanidou, Alexia (2013). Data Availability in Political Science Journals. European Political Science 12, S. 333-349.
Jensen, Uwe (2012): Leitlinien zum Management von Forschungsdaten. Sozialwissenschaftliche Umfragedaten. GESIS-Technical Reports 2012/07. https://www.ssoar.info/ssoar/handle/document/32065 [Zugriff: 03.08.2017].
Kolle, Christian (2012): Wissenschaftliche Literaturrecherche. In: Berninger, Ina/ Botzen, Katrin/Kolle, Christian/ Vogel, Dominikus/Watteler, Oliver (Hrsg.): Grundlagen sozialwissenschaftlichen Arbeitens. Opladen u.a.: Verlag Barbara Budrich, S. 33-61.
King, Gary (1995): Replication, Replication. Political Science and Politics 28, 3, S. 443-499.
Long, Scott J. (2009): The Workflow of Data Analysis Using Stata. College Station: Stata Press.
Ludwig, Jens/Enke, Harry (2013): Leitfaden zum Forschungsdaten-Management. Glückstadt: Werner Hülsbusch. https://univerlag.uni-goettingen.de/bitstream/handle/3/isbn-978-3-86488-032-2/leitfaden_DGRID.pdf [Zugriff: 19.03.2018]
Medjedovic, Irena (2014): Sekundäranalyse in der quantitativen Forschung. In: Medjedovic, Irena (Hrsg.): Qualitative Sekundäranalyse. Zum Potenzial einer neuen Forschungsstrategie in der empirischen Sozialforschung. Wiesbaden: Springer, S. 27-47.
Pampel, Heinz/Bertelmann, Roland (2011): Data Policies im Spannungsfeld zwischen Empfehlung und Verpflichtung. In: Büttner, Stephan/Hobohm, Hans-Christoph/Müller, Lars (Hrsg.): Handbuch Forschungsdatenmanagement. Bad Honnef: Bock und Herchen, S. 49-61.
Schmitt, Hermann/Hobolt, Sara B./Popa, Sebastian/Teperoglou, Eftichia (2015): European Parliament Election Study 2014, Voter Study. GESIS Datenarchiv, Köln. ZA5160 Data file Version 2.0.0. https://doi.org/10.4232/1.12300.
Schnell, Rainer/Hill, Paul B./Esser, Elke (2013): Methoden der empirischen Sozialforschung 10. München: Oldenbourg.
Stier, Winfried (1996): Empirische Forschungsmethode. Berlin: Springer.
Whiteley, Paul F./Sanders, David (2014): British Election Study, 2010: Face-to-Face Survey [computer file]. Colchester, Essex: UK Data Archive. http://www.britishelectionstudy.com/data-objects/cross-sectional-data/ [Zugriff: 03.08.2017].
Vlaeminck, Sven/Wagner, Gert G./Wagner, Joachim/Harhoff, Dietmar/Siegert, Olaf (2013): Replizierbare Forschung in den Wirtschaftswissenschaften erhöhen. Eine Herausforderung für wissenschaftliche Infrastrukturdienstleister. RatSWD Working Paper Series 224. https://www.ratswd.de/dl/RatSWD_WP_224.pdf [Zugriff: 09.03.2018].
Winters, Kristi/Netscher, Sebastian (2016): Proposed Standards for Variable Harmonization Documentation and Referencing. A Case Study Using QuickCharmStats 1.1. PLoS ONE 11(2): e0147795. https://doi.org/10.1371/journal.pone.0147795.

Linkverzeichnis

Dataverse Online: https://dataverse.org/best-practices/replication-dataset [Zugriff: 09.3.2018].
DOI – Digital Object Identifier: https://doi.org [Zugriff: 30.05.2018].
Eurostat: Database: http://ec.europa.eu/eurostat/data/database [Zugriff: 03.08.2017].
GESIS – Leibniz-Institut für Sozialwissenschaften (2015): Replikationsserver. https://www.gesis.org/replikationsserver/home/ [Zugriff: 03.08.2017].
Politische Vierteljahresschrift: http://www.pvs.nomos.de/ [Zugriff: 30.05.2018].
URN – Uniform Resource Name: http://tools.ietf.org/html/rfc2141 [Zugriff: 20.06.2018].
Zeitschrift für Soziologie: https://www.degruyter.com/view/j/zfsoz.2016.45.issue-2/issue-files/zfsoz.2016.45.issue-2.xml [Zugriff: 30.05.2018].

9. Metadatenstandards im Kontext sozialwissenschaftlicher Daten

Uwe Jensen, Wolfgang Zenk-Möltgen und Catharina Wasner

Die transparente und nachvollziehbare Dokumentation von Forschungsdaten und ihres Entstehungskontextes stellt einen wesentlichen Beitrag zu deren Auffindbarkeit, Verständlichkeit, Reproduzierbarkeit und langfristigen Nutzung dar. Werden z.b. in einem Datensatz die Antworten auf eine Frage numerisch codiert (z.B. 1 und 2), müssen Nutzende wissen, was diese Zahlen bedeuten (z.B. Ja und Nein), welcher Inhalt damit verbunden ist (z.B. „Sind Sie wahlberechtigt?"). Datenwerte in einem Datensatz sind nicht selbsterklärend. Sie sind vielmehr der Ausgangspunkt und das Objekt, das systematisch durch Metadaten beschrieben werden muss. Derartige Metadaten – vereinfacht verstanden als *Informationen über Daten* – erstrecken sich von Angaben zu einzelnen Fragen im Fragebogen, deren Antworten als Variablen erfasst werden, bis hin zu den Bedingungen, unter denen die Daten entstanden sind, z.B. durch eine Befragung im Rahmen einer Studie.

Dieses Kapitel behandelt Metadatenstandards und Anwendungsbeispiele, die aufzeigen, welche Arten von Metadaten zur Dokumentation, Zitation sowie zum Auffinden von quantitativen Daten in Katalogen für Forschende in sozialwissenschaftlichen Forschungsprojekten von Bedeutung sind. Aus Sicht des Forschungsdatenmanagements thematisiert dieses Kapitel Metadaten konkret als

> Daten oder Informationen, die in strukturierter Form analoge oder digitale Forschungsdaten (Objekte) dokumentieren. Sie beschreiben, erklären, verorten oder definieren Objekte, Ressourcen und Informationsquellen für die Wissenschaft. Hierdurch helfen sie, Forschungsdaten zu managen, zu erschließen, zu verstehen und zu benutzen (NISO, 2004). (Jensen/Katsanidou/Zenk-Möltgen 2011: 83)

Forschende kommen dabei sowohl als Datenproduzierende als auch als Datennutzende auf unterschiedliche Weise – direkt oder indirekt – mit dem Thema Metadaten in Berührung. Suchen Datennutzende etwa Daten für Sekundäranalysen, greifen sie wahrscheinlich auch auf Datenkataloge zu, um in den dort angebotenen Metadaten zu suchen. Datenproduzierende brauchen wiederum Metadaten, um etwa die Variablen des Datensatzes zur internen Qualitätssicherung und für die Nachnutzung nach Projektende transparent und verständlich zu dokumentieren. Darüber hinaus sind Metadatenstandards für Dateninfrastrukturen (Archive, Repositorien etc.) von großer Bedeutung, um Forschungsdaten systematisch, standardisiert, nachhaltig und miteinander kompatibel zu managen. Um Archivierungssysteme und Datenkataloge in solchen Infrastrukturen sachgerecht zu entwickeln, nutzerfreundlich anzubieten und mit anderen Katalogen zu verbinden, setzen die Anbieter – je nach spezifischen Zweck – unterschiedliche Zusammenstellungen von Metadatenelementen eines Metadatenstandards, sogenannte Metadatenschemata, ein.

Metadatenschemata durchlaufen diverse Entwicklungsphasen, aus denen sich mehr oder weniger verbindliche De-facto- oder Quasi-Standards entwickeln, die auf disziplinspezifischen Praxiserfahrungen und anerkannten Regeln einer wissenschaftlichen Community beruhen. Metadatenstandards können den Status einer Norm erhalten, wie z.B. die *ISO-Norm 15836* des *Dublin Core Metadata Element Set (DCMES 2012)*. Die *Dublin Core Metadata Initiative* (DCMI) entwickelt diesen Standard seit 1994: Waren die Metadaten des Dublin Core Standard zunächst auf die Suche nach Literaturdokumenten und bibliotheksnahe Dienste ausgerichtet, dienen sie heute allgemein der Erschließung von digitalen Objekten im

Internet. Im Laufe der Zeit wurde das Metadatenschema von anderen Disziplinen aufgegriffen, um ihre Objekte, wie z.B. Forschungsdaten, im Web leichter auffindbar zu machen. Allerdings ist es nicht vorgesehen, mit Hilfe des Dublin Core Standard sehr kleinteilige und semantisch reichhaltige Aussagen über Forschungsdaten disziplinspezifisch zu dokumentieren.

Für diese Zwecke entwickelte und etablierte sich ab Mitte der 1990er Jahre das offene Datenmodell der *Data Documentation Initiative* (DDI) als de-facto-Standard zur Dokumentation sozialwissenschaftlicher Forschungsdaten. Ausgehend von den vielfältigen Kontextinformationen, Datenelementen und Datenstrukturen in den Sozialwissenschaften, die durch das Datenmodell definiert werden, ermöglichen entsprechend modellierte DDI-Metadatenstrukturen eine umfassende und differenzierte Beschreibung von Forschungsdaten und deren Entstehungskontext. Metadatenelemente und Metadatenstrukturen und ein zugrunde liegendes Datenmodell stellen, vereinfacht gesagt, den DDI-Metadatenstandard dar, auch kurz DDI Standard genannt.

Das vorliegende Kapitel behandelt sozialwissenschaftlich relevante Metadatenstandards, die Forschungsprojekte darin unterstützen sollen, in Kooperationen mit Dateninfrastrukturen und in Arbeitsteilung mit professionellen Datenmanager/innen ihre Forschungsdaten, Begleitdokumentationen und Projektinformationen

- systematisch, transparent und nachvollziehbar zu dokumentieren,
- zu registrieren und durch Identifikatoren dauerhaft zu zitieren bzw. zu identifizieren,
- in nationalen und internationalen Datenkatalogen und Bibliotheksbeständen zu finden und
- für Replikationen zu sichern bzw. langfristig für die Nachnutzung bereitzustellen.

Die Bearbeitung des Themas erfolgt aus drei Perspektiven, denen jeweils ein Abschnitt in diesem Kapitel gewidmet ist. Abschnitt 9.1 dient der Einführung in das Thema Metadatenstandards und stellt zentrale Begriffe und Konzepte im sozialwissenschaftlichen Kontext vor. Anschließend wird der sozialwissenschaftlich relevante DDI Standard in seinen aktuellen Versionen behandelt. Abschnitt 9.2 erörtert Metadatenstandards zur Auffindbarkeit von elektronischen Ressourcen (Dublin Core Standard), zur Zitation von Datensätzen (DataCite Standard) und zur Dokumentation von sozialwissenschaftlichen Daten auf Studienebene (DDI Standard). Abschließend wird die Frage der Interoperabilität von Metadaten und deren praktischen Nutzen bei Recherchen in Datenkatalogen aus unterschiedlichen Anwendungskontexten erörtert. Diese Diskussion richtet sich primär an Mitarbeitende in Forschung, Lehre und Infrastrukturen, die allgemein an der Nutzung von Metadatenstandards beim Umgang mit sozialwissenschaftlichen Forschungsdaten interessiert sind.

Analog widmet sich Abschnitt 9.3 den verschiedenen Aspekten von Metadaten bei der Dokumentation von Forschungsdaten auf Variablenebene. Dazu wird auf Eigenschaften gängiger Software eingegangen und ihre Fähigkeit zur Erfassung von Metadaten ausgelotet. Außerdem wird beschrieben, wie Metadaten zwischen umfragebasierten Systemen ausgetauscht werden können. Schließlich werden die Möglichkeiten des DDI-Standards zur Variablendokumentation behandelt und die relevanten Module und ihre Metadaten vorgestellt. Abschnitt 9.4 verweist auf ausgewählte Software und Dateiformate zur Verarbeitung und Präsentation von Metadaten. Diese beiden letzten Abschnitte unterstützen den sozialwissenschaftlichen Projektalltag, indem sie über den Umgang mit Metadaten bei der Dokumentation von Variablen und Fragen informieren. Schließlich werden Optionen behandelt, die es Projekten ermöglichen, Metadaten auf Studienebene und auf Variablenebene DDI kompatibel zu erfassen und bereitzustellen.

9.1 Metadaten sozialwissenschaftlicher Studien und Daten

In der langjährigen international anerkannten Praxis sozialwissenschaftlicher Datenarchive werden zwei zentrale Ebenen – die Studienebene und die Variablenebene – zur Dokumentation von Forschungsdaten durch Metadaten unterschieden (vgl. Corti et al. 2014: 38f.).

Auf Studienebene wird mit Hilfe von standardisierten Metadaten, die in einer sogenannten Studienbeschreibung erfasst werden, systematisch der Entstehungskontext der Daten beschrieben, u.a. durch Angaben zum Methodendesign der Studie, Informationen über die beteiligten Forschenden und das Projekt sowie Publikationen zu Datenanalysen. In diesem Kontext werden auch Strukturen und Besonderheiten des Datensatzes dokumentiert, wie z.B. technisches Format der Datenfiles, Anzahl der Fälle und Variablen etc. Diese Metadaten werden für die Recherche in Datenkatalogen genutzt und deshalb häufig auch als *catalog metadata* bezeichnet (vgl. Abschnitt 9.2).

Auf Variablenebene wird jede Variable eines Datensatzes, d.h. die Spalte in der Datenmatrix, und das entsprechende Item der Erhebung durch einen umfangreichen Satz von DDI-Metadaten dokumentiert. Diese sogenannten *rich metadata* werden zur Herstellung von detaillierten Datendokumentationen, etwa in Form von Codebüchern oder Variablenreports, und zur granularen Suche in spezialisierten Recherchesystemen eingesetzt.

Die Bedeutung eines Metadatenstandards liegt in einem einheitlichen Vokabular, das es erlaubt, Informationen über Forschungsdaten verständlich, strukturiert und maschinenverarbeitbar zu erfassen. Bei strukturierten Metadaten handelt es sich im Fall von DDI (und anderen disziplinspezifischen Standards) oft um sehr kleinteilige, granulare – semantisch reichhaltige – Aussagen über die Daten. So umfassen die standardisierten Metadaten einer Variablen Bestandteile wie Variablenformat, -namen, Kodierung erhobener Werte, erklärende Labels etc. sowie ihre Verknüpfungen mit dem Messinstrument, z.B. einem Fragebogen, und deren eigene Metadaten zu Fragetexten, Interviewanweisungen, Antwortkategorien, Filter usw. Davon abzugrenzen sind semistrukturierte oder unstrukturierte Metadaten, die wichtige Kontextinformationen zur Entstehung der Daten etwa in Form von fließtextbasierten Dokumenten und Materialien beschreiben (z.B. Methodenberichte).

Metadatenstandards legen auch fest, wie Daten und ihre Metadaten (möglichst plattformunabhängig) erstellt, gespeichert und in andere Systeme integriert werden können, um z.B. Datenrecherchen in übergreifenden webbasierten Datenkatalogen zu ermöglichen. Da derartige Systemintegrationen zumeist nicht (vollständig) möglich sind, muss sichergestellt werden, dass Kernmetadaten verschiedener Schemata miteinander kompatibel bzw. interoperabel sind und (möglichst ohne Informationsverlust) aufeinander abgebildet (gemappt) werden können. Kernmetadaten enthalten Informationen, die in einem System vorhanden sein müssen und deshalb das Attribut *verflichtend* (*mandatory*) tragen. Dazu zählen Titel, Art und Produzent einer Ressource (vgl. z.B. Schaukasten 9.3).

Zu berücksichtigen ist, dass Metadaten nicht nur analoge oder digitale Forschungsdaten in strukturierter Form beschreiben, sondern alle möglichen Objekte, wie z.B. Personen, Dokumente, Bücher, Orte, Konzepte oder Webressourcen. Die unterschiedlichen Informationen zu solchen Objekten werden anhand verschiedenster Aspekte kategorisiert und charakterisiert. Dabei lassen sich Metadaten allgemein anhand ihrer Zweckbestimmung in folgende Typen einteilen (Riley 2017; Gilliland 2016; Gartner 2008), die jedoch nicht immer trennscharf sind und zu inhaltlichen Überschneidungen führen können:

- *Beschreibende Metadaten* informieren über diverse Inhalte und formale Eigenschaften, die ein Objekt charakterisieren können, wie z.B. Primärforscher eines Forschungsprojektes, Titel einer empirischen Studie oder die granularen Beschreibungen aller Bestandteile einer Variablen. Beschreibende

Metadaten lassen sich je nach Teilaspekt weiter unterteilen in bibliographische, methodische und literaturbezogene Metadaten usw.
- *Administrative Metadaten* geben Auskunft, wie ein Objekt verwaltet, gefunden und genutzt werden kann. So beschreiben *technische Metadaten* etwa das Dateiformat eines Datenfiles oder die zugrunde liegende Software, mit der Datenanalysen durchgeführt werden. Sogenannte *Preservation Metadaten* beschreiben darüber hinaus unterschiedliche Objekteigenschaften und Ereignisse bei der Sicherung und langfristigen Archivierung von Datenfiles und Kontextinformationen. *Rechtliche Metadaten* informieren schließlich über Nutzungsbedingungen oder andere Verwertungsaspekte der Ressource.
- *Strukturelle Metadaten* beschreiben die Beziehungen zwischen verschiedenen Objekten einer Ressource, z.B. wenn eine Studie aus Datensatz, Fragebogen, Datendokumentation und Methodenbericht besteht.

Metadaten werden in Form von strukturierten Informationen für bestimmte Zwecke und Anwendungskontexte unter Berücksichtigung der disziplinspezifischen Eigenarten von Forschungsdaten systematisch definiert und standardisiert. Ein solcher Metadatenstandard basiert auf der inhaltlichen und technischen Spezifikation eines grundlegenden Metadatenschemas, das oft im XML-Format dargestellt wird. Die Spezifikationen werden von internationalen Konsortien interessierter Organisationen entwickelt und publiziert (vgl. im Linkverzeichnis etwa DDI-C Standard). Die Implementierung eines grundlegenden Metadatenstandards in einem speziellen System wird dann oftmals durch die Publikation des (ggf. modifizierten) praktisch angewendeten Metadatenschemas dokumentiert, wie etwa das Paper *Der GESIS Datenbestandskatalog – und sein Metadatenschema* (Zenk-Möltgen/Habbel 2012) beispielhaft zeigt. Ein solches Schema definiert im Detail für jedes seiner Metadatenelemente (*Terms*) relevante Eigenschaften einer Ressource anhand von zulässigen Angaben (*Values*). Soll etwa eine sozialwissenschaftliche Studie, in deren Kontext Forschungsdaten entstanden sind, in einem Datenkatalog dokumentiert werden, ist u.a. der *Titel der Studie* zu erfassen. Entsprechend definiert etwa ein DDI-Metadatenschema ein Element <title>, das folgende Eigenschaften aufweist:

- Elementnamen: *Titel*,
- Definition des Elements: *Titel der Studie*,
- formale Eigenschaften des Elements: z.B. ist *Pflichtfeld*, ist *sprachabhängig*,
- inhaltlich zulässiger Wert des Elements: z.B. *Eurobarometer 83.4 (2015)*.

Um Forschungsdaten und ihren Entstehungskontext einheitlich und eindeutig zu beschreiben, werden für bestimmte Metadatenelemente standardisierte Terminologien benutzt, um Informationen mit einheitlichen Angaben (*Values*) aufzuführen. Typische Terminologien, die mit DDI-Metadaten auf Studien- oder Variablenebene dokumentiert werden können, zeigen die folgenden Beispiele.

Bei der Planung und Dokumentation von Umfragen wird zur standardisierten Codierung von Sprachen die ISO-Norm 639 eingesetzt, während die ISO 3166 der Codierung von bestehenden Staaten (ISO 3166-1), staatlichen Untereinheiten (ISO 3166-2) und ehemaligen Staaten (ISO 3166-3) dient. Anhand dieser Normen werden u.a. länderspezifische Fragebögen und Sprachversionen komparativer Studien einheitlich dokumentiert. Standardisierte Vokabulare disziplinspezifischer Thesauri und Klassifikationen dienen wiederum der fachspezifischen Indexierung von Literatur, Forschungsdaten und anderen Informationstypen. Die Verschlagwortung sozialwissenschaftlicher Themengebiete erfolgt etwa mit Hilfe des Vokabulars des Thesaurus Sozialwissenschaft (TheSoz), während wirtschaftswissenschaftliche Themen mit dem Standard-Thesaurus Wirtschaft (STW) beschrieben werden können. Die Gemeinsame Normdatei (GND) dient wiederum der einheitlichen Beschreibung von Personen und Körperschaften.

Auch die DDI-Initiative hat eine Reihe von Empfehlungen zu kontrollierten Vokabularen (DDI Controlled Vocabularies, CV) formuliert, um Metadaten wie Erhebungsverfahren,

Datentypen usw. einheitlich zu kodieren. Den Hintergrund der Nutzung und Verarbeitung kontrollierter Vokabulare des DDI Standard durch technische Systeme beschreiben beispielsweise Jääskeläinen, Moschner und Wackerow (2009) in *Controlled Vocabularies for DDI 3: Enhancing Machine-Actionability* (vgl. auch DARIAH-DE).

Zu den standardisierten Vokabularen zählen schließlich fachwissenschaftliche Klassifikationen, die in sozialwissenschaftlichen Erhebungen zur Kodierung entsprechender Variablen genutzt werden. Dazu gehören etwa die *International Standard Classification of Education* (ISCED 2011) der UNESCO, mit der Bildungsabschlüsse klassifiziert werden, oder die *Internationale Standardklassifikation von Berufsgruppen* (ISCO) der International Labor Organisation (ILO) (Jensen 2012). Die Anwendung von kontrollierten Vokabularen in europäischen Archiven und Statistischen Ämtern beschreiben Karjalainen, Kleemola und Jensen (2012).

9.1.1 Der DDI-Metadatenstandard

Die *Data Documentation Initiative* (DDI) entstand 1995 aus einem von dem US-amerikanischen Datenarchiv ICPSR (Inter-University Consortium for Political and Social Research) initiierten Projekt. Ziel war es, die Möglichkeiten einer standardisierten Dokumentation sozialwissenschaftlicher Studien und deren Forschungsdaten zu verbessern und die Erschließung dieser Forschungsressourcen den Möglichkeiten des Webs anzupassen. In die weitere Entwicklung flossen die praktischen Erfahrungen der international vernetzten sozialwissenschaftlichen Datenarchive ein, die zu ersten gemeinsamen Empfehlungen einer standardisierten Studien- und Datendokumentation führten. 2003 wurde die *DDI Alliance* als Mitgliederorganisation gegründet und führte formalisierte Prozesse zur Weiterentwicklung der Initiative ein. In der DDI Alliance sind aktuell mehr als 40 sozialwissenschaftliche Datenarchive, Datenproduzierende, Erhebungsinstitute, Universitäten, kommerzielle Organisationen sowie international tätige Organisationen aus 18 Ländern beteiligt. Langfristiges Ziel der DDI Alliance ist es, den DDI Standard zu einem offiziellen ISO-Norm weiterzuentwickeln.

In Europa findet seit 2009 jährlich die European DDI User Conference (EDDI) statt. Sie ist ein Forum europäischer DDI-Nutzer, die ihre Anwendungen von DDI präsentieren und Fragen und Herausforderungen rund um den Standard diskutieren. Ebenso unterhält die DDI Alliance ein umfangreiches Verzeichnis von Software, mit der DDI-Formate erstellt und verarbeitet werden können. Teil des Publikationsangebotes sind die Best-Practice-Empfehlungen zur DDI-Implementierung. Zur Fortbildung finden regelmäßige Workshops zu DDI statt.

Seit 1995 wurden mehrere Versionen des DDI Standard veröffentlicht. Seit 2012 stehen zwei unterschiedliche Versionen zur Verfügung: DDI-Codebook (DDI-C) und DDI-Lifecycle (DDI-L). Beide Standards sind im *Extensible-Markup-Language*-Format (XML) definiert und über entsprechende Repräsentationen sowohl für Menschen (z.B. bei der Recherche über eine Weboberfläche) als auch für Maschinen (z.B. mit Hilfe von Import- und Exportroutinen) lesbar (vgl. Zenk-Möltgen 2012: 113).

Die zuerst entwickelte Version DDI-C versteht sich als digitales Äquivalent des früher in Papierform produzierten Codebooks. Ein Fokus liegt auf der nachhaltigen Dokumentation von Umfragedaten im Zuge der Archivierung und Nachnutzung von Datensätzen. DDI-Lifecycle setzt einen weiteren Schwerpunkt, indem er die Erfassung und Nachnutzung aller Metadaten ermöglicht, die in den verschiedenen Phasen des Forschungsdatenlebenszyklus oder ggf. auch über verschiedene Studien, Projekte und Organisationen hinweg entstehen. Dazu zählen etwa Metadaten aus den Phasen der Erstellung einer Studienkonzeption, der Datensammlung, der Aufbereitung von Forschungsdaten oder der Datenanalyse sowie solche Metadaten, die auch für die Publikation in Datenkatalogen und die Langzeitarchivierung relevant sind. Die Strukturen beider Versionen des DDI Standard werden im Folgenden kurz vorgestellt.

9.1.2   Der DDI-Codebook Metadatenstandard – DDI-C

Die Version DDI-Codebook dient vorrangig der Dokumentation einfacher Umfragedaten aus Querschnittsstudien (*cross-section study*) und ermöglicht weiterhin die Beschreibung von Mikrodaten, Aggregatdaten und geographischen Angaben. Der DDI-C Standard wurde 2012 als Version DDI 2.5 veröffentlicht. Die wesentlichen Gruppen von Metadaten und ihre wichtigsten Elemente sind im Schaukasten 9.1 auszugsweise vorgestellt.

Schaukasten 9.1: DDI-Codebook – Metadatenstruktur und wesentliche Metadatenelemente (Auszug)

1. Dokumentbeschreibung:
   Beschreibt das DDI-Dokument als Ganzes mit Angaben zu Titel, Autoren, Publikation und Zitation.
2. Studienbeschreibung:
   Die Metadaten dokumentieren Inhalt, Typ und Autoren der Studie sowie den zeitlichen und geographischen Rahmen der Datenerhebung. Es werden Erhebungsmethode, Grundgesamtheit sowie Analyseeinheit und Art der Stichprobe soweit möglich mit kontrollierten Vokabularen beschrieben. Weitere Metadaten erfassen Versionierung, bibliographische Zitation und den dauerhaften Identifikator des Datensatzes. Datenzugang und Nutzungsbedingungen werden ebenfalls dokumentiert.
3. Variablenbeschreibung:
   In diesem Abschnitt werden Variablennamen, Typ und Labels der Variable erfasst. Neben dem Code und den Häufigkeiten der Variable im Datensatz können Hinweise zur Kodierung oder Berechnung von Werten mit Hilfe von Anmerkungen beschrieben werden. Weitere Metadaten beinhalten Fragetexte und Antwortkategorien, Interviewanweisungen sowie Filterinformationen aus dem Fragebogen.
4. Datensatzbeschreibung:
   Hier werden die Anzahl der Variablen und Erhebungsfälle und Namen, Formate und Versionen der Datendatei(en) dokumentiert.
5. Anderes Material:
   Dieser Abschnitt enthält Informationen und Links zu digitalisierten Kontextdokumenten wie z.B. Fragebögen, Methodenberichte usw. sowie Verweise auf Publikationen, in denen der Datensatz der Studie genutzt wurde.

Quelle: Eigene Darstellung in Anlehnung an Jensen (2012: 49)

Diese Metadaten beschreiben die Kontextinformationen zur Studie, die Dokumentation sowie den Datensatz und seine Variablen. Die übergreifenden Informationen zur Studie werden als sogenannte *Studienbeschreibung* über Datenkataloge für differenzierte Recherchen zu Themen einer Studie und zur Bereitstellung von dazugehörigen Daten und Dokumentation angeboten (vgl. Abschnitt 9.2.3). DDI-C erleichtert die Migration der Codebuch-Metadaten in den DDI-Lifecycle Standard. So können etwa DDI-C-Metadaten einer Querschnittstudie in DDI-L überführt werden, sobald zu einer Querschnittsstudie später weitere Erhebungen hinzukommen und die maschinelle Wiederbenutzung vorhandener Metadaten in DDI-L von Interesse ist.

9.1.3   Der DDI-Lifecycle Metadatenstandard – DDI-L

DDI-L basiert auf dem von der DDI Alliance entwickelten Data-Lifecycle (vgl. Kapitel 2.2), der in acht Phasen aufgeteilt ist. Diese müssen jedoch nicht notwendigerweise in chronologischer Reihenfolge durchlaufen werden. Entsprechend wurden in DDI Module entwickelt, die den Data-Lifecycle-Phasen logisch zugeordnet sind und zusammengehörige Metadatenelemente der jeweilig erforderlichen Dokumentation einer Phase zusammenfassen.

9. Metadatenstandards im Kontext sozialwissenschaftlicher Daten 157

Abbildung 9.1: Mögliche Nutzung von DDI-Modulen in den Phasen des Lebenszyklus von Forschungsdaten

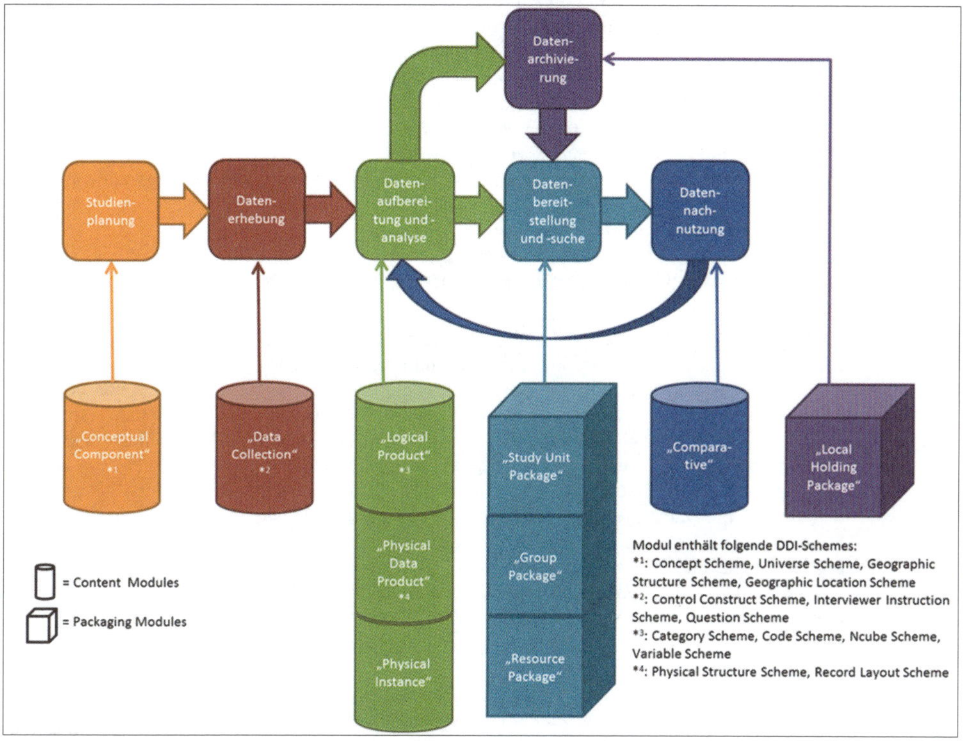

Quelle: Eigene Darstellung basierend auf dem Lifecycle-Modell der DDI Alliance (DDI (o.J.): Lifecycle-Modell).

Abbildung 9.1 zeigt die zehn wichtigsten Module und ihre logische Anbindung an die (in der Grafik verkürzt dargestellten) Phasen des DDI-Lifecycle-Modells, die im Folgenden beleuchtet werden.[1] Damit ermöglichen es die Module, einzelne Phasen im Lebenszyklus von Forschungsdaten unabhängig voneinander zu dokumentieren und die entstandenen Metadaten in anderen Phasen wiederzuverwenden. Die Module können auch – unabhängig von der Zuordnung zu einer Phase – danach unterschieden werden,

- ob sie der Erzeugung von Metadaten dienen und diese beinhalten (*Content Modules*, die als runde Form in der Abbildung dargestellt werden) oder
- ob sie den Inhalt der *Content Modules* wiederverwenden und diesen für bestimmte Zwecke strukturieren (*Packaging Modules*); in Abb. 9.1 als eckige Form dargestellt.

Einige der *Content Modules* beinhalten weiterhin eine Reihe von mit Sternchen gekennzeichneten *DDI Schemes*. Das sind Listen von wiederverwendbaren DDI-Metadatenelementen eines bestimmten Typs, wie beispielsweise Fragen (*Question Scheme* im Modul *Data Collection*) oder Variablen (V*ariable Scheme* im Modul *Logical Product*).

Die wesentlichen DDI-L-Module sowie ihre mögliche (wenn auch nicht zwingende) Zuordnung zu den Phasen im Data-Lifecycle werden im Folgenden kurz beschrieben.

1. Phase: Studienplanung und das Modul *Conceptual Components*

---

[1] Alle Namen von Modulen und Teilelementen werden zur besseren Lesbarkeit im Folgenden – im Gegensatz zu DDI Konventionen - nicht zusammengeschrieben.

Dieses Modul dient der Dokumentation von wissenschaftlichen Konzepten (z.B. Arbeitslosigkeit), die von Datenelementen (Variablen) gemessen werden, sowie Grundgesamtheiten (alle Beschäftigten ab 18 Jahre) und geographischen Strukturen (Deutschland) oder Orten, die den dokumentierten Daten zugrunde liegen.

2. Phase: Datenerhebung und das Modul *Data Collection*
Das Modul dient der Beschreibung der Erhebungsmethode, Erhebungszeiträume und zur Dokumentation besonderer Ereignisse im Rahmen der Datenerhebung. Außerdem werden hier u.a. mehrsprachige Fragetexte und Antwortdomänen (Text, numerisch, Codeschema etc.) sowie Ablauf- und Kontrollstrukturen, Intervieweranweisungen und Codierungsanweisungen des Messinstruments dokumentiert.

3. Phase: Datenaufbereitung und Datenanalyse
Ggf. ist diese Phase in die Phase Datenarchivierung eingebunden, wenn die Daten in ein Datenarchiv aufgenommen werden. Dabei spielen folgende vier Module eine besondere Rolle (siehe auch Abschnitt 9.3.4):

- Im Modul *Logical Product* werden die Metadaten zur Struktur der erhobenen Daten abgelegt. Hier sind die Listen der Antwortkategorien und der verwendeten numerischen Codes und die daraus entstehenden Variablen des Datensatzes dokumentiert. Aggregierte Daten von Variablen mit mehreren (N) Dimensionen – sogenannte *Cubes* – oder generell n-dimensionale Datenstrukturen werden mit Hilfe sogenannter *NCubes* erfasst. Variablen und *NCubes* können in Gruppen zusammengefasst und ihre Beziehungen beschrieben werden.
- Das Modul *Physical Data Product* benennt die physikalischen Eigenschaften der Datenstrukturen, etwa ob die Daten in einem festen, variablen oder Trennzeichen-Format vorliegen. Die Verbindung zu den Variablen aus dem *Logical Product* wird funktional über sogenannte *Data Relationships* gesteuert.
- Das Modul *Physical Instance* dokumentiert die physikalische Datendatei als Eins-zu-Eins-Relation zu einem konkreten Datenfile (z.B. im SPSS- oder STATA-Format), die die Daten enthält. Das Modul erlaubt auch die Speicherung von Tabellen mit statistischen Auswertungen zu den Variablen.
- Das spezielle Modul *Local Holding Package* beschreibt im Kontext der Phase Datenarchivierung Metadaten zum Modul *Study Unit Package* (s.u.), die von einem Archiv für die Datenbereitstellung und Datensuche (zusätzlich) erstellt werden.

4. Phasen: Datenbereitstellung und Datensuche (hier gemeinsam ausgewiesen)
Spätestens zu diesem Zeitpunkt (oft in Verbindung mit einer vorausgehenden Datenarchivierung) kommen die Metadaten folgender Module zum Einsatz:

- Das Modul *Study Unit Package* beschreibt grundlegende Kontextinformationen der erhobenen Daten. Dazu gehören Metadaten, die der Identifizierung dienen, wie Studiennummer, Persistent Identifier und Zitationsinformationen. Weiterhin werden die räumliche und zeitliche Einordnung der erfassten Daten sowie die abgedeckten Themen dokumentiert. Außerdem erfasst das Modul grundlegende Konzepte der Datenauswahl und -erhebung sowie die abzubildende Grundgesamtheit. Informationen über den Forschungszweck der Studie sowie Angaben zu Forschungsanträgen und deren Finanzierung werden ebenfalls hier dokumentiert.
- Das Modul *Group Package* erlaubt in diesem Kontext die Vererbung von Basisinformationen, etwa über ein Umfrageprogramm. Werden z.B. im Rahmen dieses Programms wiederholt Daten zu getrennten Zeitpunkten erhoben und dokumentiert, können die grundlegenden Informationen in der Dokumentation der Folgeerhebung wiederverwendet und, wenn notwendig, angepasst werden.
- Eine wichtige Rolle bei der Wiederbenutzung von Metadaten spielt das *Resource Package*. Dieses Modul ermöglicht die Dokumentation von Elementen, wie z.B. Fragen, Antwortskalen oder Variablendefinitionen, die in standardisierter Form in unterschiedlichsten Studien oder Umfrageprogrammen wiederverwendbar sind.

5. Phase: Nachnutzung
Das Module *Comparative* ermöglicht im Rahmen der Nachnutzung den paarweisen Vergleich von Elementen wie z.B. Fragen, Variablen, Kategorien und Code-Schemata aus vergleichenden Studien. Gemeinsamkeiten und Unterschiede können anhand der Werte *Identical*, *High*, *Medium*, *Low*, *None* codiert werden.

Die Metadatenelemente aus diesen Modulen können vielfältig über technische kontrollierte Referenzen miteinander vernetzt werden und ermöglichen damit auch eine maximale Wiederverwendung der Dokumentationsteile in den verschiedenen Stadien des Forschungsdaten-Lebenszyklus (Jensen 2012: 48f; Zenk-Möltgen 2012: 114f).

9.2 Metadaten zum Beschreiben und Finden von Studien und Datensätzen

Metadaten auf Studienebene bieten nach Projektende einen Überblick über den Forschungskontext, die Konzeption der Studie und die Methode der Datenerhebung sowie Dokumente zur Datenaufbereitung und Informationen über publizierte Ergebnisse. Sie sind somit auch ein Schlüssel für Forschende, um Daten und notwendige Dokumentationen zu finden und neue wissenschaftliche Fragestellungen mit bereits vorhandenen Daten zu bearbeiten, ohne Daten selbst erheben zu müssen. Diese Nachnutzung von Daten (Data-Sharing) im Rahmen von Sekundäranalysen setzt aber nicht nur voraus, dass die Daten sowohl auffindbar und verständlich dokumentiert sind, sondern erfordert auch deren Zugänglichkeit und technische Nutzbarkeit (s. dazu ausführlich Kapitel 8.1).

Angesichts von national wie international verteilten, heterogenen Datenbeständen, die beispielsweise von Datenarchiven, Repositorien oder Forschungsdatenzentren unterhalten werden, stellt sich auch für Datenproduzierende und Datennutzende in Forschungsprojekten die Frage, wie Studien und Daten ggf. interdisziplinär beschrieben und gefunden werden können. So konstatiert etwa Horstmann (2007: 231):

> Wissenschaftler sind es aber gewohnt, bei der Informationssuche auf nationale oder internationale Datenbestände zuzugreifen und möchten nicht einen lokalen Katalog nach dem nächsten „durchblättern".

Welche Metadatenstandards bei der Entwicklung vernetzter Infrastrukturen zum Nachweis von Forschungsdaten eine wichtige Rolle übernehmen, wird in diesem Beitrag anhand der Standards Dublin Core, DataCite und DDI beschrieben. Im Anschluss wird das Thema *Interoperable Metadaten* an den drei Beispielen behandelt, um zu zeigen, wie ein Set von Kernmetadaten die Erschließung von Forschungsdaten aus unterschiedlichsten Disziplinen ermöglicht.

9.2.1 *Metadaten zum Beschreiben von Ressourcen – Beispiel Dublin Core*

Dublin Core (DC) ist ein weitverbreiteter Standard zur Beschreibung und Erschließung digitaler Objekte im Internet, der von der *Dublin Core Metadata Initiative* (DCMI) entwickelt und unterhalten wird. Seit dem Gründungsworkshop 1995 hat sich der ursprüngliche Zweck der Metadaten – „improving the discovery of electronic resources on a rapidly growing World-Wide Web" – in Richtung der „resource description" (DCMI 2011: o.S.) sukzessive erweitert. So sollen DC-Metadaten nicht nur elektronisch verfügbare Objekte, sondern prinzipiell jedes identifizierbare Objekt beschreiben können. Dies können physikalische Dinge, Konzepte, Software aber auch Datensätze und (Daten-)Kollektionen sein, wie sie im (kontrollierten) DCMI Type Vocabulary (2012) beschrieben werden. Vor diesem Hintergrund wird verständlich, dass die DC-Metadaten zur Beschreibung von und Suche nach Objekten nicht nur für Bibliotheken und Museen, sondern im Prinzip für alle wissenschaftlichen Disziplinen von Interesse sind. So können auch Objekte anderer Domänen auf einfache Weise mit einem Satz von 15 Kernmetadaten beschrieben und online erschlossen werden. Sie werden Dublin Core Metadata Element Set (DCMES 2012) oder kurz DC oder DC Simple genannt und sind als ISO Standard 15836 anerkannt. Schaukasten 9.2 beschreibt (auszugsweise) diese Kernelemente und ordnet sie Metadatentypen (vgl. Abschnitt 9.1) zu, um ihren jeweiligen Zweck zu verdeutlichen.

Schaukasten 9.2: Kernelemente des Dublin-Core-Metadatenschemas (Auszug)

Deskriptive Metadaten

- Title: formeller Name oder Titel des Objektes
- Subject: thematische Einordnung des Objektes, z.B. durch ein Klassifikationssystem
- Description: Abstract zur inhaltlichen Beschreibung des Objektes
- Coverage: räumliche oder zeitliche Zuordnung des Objektes
- Language: Sprache des Inhalts des Objektes

Bibliographische Metadaten

- Creator – Contributor: Produzent des bzw. Mitwirkende an der Erzeugung des Objekts
- Publisher: Instanz, die das Objekt veröffentlicht

Administrative Metadaten

- Rights: rechtliche Eigenschaften des Objektes, z.B. Lizenzen, Zugangsrechte
- Date: relevantes Datum im Lebenszyklus, z.B. wann ein Datensatz geändert wurde

Strukturelle Metadaten

- Identifier: eindeutige Identifizierung des Objekts, z.B. durch ISBN, URL, DOI
- Source: Verweis auf ein Ursprungsobjekt, auf dem das vorliegende Objekt aufbaut
- Relation: Verweis auf ein Objekt, das mit dem beschriebenen Objekt auch in Verbindung steht

Technische Metadaten

- Format: Angabe, wie das Objekt dargestellt ist oder weiterverarbeitet werden kann
- Type: Art und Gattung des Objektes, das durch ein kontrolliertes Vokabular definiert werden kann, wie z.B. Kollektion, Datensatz, Text, Programm, Dienste, Ereignis, physikalisches Objekt, Bildmaterial, Tonmaterial

---

Quelle: Eigene Darstellung mit Bezug auf DCMES – Dublin Core Metadata Element Set (2012)

Alle Felder sind optional, wiederholbar und können in beliebiger Reihenfolge erscheinen. Sie ermöglichen beispielsweise die Zitation eines Objekts nach unterschiedlichen Zitationsstandards. Um die Zitation und Auffindbarkeit sozialwissenschaftlicher Objekte wie Datensätze und Begleitmaterialien in differenzierter Weise zu ermöglichen, sind semantisch inhaltsreichere, disziplinspezifische Metadaten erforderlich. Solche Metadaten behandelt der nächste Abschnitt.

9.2.2   Metadaten zur Zitation von Forschungsdaten – Beispiel DataCite

DataCite ist ein 2009 gegründetes, stetig wachsendes, internationales Konsortium mit Mitgliedern in Europa, Nordamerika, Asien und Australien. Das Konsortium wurde gegründet, um einheitliche Standards zur Akzeptanz von Forschungsdaten als legitime, eigenständige und zitierfähige wissenschaftliche Leistung weltweit zu etablieren und die Archivierung von sowie den Zugang zu Daten für die Nachnutzung zu fördern.

Das Kernkonzept beruht auf der Nutzung eines *Persistent Identifiers* (PID). Im DataCite-Kontext ist ein PID eine Zuordnung zwischen einer Zeichenfolge und einem Objekt. Objekte können z.B. ein Datensatz, ein Text, eine Audio- bzw. Videodatei, Software, Workflows,

Ereignisse etc. sein. Um PIDs zu erzeugen, nutzt DataCite das System von DOI (Digital Object Identifier), wie im Kapitel 10 näher vorgestellt.
Das aktuelle DataCite-Metadatenschema 4.1 (DataCite 2017: 3f.)

> is a list of core metadata properties chosen for an accurate and consistent identification of a resource for citation and retrieval purposes, along with recommended use instructions. […] The resource that is being identified can be of any kind, but it is typically a dataset. We use the term 'dataset' in its broadest sense. We mean it to include not only numerical data, but any other research data outputs.

Es umfasst insgesamt neunzehn Hauptelemente (*Properties*), deren Eigenschaften durch weitere Unterelemente (*Subproperties*) spezifiziert werden können.

In Deutschland vergibt die Registrierungsagentur da|ra, die seit 2010 DataCite-Mitglied ist, DOI-Namen für Forschungsdaten und Materialien aus den Sozial- und Wirtschaftswissenschaften. Der da|ra Service hat ein spezielles DDI kompatibles Metdatenschema entwickelt (Koch et al. 2017), um den besonderen Anforderungen an die Beschreibung und differenzierte Erschließung sozial- und wirtschaftswissenschaftlicher Daten gerecht zu werden. Das Schema erweitert das Metadatenschema von DataCite um disziplinspezifische Elemente und besteht aus 32 Hauptelementen (und zusätzlichen Subelementen). Zusammen mit dreizehn kontrollierten Vokabularen können sowohl Forschungsdaten als auch Materialien, die im Forschungsprozess entstanden sind, differenziert beschrieben, zitiert und erschlossen werden (s. Schaukasten 9.3).

Schaukasten 9.3: Notwendige Metadaten zur Registrierung bei da|ra
- Art der Ressource – Beschreibung durch kontrolliertes Vokabular und freien Text
- Titel der Ressource
- Namen der Primärforscher und/oder Namen der Institution, die die Daten erstellt haben
- Publikationsagent – Einrichtung, die die Ressource veröffentlicht
- DOI-Name, der der Ressource zugeordnet ist sowie
- die URL, die auf die Ressource verweist
- Version der publizierten Ressource
- Publikationsdatum der Ressource
- Bedingungen, unter denen die Ressource zugänglich ist

Quelle: Eigene Darstellung mit Bezug auf Koch et al. (2017)

Das erste Element in Schaukasten 9.3 ist von Bedeutung, um die Eigenschaft einer Ressource zu spezifizieren. So kann ein allgemeiner Typ *Datensatz* als spezifischer Typ *Zensusdaten* charakterisiert werden. Darüber hinaus können vielfältige Metadaten genutzt werden, um u.a. einen Datensatz inhaltlich und bibliographisch näher zu beschreiben und Forschende etwa über Thema, Sample und Erhebungsmethoden sowie die zeitliche und geographische Abdeckung der Daten zu informieren. Weiterhin können zum Datensatz gehörende Objekte, z.B. Fragebogen, Methodenbericht oder Syntaxdateien registriert werden. Durch diese disziplinspezifischen Metadaten ist es Forschenden möglich, in Katalogen sehr zielgerichtet (fachspezifische) Daten und Dokumentationen zu interessierenden Fragestellungen zu finden bzw. eigene archivierte Projektdaten zitierfähig zu publizieren.

9.2.3   Metadaten zum Finden sozialwissenschaftlicher Daten – Beispiel DDI

Mit der Entwicklung des DDI Standard begannen die sozialwissenschaftlichen Datenarchive weltweit, die papierbasierten Kataloge ihrer Datenbestände auf elektronische Datenkataloge mit spezialisierten Funktionen zur Suche und Bereitstellung umzustellen.

Zur Beschreibung und Erschließung von wissenschaftlichen Umfragen und zur Archivierung entsprechender Daten wurde das elektronische Format der Studienbeschreibung für sozialwissenschaftlich orientierte Datenkataloge entwickelt (Bauske 2000). Die Studienbeschreibung dokumentiert anhand der strukturierten, und disziplinspezifischen DDI-Metadatenstandards u.a. Herkunft, Inhalte, Zugänglichkeit und Nutzungsbedingungen der Daten und Dokumentationen. Bibliografische Informationen beschreiben die Studie, die Forschenden sowie deren Publikationen. Methodenbezogene Metadaten umfassen u.a. Auswahlverfahren, Erhebungsmethoden sowie Ort und Zeitraum der Erhebung, wie oben bereits erörtert.

Schaukasten 9.4: DDI-Metadatenelemente der Studienbeschreibung

Bibliographische Angaben

- Studientitel und Studiennummer
- Namen und Institutionen der Primärforscher/innen
- Institution, die die Daten erhoben hat
- Angaben zur Zitation des Datensatzes
- Version des Datensatzes (Nummer, Namen, Datum) und Errata (Korrekturen in den Daten)
- Persistent Identifier (PID) des Datensatzes

Inhalt

- inhaltliche Beschreibung der Studie – Abstract
- Themenklassifikation

Methodologie

- zeitliche und geographische Angaben zur Erhebung
- Grundgesamtheit und Auswahlverfahren
- Typ des Erhebungsverfahrens

Daten und Dokumente

- Format des Datensatzes und Art des Analysesystems
- Anzahl der Einheiten (Fälle) und Variablen
- Datenzugang und Nutzungsbedingungen
- Datensatz (zum Download)
- Codebücher, Fragebogen, Methodenberichte o.ä. zum Download

Veröffentlichungen

- Literatur zur Studie, z.B. Forschungsbericht; Analyseergebnisse

---

Quelle: Eigene Darstellung in Anlehnung an Jensen (2012: 60f.)

Allgemein betrachtet informieren Metadaten auf Studienebene über den Kontext der Forschungsdaten. In Schaukasten 9.4 sind die wesentlichen Gruppen von Metadatenelementen einer DDI-basierten Studienbeschreibung zusammengefasst. Dabei handelt es sich hauptsächlich um sehr detaillierte deskriptive Metadaten, die durch administrative, strukturelle und technische Metadaten ergänzt werden. Aus Darstellungsgründen wird im Schaukasten auf die gesonderte Kennzeichnung durch diese Typen verzichtet.

Die ausführliche Dokumentation von Studien ist eine Voraussetzung, damit Forschende Daten sowohl finden als auch korrekt interpretieren und nachnutzen können. Für Projekte, die ihre Forschungsdaten und Materialien in einem Datenarchiv sichern und zur Nachnutzung bereitstellen wollen, werden entsprechende Metadaten der Studienebene dort aufbereitet (oftmals auch in englischer Sprache) und in den lokalen Datenkatalog integriert.

Das folgende Beispiel in Abbildung 9.2 stammt aus dem GESIS-Datenbestandkatalog und zeigt auszugsweise Metadaten der archivierten Umfrage ALLBUS 2016 (Studiennummer ZA5250), die zur Nachnutzung bereitsteht. Der Reiter *Bibliographische Angaben* präsentiert Metadaten wie *Zitation und DOI der Daten*, die *Studiennummer* und *Titel* der Studie. Analog zeigen die weiteren Reiter Metadaten zum *Inhalt der Studie*, zur *Methodologie* und zu den downloadbaren *Daten* und *Dokumenten* (Codebuch, Fragebogen usw.). Mit der

Archivierung der Forschungsdaten bei GESIS werden diese bei da|ra registriert und erhalten mit ihrer Veröffentlichung einen DOI-Namen. Informationen zu institutionellen Möglichkeiten der Sicherung, Archivierung und Nachnutzung von Forschungsdaten behandelt Kapitel 7.

Abbildung 9.2: Metadaten der Studie ALLBUS 2016 (ZA5250) im GESIS-Datenbestandskatalog (Ausschnitt)

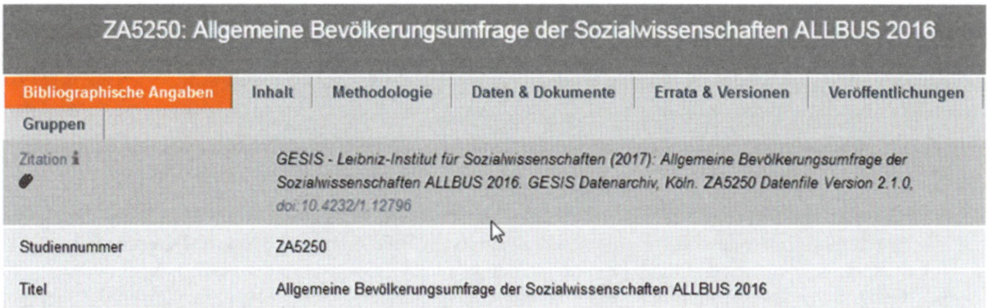

ZA5250: Allgemeine Bevölkerungsumfrage der Sozialwissenschaften ALLBUS 2016					
Bibliographische Angaben	Inhalt	Methodologie	Daten & Dokumente	Errata & Versionen	Veröffentlichungen
Gruppen					
Zitation	GESIS - Leibniz-Institut für Sozialwissenschaften (2017): Allgemeine Bevölkerungsumfrage der Sozialwissenschaften ALLBUS 2016. GESIS Datenarchiv, Köln. ZA5250 Datenfile Version 2.1.0, doi:10.4232/1.12796				
Studiennummer	ZA5250				
Titel	Allgemeine Bevölkerungsumfrage der Sozialwissenschaften ALLBUS 2016				

Quelle: GESIS – Leibniz-Institut für Sozialwissenschaften (2018)

Gleichzeitig werden die Inhalte solcher ‚lokalen' Datenkataloge immer stärker auch grenzüberschreitend mit internationalen Dateninfrastrukturen vernetzt und von unterschiedlichsten Suchmaschinen indexiert. So ist etwa der GESIS-Datenbestandskatalog gemeinsam mit anderen europäischen Archivkatalogen Teil des Datenkatalogs von CESSDA (Consortium of European Social Science Data Archives). Die entsprechenden Metadaten werden darüber hinaus in international vernetzten Online-Ressourcen, wie etwa da|ra oder auf europäischer Ebene im B2Find Katalog (EUDAT) sowie dem Nachweissystem von OpenAire, verwendet. Diese Vernetzung ‚lokaler' Datenkataloge erweitert die Möglichkeiten eines integrierten Nachweises von Forschungsdaten – aber auch von Publikationen und anderen datenbezogenen Forschungsinformationen – aus unterschiedlichen Wissenschaftsdisziplinen.

Dazu ist es notwendig, dass die Metadaten – zumindest für bibliographische Kernelemente wie z.B. den Titel – in den Metadatenschemata der verschiedenen Systeme aufeinander abbildbar sind. D.h., die Metadaten müssen interoperabel sein, was im folgenden Abschnitt thematisiert wird.

9.2.4   Interoperable Metadaten zum Nachweis von Studien und Daten

Die letzten drei Abschnitte haben beispielhaft beschrieben, welche Metadatenstandards für spezifische Zwecke eingesetzt werden können, um Ressourcen auch aus unterschiedlichsten Disziplinen zu finden (z.B. mittels DCMI) und sie zitierfähig im Internet anzubieten (beispielsweise über DataCite, da|ra). Anhand der Metadatenstandards aus dem Bereich der Sozialwissenschaften wurde gezeigt, wie Metadaten es erlauben, Studien und Datensätze dieser Domäne sowohl in sozialwissenschaftlichen als auch in transdisziplinären Datennachweissystemen zu finden (da|ra, DDI, B2Find, OpenAire). Die ausgewählten Standards zeigen aber auch, dass sie Forschungsdaten mit ihren Metadatenelementen unterschiedlich tief beschreiben und erschließen können. Das bedeutet einerseits, dass disziplinübergreifende Standards erforderlich sind, um Datenressourcen unterschiedlichster Herkunft z.B. in interdisziplinären Informationsplattformen zu finden. Anderseits wird die Notwendigkeit kleinteiliger, disziplinspezifische Metadaten deutlich, um mit ihrer Hilfe z.B. die relevanten sozialwissenschaftlichen Daten für eine spezifische, sekundäranalytische Fragestellung aus der Masse von Datenangeboten herauszufiltern (Jensen/Katsanidou/Zenk-Möltgen 2011).

Die Verwendung solcher Metadaten erfordert es auch, dass sie sowohl von den Nutzenden eines Datenkatalogs als auch von diversen technischen Systemen verstanden, genutzt und verarbeitet werden können. D.h., Metadatenstandards sollten so entwickelt werden, dass sie von Recherchesystemen verarbeitet und erschlossen und auch zwischen solchen Systemen ausgetauscht werden können. Dabei ist sicherzustellen, dass eine Ressource, wie z.B. ein sozialwissenschaftlicher Datensatz, in unterschiedlichen Systemen mit möglicherweise unterschiedlichen Metadatenstandards bzw. Elementen beschrieben und verstanden werden kann.

Damit verschiedene Metadatenstandards untereinander kompatibel sind, müssen grundlegende Metadatenelemente, wie z.B. Name und Quelle eines Objektes interoperabel sein, d.h. zwischen verschiedenen Systemen – möglichst ohne Informationsverlust – ausgetauscht werden können. Im Kontext von Metadaten wird dabei unterschieden zwischen (Rühle o.J.: 5):

- struktureller Interoperabilität – die Standards beruhen auf einem gemeinsamen Datenmodell,
- syntaktischer Interoperabilität – die Metadaten werden in einem Format, wie z.B. XML, kodiert,
- semantischer Interoperabilität – die verwendeten Metadatenelemente haben die gleiche Bedeutung.

Angesichts der Vielfalt von Metadatenstandards, die die besonderen inhaltlichen Anforderungen an Metadaten zur Dokumentationen von Daten in den unterschiedlichsten Disziplinen wiederspiegeln, ist es nicht möglich, diese Arten von Interoperabilität vollständig zu realisieren. Vielmehr bestimmt der Zweck eines Datenkataloges, welche und wie viele Metadaten interoperabel sein müssen. So ist es zum Nachweis von lokalen Datenbeständen in übergreifenden Katalogen ausreichend, wenn eine geringe Zahl interoperabler Kernmetadaten (vgl. Schaukasten 9.2 zum Dublin Core Standard) genutzt wird.

Ein gängiges Mittel, um Metadaten eines Ausgangs- bzw. Quellsystems in einem neuen Zielsystem abzubilden, ist das sogenannte *Mapping*. Dazu werden relevante Metadatenelemente des Quellsystems auf entsprechende Elemente des Zielsystems abgebildet. Um dabei sinnvolle Ergebnisse zu erzielen, ist es erstens notwendig, dass das Mapping semantisch korrekt ist. Dazu werden sogenannte Mappingtabellen bei der Spezifikation eines Metadatenschemas definiert. Zweitens muss die technische Abbildung eines Elements aus dem Quellsystem auf ein anderes Element des Zielsystems syntaktisch möglich sein (z.B. durch Nutzung des XML-Formats) und regelkonform erfolgen.

Üblicherweise werden Mappings mit Elementen anderer Metadatenstandards in der jeweiligen Spezifikation des Standards des Quellsystems systematisch dokumentiert, wie z.B. im da|ra-Metadatenschema Version 4 (Koch et al. 2017: 69ff.). Das Mapping von Metadaten eines Metadatenschemas auf verschiedene Softwaresysteme beschreiben Akdeniz und Zenk-Möltgen (2017: 55ff.). Wie das Mapping bzw. der Austausch von Metadaten aus den Standards von Dublin Core, DataCite und DDI für unterschiedliche Anwendungszecke erfolgt, sei zum Abschluss kurz erwähnt. Dabei spielen die 15 Kernelemente des Dublin Core Standard eine zentrale Rolle (vgl. Schaukasten 9.2).

Sollen beispielsweise DDI-Metadaten einer Studienbeschreibung eines lokalen Datenkatalogs als Quellsystem in ein transdisziplinäres Datenportal wie der B2Find-Katalog von EUDAT als Zielsystem aufgenommen werden, werden die Metadaten automatisiert abgefragt, sodass Forschungsdaten aus verteilten Quellsystemen im Portal gefunden werden können. Bei der Abfrage von Metadaten eines Datenservices, auch Harvesting genannt, wird bevorzugt die Schnittstelle OAI-PMH (Open Archives Initiative Protocol for Metadata Harvesting) eingesetzt. Dieses Protokoll setzt die 15 Kernelemente von Dublin Core als verpflichtende Metadatenspezifikation (vgl. Spezifikation OAI-PMH Dublin Core; kurz oai_dc) ein. Diese Kernelemente stellen den kleinsten gemeinsamen Nenner an Informationen über ein Objekt dar, die zwischen unterschiedlichen Systemen mittels OAI-PMH ausgetauscht werden müssen. Das Protokoll erlaubt jedoch auch die Verwendung anderer Metadatenstandards. So verwendet etwa da|ra für seine Metadaten des OAI-PMH Providers zusätzlich zwei da|ra-spezifische Formate, basierend auf dem DDI-Lifecycle-Format und dem DataCite-Format (da|ra OAI-PMH).

9.3 Metadaten zur Dokumentation von Variablen und Fragen

Datenstrukturen in den quantitativen Sozialwissenschaften bestehen in der Regel aus rechteckigen Tabellen, in denen eine Liste von Subjekten in den Zeilen und die Merkmale in den Spalten, die dann Variablen genannt werden, eingetragen sind. So sind z.B. Umfragedaten oft mit einer Zeile pro befragte Person angegeben und in den Spalten die Antworten auf die Fragen des Fragebogens. Ein anderes Beispiel sind Aggregatdaten, etwa wenn Länder in den Zeilen angegeben werden, und Werte für das Bruttosozialprodukt oder die Arbeitslosenquote in der Spalte.

Die Nutzung derartiger Datenstrukturen, etwa in Sekundäranalysen, setzen die genaue Kenntnis einzelner Merkmale voraus. Dazu gehören u.a. die Bedeutung einzelner Variablen, ihre Maßeinheiten und Informationen über das Zustandekommen der Messungen. Hierfür werden in der Regel die Variablen mit kurzen Überschriften (*Labels*) sowie mit kurzen Erklärungen, die z.B. einen Fragetext enthalten können, versehen.

Weitere Informationen können sich z.B. auf den Typ der Daten (etwa Textdaten, numerische Daten, Datumsformate), das Messniveau, die Einheiten der Messung und die gültigen und ungültigen bzw. fehlenden Antwortwerte beziehen (*Missing Values*).

Je nach verwendetem Datenformat lassen sich unterschiedliche Metadaten zusammen in einer Datei mit den eigentlichen Umfragedaten ablegen. Eine Übersicht zu den gängigsten Formaten und ihrer Möglichkeiten für Metadaten im Bereich sozialwissenschaftlicher Datendokumentation und -analysen bietet der folgende Abschnitt. Wir beginnen damit, eher einfachere Strukturen mit wenigen Metadaten zu erörtern und beziehen dann komplexere Strukturen mit ein, die reichhaltigere Möglichkeiten der Dokumentation bieten.

9.3.1   Dokumentation einfacher Datenstrukturen – Beispiel CSV

Einfache Datenstrukturen werden oft im CSV-Format in einer Textdatei abgelegt. CSV steht für *comma-separated values* und wird von einer Vielzahl an Programmen für den Import oder Export einfach strukturierter Informationen verwendet (vgl. Spezifikation RFC4180). CSV-basierte Daten sind immer in einer rechteckigen Datenstruktur angeordnet, da die Daten in Zeilen (befragte Person) und Spalten (Variablen) organisiert werden. Die Zeichenkodierung der Werte ist nicht festgelegt, in der Regel wird aber 7-bit ASCII oder ein Unicode-Zeichenformat wie UTF-8 (vgl. Spezifikation RFC3629) verwendet.

Zur Strukturierung und Abgrenzung der Daten müssen in der Textdatei spezielle Steuerzeichen eingesetzt werden. Deren Kenntnis ist notwendig, um die Dateistruktur formal zu prüfen, z.B. ob die Anzahl von Spalten und Zeilen mit der Anzahl von befragte Person und Variablen übereinstimmt. Auch sollten die erfassten Einträge (Werte) des Datensatzes auf logische Konsistenz mit den Vorgaben des Codeplans kontrolliert werden, bevor die Daten für Analysen genutzt werden.

Die Trennung von Datensätzen (Zeilen) wird in der Regel durch einen Zeilenumbruch gekennzeichnet, dabei kann es Unterschiede zwischen Betriebssystemen geben: In Windows wird z.B. ein Zeilenumbruch durch die Steuerzeichen *carriage return* (Rückkehr an den Zeilenanfang) und *line feed* (Zeilenvorschub) kodiert, unter Unix ist nur ein *line feed* üblich (vgl. Trost Media 2018).

Die Trennung von Datenfeldern, also den Spaltenwerten, wird durch ein Komma codiert, kann aber auch durch Steuerzeichen wie Semikolon, Tabulatorzeichen (in dem Fall wird das Format auch als TSV bezeichnet) oder andere erfolgen. Die zur Trennung verwendeten Steuerzeichen dürfen nicht als Zeichen in den Werten der Felder selbst vorkommen, z.B. in Form von Variablenwerten mit Dezimalstellen, da dies sonst zur fehlerhaften Trennung führen würde. Aus diesem Grund können auch Feldbegrenzungszeichen (z.B. doppelte oder einfache Anführungszeichen) verwendet werden. Innerhalb dieser Feldbegrenzungszeichen können dann die ansonsten zur Trennung reservierten Zeichen auch in Feldern genutzt werden.

Das CSV-Format kennt keine Metadaten außer optional eine erste Zeile, die die Spaltennamen enthalten kann. Die in den Spalten abgelegten Zahlen-, Datums- und Uhrzeitwerte sind oft länderspezifisch und nicht im Vorhinein festgelegt. Daher sind häufig Zusatzinformationen nötig, um die Inhalte einer CSV-Datei korrekt interpretieren zu können. Sind diese Metadaten nicht bekannt, kann mit Hilfe der vorliegenden Datei nur noch versuchsweise auf die verschiedenen Möglichkeiten von Werten geschlossen werden. Dieser Sachverhalt unterstreicht die Bedeutung einer transparenten und vollständigen Datendokumentation.

Eine Bearbeitung des CSV-Formats ist mit einfachen Texteditoren, wie dem Notepad oder Notepad++, möglich und erlaubt es, die Datensätze auf korrekte Erfassung der Werte in den Spalten und die Metadaten in der Kopfzeile (Spaltennamen) zu kontrollieren. In den Editoren werden die Zeichenkodierung ebenso wie vorhandene Trennzeichen und Textbegrenzungszeichen angezeigt. Tabellenkalkulationen wie Microsoft Excel und Apache Openoffice Calc können CSV lesen und schreiben. Statistikprogramme wie R, SPSS oder STATA können ebenfalls CSV lesen und schreiben, dazu wird dann mit Hilfe eines Import- bzw. Export-Dialogs die Formatierung abgefragt. Da viele Programme zur Erstellung von Umfragen den Export der Daten im CSV-Format erlauben (zum Vergleich von Umfragesoftware siehe z.B. Siegl (o.J.)), wird es häufig als Ausgangsformat verwendet, um weitere Formate zu erzeugen, z.B. RDF zur Erzeugung von Linked Open Data (Lebo/Williams 2010). Im Falle von hierarchischen Datenstrukturen werden eher andere Datenformate verwendet, die ebenfalls textbasiert sind, etwa JSON (JavaScript Object Notation) oder XML (Extensible Markup Language), auf die hier nicht näher eingegangen werden soll (vgl. hierzu Nurseitov et al. 2009).

9.3.2   Metadaten zur Variablendokumentation – Beispiel Statistikprogramme

Statistikprogramme dienen in den Sozialwissenschaften der numerischen Auswertung von erhobenen Forschungsdaten. Sie umfassen zahlreiche Werkzeuge zum Forschungsdatenmanagement, zur Datenmodellierung sowie der Ergebnispräsentation. Die Grundfunktionen werden u.a. durch Module zur Automatisierung (Programmcode, Syntaxeditoren) oder spezialisierte Analysemethoden ergänzt. Im Folgenden stehen die Datenmanagementfunktionen im Vordergrund, die der Erfassung von Metadaten zu Datensätzen und Variablen dienen. Diese werden im Laufe unterschiedlicher Phasen des Forschungsdatenmanagements durch eine Reihe von Einzelschritten bearbeitet.

Daten einer empirischen Erhebung müssen zunächst definiert werden, bevor sie analysiert werden können. Dazu wird auf Basis des Messinstruments, z.B. eines Fragebogens, eine Datendefinition erzeugt. Diese umfasst die Erstellung von Variablendefinitionen und Kodierungsschemata eines Datensatzes. Dabei wird ein erhobenes Merkmal als Variable im Analyseprogramm abgebildet und durch Variablenattribute beschrieben. Im Verlauf der weiteren

Datenaufbereitung bis zur Erstellung eines vollständigen Analysedatensatzes können schrittweise zusätzliche Arten von Variablen z.B. für befragte Personen, Länder oder Zeitpunkte (administrative Variablen) oder zur Gruppierung von Einkommen oder anderen Indices (inhaltliche Variablen) definiert werden. Im Verlauf von Datenanalysen können Variablen ergänzt, modifiziert oder harmonisiert werden.

Wesentliche Metadaten zu Variablen können von allen gängigen komplexeren Statistikprogrammen wie etwa SAS, SPSS, STATA oder R erzeugt werden (zum Vergleich von Statistiksoftware vgl. inwt-statistics.de). Dabei handelt es sich vor allem um deskriptive und technische Metadaten, wie im Schaukasten 9.5 zusammengefasst.

Metadaten in Statistikprogrammen liefern in der Regel wichtige Informationen, die im Laufe der Analyse der Daten herangezogen werden. Um hier eine Wiederholung und Überprüfung von vorgenommenen Veränderungen nachvollziehen zu können, ist die Verwendung von Kommandoskripten für die Festlegung bzw. zur Veränderung der Datendefinitionen empfehlenswert. Dies wird z.B. in SPSS durch Syntax-Dateien und in STATA durch die sogenannten do-Files geleistet. Derartige Skriptdateien erlauben es, von einem Ausgangsdatensatz immer wieder den Ablauf einer Datendefinition, -bereinigung oder -korrektur nachzuvollziehen und so überprüfbar zu machen (vgl. Ebel 2015). Dies gilt insbesondere, wenn die Daten aus einfacheren Datenstrukturen, etwa CSV, importiert werden.

Schaukasten 9.5: Deskriptive und technische Metadaten in gängigen Statistikprogrammen

Deskriptive Metadaten:

- der Datensatzname und evtl. ein Label,
- die Variablennamen und ein Variablenlabel für das erhobene Merkmal,
- die möglichen Werte und ihre Value Labels zur Beschreibung der Merkmalsausprägungen
- und eine Definition fehlender Werte.

Technische Metadaten:

- den Datentyp (numerisch, alphanumerisch, etc.),
- den Bereich gültiger Werte oder die Darstellung von Dezimalstellen.

Quelle: Eigene Darstellung

Für eine vollständige Erfassung aller Metadaten auf Variablenebene sind die Statistikprogramme jedoch in der Regel nicht geeignet. So kann beispielsweise für eine Variable zur Arbeitslosenquote nicht die methodische Grundlage der Daten und das Prozedere zur Ermittlung einer Arbeitslosenquote anhand standardisierter Metadaten erfasst werden. Im Label könnte lediglich etwa eine Definition oder ein Verweis auf ein zugrunde liegendes Konzept genannt werden. So macht es einen wesentlichen Unterschied, ob eine Befragung oder eine amtliche Meldung zur Berechnung der Quote verwendet wurde. Eine anschauliche Beschreibung der methodischen Grundlagen in diesem Kontext geben z.B. Bersheim, Oschmiansky und Sell (2014). Die Erfassung solcher methodischen Grundlagen durch Metadaten behandelt Abschnitt 9.2.3. Darüber hinaus zählt es zur guten wissenschaftlichen Praxis, diese Kontextinformationen für die Nachnutzung der Daten systematisch und nachvollziehbar in einem Methodenbericht darzustellen (Watteler 2010).

Bei Variablen, die auf Umfragen beruhen, wird manchmal versucht, den Fragetext im Variablenlabel zu dokumentieren. Dies ist jedoch durch die Begrenzung der Zeichenlänge und fehlende Formatierung nur z.T. möglich. Darüber hinaus gehen längere Texte in den Labels bei vielen Analysetabellen in der Darstellung wieder verloren. Daher ist es sinnvoller, dort kurze Bezeichnungen zu verwenden (vgl. entsprechende Leitlinien und Regeln in Netscher/Eder 2018; Ebel/Trixa 2015; Jensen 2012).

Besonders im Fall kodierter Variablen aus Fragen in Interviews ist eine Dokumentation der Codes und ihrer Zugehörigkeit zu den Antwortvorgaben zentral für eine richtige Interpretation der Analysen. Da während der Datenbereinigung und einer eventuellen Integration in einen Datensatz mit mehreren Wellen oder mehreren Populationen auch oft die Kodierungen verändert werden, muss auf eine Harmonisierung der veränderten Antwortvorgaben aus dem Fragebogen mit den Value Labeln im Datensatz geachtet werden. Ein Beispiel dazu wäre eine Integration zweier Datensätze, von denen einer die Verwendung von *1* als Code für *Ja* und *0* als Code für *Nein* hat und der andere eine Verwendung von *2* als Code für *Ja* und *1* als Code für *Nein*. Entsprechend müssen die Codes angepasst und ggf. die Value Label des integrierten Datensatzes korrigiert werden. Auch für solche Fälle empfiehlt sich die Verwendung von Skriptdateien zur Dokumentation der durchgeführten Veränderungen. In diesen können die Berechnungsvorschriften als Kommentare abgelegt werden und erlauben so immerhin die Nachvollziehbarkeit durch andere Forschende. Ein solches nicht standardisiertes Vorgehen ist jedoch kein Weg, um eine computergestützte Nachnutzung zu ermöglichen.

9.3.3 Austausch von Metadaten zu Umfragedaten – Beispiel Triple-S

Bereits in den 1990er Jahren wurde das Format Triple-S für den Austausch von Metadaten zu Umfragedaten entwickelt (Hughes/Jenkins/Wright 2000). Triple-S bezeichnet das XML-Format, das einen einfachen Austausch zwischen vielen Programmen in der Umfrageforschung ermöglicht. Die Spezifikation von Triple-S folgt einer Document Type Definition (DTD). Im Jahr 2006 wurde die Version 2.0 des Formats publiziert und seit 2017 ist die Version 3.0 verfügbar, die u.a. eine UTF-8-Kodierung der Daten und eine HTML-Formatierung der Metadaten erlaubt (Triple-S 2017). Mit Hilfe der Angaben im XML-File können z.B. auch Daten im CSV-Format dokumentiert werden. Die möglichen Metadaten von Triple-S sind Variablennamen und -labels, Positionen und Identifier, Antwortwerte und -codes. Ein Beispiel für die Metadaten einer Variablen in Triple-S zeigt Abbildung 9.3.

Zahlreiche Online-Umfrageprogramme (vgl. websm.org 2018) erlauben es, die Metadaten im Triple-S-Format auszugeben, so z.B. LimeSurvey, die Produkte von NIPO, SnapSurveys, SensusWeb, IdSurvey und viele andere. Für Triple-S gibt es einen Validierungsservice und einige freie Tools zur Anwendung mit den Programmen Quantum und IBM SPSS Statistics (vgl. u.a. Export SPSS to Triple-S). Auch für die Statistiksoftware R existiert ein Paket *sss*, mit dem Triple-S verarbeitet werden kann. Die allermeisten mit Triple-S kompatiblen Programme verwenden die Version 1.1 oder 2.0 der Spezifikation. Der Vorteil bei der Verwendung der weiteren Metadaten in Analyseprogrammen besteht u.a. darin, dass für Tabellen ausführlichere Variableninformationen verwendet werden können, z.B. Fragetexte und Antworttexte. Bei der Übertragung werden zu lange Angaben jedoch oft abgeschnitten. Insgesamt werden Fehler bei der Interpretation, etwa wenn die Bedeutungen der Werte verwechselt werden, jedoch durch den Austausch in einem standardisierten Format unwahrscheinlicher, wie bereits in Abschnitt 9.3.2 erörtert.

Abbildung 9.3: Beispiel für die Metadaten einer Variable in Triple-S

```xml
<variable ident="24" type="single">
    <name>tv1</name>
    <label>Wie viel Zeit verbringen Sie an einem gewöhnlichen Werktag
        insgesamt damit fernzusehen?</label>
    <position start="453" finish="453"/>
    <values>
        <range from="1" to="8"/>
        <value code="1">gar keine Zeit</value>
        <value code="2">weniger als 1/2 Stunde</value>
        <value code="3">1/2 bis zu 1 Stunde</value>
        <value code="4">mehr als 1, bis zu 1 1/2 Stunden</value>
        <value code="5">mehr als 1 1/2, bis zu 2 Stunden</value>
        <value code="6">mehr als 2, bis zu 2 1/2 Stunden</value>
        <value code="7">mehr als 2 1/2, bis zu 3 Stunden</value>
        <value code="8">mehr als 3 Stunden</value>
    </values>
</variable>
```

Quelle: Eigene Darstellung

9.3.4 DDI-Metadaten zur Dokumentation von Variablen und Fragen

Seit einigen Jahren ist das DDI-Format der De-facto-Standard für die Dokumentation von Umfragedaten aus den Sozialwissenschaften. Es stellt im Vergleich zu den bisher geschilderten Standards die reichhaltigsten Möglichkeiten der Metadatendokumentation zur Verfügung. Einen generellen Überblick zu DDI beschreibt Abschnitt 9.1. Die Verwendung von Metadaten zum Finden sozialwissenschaftlicher Daten thematisiert Abschnitt 9.2.3. Im Folgenden werden besonders für die Ebenen der Variablen und Fragen die umfangreichen Möglichkeiten von DDI dargestellt.

Im DDI-Codebook-Format orientiert sich die Dokumentation an der Struktur eines Datensatzes (s. Abbildung 9.4). In der Baumstruktur der XML-Elemente findet sich die Dokumentation von Variablen im zweiten Unterelement des Wurzelements (*codeBook*) im Element für die Datensatzbeschreibung (*dataDescr*). Unterhalb dieses Elements gibt es eine Liste der Variablen (jeweils das Element *var*). Zu jeder Variable gibt es eine Kurzbeschreibung (im Element *labl*) und ein Element für die Fragedokumentation (*qstn*) durch weitere Unterelemente. Im Beispiel sind der wörtliche Fragetext (*qstnLit*) und eine Sprunganweisung (*forward*, möglich wäre auch *backward*) enthalten; die Sprunganweisung referenziert eine nachfolgende Frage im Zusammenhang mit einer Filterfrage. Die Nummer der Frage im Fragebogen wird in einem Attribut zum Frageelement (*seqNo*) angegeben. Weitere Möglichkeiten für Unterelemente zur Fragedokumentation sind z.B. Interviewer-Anweisungen (*ivuInstr*) oder Vor- und Nachfragetext (*preQTxt*, *postQTxt*). Die Antwortvorgaben zur Frage finden sich in weiteren Unterelementen zur Variable (*catgry*), nicht jedoch – wie zu erwarten gewesen wäre – unterhalb der Frage. Jede Antwortvorgabe hat Angaben zum Wert (*catValu*), Label (*labl*), Antworttext (*txt*) und jeweils zu fehlenden Werten (Attribut *missing* mit Wert Y=yes oder N=no). Weitere Angaben zur Variable beziehen sich z.B. auf Informationen zur Ableitung aus einer anderen Variable (*derivation*), auf das technische Format (*varFormat*) oder Anmerkungen (*notes*).

Abbildung 9.4: Beispiel einer Variable und Frage im DDI-Codebook-Format (leicht gekürzt)

```xml
<?xml version="1.0" encoding="UTF-16"?>
<!DOCTYPE codeBook SYSTEM "http://www.icpsr.umich.edu/DDI/Version2-0.dtd">
<codeBook ID="ZA3811">
    <stdyDscr>
        <citation><titlStmt>
        <titl>EVS - European Values Study 1999 - Integrated Dataset</titl>
        <IDNo>ZA3811</IDNo></titlStmt></citation>
        <stdyInfo><sumDscr><nation ID="S39" abbr="all countries"></nation></sumDscr></stdyInfo>
    </stdyDscr>
    <dataDscr>
        <var ID="VAR401" name="v293">
            <labl>having steady relationship (Q86)</labl>
            <qstn ID="SQ584" seqNo="Q.86" sdatrefs="S39">
                <qstnLit>Whether you are married or not: Do you live in a stable relationship
                        with a partner?</qstnLit>
                <forward>if "no" - go to 88</forward>
            </qstn>
            <catgry ID="AV40881" missing="Y">
                <catValu>-1</catValu>
                <labl>don't know</labl>
                <txt ID="SA42073" sdatrefs="S39">don't know</txt>
            </catgry>
            <catgry ID="AV993" missing="N">
                <catValu>1</catValu>
                <labl>yes</labl>
                <txt ID="SA1206" sdatrefs="S39">yes </txt>
            </catgry>
            <catgry ID="AV994" missing="N">
                <catValu>2</catValu>
                <labl>no</labl>
                <txt ID="SA1207" sdatrefs="S39">no </txt>
            </catgry>
            <derivation>
                <drvdesc>Iceland:
In the Icelandic questionnaire v293, v294 and v296 were grouped into one question as follows:
'Are you now:  1 - Married, 2 - Living with a partner (but not married), 3 - Divorced, 4 - Separated,
5 - Widowed, 6 - Single (never been married)'. V293 and v294 were reconstructed from original v296, v297.
Turkey:
In the Turkish questionnaire v293, v294 and v295 were not included to avoid possible offences.
V296 was modified to give most of the information asked for in the Master Questionnaire.
V293 and v294 were reconstructed from original v296, v297. V295 could not be reconstructed.</drvdesc>
            </derivation>
            <varFormat type="numeric" formatname="F2.0" schema="SPSS"/>
            <notes type="NoteNote">Trend question: EVS 2008 and EVS 1999.
(Modified trend: interviewer instruction, question wording).</notes>
        </var>
    </dataDscr>
</codeBook>
```

Quelle: Eigene Darstellung

Eine Wiederbenutzung von Fragen durch mehrere Variablen wäre durch die Verwendung des Attributs *qstn* (nicht im Beispiel gezeigt) im Element *qstn* möglich. Dieses Attribut enthält eine Referenz auf die ID einer Frage, sodass die untergeordneten Textinhalte nicht wiederholt aufgeführt werden müssen. Eine von verschiedenen Variablen verwendete Frage muss so nur einmal komplett dokumentiert werden und kann von allen Variablen referenziert werden.

Im DDI-Lifecycle-Format stehen verschiedene Module für die Dokumentation bereit (vgl. Abbildung 9.1). Die Dokumentation von Fragen ist im Modul *DataCollection* vorgesehen. Für die Dokumentation von Datensätzen und ihren Variablen sind es die Module *LogicalProduct* für logische Informationen, *PhysicalDataProduct* für konkretere Informationen zum Datensatz und *PhysicalInstance* für Dateiinformationen. Die Ablage der Elemente dieser Module in einem *ResourcePackage* erlaubt die Wiederverwendung verschiedener Elemente wie Fragen, Antwortskalen, Codelisten und Textstatements in unterschiedlichen Studien, Fragebögen oder Datensätzen. Das Beispiel in Abbildung 9.5 listet Elemente einer Frage auf, wie sie im *ResourcePackage* abgelegt werden: Eine Abfolge von Texten im Fragebogen (*Sequence*) enthält eine Referenz auf einen Fragebogentext (*StatementItem*) und eine konkrete Frage (*QuestionConstruct*). Dabei beinhaltet der Fragebogentext im Beispiel

9. Metadatenstandards im Kontext sozialwissenschaftlicher Daten 171

eine Sprunganweisung zu einer anderen Frage. Die konkrete Frage enthält einen Verweis auf das Frage-Item (*QuestionItem*). Hier kann eine Referenz auf eine Anweisung (*InterviewerInstruction*) eingefügt werden (nicht im Beispiel). Das eigentliche Frage-Item wiederum dokumentiert die Fragenummer (in *QuestionItemName* mit dem Attribut *context* gleich *questionNumber*) und den wörtlichen Fragetext (in *LiteralText*), sowie mit Hilfe einer Referenz die möglichen Antwortvorgaben (*CodeListReference*). In der referenzierten *CodeList* sind die Antworten und ihre Werte dokumentiert (nicht in Abbildung 9.5 enthalten).

Die DDI-Lifecycle-Dokumentation einer Studie (*StudyUnit*) nutzt diese Struktur, indem ein Verweis von der Datenerhebung (*DataCollection*) auf das Erhebungsinstrument (*Instrument*) zeigt, welches wiederum die im Beispiel gezeigte Abfolge von Texten im Fragebogen (*Sequence*) referenziert. Ähnlich wird bei der Dokumentation der Variablen vorgegangen. Unter den logischen Informationen zum Datensatz (*LogicalProduct*) einer Studie wird eine Referenz auf die Liste der Variablen (*VariableScheme*) gesetzt. Die Verknüpfung zwischen Variablen und Fragen erfolgt unterhalb der Variable mit Hilfe eines Verweises auf ein Frage-Item.

Abbildung 9.5: Beispiel einer Frage im DDI-Lifecycle-Format (gekürzt)

```xml
<dc:Sequence>
  <r:Agency>de.gesis</r:Agency><r:ID>ZA3811_Sequence_Q375</r:ID><r:Version>1.0.0</r:Version>
  <dc:ControlConstructReference>
    <r:Agency>de.gesis</r:Agency><r:ID>ZA3811_Statement_Q375</r:ID><r:Version>1.0.0</r:Version>
    <r:TypeOfObject>StatementItem</r:TypeOfObject>
  </dc:ControlConstructReference>
  <dc:ControlConstructReference>
    <r:Agency>de.gesis</r:Agency><r:ID>ZA3811_Construct_Q375</r:ID><r:Version>1.0.0</r:Version>
    <r:TypeOfObject>QuestionConstruct</r:TypeOfObject>
  </dc:ControlConstructReference>
</dc:Sequence>

<dc:StatementItem>
  <r:Agency>de.gesis</r:Agency><r:ID>ZA3811_Statement_Q375</r:ID><r:Version>1.0.0</r:Version>
  <dc:DisplayText>
    <dc:LiteralText><dc:Text xml:lang="en">if "no" - go to 88</dc:Text>
    <!-- CMM Portfolio V1: 6.3.2.3 Statementitem -->
    </dc:LiteralText>
  </dc:DisplayText>
</dc:StatementItem>

<dc:QuestionConstruct>
  <r:Agency>de.gesis</r:Agency><r:ID>ZA3811_Construct_Q375</r:ID><r:Version>1.0.0</r:Version>
  <r:QuestionReference> <!-- CMM Portfolio V1: 4.9.12  Association Question -->
    <r:Agency>de.gesis</r:Agency><r:ID>ZA3811_Q375</r:ID><r:Version>1.0.0</r:Version>
    <r:TypeOfObject>QuestionItem</r:TypeOfObject>
  </r:QuestionReference>
</dc:QuestionConstruct>

<dc:QuestionItem>
  <r:Agency>de.gesis</r:Agency><r:ID>ZA3811_Q375</r:ID><r:Version>1.0.0</r:Version>
  <r:UserID typeOfUserID="QuestionID">Q375</r:UserID><!-- CMM Portfolio V1: 6.1 Question-ID -->
  <dc:QuestionItemName context="questionNumber"><r:String>Q.86</r:String></dc:QuestionItemName>
  <!-- 6.2.1.1 Question Number -->
  <dc:QuestionItemName context="title-english"><r:String xml:lang="en">F375: ZA3811-V293-do you live in stable relationship with partner (Q86)</r:String></dc:QuestionItemName>
  <!-- CMM Portfolio V1: 6.3.1.1 Question Label -->
  <dc:QuestionText>
    <dc:LiteralText><dc:Text xml:lang="en">Whether you are married or not: Do you live in a stable relationship with a partner?</dc:Text> <!--CMM Portfolio V1: 6.3.2.2  Question Text -->
    </dc:LiteralText>
  </dc:QuestionText>

  <dc:CodeDomain>
    <r:CodeListReference> <!-- CMM Portfolio V1: 6.2.2   Reference to Codelist -->
      <r:Agency>de.gesis</r:Agency><r:ID>ZA3811_v293_CodLis</r:ID><r:Version>1.0.0</r:Version>
      <r:TypeOfObject>CodeList</r:TypeOfObject>
    </r:CodeListReference>
  </dc:CodeDomain>
</dc:QuestionItem>
```

Quelle: Eigene Darstellung

172   Uwe Jensen, Wolfgang Zenk-Möltgen und Catharina Wasner

Zusätzlich kann eine Dokumentation einer abgeschlossenen Studie die Grundlage für die Erstellung eines neuen Fragebogens sein. Die dann erstellten Verweise dokumentieren auch systematisch, aus welchen vorherigen Studien oder Fragebögen die Fragen übernommen wurden, sodass eine größere Transparenz der Datenkollektion gegeben ist. Eine dabei nutzbare Funktionalität bildet die Versionierung von Elementen in DDI-Lifecycle: Soll beispielsweise der Text einer Frage in einer neuen Verwendung leicht angepasst werden, wird eine neue Version der Frage dokumentiert, die nur den geänderten Text enthält, jedoch auf die anderen Elemente in ihrer ursprünglichen Version verweist. Hierdurch ergibt sich eine systematische Dokumentation von Veränderungen und Anpassungen des Erhebungsinstruments (vgl. Recker/Zenk-Möltgen/Mauer 2017: 137).

9.4   Software zur Erfassung und Bearbeitung von Metadaten

Für die Verwaltung von Metadaten in einer komplexen Struktur wie DDI-Lifecycle ist die Unterstützung von Software erforderlich, da eine manuelle Codierung der XML-Strukturen unter Verwendung sehr vieler Referenzen aufwändig ist. Im Folgenden werden daher einige Programme kurz vorgestellt, die ein Management der Metadaten erlauben und die für Forschende in den Sozialwissenschaften eine relevante Rolle spielen. Mit Hilfe dieser Programme lassen sich die Metadaten nicht nur erstellen und editieren, sondern auch publizieren und durchsuchen. Die Auswahl berücksichtigt dabei besonders kostenfrei verwendbare Programme und erhebt keinen Anspruch auf Vollständigkeit. Weitere Software zur Nutzung des DDI Standard ist auf den Webseiten der DDI Alliance aufgeführt.

9.4.1   Colectica for Excel

Für die direkte Bearbeitung von Metadaten auf Studien- und Variablenebene in Microsoft Excel gibt es die Erweiterung *Colectica for Excel*. In der kostenfreien Standardversion lassen sich Datensätze mit DDI-Lifecycle-kompatiblen Beschreibungen versehen, die jedoch nur ganz grundlegende Elemente enthalten. Ebenso können Wertelisten, die etwa Antwortwerte zu Fragen enthalten, wiederverwendet und dokumentiert werden. In der kostenpflichtigen Professional Version können Daten und Metadaten aus SPSS, STATA und SAS nach Excel importiert werden. Der Vorteil ist, dass die Excel-Datei bei der Weitergabe dann auch immer die Metadaten enthält und so die Daten für Dritte besser verständlich sind. Weitere kostenpflichtige Produkte von Colectica ermöglichen die Bearbeitung komplexer DDI-Lifecycle-Dokumentationen.

9.4.2   Dataset Documentation Manager (DSDM)

Das Programm *Dataset Documentation Manager* (DSDM) ist speziell für die Beschreibung von Datensätzen geeignet (Zenk-Möltgen 2006) und mit dem DDI-Codebook Standard kompatibel. Es handelt sich um ein Stand-Alone Windows-Programm und kann SPSS-Datensätze einlesen. Anschließend kann die Dokumentation der Variablen, Fragetexten, Antwortvorgaben, Codes, Intervieweranweisungen etc. erfolgen. DSDM bietet eine Unterstützung von Mehrsprachigkeit und Unicode. Ein Export der Metadaten in verschiedene DDI-Formate ist möglich. Zusätzlich kann mit dem Programm eine Erstellung von *CodebookExplorer*

Datenbanken durchgeführt werden – diese ermöglichen eine Suche in Metadaten, einen Vergleich und die Kategorisierung von Variablen, sowie eine einfache Analyse der Daten.

9.4.3 DBKfree und DBKForm

Die Software des Datenbestandskatalogs von GESIS wird als *DBKfree* in einer Open-Source-Variante zur Verfügung gestellt. Sie ermöglicht die Erfassung von Metadaten für Studienbeschreibungen durch die Komponente *DBKEdit* bzw. für die Recherche im Web durch die Komponente *DBKSearch*. Das einfache Datenmodell des DBK ist kompatibel zu DDI-Codebook, die Metadaten werden als Export jedoch auch in DDI-Lifecycle zur Verfügung gestellt. Für Nutzer bietet *DBKfree* eine einfache und eine fortgeschrittene Suche, das Blättern in den Studienbeschreibungen und eine Anzeige nach verschiedenen Kriterien wie Themenkategorien, Primärforschenden oder geographischen Einheiten.

Ein sehr einfaches freies Tool für die Erfassung von Metadaten auf Studienebene ist *DBKForm*. Es besteht aus einem HTML-Formular, welches lokal aufrufbar ist und eine DDI-Codebook kompatible XML-Datei erzeugt. Diese kann bei der Verwendung von *DBKfree* für einen Import oder für eine anderweitige Verarbeitung der DDI-Codebook XML-Datei genutzt werden. DBKForm unterstützt die grundlegenden Metadaten für eine Studienbeschreibung und unterstützt die Verwendung eines kontrollierten Vokabulars für einige der Elemente.

9.4.4 Nesstar Publisher und Server

Ein komfortabler Editor für DDI-Codebook-kompatible Metadaten ist der kostenpflichtige *Nesstar Publisher*. Über Eingabeformulare können umfangreiche Metadaten zur Studie und zu den Variablen des Datensatzes eingegeben werden. Diese werden als XML-Datei im DDI-Codebook Format abgespeichert und können auch für die Publikation der Studie auf einem separat erhältlichen *Nesstar Server* genutzt werden. Der *Nesstar Server* bietet neben einer Weboberfläche für die Anzeige und Recherche in den Metadaten auch die Möglichkeit einer Onlineanalyse. Zusätzlich verfügbar sind verschiedene Programmierschnittstellen (*Application Programming Interface*, API) zur Anbindung an weitere Systeme (etwa eine Public API, eine REST API oder einen OAI-PMH Server).

9.4.5 Dataverse

Ein komplett als Open Source verfügbares System zur Dokumentation, Präsentation von und Suche in Forschungsdaten ist das *Dataverse Project*. Für die Entwicklung haben sich das Institute for Quantitative Social Science (IQSS), die Harvard University Library und die Harvard University Information Technology zusammengeschlossen. Institutionen können mit der Software eine eigene Instanz eines Dataverse-Servers erstellen, in welchem die Forschenden ihre Daten beschreiben, sichern und teilen können. Wissenschaftler/innen haben auch die Möglichkeit, nach Registrierung das *Harvard Dataverse* zu verwenden, ohne eine eigene Softwareinstanz installieren zu müssen. Eine Beschreibung von Daten in Dataverse ermöglicht die Zitation und eine ausführliche Beschreibung auf Studienebene, die zu Standards wie etwa DDI-Codebook, DataCite und Dublin Core kompatibel sind.

9.4.6 Archivist

Ein weiteres Open-Source-Tool für die Dokumentation von Fragebögen ist die Software *Archivist*, die von CLOSER (Cohort & Longitudinal Studies Enhancement Resources) entwickelt wurde. Es ermöglicht die Dokumentation von Fragebögen im DDI-Lifecycle Standard ebenso wie den Austausch entsprechender Metadaten mit anderen Programmen, sodass die Software in einen Workflow für die Datendokumentation integriert werden kann.

9.4.7 Ced²ar

Für die Publikation und Suche im Web ist die Open-Source-Software *Ced²ar* der Cornell University entwickelt worden. Ced²ar steht für *Comprehensive Extensible Data Documentation and Access Repository* und basiert auf dem DDI-Codebook Standard. Sie bietet neben der Anzeige von Metadaten auf Studienebene auch eine Suche auf der Variablenebene und einen Vergleich von Variablenbeschreibungen.

9.5 Fazit

Die Darstellung von Metadatenstandards und ihrer Anwendungsmöglichkeiten im Kontext sozialwissenschaftlicher Forschungsdaten zeigt, dass eine recht große Bandbreite zwischen sehr einfacher und sehr ausführlicher Dokumentation auf Studien- und Variablenebene vorhanden ist. Für Forschende ergibt sich daraus die Herausforderung, die für die eigenen Anwendungsanforderungen geeignete Mischung von Standard und Software auszuwählen. In diesem Zusammenhang sollte die Forderung, Replikationen von Forschungsergebnissen zu ermöglichen, dazu führen, dass ein Mindestmaß an Dokumentation für diesen Zweck bereitgestellt wird. Ein Anlass zu einer erweiterten Dokumentation kann sein, dass auch anderen Forschenden die Möglichkeit eröffnet werden soll, weitere neue Forschungsfragen anhand eines erhobenen Datensatzes zu beantworten. Dass auch zunehmend die Erhebung, das Management und die Erstellung von Dokumentationen zu Forschungsdaten in der wissenschaftlichen Community als eigenständige und zitierfähige Forschungsleistung anerkannt werden, ist sicher ein zusätzlicher Anreiz, an einer qualitativ hochwertigen Dokumentation von Forschungsdaten zu arbeiten.

Literaturverzeichnis

Akdeniz, Esra/Zenk-Möltgen, Wolfgang (2017): DDI-Lifecycle im Datenarchiv. Das Metadatenschema für die Dokumentation in verschiedenen Softwaresystemen. GESIS Papers 2017/02.
http://nbn-resolving.de/urn:nbn:de:0168-ssoar-50354-9 [Zugriff: 20.06.2018].
Bauske, Franz (2000): Das Studienbeschreibungsschema des Zentralarchivs. In: ZA-Information 47, S. 73-80.
https://www.gesis.org/fileadmin/upload/forschung/publikationen/zeitschriften/za_information/ZA-Info-47.pdf [Zugriff: 20.06.2018].
Bersheim, Sabrina/Oschmiansky, Frank/Sell Stefan (2014): Wie wird Arbeitslosigkeit gemessen?
https://www.bpb.de/politik/innenpolitik/arbeitsmarktpolitik/54909/arbeitslosigkeit-messen?p=all [Zugriff: 20.06.2018].

9. Metadatenstandards im Kontext sozialwissenschaftlicher Daten

Corti, Louise/ Van den Eynden, Veerle /Bishop, Libby/Woollard, Matthew (2014): Managing and Sharing Research Data. A Guide to Good Practice. London: Sage Publications.
DataCite (2016): DataCite Metadata Schema Documentation for the Publication and Citation of Research Data. Version 4.0. DataCite e.V. http://doi.org/10.5438/0012.
DCMI (2011): Resource Discovery, Resource Description. Archived MediaWiki Page.
 https://github.com/dcmi/repository/blob/master/mediawiki_wiki/Glossary/Resource_Discovery.md [Zugriff: 20.06.2018].
DDI (o.J.): Lifecycle-Modell: http://www.ddialliance.org/sites/default/files/what-is-ddi-diagram.jpg [Zugriff: 20.06.2018].
Ebel, Thomas (2016): Einreichung von Syntaxen in datorium (Replikationsserver).
 http://dbk.replikationsserver.de/replikationsserver/home/publikationen [Zugriff: 20.06.2018].
Ebel, Thomas/Trixa, Jessica (2015): Hinweise zur Aufbereitung quantitativer Daten. GESIS Papers 2015/09. http://nbn-resolving.de/urn:nbn:de:0168-ssoar-432235 [Zugriff: 20.06.2018].
Edwards, Paul N./Mayernik, Matthew S./Batcheller, Archer L./Bowker, Geoffey C./Borgman, Christine L. (2011): Science Friction. Data, Metadata, and Collaboration. In: Social Studies of Science 41, 5, S. 667-690.
Gartner, Richard (2008): Metadata for Digital Libraries. State of the Art and Future Directions. JISC Technology and Standards Watch Reports. http://www.jisc.ac.uk/media/documents/techwatch/tsw_0801pdf.pdf [Zugriff: 20.06.2018].
GESIS – Leibniz-Institut für Sozialwissenschaften (2018): Allgemeine Bevölkerungsumfrage der Sozialwissenschaften ALLBUS 2016. GESIS Datenarchiv, Köln. ZA5250 Datenfile Version 2.1.0,
 https://dbk.gesis.org/dbksearch/sdesc2.asp?no=5250&db=d&doi=10.4232/1.12796 [Zugriff: 20.06.2018].
Gilliland, Anne J. (2016): Setting the Stage. In: Baca, Murtha (Hrsg.): Introduction to Metadata. Los Angeles: Getty Publications, 2016. https://www.getty.edu/publications/intrometadata/setting-the-stage/ [Zugriff: 20.06.2018].
Hausstein, Brigitte/Zenk-Möltgen, Wolfgang (2011): da|ra. Ein Service der GESIS für die Zitation sozialwissenschaftlicher Daten. In: Digitale Wissenschaft. Stand und Entwicklung digital vernetzter Forschung in Deutschland. Beiträge der Tagung vom 20./21. September 2010, S. 139-147.
 http://www.hbz-nrw.de/dokumentencenter/veroeffentlichungen/Tagung_Digitale_Wissenschaft.pdf [Zugriff: 20.06.2018].
Helbig, Kerstin/Hausstein, Brigitte/Toepfer, Ralf (2015): Supporting Data Citation. Experiences and Best Practices of a DOI Allocation Agency for Social Sciences. In: Journal of Librarianship and Scholarly Communication 3(2), p.eP1220. https://doi.org/10.7710/2162-3309.1220. [Zugriff: 20.06.2018].
Horstmann, Wolfram (2007): Open Access international. Lokale Systeme, kooperative Netzwerke und visionäre Infrastrukturen. In: Zeitschrift für Bibliothekswesen und Bibliographie 54, 4/5, S. 230-233.
 https://edoc.hu-berlin.de/bitstream/handle/18452/10000/18.pdf?sequence=1 [Zugriff: 20.06.2018].
Hughes, Keith/Jenkins, Stephen/Wright, Geoff (2000): triple-s XML. A Standard Within a Standard. In: Social Science Computer Review 18, 4, S. 421-433.
Jääskeläinen, Taina/Moschner, Meinhard/Wackerow, Joachim (2009): Controlled Vocabularies for DDI 3. Enhancing Machine-Actionability. In: IASSIST Quarterly Spring/Summer 2009, S. 34-39.
 http://www.iassistdata.org/sites/default/files/iqvol3312wackerow_0.pdf [Zugriff: 20.06.2018].
Jensen, Uwe/Katsanidou, Alexia/Zenk-Möltgen, Wolfgang (2011): Metadaten und Standards. In: Büttner Stephan/Hobohm, Hans-Christoph/Müller L. (Hrsg.): Handbuch Forschungsdatenmanagement. Bad Honnef: Bock u. Herchen, S. 83-100. http://nbn-resolving.de/urn/resolver.pl?urn:nbn:de:kobv:525-opus-2318 [Zugriff: 20.06.2018].
Jensen, Uwe (2012): Leitlinien zum Management von Forschungsdaten. Sozialwissenschaftliche Umfragedaten. GESIS-Technical Reports 2012/07. http://nbn-resolving.de/urn:nbn:de:0168-ssoar-320650 [Zugriff: 20.06.2018].
Jensen, Uwe/Ekman, Stefan/Hjelm, Claus-Göran/Irebäck, Hans/Schweers, Stefan (2015): DwB (Data without Boundaries) Report D7.6. Metadata Standards and Practices in Related Disciplines and Standards for Linking Different Sources. http://doi.org/10.13140/RG.2.1.4164.8248.
Karjalainen, Merja/Kleemola, Mari/Jensen, Uwe (2012): DwB (Data without Boundaries) Report D7.1: Metadata standards. Usage and Needs in NSIs and Data Archives. http://doi.org/10.13140/RG.2.1.2198.7442.
Koch, Ute/Akdeniz, Esra/Meichsner, Jana/Hausstein, Brigitte/Harzenetter, Karoline (2017): da|ra Metadata Schema. Documentation for the Publication and Citation of Social and Economic Data. Version 4.0. GESIS Papers 2017/25. http://dx.doi.org/10.4232/10.mdsdoc.4.0.
Lebo, Timothy/Gregory, Todd W. (2010): Converting Governmental Datasets into Linked Data. In: Proceedings of the 6th International Conference on Semantic Systems. New York: ACM Digital Library.
 https://doi.org/10.1145/1839707.1839755.

Netscher, Sebastian/Eder, Christina (Hrsg.) (2018): Data Processing and Documentation: Generating High Quality Research Data in Quantitative Social Science Research. GESIS Papers, 2018/22. https://nbn-resolving.org/urn:nbn:de:0168-ssoar-59492-3 [Zugriff 26.10.2018].

Neuroth, Heike/Strathmann, Stefan/Oßwald, Achim/Scheffel, Regine/Klump, Jens/Ludwig Jens (Hrsg.) (2012): Langzeitarchivierung von Forschungsdaten. Eine Bestandsaufnahme. http://nbn-resolving.de/urn:nbn:de:0008-2012031401 [Zugriff: 20.06.2018].

Nurseitov, Nurzhan/Paulson, Michael/Reynolds, Randall/Izurieta, Clemente (2009): Comparison of JSON and XML Data Interchange Formats. A Case Study. In: Proceedings of the ISCA 22nd International Conference on Computer Applications in Industry and Engineering, CAINE 2009, S. 157-162.

Recker, Jonas/Zenk-Möltgen, Wolfgang/Mauer, Reiner (2017). Applications of Research Data Management at GESIS Data Archive for the Social Sciences. In: Kruse, Fillip /Thestrup, Jesper Boserup (Hrsg.): Research Data Management - A European Perspective. Berlin, Boston: De Gruyter, S. 119 - 146. https://doi.org/10.1515/9783110365634-008.

Riley, Jenn (2017): Understanding Metadata. What is Metadata, and what is it for? Washington DC: National Information Standards Organization. http://www.niso.org/publications/understanding-metadata-2017 [Zugriff: 20.06.2018].

Rühle, Stefanie (o.J.): Kleines Handbuch Metadaten. Metadaten. http://www.kim-forum.org/Subsites/kim/SharedDocs/Downloads/DE/Handbuch/metadaten.pdf?__blob=publicationFile [Zugriff: 20.06.2018].

Siegl, Johannes (o.J.): Online Umfrage Software im Vergleich. https://trusted.de/online-umfrage [Zugriff: 28.10.2018].

Starr, Joan/Gastl, Angela (2011): isCitedBy. A Metadata Scheme for DataCite. In: D-Lib Magazine 17, 1/2. http://www.dlib.org/dlib/january11/starr/01starr.html [Zugriff: 20.06.2018].

Watteler, Oliver (2010): Erstellung von Methodenberichten für die Archivierung von Forschungsdaten. http://www.gesis.org/fileadmin/upload/institut/wiss_arbeitsbereiche/datenarchiv_analyse/Aufbau_Methodenbericht_v1_2010-07.pdf [Zugriff: 20.06.2018].

Zenk-Möltgen, Wolfgang (2006): Dokumentation von Umfragedaten in Länder vergleichender Perspektive mit Hilfe des ZA Dataset Documentation Managers (DSDM). In: ZA-Information/Zentralarchiv für Empirische Sozialforschung 59, S. 159-170. http://nbn-resolving.de/urn:nbn:de:0168-ssoar-198427 [Zugriff: 20.06.2018].

Zenk-Möltgen, Wolfgang (2012): Metadaten und die Data Documentation Initiative (DDI). In: Altenhöner, Reinhard/Oellers, Claudia (Hrsg.): Langzeitarchivierung von Forschungsdaten. Standards und disziplinspezifische Lösungen. Berlin: Scivero, S. 111-126. http://nbn-resolving.de/urn:nbn:de:0168-ssoar-46679-8 [Zugriff: 20.06.2018].

Zenk-Möltgen, Wolfgang/Habbel, Norma (2012): Der GESIS Datenbestandskatalog – und sein Metadatenschema. Version 1.8. GESIS-Technical Reports 2012/01. http://nbn-resolving.de/urn:nbn:de:0168-ssoar-292372 [Zugriff: 20.06.2018].

Linkverzeichnis

EUDAT: B2Find Katalog: http://b2find.eudat.eu/ [Zugriff: 20.06.2018].
CESSDA – Council of European Social Science Data Archives: https://cessda.net/ [Zugriff: 20.06.2018].
CLOSER – Cohort & Longitudinal Studies Enhancement Resources: https://www.closer.ac.uk/ [Zugriff: 20.06.2018].
CLOSER Software Archivist: https://github.com/CLOSER-Cohorts/archivist [Zugriff: 20.06.2018].
CodebookExplorer: https://dbk.gesis.org/software/cbe.asp [Zugriff: 20.06.2018].
Colectica für Excel: http://www.colectica.com/software/colecticaforexcel [Zugriff: 20.06.2018].
Cornell University Software Ced2ar – Comprehensive Extensible Data Documentation and Access Repository: http://www2.ncrn.cornell.edu/ced2ar-web/about [Zugriff: 20.06.2018].
CSV-Format: https://de.wikipedia.org/wiki/CSV_%28Dateiformat%29 [Zugriff: 20.06.2018].
da|ra OAI-PMH: http://www.da-ra.de/oaip/oai?verb=ListMetadataFormats [Zugriff: 20.06.2018].
DARIAH-DE: https://wiki.de.dariah.eu/display/publicde/5.+Kontrolliert-Strukturierte+Vokabulare [Zugriff: 20.06.2018].
Data Documentation Initiative (DDI): http://www.ddialliance.org [Zugriff: 20.06.2018].
DataCite: https://www.datacite.org/ [Zugriff: 20.06.2018].
DataCite Metadatenschema 4.1 (DataCite 2017): https://schema.datacite.org/meta/kernel-4.1/ [Zugriff: 20.06.2018].

9. Metadatenstandards im Kontext sozialwissenschaftlicher Daten 177

Dataset Documentation Manager (DSDM): https://dbk.gesis.org/software/dsdm.asp [Zugriff: 20.06.2018].
Dataverse Appendix: http://guides.dataverse.org/en/latest/user/appendix.html [Zugriff: 20.06.2018].
Dataverse Project: https://dataverse.org/about/ [Zugriff: 20.06.2018].
DBKEdit: https://dbk.gesis.org/dbkform/ [Zugriff: 20.06.2018].
DBKfree: https://dbk.gesis.org/DBKfree2.0/ [Zugriff: 20.06.2018].
DCMI: Type Vocabulary (2012): http://dublincore.org/documents/dcmi-type-vocabulary/ [Zugriff: 20.06.2018].
DDI: CV: https://www.ddialliance.org/controlled-vocabularies [Zugriff: 20.06.2018].
DDI: Publikationen: http://www.ddialliance.org/resources/publications [Zugriff: 20.06.2018].
DDI: Software: http://www.ddialliance.org/resources/tools [Zugriff: 20.06.2018].
DDI: User Conference (EDDI): http://www.eddi-conferences.eu [Zugriff: 20.06.2018].
DDI: Workshops: https://www.ddialliance.org/training [Zugriff: 20.06.2018].
DDI-C Standard: http://www.ddialliance.org/Specification/DDI-Codebook/2.5 [Zugriff: 20.06.2018].
DDI-L Standard: http://www.ddialliance.org/Specification/DDI-Lifecycle/3.2 [Zugriff: 20.06.2018].
DOI –Digital Object Identifier: https://www.doi.org/ [Zugriff: 20.06.2018].
DCMES – Dublin Core Metadata Element Set (2012): ISO 15836: http://dublincore.org/documents/dces/ [Zugriff: 20.06.2018].
DCMI – Dublin Core Metadata Initiative: http://dublincore.org [Zugriff: 20.06.2018].
Export SPSS to Triple-S: http://spsstools.net/en/scripts/830/ [Zugriff: 20.06.2018].
GND – Gemeinsame Normdatei: http://www.dnb.de/DE/Standardisierung/GND/gnd_node.html [Zugriff: 20.06.2018].
GESIS DBK – Datenbestandskatalog: https://dbk.gesis.org/dbksearch/home.asp?db=d [Zugriff: 20.06.2018].
GESIS datorium: https://datorium.gesis.org/ [Zugriff: 20.06.2018].
Harvard Dataverse: https://dataverse.harvard.edu/ [Zugriff: 20.06.2018].
IdSurvey: http://www.idsurvey.com/analyze/ [Zugriff: 20.06.2018].
Inter-university Consortium for Political and Social Research (ICPSR): http://www.icpsr.umich.edu [Zugriff: 20.06.2018].
Bitte ersetzen durch:
ISCED (2011): International Standard Classification of Education. UNESCO Institute for Statistics: http://uis.unesco.org/en/topic/international-standard-classification-education-isced [Zugriff: 20.06.2018].
ISCO – International Standard Classification of Occupation: http://www.ilo.org/public/english/bureau/stat/isco/ [Zugriff: 20.06.2018].
ISO 15836 Information and Documentation. The Dublin Core Metadata Element Set, Part 1: Core Elements: https://www.iso.org/standard/71339.html [Zugriff: 20.06.2018].
ISO 3166 Country Codes: https://www.iso.org/iso-3166-country-codes.html [Zugriff: 20.06.2018].
ISO 639 Language codes at ISO: https://www.iso.org/iso-639-language-codes.html [Zugriff: 20.06.2018].
ISO 639 Language codes at Library of Congress: https://www.loc.gov/standards/iso639-2/php/code_list.php [Zugriff: 20.06.2018].
JSON – JavaScript Object Notation: https://de.wikipedia.org/wiki/JavaScript_Object_Notation [Zugriff: 20.06.2018].
LimeSurvey: https://www.limesurvey.org/community/extensions/97-export-to-triple-s-survey-interchange-standard [Zugriff: 20.06.2018].
Nesstar Publisher: http://www.nesstar.com/software/publisher.html [Zugriff: 20.06.2018].
Nesstar Server: http://www.nesstar.com/software/server.html [Zugriff: 20.06.2018].
NIPO Online, CAPI and CATI Survey Software Solutions: https://www.nipo.com/ [Zugriff: 20.06.2018].
OAI-PMH – Open Archives Initiative Protocol for Metadata Harvesting: https://www.openarchives.org/pmh/ [Zugriff: 20.06.2018].
OAI-PMH Dublin Core (oai_dc): https://www.openarchives.org/OAI/openarchivesprotocol.html#dublincore [Zugriff: 20.06.2018].
Online-Umfrageprogramme at websm.org 2018: http://www.websm.org/c/1283/Software/ [Zugriff: 20.06.2018].
OpenAire: https://www.openaire.eu/search/find?keyword [Zugriff: 20.06.2018].
R Paket sss. Tools for Importing Files in the Triple-s Format: https://cran.r-project.org/web/packages/sss/sss.pdf [Zugriff: 20.06.2018].
Registrierungsagentur da|ra: https://www.da-ra.de [Zugriff: 20.06.2018].
RFC3629. Spezifikation des Unicode-Zeichenformat UTF-8: https://tools.ietf.org/html/rfc3629 [Zugriff: 20.06.2018].
RFC4180. Spezifikation des Dateiformates CSV: http://tools.ietf.org/html/rfc4180 [Zugriff: 20.06.2018].
SensusWeb: http://www.sawtooth.com/index.php/software/sensus-web/evalsys/ [Zugriff: 20.06.2018].

SnapSurveys: https://www.snapsurveys.com/support/data-management/ [Zugriff: 20.06.2018].
STW – Standard-Thesaurus Wirtschaft: http://zbw.eu/stw/version/latest/ [Zugriff: 20.06.2018].
Statistik-Software: R, SAS, SPSS und STATA im Vergleich (2018): https://www.inwt-statistics.de/blog-artikel-lesen/Statistik-Software-R_SAS_SPSS_STATA_im_Vergleich.html [Zugriff: 20.06.2018].
Thesaurus Sozialwissenschaft (TheSoz): http://lod.gesis.org/thesoz/de/hierarchical_concepts.html [Zugriff: 20.06.2018].
Triple-S – the Survey Interchange Standard: http://www.triple-s.org/ [Zugriff: 20.06.2018].
Triple-S 2017: http://www.triple-s.org/wp-content/uploads/Triple-S-XML-3.0-Release-Notes.pdf [Zugriff: 20.06.2018].
Trost Media 2018. Zeilenumbruch: https://www.sttmedia.de/zeilenumbruch [Zugriff: 20.06.2018].
XML – Extensible Markup Language: https://de.wikipedia.org/wiki/Extensible_Markup_Language [Zugriff: 20.06.2018].

10. Zitierbarmachung und Zitation von Forschungsdaten

Brigitte Hausstein

Während für Forschungspublikationen neben den traditionellen Angeboten der freie Zugang (*Open Access*) immer mehr zur gängigen Praxis wird, sind zunehmend auch Bemühungen hinsichtlich allgemein zugänglicher Datenpublikationen zu verzeichnen. Obwohl grundsätzlich die Bereitschaft zur Weitergabe der Primärdaten existiert, scheitert dies oft an den fehlenden Kapazitäten, die für die Aufbereitung und Metadatenbeschreibung notwendig sind. Dies gilt auch für die Sozialwissenschaften, die aber im Vergleich zu anderen Disziplinen bereits eine ausgeprägte Kultur des *Data Sharing* kennen (vgl. Huschka et al. 2011).

Die Allianz der deutschen Wissenschaftsorganisationen[1] hat bereits Ende Juni 2010 in den *Grundsätze(n) zum Umgang mit Forschungsdaten* eine Regelung für Primärdaten gefordert, um bei Wissenschaftlerinnen und Wissenschaftlern das Bewusstsein für den Handlungsbedarf und für den Nutzen von Primärdaten-Infrastrukturen zu schärfen. Von Seiten der Forschungsförderer wird immer stärker gefordert, nicht nur die Forschungspublikationen, sondern auch die entstandenen Primärdaten im Sinne guter wissenschaftlicher Praxis öffentlich zugänglich und zitierbar zu machen. Daraus ergibt sich die besondere Bedeutung einer reinen Datenpublikation, mit allen Möglichkeiten der eindeutigen Identifikation und kompakten Zitierung, die für Textpublikationen bereits Standard sind. Eine korrekte Datenzitation ist nicht nur Ausdruck eines entwickelten Forschungsstandards, sondern erkennt auch die produzierten Daten als einen primären Forschungsoutput an und gewährt damit den Datenproduzenten die entsprechenden *credits*. Forschungsdaten sind nicht länger Nebenprodukte wissenschaftlichen Arbeitens, sondern erhalten einen anerkannten Platz im Forschungsprozess. Eine konsistente Zitation unterstützt die Auffindbarkeit, Nachnutzbarkeit und Replizierbarkeit sowie die Messbarkeit der Nutzung der Daten.

In den nachfolgenden Abschnitten dieses Kapitels werden die Zitierbarmachung von sozialwissenschaftlichen Forschungsdaten und die damit verbundene Rolle der Persistent Identifier dargestellt. Damit richtet sich das Kapitel insbesondere an Datenzentren und Bibliotheken, ist aber auch als Hintergrundwissen für Forschergruppen gedacht, die sich mit dem Forschungsdatenmanagement befassen. Abschnitt 10.1 fokussiert auf das DOI®-System zur persistenten Identifizierung. In Abschnitt 10.2 werden ausgewählte Serviceanbieter dieses Systems vorgestellt. Abschnitt 10.3 und 10.4 stellen praktische Fragen des Workflows und der Metadaten in den Mittelpunkt und im Abschnitt 10.5 werden abschließend Empfehlungen zur Datenzitation gegeben, die insbesondere für Forschende relevant sind.

10.1 Die Verwendung von Persistent Identifier

Mittlerweile haben sich verschiedene Gruppen und Communities (wie z.B. FORCE 11, CO-DATA, DataCite, ANDS oder GESIS) damit beschäftigt, Guidelines und Empfehlungen zur

---

1 Die Allianz der deutschen Wissenschaftsorganisationen ist ein Zusammenschluss der bedeutendsten Wissenschafts- und Forschungsorganisationen in Deutschland. Sie nimmt regelmäßig zu Fragen der Wissenschaftspolitik, Forschungsförderung und strukturellen Weiterentwicklung des deutschen Wissenschaftssystems Stellung.

Zitation von Forschungsdaten zu erstellen. Obwohl sich die Herangehensweisen prinzipiell ähneln, existiert kein einheitlicher Standard. Neben einigen von der Zitation wissenschaftlicher Literatur bekannten Metadatenelementen (wie z.B. Autor, Titel, Herausgeber, Veröffentlichungsdatum) ist in vielen Empfehlungen die persistente Identifikation wesentlicher Bestandteil einer *guten* Datenzitation (vgl. z. B. Data Citation Synthesis Group 2014). In der digitalen Welt sind die Informationen dynamischer und fragiler als beispielsweise in gedruckten Veröffentlichungen. Digitale Daten sind leichter veränderbar (z.B. durch Korrekturen, Ergänzungen oder Aktualisierungen) und die dadurch entstandenen neuen Versionen sind nicht immer eindeutig erkennbar (s. dazu auch die Ausführungen zur Versionierung in Abschnitt 10.3.2 in diesem Kapitel). Zusätzlich kann sich der ursprüngliche Speicherort ändern, was die Auffindbarkeit der Daten ohne eine persistente Identifikation des Objektes fast unmöglich macht (vgl. CODATA-ICSTI 2013).

Ein Weg zur Lösung der geschilderten Problematik ist der Einsatz von speziellen *Persistent Identifier*. Die Funktion von *Persistent Identifier* entspricht in etwa der einer ISBN-Nummer bei gedruckten Werken, die lediglich ein einziges Mal vergeben wird. Hinzu kommt die Unterscheidung zwischen dem Identifikator und der Lokation eines Objekts, die es ermöglicht, das Objekt unabhängig von seinem Speicherort zu identifizieren. Dies unterscheidet einen *Persistent Identifier* von einem Universal Ressource Locator (URL), der sich ändern kann. Zur Sicherstellung der eindeutigen Vergabe und der Zuweisung von Kennung und Speicherort bedarf es eines automatisierten Dienstes. Jedem *Persistent Identifier* werden dabei Adressinformationen, z.B. ein URL zugewiesen. Von zentraler Bedeutung sind hier geeignete organisatorische Maßnahmen, die die Verweise auf die tatsächlichen Speicherorte der Ressourcen aktuell halten. Programme können dann über einen sogenannten Resolverdienst den zitierten *Persistent Identifier* zum entsprechenden URL auflösen, sodass ein Zugang zu den mit einem *Persistent Identifier* zitierten Objekt (wie z.B. Forschungsdaten) möglich wird.

Es existieren mittlerweile für die Identifikation von elektronischen Textpublikationen diverse Systeme von *Persistent Identifier*, die technisch gesehen auch die Basis für einen Service zur Identifizierung von Daten leisten können, wie beispielweise Archival Research Key (ARK), Digital Object Identifier (DOI), Handle, Library of Congress Control Number (LCCN), Persistent URL (PURL) oder Uniform Resource Name (URN). Auf einen gemeinsamen Standard haben sich die verschiedenen Nutzergemeinden jedoch noch nicht geeinigt, da die Systeme im Prinzip auch gut ineinander überführbar sind. Um die langfristige Eignung zu beurteilen, ist hier weniger die technische als die organisatorische Ausgestaltung relevant.

Im Weiteren wird auf die Verwendung des DOI-Systems zur persistenten Identifizierung und Zitierbarmachung sozialwissenschaftlicher Forschungsdaten eingegangen. Dieses hat sich nicht nur bei elektronischen Text-, sondern mittlerweile auch bei Datenpublikationen etabliert.

10.1.1 Das DOI-System

Das DOI-System ist ein Verfahren für die persistente Identifikation von Inhalten, die in digitalen Netzwerken angeboten werden (vgl. Schaukasten 10.1).

10. Zitierbarmachung und Zitation von Forschungsdaten

> **Schaukasten 10.1: Das DOI-System**
>
> Das DOI-System wurde von der Association of American Publishers entwickelt und wird gegenwärtig von der International DOI Foundation (IDF) verwaltet. Die IDF besteht seit 1998 und unterstützt die Rechteverwaltung für geistiges Eigentum in digitalen Netzwerken, indem sie die Entwicklung und Verbreitung des DOI-Systems als gemeinsame Infrastruktur für das Content Management fördert. Die IDF ist eine not-for-profit-Organisation und wird von einem Executive Board, das von den Mitgliedern des IDFs gewählt wird, kontrolliert. Die Mitgliedschaft ist offen für alle Organisationen, die sich mit elektronischem Publizieren und den damit verbundenen Technologien beschäftigen.

Quelle: Eigene Darstellung

Es kann für die Identifizierung von physikalischen, digitalen oder anderen Objekten benutzt werden (vgl. Paskin 2000). Die Identifikatoren (DOI-Namen) führen direkt zum Speicherort des bezeichneten Objektes. Technisch basiert das DOI-System auf der von der Corporation for National Research Initiatives (CNRI) entwickelten und von der DONA Foundation administrierten *Handle*-Technologie. Es wird ergänzt durch ein Metadatenmodell, das die zum Objekt gehörenden Kern-Metadaten (z.B. *issueDate*) mit dem DOI-Namen verbindet und im Handle-System ablegt (vgl. DOI Kernel Metadata Declaration). Auf der Basis gemeinsamer Regeln und der technischen Infrastruktur der International DOI Foundation (IDF) wird das DOI-System durch einen Zusammenschluss von zur Zeit zehn Registrierungsagenturen umgesetzt (vgl. Schaukasten 10.2).

> **Schaukasten 10.2: DOI-Registrierungsagenturen**
>
> - Airiti, Inc.
> - China National Knowledge Infrastructure (CNKI)
> - Crossref
> - DataCite
> - Entertainment Identifier Registry (EIDR)
> - The Institute of Scientific and Technical Information of China (ISTIC)
> - Japan Link Center (JaLC)
> - Korea Institute of Science and Technology Information (KISTI)
> - Multilingual European DOI Registration Agency (*mEDRA*)
> - Publications Office of the European Union (EU Publications)

Quelle: Eigene Darstellung auf Grundlage von IDF-Angaben (International DOI Foundation)

10.1.2 Struktur und Resolving eines DOI-Namens

Ein DOI-Name besteht aus einem Präfix und einem Suffix, wobei beide durch einen Schrägstrich getrennt werden und das Präfix stets mit *10.* beginnt, wie in Abbildung 10.1 illustriert. Das Präfix, das beispielsweise einem bestimmten Datenzentrum oder einer speziellen Datenkollektion zugeordnet sein kann (in der Abbildung: *10.1234*), ermöglicht die Bildung einer unbegrenzten Anzahl von DOI-Namen, indem auf der Basis des Präfixes und verschiedener Suffixe eine beliebige Reihe von eindeutigen Identifier gebildet werden können.

Abbildung 10.1: Struktur eines DOI-Namens

> 10.1234/5678.abcd
>
> Präfix   Suffix

Quelle: Eigene Darstellung

Um einen DOI-Namen zum zugehörigen URL aufzulösen, gibt es verschiedene Möglichkeiten, die alle auf der zentral betriebenen Global Handle Registry basieren, die seit 2014 von der DONA Foundation betreut wird. Zum einen kann er über das vom CNRI angebotene *Resolver-plug-in* eingegeben und aktiviert werden. Eine andere Möglichkeit ist die Verwendung des Proxy-Servers des DOI-Systems bzw. des Handle-Systems. Die Eingabe des DOI-Namens zusammen mit der vorangestellten Zeichenkette *https://doi.org/* in den Eingabeschlitz jedes beliebigen Browsers führt den Nutzer direkt zum Speicherort des Objektes bzw. zu einer Webseite (*landing page*), auf der das Objekt und insbesondere dessen Zugangsbedingungen ausführlich beschrieben sind.

10.2 DataCite und da|ra

Der DOI-Registrierungsservice für Forschungsdaten wird von der bei der IDF akkreditierten Registrierungsagentur DataCite zur Verfügung gestellt. DataCite ist ein 2009 in London gegründetes internationales Konsortium mit Mitgliedern aus mehr als 20 Ländern, die gemeinsam das Ziel verfolgen, die Akzeptanz von Forschungsdaten als eigenständige, zitierfähige wissenschaftliche Objekte zu fördern. Basierend auf einer einheitlichen technischen Infrastruktur bietet die Mehrheit der Mitglieder einen umfangreichen Service für interessierte Forschungsdatenzentren an. Darunter befinden sich das GESIS – Leibniz-Institut für Sozialwissenschaften und das ZBW – Leibniz-Informationszentrum Wirtschaft, die seit 2010 DataCite-Mitglieder sind und gemeinsam den DOI-Registrierungsservice für Sozial- und Wirtschaftsdaten da|ra anbieten, wie in Abbildung 10.2 dargestellt (vgl. Hausstein 2012).

Abbildung 10.2: Beziehung DataCite und da|ra

Datenzentrum → da|ra → DataCite → doi® International DOI Foundation

Quelle: Eigene Darstellung

Schaukasten 10.3: Anzahl der über da|ra registrierten DOI-Namen nach Ressourcentyp (Stand: Oktober 2018)

- Text (630.314)
- Dataset (41.154)
- Collection (2.574)
- Film (608)
- Audiovisual (657)
- Sound (322)
- Interactive Resource (9)
- Data Paper (5)
- Image (1)
- Physical Object (1)

Quelle: Eigene Darstellung auf Basis der Zahlen von DataCite

Seit seiner Etablierung hat sich da|ra innerhalb der nationalen Sozial- und Wirtschaftswissenschaften zur zentralen DOI-Vergabestelle für Forschungsdaten entwickelt. Mehr als 100 Datenzentren und Datenanbieter haben über den von da|ra angebotenen Service bisher ca. 677.000 DOI-Registrierungen vorgenommen (vgl. Schaukästen 10.3 und 10.4).

Drei Viertel der beim Rat für Sozial- und Wirtschaftsdaten (RatSWD) akkreditierten Forschungsdatenzentren registrieren ihre Datenbestände über da|ra. Darüber hinaus steht der DOI-Service sozial- und wirtschaftswissenschaftlichen Datenanbietern weltweit zur Verfügung.

Schaukasten 10.4: Top Ten da|ra Nutzer (nach Anzahl der registrierten Datensätze). Stand: Oktober 2018

1. International Consortium for Social and Political Research (ICPSR) (29.9010)
2. GESIS Datenarchiv (7512)
3. Taiwanesische Datenarchiv (SRDA) (2385)
4. Schweizer Datenarchiv FORS (445)
5. Tschechische Datenarchiv (CSDA) (434)
6. IBB - Datenzentrum im Bundesinstitut für Berufsbildung (228)
7. Human Sciences Research Council, Südafrika (HSRC) (176)
8. RWI – Leibniz-Institut für Wirtschaftsforschung (152)
9. Datenzentrum des Projektes „Internationales Netzwerk für die demographische Evaluation von Populationen und deren Gesundheit" (INDEPTH) (113)
10. ifo Institut – Leibniz-Institut für Wirtschaftsforschung an der Universität München e. V. (106)

Quelle: Eigene Darstellung auf Basis der Zahlen von DataCite

Die Voraussetzungen und der Workflow für die DOI-Registrierung über da|ra werden im folgenden Abschnitt näher beschrieben.

10.3 Checkliste für die DOI-Registrierung

Zur DOI-Registrierung berechtigt sind Organisationseinheiten aus dem sozial- und wirtschaftswissenschaftlichen Forschungsbereich. Bei den Objekten kann es sich um Forschungsdaten auf Studienebene, Aggregatdaten, Mikrodaten oder auch Daten der qualitativen Forschung handeln. Hinsichtlich der Objekttypen wird nach *Collection, Dataset, Text, Software, Image, Audiovisual, Interactive Resource, Event, Model, Physical Object, Service, Sound, Workflow und Data Paper* unterschieden.

Die DOI-Registrierung erfolgt über einen Benutzerzugang, der von da|ra für das jeweilige Datenzentrum zur Verfügung gestellt wird. Vor der Erteilung des Zugangs für die Registrierung wird mit einem der beiden da|ra-Betreiber ein Service Level Agreement (SLA) abgeschlossen. Dieses regelt das Vertragsverhältnis zwischen den Betreibern von da|ra und dem Datenzentrum im Rahmen der DOI-Registrierung auf der Basis der allgemeinen Regelungen der jeweils aktuell gültigen da|ra Policy (da|ra Registrierungsagentur für Sozial- und Wirtschaftsdaten 2014). Es werden die gegenseitigen Verantwortlichkeiten festgehalten, die durch die Zuweisung für den DOI-Empfänger und die Registrierungsagentur da|ra entstehen. Die Policy regelt auch die erforderlichen Entscheidungskompetenzen. Verträge mit Einzelwissenschaftlern werden nicht geschlossen. Diesen wird empfohlen, ihre Daten in geeigneten disziplinären Datenzentren/Repositorien abzulegen (vgl. Kapitel 7).

Bevor das Vertragsverhältnis begründet werden kann, sind gemeinsam mit dem Datenzentrum verschiedene Voraussetzungen zu klären, wie in Schaukasten 10.5 dargestellt:

> **Schaukasten 10.5: Vertragliche Voraussetzungen für die Registrierung eines digitalen Objekts bei da|ra**
>
> - Das Datenzentrum besitzt die Rechte an den Daten bzw. die Berechtigung, DOI-Namen für die Daten zu registrieren.
> - Falls das nicht der Fall ist, muss die Zustimmung des Eigentümers der Daten bzw. des Primärforschers eingeholt werden.
> - Vor Abschluss des Service Level Agreement mit da|ra muss das Datenzentrum erklären, dass es die Daten entsprechend der Empfehlungen der DFG offen zugänglich und langfristig nutzbar hält.
> - Die Daten sind für externe Nutzer zugänglich.
> - DOI-Namen sind für Daten, die nur für eine interne Nutzung zur Verfügung stehen, eher ungeeignet. Jedoch können auch Daten mit eingeschränkter Zugänglichkeit (z.B. sensitive Daten) mit einem DOI-Namen versehen werden. In diesen Fällen müssen die Informationen über die Zugangsbedingungen an den jeweiligen Zugangspunkten (z.B. *landing page*) deutlich gemacht werden.
> - Die Daten besitzen Zitationspotential. D.h., die Daten eignen sich zur Nachnutzung, sind von potentiellem Interesse für andere Forscher und könnten so in zukünftigen Arbeiten zitiert werden. Die Einschätzung darüber obliegt dem Datenzentrum gemeinsam mit dem Primärforscher.

Quelle: Eigene Darstellung

Im Zuge der DOI-Registrierung von Datenbeständen müssen weitere Fragen beantwortet werden. Darunter fallen u.a. die Granularität der Datenregistrierung, die Gestaltung des Suffixes des DOI-Namens oder die Verwaltung der zur Registrierung notwendigen Metadaten (s. Schaukasten 10.5). Ebenso muss geklärt werden, wie die Qualität der Metadaten organisiert bzw. gesichert wird und welches Versionierungskonzept genutzt werden soll.

Ungeachtet der Nutzung eines spezifischen DOI-Registrierungsservices ist die Klärung derartiger Fragen entscheidend für das weitere Vorgehen bei der Registrierung. da|ra bietet dazu Best-Practice-Guidelines (vgl. Helbig/Hausstein 2014) und auch Einzelberatungen an. Die Verantwortung und die Entscheidung über das jeweilige Vorgehen liegen jedoch beim Datenanbieter. Im folgenden Abschnitt soll auf da|ra-Empfehlungen zu zwei der wichtigsten Themen näher eingegangen werden: erstens Granularität und zweitens Versionierung.

10.3.1 Granularität

Die Granularität (Körnung) beschreibt den Grad der Aggregation der zu registrierenden Daten. Je nach Fachgebiet und Art der Daten können unterschiedliche Granularitätsstufen sinnvoll sein, wie in Schaukasten 10.6 dargestellt. Entsprechend der da|ra-Policy (da|ra Registrierungsagentur für Sozial- und Wirtschaftsdaten 2014) kann das Datenzentrum eine beliebige Granularitätsstufe, wie z.B. Einzeldateien, Kollektionen von Dateien, Variablen oder Subsets, für die Identifikation der zu registrierenden Objekte wählen. Dabei sollten die angestrebte Publikations- und Zitationsweise sowie die potentielle Nachnutzung der Objekte einbezogen werden. Ferner sind die Empfehlungen der International DOI Foundation (IDF 2014) zu berücksichtigen. Die für die zu registrierenden Objekte geltende Granularität wird im SLA zwischen der Registrierungsagentur und dem Datenzentrum vereinbart.

Ein DOI-Name kann demnach jedem Objekt zugewiesen werden, unabhängig vom Umfang des Objekts oder dem Verhältnis des Objekts zu einer größeren Entität. DOI-Namen können in jedem Präzisionsgrad und jeder Granularitätsstufe zugewiesen werden, die das Datenzentrum für angemessen hält. Dennoch gilt es bei der Entscheidung über die Granularität der Datenregistrierung verschiedene Aspekte zu berücksichtigen (s. Schaukasten 10.7).

Schaukasten 10.6: Beispiele für Granularitätsstufen der zu registrierenden Daten

Ressourcentyp	Mögliche Granularitätsstufen	Beispiele (fiktiv)
Datensatz	eine Studie	Panelstudie *Test*
	ein bestimmtes Befragungsjahr/Welle dieser Studie	Befragungsjahr 2005 der Panelstudie *Test*
	ein bestimmtes Sample (Subsample) innerhalb eines Befragungsjahrs/einer Welle einer Studie	Kohorte 4 im Befragungsjahr 2005 der Panelstudie *Test*
	Datentyp (Scientific Use File, Public Use File, online etc.), Dateiformat (EXCEL, SPSS, STATA, R) oder die Sprachversion eines Datenfiles	die STATA-Datei (.dta) dieser Kohorte 4 im Befragungsjahr 2005 der Panelstudie *Test*
Textmaterial	eine Zeitschrift	Zeitschrift *Das Testen*
	eine bestimmte Ausgabe dieser Zeitschrift (z.B. Sprachversion)	Zeitschrift *Das Testen* in englischer Sprache
	ein Aufsatz innerhalb dieser Zeitschrift	Artikel *Die Panelstudie Test* in der englischen Version der Zeitschrift *Das Testen*
Video	ein Video (eines Interviews, einer teilnehmenden Beobachtung etc.)	Video der Interviews zur Panelstudie *Test* im Befragungsjahr 2005
	eine Videosequenz innerhalb des Videos	Video der Interviews von Kohorte 4

Quelle: Eigene Darstellung

Schaukasten 10.7: Bei der Granularität zu berücksichtigende Aspekte

- Zitation:
Wie ist die gegenwärtige Zitations- und Forschungspraxis?
Was soll zitiert werden?
- Verwendung der Daten:
Wie sind die Bedürfnisse potentieller Nutzergruppen?
Wie nutzen aller Wahrscheinlichkeit nach Forscher/Forschungsförderer/Verlage/Verwaltungen usw. die Daten?
- Daten- bzw. Objekttyp:
Ein komplexer Datensatz könnte beispielsweise eine granularere Identifierstruktur erfordern als ein Dokument oder ein Bild.
- Nachhaltigkeit:
Das Datenzentrum muss in der Lage sein, jedes Element, das einen DOI-Namen erhalten soll, entsprechend den Bedingungen für die Registrierung vorzuhalten, wie z.B. die Metadaten zur Registrierung.

Quelle: Eigene Darstellung

10.3.2 Versionierung

Wie eingangs erwähnt, unterliegen digitale Elemente häufiger Veränderungen als analoge bzw. gedruckte Objekte. Forschungsdaten können sich aus den unterschiedlichsten Gründen ändern. Die Dokumentation dieser Änderungen im Rahmen des Forschungsdatenmanagements wird in Kapitel 5 ausführlich beschrieben. Im Zusammenhang mit der DOI-Registrierung ist die Vorgehensweise hinsichtlich der Versionierung der Forschungsdaten von besonderer Bedeutung.

Entsprechend dem DOI Handbook der IDF (IDF 2014) haben sich die Mitglieder des DataCite-Verbundes auf folgende Regeln geeinigt (DataCite Business Practice Working Group 2012):

- Ein mit einem DOI-Namen versehenes Objekt darf nicht verändert werden.
- Jede Änderung muss als neue Version gespeichert und mit einem neuen DOI-Namen versehen werden.
- Die Verantwortlichkeit für die Versionierung liegt beim Datenzentrum.

Es gibt verschiedene Möglichkeiten, die Versionierung umzusetzen. Generell sind dabei jedoch Einheitlichkeit und Systematik zu berücksichtigen. In diesem Zusammenhang sei explizit auf die Versionierungsempfehlungen in Kapitel 5.3.2 verwiesen. Um diese im Zusammenhang mit der DOI-Registrierung zu veranschaulichen, listet Schaukasten 10.8 einige Beispiele auf, die zeigen, wie eine Versionierung umgesetzt werden kann.

Schaukasten 10.8: Beispiele für die Versionierung von Daten	
Ressource (z.B. Datensatz)	*Angaben zur Versionierung*
Schmitt-Beck, Rüdiger et al. (2009): Wahlkampf-Panel (GLES). Version 3.0.0. GESIS – Leibniz-Institut für Sozialwissenschaften. Datensatz. doi:10.4232/1.11131. https://doi.org/doi:10.4232/1.11131	• Version 1.0.0 war Pre-Release https://doi.org/10.4232/1.10364 • Version 2.0.0: Der Datensatz wurde um die noch fehlenden Gewichte (Querschnitts- und Panelgewichte) ergänzt. https://doi.org/10.4232/1.10365 • Version 3.0.0: Fehlerhafte Werte wurden ersetzt und neue Variablen hinzugefügt. https://doi.org/10.4232/1.11131
Office for National Statistics (2012): Quarterly Labour Force Survey 1992-2011: Secure Data Service Access. 3. Edition. UK Data Archive. Dataset. doi:10.5255/UKDA-SN-6727-2. https://doi.org/10.5255/UKDA-SN-6727-2	• 1. Edition war erstes Release (ohne DOI) • 2. Edition mit minimalen Änderungen und DOI https://doi.org/10.5255/UKDA-SN-6727-1 • 3. Edition mit weiteren hinzugefügten Daten https://doi.org/10.5255/UKDA-SN-6727-2

Quelle: Eigene Darstellung

10.4 Metadatenqualität

Jeder DOI-Name ist mit einer Reihe von Metadaten verknüpft, einer Sammlung von bibliografischen und inhaltlichen Informationen (Titel, Autor, Veröffentlichungsdatum, Copyright usw.), die sich auf den registrierten Datensatz beziehen. Mittels der Metadaten stellt der DOI-Name nicht nur einen Identifikator dar, sondern hält zusätzlich sämtliche relevanten Informationen zum Datensatz bereit. Er wird damit zum wichtigen Werkzeug für die Datenhaltung und den Datenaustausch.

Die Tatsache, dass Metadaten dauerhaft sind, schließt ihre Modifizierbarkeit nicht aus: Die Datenzentren können jederzeit und beliebig oft die Metadaten, die ihre Datensätze beschreiben, ändern; insbesondere wenn der primäre URL, in die der DOI-Name aufgelöst wird, modifiziert werden muss.

Angestrebt wird nicht nur die Aktualität der Metadaten, sondern auch deren hohe Qualität. Dies ist insbesondere wichtig, weil dadurch die Daten

- im Sinne guter wissenschaftlicher Praxis gefunden, reproduziert und nachgenutzt werden können,
- mit anderen Daten und Objekten (z.B. dazugehörigen Publikationen) verknüpft werden können,
- korrekt zitiert werden können,
- nach Weiterleitung durch da|ra in anderen internationalen Portalen (z.B. DataCite, OpenAIRE, EUDAT-B2Find, Base etc.) und Zitationsindizes (z.B. Clarivate Data Citation Index) sichtbar werden.

Daher sollten bei der Erstellung qualitativ hochwertiger Metadaten zur Registrierung der Daten einige wichtige Kriterien berücksichtigt werden (vgl. Bruce/Hillmann 2004). Hierzu zählen u.a. Richtigkeit, Vollständigkeit, Provenienz (Herkunft), Konsistenz sowie Aktualität und Verfügbarkeit der Metadaten. Da die Auffindbarkeit maßgeblich von der Metadatenqualität abhängt, ist es ratsam, die Perspektive potentieller Nachnutzer der Forschungsdaten zu berücksichtigen und die zur Verfügung gestellten Metadaten daraufhin zu überprüfen.

Das da|ra-Metadatenschema bildet die zentrale Voraussetzung zur Sicherung der Metadatenqualität, da es die Möglichkeit bietet, über die Pflichtangaben hinaus weitere Informationen zu den Ressourcen anzugeben (vgl. Koch et al. 2017). Diese Zusatzinformationen werden im Interesse der Datenzentren von da|ra empfohlen, da sie die Auffindbarkeit der beschriebenen Daten wesentlich erhöhen. Das da|ra-Metadatenschema basiert auf den Standards der *Data Documentation Initiative* (DDI), die in Kapitel 9.1 näher erläutert werden. Eine formale Prüfung auf Korrektheit der Metadaten in Bezug auf das vorgegebene Schema wird bereits automatisiert bei der Übermittlung der Metadaten (via Webschnittstelle und XML-Upload) an da|ra vorgenommen. Für Nutzer des Webinterfaces erfolgt die Prüfung im Hintergrund und es werden zusätzlich umfangreiche Hilfetexte zur Verfügung gestellt.

Ausgangsbedingung für die DOI-Registrierung ist ein Kernset aus sechs Pflichtfeldern. Diese beinhalten den allgemeinen Ressourcentyp, den Titel, die Primärforschenden, den URL, deren Veröffentlichungsdatum und Verfügbarkeit. Die Angabe weiterer optionaler Elemente sowie deren Unterelemente werden aus den oben diskutierten Gründen ausdrücklich empfohlen und sind in Schaukasten 10.9 zusammengefasst.

Schaukasten 10.9: Optionale (Unter-)Elemente des da|ra Metadatenschemas

- Version
- Sprache
- Beschreibung
- Erfassungsmethode
- Zeitdimension
- Klassifikation
- Schlagwörter
- Geographischer Raum
- Mitwirkende
- Finanzierer
- alternativer Identifier
- Identifier für Personen
- Angaben zum Datensatz
- Relation

Quelle: Eigene Darstellung (nach Koch et al. 2017: 9)

Unterstützend wirken hierbei Normdaten, wie z.B. die Gemeinsame Normdatei (GND), und weitere kontrollierte Vokabulare (z.B. für die Elemente Erfassungsmethode/*collectionMode* und Zeitdimension/*timeDimension*) des da|ra-Metadatenschemas, um eine Eingabe zu vereinfachen und zu beschleunigen.

Der Screenshot in Abbildung 10.3 illustriert die Anzeige der angereicherten Metadaten zum Datensatz *GESIS Panel – Standard Edition* in der da|ra-Gesamtansicht. Der mit dem DOI-Namen verbundene Link verweist auf den Standort des Datensatzes und öffnet die zugehörige Studienbeschreibung im GESIS-Datenbestandskatalog (GESIS DBK).

Um die Daten auch international gut sichtbar zu machen, ist es wichtig, dass die Metadaten neben der Landessprache in englischer Sprache zur Verfügung gestellt werden (seit 2017 unterstützt das da|ra-Metadatenschema Sprachen nach ISO Code 639-1).

Abbildung 10.3: Metadaten zum Datensatz *GESIS Panel – Standard Edition* in der da|ra Gesamtansicht

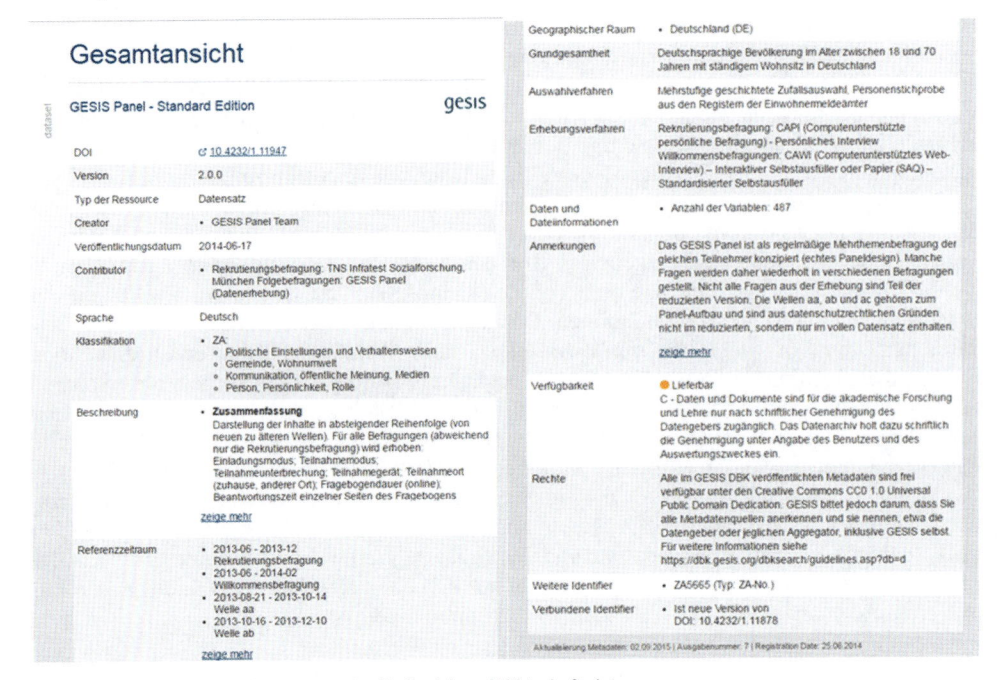

Quelle: da|ra – Datenregistrierungsagentur für Sozial- und Wirtschaftsdaten

10.5 Empfohlene Datenzitation

Die sich entwickelnden bibliometrischen Verfahren, die die Leistung der Datenproduktion ähnlich den Impact-Faktoren bei Textpublikationen messbar machen sollen, tragen zu einer erhöhten Relevanz von Datenzitationen bei. Damit stellt sich für Wissenschaftlerinnen und Wissenschaftler, die Daten sekundäranalytisch in ihren Arbeiten verwenden, die Frage nach einer korrekten Zitierweise, wie u.a. in Kapitel 8.3.2 erörtert. Obwohl bereits 2014 die *Joint Declaration of Data Citation Principles* (JDDCP 2014) verabschiedet wurde und diese von vielen Organisationen unterstützt wird, führten diese allgemeinen Prinzipien bisher zu keinem übergreifend verbindlichen Standard für die Datenzitation. Die 2016 veröffentlichte *Data Citation Roadmap* (Fenner et al 2016) gibt den Datenrepositorien lediglich eine Reihe von Empfehlungen zur automatisierten Unterstützung der Datenzitation an die Hand. Bis zur Umsetzung und Akzeptanz dieses Vorgehens soll an dieser Stelle auf die empfohlene Zitierung auf der Basis des da|ra-Metadatenschemas verwiesen werden. Dieses Vorgehen entspricht dem Standard von DataCite (DataCite Metadata Working Group 2017) und ist in Schaukasten 10.10 dargestellt.

> **Schaukasten 10.10: DataCite Standard zur Zitation des Sozio-oekonomischen Panels**
>
> Creator (Veröffentlichungsdatum): Titel. Datenzentrum. Identifier.
>
> Zum Beispiel:
>
> Schupp, Jürgen; Kroh, Martin; Goebel, Jan; Bartsch, Simone; Giesselmann, Marco et. al. (2013): Sozio-oekonomisches Panel (SOEP), Daten der Jahre 1984-2012. Version: 29. SOEP- Sozio-oekonomisches Panel. Dataset. https://doi.org/10.5684/soep.v29.

Quelle: Eigene Darstellung

Es kann auch wünschenswert sein, zwei weitere Elemente – Version und Typ der Ressource – anzugeben, wie in Schaukasten 10.11 illustriert.

> **Schaukasten 10.11: Erweiterter DataCite Standard zur Zitation**
>
> Creator (Veröffentlichungsdatum): Titel. Version. Datenzentrum. Typ der Ressource. Identifier.
>
> Zum Beispiel:
>
> Fahrenberg, Jochen (2010): Freiburger Beschwerdenliste FBL. Primärdaten der Normierungsstichprobe 1993. Version 1.0.0. ZPID- Leibniz-Zentrum für Psychologische Information und Dokumentation. Dataset. https://doi.org/10.5160/psychdata.fgjn05an08.
>
> Rattinger, Hans; Roßteutscher, Sigrid; Schmitt-Beck, Rüdiger; Weßels, Bernhard (2012): Wahlkampf-Panel (GLES 2009). Version: 3.0.0. GESIS Datenarchiv. Dataset. https://doi.org/10.4232/1.11131.

Quelle: Eigene Darstellung

Dabei gelten neben den Definitionen im da|ra Metadatenschema folgende zusätzliche Empfehlungen:

- *Creator*: Maximal fünf Primärforscher/innen sind möglich, danach ist mit ‚et al.' abzukürzen.
- *Veröffentlichungsdatum*: Hier wird nur das Jahr der Veröffentlichung der Ressource angegeben.
- *Titel*: Hier sind der Titel und eventuell weitere Titel der Ressource anzugeben.
- *Version*: Die Version repräsentiert die Versionsnummer der Ressource.
- *Datenzentrum*: Name des Datenzentrums/der Institution, das/die die Ressource veröffentlicht hat.
- *Typ der Ressource*: Bezeichnung des generellen Typs einer Ressource. Hierzu kann, wie weiter oben bereits erwähnt, unter den möglichen Ressourcentypen *Collection, Dataset, Text, Software, Image, Audiovisual, Interactive Resource, Event, Model, Physical Object, Service, Sound, Workflow, Data Paper* ausgewählt werden.
- *Identifier*: Hier erscheint ein Persistent Identifier. Für Angaben mit DOI-Namen kann der Identifier optional im Originalformat und in einem http-Format erscheinen. Um direkt auf die Quelle des Objektes verweisen zu können, sollte der DOI-Name mit dem URL des *Resolver* abgedruckt werden (https://doi.org/10.4232/1.10770).

Um diese Angaben für die zu zitierenden Forschungsdaten zu erhalten, empfiehlt es sich, entweder das da|ra-Portal oder DataCite Search zu konsultieren. Zusätzlich gilt zu beachten, dass manche Datenanbieter spezielle Zitierweisen wünschen bzw. diese zwingend als Teil der Datennutzungsbedingungen festgelegt haben (z.B. National Educational Panel Study, NEPS). Um dem gerecht zu werden, sollte der DOI-Name der zu zitierenden Forschungsdaten zunächst aufgerufen werden (vgl. Abschnitt 10.1.2). Unter dem URL (*landing page*) sind dann in der Regel die Nutzungsbedingungen nachzulesen.

Darüber hinaus gibt es in Fachzeitschriften verschiedene Zitationsformate, die die oben beschriebene Zitationsweise abwandeln oder stark an die Zitation von Textpublikationen anpassen. Die Verwendung eines dieser Formate kann notwendig sein, wenn der Herausgeber einer Zeitschrift dieses Vorgehen verbindlich bei der Einreichung eines Beitrages vorschreibt. DataCite bietet daher in Kooperation mit der Registrierungsagentur crossref ein

Werkzeug an, mit dessen Hilfe auf der Basis des DOI-Namens die Umwandlung in ein gewünschtes Format leicht möglich wird. Der *DOI Citation Formater* unterstützt 500 in der Verlagswelt übliche Zitationsformate in 45 Sprachen.

10.6 Fazit

In diesem Kapitel wurden die Möglichkeiten und Herausforderungen bei der Zitierbarmachung von Forschungsdaten und die damit verbundene Rolle der Persistent Identifier dargestellt. Es konnte anhand von Beispielen gezeigt werden, dass in relativ kurzer Zeit eine Reihe von erfolgversprechenden Services entwickelt wurden, die die Wissenschaftler für die Zitierbarmachung ihrer Forschungsdaten nutzen können. So bietet die Verwendung von Persistent Identifier in Form von DOI-Namen die Möglichkeit, publizierte Forschungsdaten eindeutig und dauerhaft zitierbar und referenzierbar zu machen. Auf diese Weise sind inzwischen schätzungsweise weltweit über 14 Millionen Forschungsdaten aus den unterschiedlichsten Wissenschaftsdisziplinen zitierbar (DataCite Statistik, Stand Oktober 2018). Die noch ausstehende Entwicklung eines allgemeingültigen Zitationsstandards für Forschungsdaten und letztlich auch deren Anwendung in den Textpublikationen durch die Wissenschaftlerinnen und Wissenschaftler wird über den Erfolg dieses Vorgehens entscheiden.

Literaturverzeichnis

Allianz der deutschen Wissenschaftsorganisationen (2010): Grundsätze zum Umgang mit Forschungsdaten. 24. Juni 2010. http://www.allianzinitiative.de/de/handlungsfelder/forschungsdaten/grundsaetze/ [Zugriff: 20.06.2018].

Bruce, Thomas /Hillmann, Diane (2004): The Continuum of Metadata Quality. Defining, Expressing, Exploiting. In: Hillmann, Diane/Westbrooks, Elaine (Hrsg.): Metadata in Practice. Chicago: American Library Association, S. 238-256.

CODATA-ICSTI Task Group on Data Citation Standards and Practices (2013): Out of Cite, Out of Mind. The Current State of Practice, Policy, and Technology for the Citation of Data. In: Data Science Journal 12, CIDCR1-CIDCR75. https://doi.org/10.2481/dsj.OSOM13-043.

Data Citation Synthesis Group (2014): Joint Declaration of Data Citation Principles, hrsg. v. Maryann Martone. San Diego CA. FORCE11.

Metadata Working Group (2017): DataCite Metadata Schema Documentation for the Publication and Citation of Research Data, Version 4.1. DataCite e.V. https://doi.org/10.5438/0014.

da|ra Registrierungsagentur für Sozial- und Wirtschaftsdaten (2014): da|ra Policy, Version 3.0. http://www.da-ra.de/dara/typo3?lang=de&ext=de/ueber-uns/da-ra-policy/policy/ [Zugriff: 20.06.2018].

da|ra Registrierungsagentur für Sozial- und Wirtschaftsdaten (2014): Service Level Agreement. http://www.da-ra.de/de/ueber-uns/da-ra-policy/service-level-agreement/ [Zugriff: 20.06.2018].

DFG – Deutsche Forschungsgemeinschaft (1998): Vorschläge zur Sicherung guter wissenschaftlicher Praxis: Empfehlungen der Kommission „Selbstkontrolle in der Wissenschaft". Denkschrift der Deutschen Forschungsgemeinschaft. http://www.dfg.de/download/pdf/dfg_im_profil/reden_stellungnahmen/download/empfehlung_wiss_praxis_1310.pdf [Zugriff: 20.06.2018].

DOI Kernel Metadata Declaration (2017). https://www.doi.org/doi_handbook/4_Data_Model.html#4.3.

Fenner, Martin/Crosas, Mercè/Grethe, Jeffrey/Kennedy, David/Hermjakob, Henning/Rocca-Serra, Philippe/Berjon, Robin/Kracher, Sebastian/Martone, Maryann/Clark, Timothy (2016): A Data Citation Roadmap for Scholarly Data Repositories. bioRxiv preprint, 28.12.2016. https://doi.org/10.1101/097196.

Hausstein, Brigitte (2012): Die Vergabe von DOI-Namen für Sozial- und Wirtschaftsdaten. Serviceleistungen der Registrierungsagentur da|ra. RatSWD Working Paper Series 193. http://nbn-resolving.de/urn:nbn:de:0168-ssoar-427886 [Zugriff: 20.06.2018].

Helbig, Kerstin/Hausstein, Brigitte (2014): Best Practice Guide for the Registration of Resources with da|ra. GESIS – Technical Reports 2014/18. https://dx.doi.org/10.4232/10.bpg.1.0.

Huschka, Denis/Oellers, Claudia/Ott, Notburga/ Wagner, Gert G. (2011): Datenmanagement und Data Sharing. Erfahrungen in den Sozial- und Wirtschaftswissenschaften. RatSWD Working Paper Series 184. https://nbn-resolving.org/urn:nbn:de:0168-ssoar-427723 [Zugriff: 20.06.2018].

Koch, Ute/Akdeniz, Esra/Meichsner, Jana/Hausstein, Brigitte/Harzenetter, Karoline (2017): da|ra Metadata Schema. Documentation for the Publication and Citation of Social and Economic Data. Version 4.0. GESIS Report 2017|25. GESIS – Leibniz-Institut für Sozialwissenschaften. https://doi.org/10.4232/10.mdsdoc.4.0.

International DOI Foundation (2014): DOI® Handbook. Version 5. https://doi.org/10.1000/182.

Paskin, Norman (2000): Digital Object Identifier. Implementing a Standard Digital Identifier as the Key to Effective Digital Rights Management. The International DOI Foundation Kidlington, Oxfordshire, United Kingdom. https://www.doi.org/doi_presentations/aprilpaper.pdf.

ZBW - Leibniz-Informationszentrum Wirtschaft/GESIS - Leibniz-Institut für Sozialwissenschaften/RatSWD - Rat für Sozial- und Wirtschaftsdaten (2015): Auffinden, Zitieren, Dokumentieren. Forschungsdaten in den Sozial- und Wirtschaftswissenschaften. https://dx.doi.org/10.4232/10.fisuzida2015.2.

Linkverzeichnis

Airiti, Inc.: http://doi.airiti.com/ [Zugriff: 20.06.2018].
Allianz der Wissenschaftsorganisationen: http://www.dfg.de/dfg_profil/allianz/ [Zugriff: 20.06.2018].
ANDS - Australian National Data Service: https://www.ands.org.au/ [Zugriff: 20.06.2018].
ARK - Archival Research Key: http://www.cdlib.org/inside/diglib/ark/ [Zugriff: 20.06.2018].
Base: https://de.base-search.net/ [Zugriff: 20.06.2018].
BIBB - Bundesinstitut für Berufsbildung: https://www.bibb.de/
Clarivate Data Citation Index: https://clarivate.com/products/web-of-science/web-science-form/data-citation-index/ [Zugriff: 20.06.2018].
CNKI – China National Knowledge Infrastructure: http://eng.oversea.cnki.net/kns55/default.aspx [Zugriff: 20.06.2018].
CNRI – Corporation for National Research Initiatives: https://www.cnri.reston.va.us/ [Zugriff: 20.06.2018].
CODATA – Committee on Data for Science and Technology: http://www.codata.org/ [Zugriff: 20.06.2018].
Crossref: https://www.crossref.org [Zugriff: 20.06.2018].
ČSDA – Czech Social Science Data Archive: http://archiv.soc.cas.cz/en [Zugriff: 20.06.2018].
da|ra – Datenregistrierungsagentur für Sozial- und Wirtschaftsdaten: https://www.da-ra.de [Zugriff: 20.06.2018].
da|ra Nutzer: https://www.da-ra.de/ueber-uns/unsere-nutzer [Zugriff: 20.06.2018].
DataCite: https://www.datacite.org/ [Zugriff: 20.06.2018].
DataCite Mitglieder: https://www.datacite.org/members.html [Zugriff: 20.06.2018].
DataCite Search: https://search.datacite.org [Zugriff: 20.06.2018]
DataCite Statistik: https://stats.datacite.org/#tab-datacentres [Zugriff: 30.10.2018].
DDI – Data Documentation Initiative: https://www.ddialliance.org/ [Zugriff: 20.06.2018].
DFG – Deutsche Forschungsgemeinschaft: http://www.dfg.de/ [Zugriff: 20.06.2018].
DONA – Digital Object Name Authority: https://dona.net [Zugriff: 20.06.2018].
DOI –Digital Object Identifier: https://doi.org [Zugriff: 20.06.2018].
DOI Citation Formater: https://citation.crosscite.org/ [Zugriff: 20.06.2018].
DOI Kernel Metadata Declaration: https://www.doi.org/doi_handbook/4_Data_Model.html#4.3 [Zugriff: 20.06.2018].
DZA – Deutsches Zentrum für Altersfragen: https://www.dza.de/ [Zugriff: 20.06.2018].
EIDR – Entertainment Identifier Registry: http://eidr.org/ [Zugriff: 20.06.2018].
EU Publications – Publications Office of the European Union: https://publications.europa.eu/en/ [Zugriff: 20.06.2018].
EUDAT: B2Find: https://eudat.eu/catalogue/B2FIND [Zugriff: 20.06.2018].
FORCE11: https://www.force11.org [Zugriff: 20.06.2018].
FORS – Swiss Centre of Expertise in the Social Sciences: http://forscenter.ch [Zugriff: 20.06.2018].
GESIS – GESIS Leibniz-Institute für Sozialwissenschaften: https://www.gesis.org [Zugriff: 20.06.2018].

GESIS DBK – GESIS Datenbestandskatalog: https://dbk.gesis.org/dbksearch/home.asp?db=d [Zugriff: 20.06.2018].
GND – Gemeinsame Normdatei: http://www.dnb.de/DE/Standardisierung/GND/gnd_node.html [Zugriff: 20.06.2018].
Handle Resolver-plug-in: http://www.handle.net/resolver/ [Zugriff: 20.06.2018].
Handle.Net Registry: http://www.handle.net [Zugriff: 20.06.2018].
HSRC – Human Sciences Research Council: http://www.hsrc.ac.za/en [Zugriff: 20.06.2018].
IASSIST-SIGDC – International Association for Social Science Information Services and Technology, Special Interest Group on Data Citation): http://iassistdata.org/community/sigdc [Zugriff: 20.06.2018].
ICPSR – The Inter-university Consortium for Political and Social Research: https://www.icpsr.umich.edu/ [Zugriff: 20.06.2018].
ICSTI – International Council for Scientific and Technical Information: http://www.icsti.org/ [Zugriff: 20.06.2018].
IDF – International DOI Foundation: https://www.doi.org/ [Zugriff: 20.06.2018].
IDF-akkreditierte Registrierungsagenturen: https://www.doi.org/registration_agencies.html [Zugriff: 20.06.2018].
IFO – Leibniz-Institut für Wirtschaftsforschung an der Universität München e.V.: https://www.cesifo-group.de/de/ifoHome.html [Zugriff: 20.06.2018].
IQSS – The Institute for Quantitative Social Science, Harvard University: https://www.iq.harvard.edu/.
ISBN – International Standard Book Number: http://isbn-suche.net/ [Zugriff: 20.06.2018].
ISO Code 639-1: https://www.iso.org/iso-639-language-codes.html [Zugriff: 20.06.2018].
ISTIC – The Institute of Scientific and Technical Information of China: https://www.istic.ac.cn/English/ [Zugriff: 20.06.2018].
JDDCP – Joint Declaration of Data Citation Principles: https://www.force11.org/datacitationprinciples [Zugriff: 20.06.2018].
JaLC – Japan Link Center: http://japanlinkcenter.org/top/ [Zugriff: 20.06.2018].
KISTI – Korea Institute of Science and Technology Information: http://www.kisti.re.kr/eng/ [Zugriff: 20.06.2018].
LCCN – Library of Congress Control Number: https://www.loc.gov/marc/lccn_structure.html [Zugriff: 20.06.2018].
mEDRA – Multilingual European DOI Registration Agency: https://www.medra.org/ [Zugriff: 20.06.2018].
NEPS – National Educational Panel Study: https://www.neps-studie.de/ [Zugriff: 20.06.2018].
OpenAIRE: https://www.openaire.eu/ [Zugriff: 20.06.2018].
ORCID – Open Researcher and Contributor ID: https://orcid.org/ [Zugriff: 20.06.2018].
Proxy Servers des DOI-Systems: https://dx.doi.org/ [Zugriff: 20.06.2018].
Proxy Server des Handle Systems: https://hdl.handle.net [Zugriff: 20.06.2018].
PURL – Persistent Uniform Resource Locator: https://archive.org/services/purl/ [Zugriff: 20.06.2018].
R – freie Programmiersprache für statistische Berechnungen und Grafiken: http://www.r-statistik.de/ [Zugriff: 20.06.2018].
RatSWD – Rat für Sozial- und Wirtschaftsdaten: https://www.ratswd.de [Zugriff: 20.06.2018].
SLA – Service Level Agreement: https://www.da-ra.de/ueber-uns/da-ra-policy/service-level-agreement/ [Zugriff: 20.06.2018].
SPSS – Marke der Softwarefirma IBM, unter welcher Statistik- und Analyse-Software vertrieben wird: https://www.ibm.com/analytics/de/de/technology/spss/ [Zugriff: 20.06.2018].
SRDA – Survey Research Data Archive: https://srda.sinica.edu.tw/ [Zugriff: 20.06.2018].
STATA – Data Analysis and Statistical Software for Professionals: https://www.stata.com/ [Zugriff: 20.06.2018].
URL – Universal Ressource Locator: https://de.wikipedia.org/wiki/Uniform_Resource_Locator [Zugriff: 20.06.2018].
URN – Uniform Resource Name: http://tools.ietf.org/html/rfc2141 [Zugriff: 20.06.2018].
XML – Extensible Markup Language: https://de.wikipedia.org/wiki/Extensible_Markup_Language [Zugriff: 20.06.2018].
ZBW – ZBW Leibniz-Informationszentrum Wirtschaft: https://www.zbw.eu [Zugriff: 20.06.2018].

11. Big Data & New Data: Ein Ausblick auf die Herausforderungen im Umgang mit Social-Media-Inhalten als neue Art von Forschungsdaten

Katrin Weller

Seit ungefähr einem Jahrzehnt wird (auch) in wissenschaftlichen Kontexten der Nutzen von neuartigen, großen Datenbeständen für das bessere Verständnis zahlreicher Lebensbereiche erprobt. Viele dieser neuartigen Daten stammen aus Internetplattformen. In den Fokus der Wissenschaftler/innen rücken beispielsweise Suchmaschinen (Choi/Varian 2012), Kommentarbereiche von Zeitungen (Ruiz et al. 2011) sowie Social-Media-Plattformen (z.B. Facebook, LinkedIn, reddit, Twitter, Pinterest oder Tumblr). Social-Media-Plattformen können aus verschiedenen Gründen interessant sein. Oft sind insbesondere Nutzernetzwerke, gekoppelt an Text oder Multimediainhalte, von Interesse. Generell haben Onlineplattformen das Potential, Einblicke in Nutzeraktivitäten zu geben, etwa durch das Auslesen von Suchbegriffen, die von Nutzer/innen eingegeben werden, durch das Auswerten des Klickverhaltens auf verschiedene Links, durch das Aufdecken verschiedener Nutzernetzwerke oder durch das komplette Auswerten ganzer Textbeiträge, was beispielweise Einblicke in Meinungen und Stimmungen verspricht.

Manches daran ist neu, insbesondere die Vielfalt der Datenquellen, aber das grundlegende Prinzip erinnert stark an die Idee der prozessgenerierten Daten, die als nicht-reaktives Verfahren bereits ihren Platz in der sozialwissenschaftlichen Forschung gefunden haben, wie beispielsweise Daten zum Arbeitsmarkt, zur Einkommensstruktur, zur Mediennutzung, zum Bildungsstand. Dennoch wird im Kontext von Internetdaten auch oft von *New Data* gesprochen. Für Sozialwissenschaftler/innen werden Nutzungsdaten aus Internetportalen als eine mögliche neue Datenart angesehen, die – unabhängig von Einflüssen durch Studiendesigns – nicht nur Verhaltensweisen, sondern auch Meinungen offenlegen kann. Noch häufiger anzutreffen ist jedoch die Bezeichnung *Big Data*, die darauf anspielt, dass aus Internetdiensten große Menge von einzelnen Datenpunkten mit verhältnismäßig geringem Aufwand gewonnen werden können.

Von großen Datensätzen zu sprechen, ist zwar in vielen Fällen angebracht, dennoch driften die Meinungen darüber, ab wann eine Datenmenge als groß anzusehen ist, innerhalb der Forschungsgemeinschaft und vor allem auch zwischen den einzelnen Disziplinen auseinander: Für die einen ist alles groß, was den Rahmen der manuellen Inhaltsanalyse sprengt oder was nicht mehr in eine Excel-Tabelle passt, für andere fängt groß erst bei mehreren Terrabyte an und erfordert den Einsatz verteilter Rechnersysteme für die Speicherung und Auswertung der Daten. Kitchin und McArdle (2016) vergleichen 26 Big-Data-Datensätze und zeigen auf, wie schwierig es ist, allgemeingültige definitorische Kriterien für die Charakterisierung von Big Data festzulegen.

Die Frage, welche Art von Daten als Big Data bezeichnet werden, findet ganz unterschiedliche Auslegungen. Je nachdem, ob sie beispielsweise aus der Perspektive von Physiker/innen, Geograph/innen, Informatiker/innen, Geistes- oder Sozialwissenschaftler/innen betrachtet wird, umfasst die Bandbreite beispielsweise die Temperaturmessungen aller Wetterstationen über mehrere Jahre oder das gesamte Vokabular in Shakespeares Werken. Über Fächergrenzen hinweg gelten dabei Onlineumgebungen als interessante neue Datenquelle, die für ihre jeweiligen Fragestellungen neue Erkenntnisse versprechen (Kinder-Kurlanda/

Weller 2014: 96f). Aus sozialwissenschaftlicher Sicht ist das tatsächliche Datenvolumen mitunter eher nebensächlich. Entscheidender ist zunächst vielmehr die Frage nach der Datenqualität und der eigentlichen Aussagekraft von Datentypen, die ursprünglich nicht speziell für wissenschaftliche Fragestellungen gedacht waren und daher auf verschiedene Weise lückenhaft erscheinen können.

Da vielfach insbesondere die Nutzeraktivitäten und von Nutzer/innen generierte Inhalte wie Texte, Fotos und Videos als interessante Daten angesehen werden, sind sogenannte Social-Media-Plattformen eine Quelle für neuartige Forschungsdaten und deren Analyse. Hierzu zählen beispielsweise Dienste wie Facebook, Twitter, Instagram oder Foursquare sowie die Online-Enzyklopädie Wikipedia oder von Privatpersonen betriebene Blogs. Oft werden sie als eigener Forschungsgegenstand betrachtet. Jedoch spielen sie auch zunehmend in Kombination mit anderen Forschungsdaten eine Rolle, etwa für Vergleiche mit klassischen Medienanalysen oder als Ergänzung zu Umfragedaten. In diesem Kapitel geht es darum, Social-Media-Daten als eine Beispielmenge von Big bzw. New Data vorzustellen. Es sollen grundsätzliche Möglichkeiten der Forschung mit Social-Media-Daten aufgezeigt (Abschnitt 11.1 und 11.2), aber auch die bislang offenen Probleme der wissenschaftlichen Nutzung erläutert werden. Für Letzteres werden insbesondere die Datenqualität thematisiert (Abschnitt 11.3) sowie Probleme der Archivierung von Social-Media-basierten Forschungsdaten (Abschnitt 11.4) und drohender Datenverfall (11.5).

11.1 Social-Media-Daten als Forschungsgrundlage

Um die Frage zu beantworten, was alles als Social-Media-Daten zählt, müsste man zunächst definieren, was sich hinter Social Media verbirgt. Eine Definition von Social Media wird jedoch zunehmend schwieriger, denn eine Unterscheidung in *klassisches* Web und Social-Media-Plattformen als Verkörperung des *Mitmach-Webs* oder *Web 2.0* (O'Reilly 2005) ist heute kaum noch möglich.

Als diese Bezeichnungen vor mehr als zehn Jahren in Umlauf gebracht wurden, war es ohne besondere technische Kenntnisse kaum möglich, eigene Beiträge im Web zu veröffentlichen. Heute hingegen können innerhalb verschiedener Plattformen Bilder, Videos und Texte geteilt werden, es können Webinhalte kommentiert und bewertet und persönliche Beziehungen in Netzwerkplattformen abgebildet werden. Mitunter werden direkt aus dem Smartphone weitere Daten mit in die Onlineplattformen eingespeist – etwa der aktuelle Standort der Nutzer/innen, der in Form eines Geocodes einem Foto angehängt werden kann. Die Einbeziehung der Nutzer/innen in die Produktion von Webinhalten gilt als eines der Hauptmerkmale für Social-Media-Angebote.

Nach Schmidt (2009) spielt es darüber hinaus eine wesentliche Rolle, ob Nutzer/innen innerhalb einer Webplattform eigene Profile anlegen und pflegen. Diese dienen der Selbstdarstellung und der Vernetzung mit anderen Nutzer/innen innerhalb der Plattform. Anhand dieses Kriteriums ließen sich beispielsweise anonyme Kommentare in den Kommentarspalten von Onlinezeitungen oder Produktbewertungen in Einkaufsportalen ausklammern, da diese in der Regel nicht an ein individuelles Profil geknüpft sind und Nutzer/innen sich nicht untereinander vernetzen. Doch auch hier sind die Übergänge fließend. Die stetige Weiterentwicklung von Internetdiensten und Nutzungsgewohnheiten macht eine dauerhafte Definition von Social Media noch schwieriger.

Für die Nutzungsmöglichkeiten in der Forschung kommt es jedoch letztlich weniger auf eine präzise Definition an, als vielmehr darauf, zielsicher entscheiden zu können, welche

Datenquellen für die Beantwortung einer spezifischen Forschungsfrage in Betracht kommen. Hierzu muss man sich als Forscher/in stets einen guten Überblick über verschiedene Angebote und ihre Eigenschaften verschaffen, was dadurch erschwert wird, dass hier die Entwicklung oft rasant voranschreitet.

Interessant für die sozialwissenschaftliche Forschung können dabei grundsätzlich alle Plattformen sein, aus denen sich ein Erkenntnisgewinn über Verhalten oder Meinungen der Nutzer/innen ableiten lässt (Lazer/Radford 2017: 21f). Die Frage, ob dabei Aktivitäten an ein Nutzerprofil gebunden sind, wird vor allem dann interessant, wenn zumindest rudimentäre demographische Informationen oder die Position einer Person in einem Netzwerk mit ausgewertet werden sollen. Doch auch die Verfügbarkeit von Profilen bedeutet längst nicht, dass hieraus sinnvolle demographische Informationen abgeleitet werden können. Oft sind die Profilinformationen für sozialwissenschaftliche Ansprüche dürftig, Angaben zu Geschlecht, Wohnort, Alter oder Beruf sind selten akkurat verfügbar. Teilweise wird versucht, diese Informationen anderweitig abzuleiten, beispielsweise das Geschlecht auf Grundlage von Profilbildern oder Namensangaben (Karimi et al. 2016).

Zahlreiche Plattformen üben einen starken Reiz auf Wissenschaftler/innen verschiedener Disziplinen aus. Auf spezialisierten wissenschaftlichen Konferenzen im Bereich der Social-Media-Forschung, wie etwa die International Conference on Web and Social Media (ICWSM), die Social Media & Society Conference oder die Web Science Conference, findet man u.a. Studien zu bekannten Plattformen wie YouTube, Wikipedia, reddit, Tumblr, aber auch zu Dating-Plattformen, Online-Games oder Portalen zur Bewertung von Produkten. Besonders prominent in der Social-Media-Forschung sind jedoch die Plattformen Facebook und Twitter (Weller 2015: 285).

Untersucht werden beispielsweise politische Kommunikation (z.B. Jungherr/Schoen/Jürgens 2016), insbesondere auch im Kontext von Wahlprognosen (z.B. Metaxas/Mustafaraj/Gayo-Avello 2011), Gesundheit (z.B. Song/Gruzd 2017), Protest und Aktivismus (z.B. Jungherr/Jürgens 2014) oder Vertrauen und Diskriminierung (z.B. Edelman/Luca 2014). Lazer und Radford (2017) fassen derartige Forschungsansätze unter der Beschreibung *Digital Life* zusammen. Gemeint ist damit Forschung, die auf Onlineplattformen basiert, die zunehmend in alltägliche Lebensbereiche integriert sind und daher auch potentiell etwas über die Lebensweise der Nutzenden aussagen können.

Je nach Fragestellung stehen verschiedenste Datenformate im Vordergrund. Mal werden vor allem von Nutzenden verfasste Texte ausgewertet, mal rücken Fotos sowie andere Bilder oder auch Multimediadateien in den Fokus. In anderen Fällen sind es die Beziehungen zwischen den Nutzenden, die auf verschiedenen Interaktionen basieren können (z.B. explizite Verbindungen als Kontakte oder als *Freunde* bzw. *Follower* – aber auch implizitere Vernetzungen, z.B. basierend auf der Beteiligung an den gleichen Gesprächsthemen).

Davon abhängig, welche Daten untersucht werden sollen, kommen auch verschiedenste Methoden für die Datenanalyse in Betracht. Dazu zählen unterschiedlichste Formen der manuellen oder automatischen Textanalyse (darunter auch Sentiment Analysis oder Topic Modeling), sowie Netzwerkanalysen. Vielfach verfügen die Daten über zusätzliche Metadaten, insbesondere Zeitstempel und Geoinformationen, die weitere Datenanalysen ermöglichen. Einen Überblick über verschiedene methodische Herangehensweisen liefert z.B. das Handbuch *The Sage Handbook of Social Media Research Methods* von Sloan und Quan-Haase (2016).

Die Auswahl geeigneter Social-Media-Plattformen als Datenquellen für eine bestimmte Fragestellung ist der erste Schritt bei der Arbeit mit Social-Media-Daten. Sie steht damit am Anfang einer Reihe von grundlegenden Punkten, die interessierte Wissenschaftlerinnen und Wissenschaftler berücksichtigen sollten, bevor sie sich für die Arbeit mit Social-Media-Daten entscheiden. Schaukasten 11.1 fasst einige dieser Punkte in Form von Fragen zusammen.

Schaukasten 11.1: Fragen, die vor der Arbeit mit Social-Media-Daten beachtet werden sollten

Charakteristiken der Social-Media-Plattform

- Welche Social Media-Plattformen sind für mich relevant?
  - Warum ist eine bestimmte Plattform für meine Fragestellung relevant (z.B. Zielgruppe, Medienformat, Inhalte zu bestimmten Themen)?
  - Soll nur eine Plattform betrachtet oder sollen mehrere verglichen werden?
- Welche Dimensionen einer Social-Media-Plattform sind für mich interessant?
  - Sollen nur bestimmte Teilbereiche untersucht werden, beispielsweise nur Texte, Videos, Nutzernetzwerke?
- Sind Nutzungsstatistiken für die jeweilige Plattform verfügbar?
  - In welcher Form liegen Nutzerzahlen vor (z.B. Anteil der Gesamtbevölkerung oder Online-Bevölkerung, Unterscheidung in aktive und passive Nutzende, Angaben für tägliche, wöchentliche Nutzung)?
  - Ist die demographische Zusammensetzung der Nutzer/innen einer Plattform bekannt?

Datensammlung

- Wie können Daten abgerufen werden?
  - Sind Schnittstellen zum Datenabruf bei der Plattform selbst verfügbar (APIs)?
  - Können bereits bestehende Datensätze weiterverwendet werden?
  - Wird ein Datenzugriff über Drittanbieter angeboten? Wer bietet diesen an, wie vertrauenswürdig sind die Anbieter?
  - Ist der Datenzugriff kostenlos?
- Welche Daten sind erhältlich?
  - Nach welchen Kriterien können Daten ausgewählt werden (beispielsweise thematisch, nach Nutzergruppen, nach Regionen, nach Datum)? Sind die Suchkriterien für meine Forschungsfrage geeignet?
  - In welchem Dateiformat sollen die Daten vorliegen?
  - Ist der Zugriff beschränkt auf ein bestimmtes Datenvolumen? Welche Datenmenge wird benötigt?
  - Ist der Zugriff beschränkt auf bestimmte Zeiträume?
- Welcher Erhebungszeitraum soll gewählt werden?
  - Sollen über einen bestimmten Zeitraum alle Daten gesammelt oder Stichproben genommen werden?
  - Im Falle von Stichproben: Wie sollen diese angesetzt werden?
- Entstehen Verzerrungen durch die Datenauswahl?
  - Wird durch die Datenauswahl eine bestimmte Nutzergruppe bevorzugt (z.B. Vielnutzer, Nutzer/innen aus bestimmten Regionen)?
  - Kann der Zeitraum der Datensammlung eine Verzerrung hervorrufen (beispielsweise, wenn Feiertage oder Großereignisse die Nutzungsfrequenz beeinflussen)?

Forschungsethik

- Wird die Zustimmung der Nutzer/innen vorausgesetzt?
  - Willigen die Nutzer/innen über die Nutzungsbedingungen der Plattform dazu ein, dass ihre Daten an Dritte weitergegeben werden?
  - Werden nur öffentlich zugängliche Inhalte verwendet?
  - Kann man davon ausgehen, dass die Nutzer/innen sich der öffentlichen Einsehbarkeit ihrer Kommentare und Aktivitäten bewusst sind?
- Ist eine Anonymisierung möglich?
  - Können Nutzer/innen anhand vorhandener Informationen wieder identifiziert werden (etwa durch eine Textsuche bei vorliegenden Zitaten aus Tweets)?
  - Handelt es sich um Nutzergruppen, die besonders auf Anonymität angewiesen sind (z.B. politische Aktivist/innen, Minderjährige) oder um Nutzergruppen, die eine namentliche Erwähnung sogar bevorzugen würden (z.B. Autor/innen, Künstler/innen)?

Nachnutzbarkeit

- Sollen die Daten nach der Nutzung Dritten zugänglich gemacht werden?

> - Gibt es rechtliche oder technische Rahmenbedingungen, die Einfluss darauf haben, welche Daten weitergegeben werden müssen?
> - Werden beim Datenkauf Nutzerbedingungen unterschrieben, die eine Weitergabe an Dritte einschränken oder gar untersagen?

Quelle: Eigene Darstellung

Die folgenden Abschnitte dieses Kapitel befassen sich mit diesen Aspekten. Dabei steht der Bereich der Datensammlung (Abschnitt 11.2) im Vordergrund. Generell ist zu berücksichtigen, dass die im Schaukasten angesprochenen Faktoren die Qualität der Daten bzw. ihre Brauchbarkeit für eine bestimmte Forschungsfrage beeinflussen können.

11.2 Möglichkeiten und Grenzen der Datensammlung im Social Web

Je nach Plattform sind Social-Media-Daten unterschiedlich gut für die Sammlung und Nutzung für die Forschung zugänglich. Da es sich bei den Plattformen in der Regel um kommerzielle Dienste handelt, deren Betreiber eigene wirtschaftliche Interessen verfolgen, ist ein offener Datenzugang, etwa für wissenschaftliche Zwecke, selten vorgesehen. Eine Ausnahme stellt Wikipedia dar. Routinemäßig werden Kopien, sogenannte Wikipedia Dumps, der kompletten aktuellen Version der Community-basierten Online-Enzyklopädie für die Nachnutzung zur Verfügung gestellt.

In einigen anderen Fällen verfügen Social-Media-Plattformen über spezielle Schnittstellen, über die in gewissem Umfang Daten abgerufen werden können. Eine solche Schnittstelle, genannt *Application Programming Interface* (API), dient in erster Linie jedoch dazu, die jeweilige Plattform für die Verbindung mit anderen Anbietern nutzbar zu machen. So kann etwa damit ein auf Instagram hochgeladenes Foto direkt bei Facebook geteilt werden. Der Funktionsumfang und die Nutzungsbedingungen sind für eine derartige Nutzung ausgerichtet. Dass auch Wissenschaftler/innen die API verwenden, um Daten zu sammeln, ist aus Anbietersicht wohl eher ein Nebeneffekt. Man sollte sich deshalb stets dessen bewusst machen, dass die auf diesem Wege abrufbaren Daten in keiner Weise speziell für die wissenschaftliche Datenerhebung aufbereitet wurden. Die Qualität der Daten ist, wie wir unten sehen werden, mitunter unsicher. Zudem ist der Zugang oft nur mit entsprechenden technischen Vorkenntnissen möglich und das Zugriffsvolumen in der Regel begrenzt. Oft sind die Daten in bestimmten Formaten abrufbar, was einerseits eine gute Strukturierung mit sich bringt, andererseits aber auch dazu führen kann, dass die Daten *unvollständig* sind. So fehlen beispielsweise bei Twitter-Daten im textbasierten JSON-Format die in den ursprünglichen Tweets enthaltenen Videos oder Bilder (vgl. Abbildung 11.1).

Drittanbieter haben früh einen Markt darin gesehen, Tools für das Auslesen von Social-Media-APIs zur Verfügung zu stellen, mit denen Interessierte ohne eigene Programmierkenntnisse die Daten auslesen konnten. Insbesondere für Twitter existierten verschiedene Angebote, bei denen innerhalb einer Weboberfläche mit wenigen Klicks eine eigene Datensammlung aufgesetzt und die Daten später z.B. als Excel-Datei heruntergeladen werden konnten. In bestimmten Wissenschaftskreisen war beispielsweise die Plattform TwapperKeeper besonders beliebt. Sie ermöglichte es, Tweets zu bestimmten Schlagworten oder Hashtags zu sammeln und die Sammlungen wiederum anderen Nutzer/innen zugänglich zu machen. Im Jahr 2011 gab es jedoch bei Twitter eine größere Umstellung der APIs und deren Nutzungsbedingungen, in deren Folge viele dieser Dienste nicht weiterbetrieben werden durften (Bruns 2011). Auch TwapperKeeper musste seinen Service schließen, bot jedoch wenig später mit YourTwapperKeeper eine überarbeitete Version an. Diese steht allerdings nicht länger als Webinterface zur Verfügung, sondern muss von den Nutzer/innen auf ihrem eigenen Server installiert werden (Bruns/Liang 2012). Dieses Beispiel verdeutlicht, dass die verfügbaren Datenzugänge Änderungen unterworfen sind, die von den Plattformbetreibern kurzfristig eingeführt werden können. Neben praktischen Konsequenzen für die Datensammlung können Änderungen beispielsweise der API-Nutzungsbedingungen auch Auswirkungen auf die Datenqualität oder die Vergleichbarkeit der Daten über größere Zeiträume hinweg haben.

Für den Zugang zu Twitter-Daten können Interessierte aktuell aus verschiedenen unterstützenden Tools[1] wählen, die teilweise von Universitäten, wie z.B. COSMOS (Burnap et al. 2015) oder Social Feed Manager, teilweise kostenpflichtig von Unternehmen angeboten werden, wie etwa Tweet Archivist oder DiscoverText. Zudem wurden Plugins für etablierte Analysesoftware entwickelt, wie etwa NVIVO, die einen direkten Abruf von Twitter-Daten ermöglichen. Einen Überblick über die verschiedenen Optionen gibt beispielsweise Littman (2017a). Da jedoch alle diese Dienste letztlich auf den Twitter-APIs basieren, sind sie insgesamt auch den Einschränkungen unterworfen, die Twitter für die APIs allgemein auferlegt hat (Gaffney/Puschmann 2014). Twitter bietet den Datenabruf über verschiedene APIs an, die aber jeweils nur einen Ausschnitt des gesamten Twitter-Volumens zugänglich machen. Darüber hinaus ist es beispielsweise nicht möglich, rückwirkend alle Tweets zu einem bestimmten Suchbegriff oder Hashtag abzurufen. Dementsprechend muss man in der Regel im Voraus planen, welche Art Daten man abrufen möchte. Das funktioniert relativ gut, wenn man Informationen über ein vorab geplantes Ereignis sammeln möchte, etwa für eine Wahl.

Bei spontanen Ereignissen, wie etwa Protestbewegungen oder Naturkatastrophen, stellt sich die voraus geplante Datensammlung jedoch weit schwieriger dar. Wenn man heute beispielsweise rückwirkend alle Tweets der Occupy-Wallstreet-Proteste basierend auf den zugehörigen Hashtags abrufen will, helfen die frei zugänglichen Twitter-APIs nicht weiter. Den Vollzugriff auf die gesamte Datenbasis und auf sogenannten *historischen* Tweets (darunter versteht Twitter alle Tweets, die rückwirkend erfasst werden sollen) vermarktet Twitter kostenpflichtig. Das Preismodell liegt auf einem Level, das den Einkauf für Wissenschaftler/innen nicht immer spontan erschwinglich macht. Die Preise sind von verschiedenen Faktoren in Zusammenhang mit der Suchanfrage und dem Tweet-Volumen abhängig, ein aktueller Beispielwert wäre etwas unter 2.000 Dollar für rund 1,5 Millionen Tweets. Für den Vertragsabschluss brauchen Forscher/innen zudem in der Regel die Unterschrift der Instituts-/Universitätsleitung. Zunehmend findet man Beispiele von Forscher/innen, die sich einen solchen Datenankauf für ihre Forschungsarbeiten ermöglicht haben. Eine Anlaufstelle für den Einkauf verschiedener Social-Media-Inhalte ist beispielsweise DataSift..

Sowohl die APIs und darauf basierende Tools als auch die kostenpflichtigen Angebote liefern in erster Linie textbasierte Daten in standardisierten Formaten, wie etwa das textbasierte JSON-Format für Twitter-Daten. Abbildung 11.1 zeigt als Beispiel den ersten Tweet des Twitter-Mitgründers Jack Dorsey im JSON-Format. Das Format besteht aus fixen Metadatenelementen und enthält so beispielsweise Angaben zum Veröffentlichungszeitpunkt (*created_at*: *Tue Mar 21 20:50:14 +0000 2006*), zur Sprache (*lang*: *En*) oder zum Autor[2] (*name*: *Jack Dorsey*) bzw. zum Nutzernamen bei Twitter (*screen_name*: *Jack*). Alle Angaben sind nach einem vorgegebenen Muster strukturiert verfügbar, jedoch rein textbasiert. Möchte man über den Standard hinausgehen und beispielsweise bei Twitter eingebettete Fotos oder

---

[1] Manche der im Folgenden genannten Tools ermöglichen auch den Zugriff auf andere Social-Media-Daten und sind nicht auf Twitter beschränkt.

[2] Die Angaben zur Autorin/zum Autor eines Tweets beziehen sich jeweils auf die verfügbare Angabe im Nutzerprofil. Nutzerinnen und Nutzer müssen hier jedoch keinen echten oder vollständigen Namen angeben.

11. Big Data & New Data

Videos ebenfalls auswerten, so muss man in der Regel eigene Tools bauen, die speziell auf diese Arten von Inhalten ausgerichtet sind.

Abbildung 11.1: Beispiel für einen Tweet im JSON-Format

```
{
  "created_at": "Tue Mar 21 20:50:14 +0000 2006",
  "id": 20,
  "id_str": "20",
  "text": "just setting up my twttr",
  "source": "web",
  "truncated": false,
  "in_reply_to_status_id": null,
  "in_reply_to_status_id_str": null,
  "in_reply_to_user_id": null,
  "in_reply_to_user_id_str": null,
  "in_reply_to_screen_name": null,
  "user": {
    "id": 12,
    "id_str": "12",
    "name": "Jack Dorsey",
    "screen_name": "jack",
    "location": "California",
    "description": "",
    "url": null,
    "entities": {
      "description": {
        "urls": []
      }
    },
    "protected": false,
    "followers_count": 2577282,
    "friends_count": 1085,
    "listed_count": 23163,
    "created_at": "Tue Mar 21 20:50:14 +0000 2006",
    "favourites_count": 2449,
    "utc_offset": -25200,
    "time_zone": "Pacific Time (US & Canada)",
    "geo_enabled": true,
    "verified": true,
    "statuses_count": 14447,
    "lang": "en",
    "contributors_enabled": false,
    "is_translator": false,
    "is_translation_enabled": false,
    "profile_background_color": "EBEBEB",
    "profile_background_image_url": "http://abs.twimg.com/images/themes/theme7/bg.gif",
    "profile_background_image_url_https": "https://abs.twimg.com/images/themes/theme7/bg.gif",
    "profile_background_tile": false,
    "profile_image_url": "http://pbs.twimg.com/profile_images/448483168580947968/pL4ejHy4_normal.jpeg",
    "profile_image_url_https": "https://pbs.twimg.com/profile_images/448483168580947968/pL4ejHy4_normal.jpeg",
    "profile_banner_url": "https://pbs.twimg.com/profile_banners/12/1347981542",
    "profile_link_color": "990000",
    "profile_sidebar_border_color": "DFDFDF",
    "profile_sidebar_fill_color": "F3F3F3",
    "profile_text_color": "333333",
    "profile_use_background_image": true,
    "default_profile": false,
    "default_profile_image": false,
    "following": true,
    "follow_request_sent": false,
    "notifications": false
  },
  "geo": null,
  "coordinates": null,
  "place": null,
  "contributors": null,
  "retweet_count": 23936,
  "favorite_count": 21879,
  "entities": {
    "hashtags": [],
    "symbols": [],
    "urls": [],
    "user_mentions": []
  },
  "favorited": false,
  "retweeted": false,
  "lang": "en"
}
```

Quelle: Der erste Tweet des Twitter-Mitgründers Jack Dorsey (@jack) aus dem Jahr 2006. Der Originaltweet ist verfügbar unter: https://twitter.com/jack/status/20.

Neben den kommerziellen Interessen der Anbieter spielen schließlich auch die Privatsphäre-Einstellungen der Social-Media-Nutzer/in eine entscheidende Rolle dabei, welche Arten von Daten für die (wissenschaftliche) Nutzung frei abrufbar sind. So sind Twitter-Daten sicher auch deswegen verhältnismäßig beliebt als Forschungsgrundlage, weil der überwiegende Großteil der Twitter-Inhalte öffentlich zugänglich ist. Als Twitter-Nutzer/in hat man lediglich die Wahl zwischen zwei Privatsphäre-Einstellungen: Das komplette Profil und alle Tweets sind entweder komplett öffentlich – und über die oben genannten Datenzugänge kommt man bei Twitter immer nur an den öffentlichen Teil der Daten – oder komplett privat und damit nur für einzeln zugelassene Nutzer/innen einsehbar (Zimmer/Proferes 2014a).

Bei Facebook beispielsweise ist die Lage deutlich komplexer. Ursprünglich regelte die dortige Standardeinstellung, dass Beiträge nur für Freunde – ggf. auch noch für deren Freunde – sichtbar waren. Inzwischen können Nutzer/innen für jeden einzelnen Beitrag eine andere Sichtbarkeit einstellen, z.B. nur für bestimmte Freunde, alle Freunde oder komplett öffentlich. Dadurch sind einerseits anteilig weniger Daten aus Facebook öffentlich einsehbar als Daten aus Twitter. Andererseits stellt sich bei einigen öffentlichen Kommentaren auf Facebook die Frage, ob sich Nutzende in diesem Fall der Öffentlichkeit ihrer Aussagen überhaupt bewusst waren oder ob sie sich selbst noch im geschützten Bereich wähnten. Ein Beispiel für einen solchen Fall von öffentlich einsehbaren Nutzungsaktivitäten findet man im Kommentarbereich von Angela Merkels Facebook-Seite. Die Kommentare sind ohne Facebook-Login für jeden öffentlich einsehbar, doch es ist unklar, ob das den Kommentierenden bewusst ist.

Der Umgang mit solchen und ähnlichen Social-Media-Inhalten fällt bislang noch in einen großen Graubereich: Sowohl der rechtliche Rahmen als auch Fragen der Forschungsethik sind meist nicht vollständig geklärt. Interviews mit Social-Media-Forscher/innen zeigen, dass zwar ein Bewusstsein für die Bedeutung von Forschungsethik in diesem Bereich vorhanden ist, dass aber in der Forschungsgemeinschaft bisher keine Einigkeit darüber besteht, wie genau der ethisch verantwortungsbewusste Umgang mit verschiedenen Datentypen aussieht (Weller/Kinder-Kurlanda 2014: 1). Selbst bei den öffentlich vorliegenden Twitter-Daten gehen hierzu die Meinungen auseinander. Und die bisher verfügbaren Richtlinien verschiedener Fachgemeinschafen bieten vorwiegend allgemeine Denkanstöße, aber keine detaillierten Anweisungen für konkrete Einzelfälle. Als Beispiel seien hier vor allem die Guidelines der Association of Internet Researchers (AoIR) genannt (Markham/Buchanan 2012). Einen relativ breiten Überblick über aktuelle Herausforderungen im Bereich Forschungsethik bei Internetdaten und Beispielszenarien liefern Zimmer und Kinder-Kurlanda (2017).

In Bezug auf den ethisch-bewussten Umgang mit Forschungsdaten aus Social-Media-Umgebungen ist langfristig die Etablierung von Standards im Sinne guter wissenschaftlicher Praxis notwendig. Hierbei können und sollten Datenarchive künftig eine führende Rolle übernehmen, da sie über langjährige Erfahrungen beim Management unterschiedlichster Datentypen und der Entwicklung entsprechender Standards verfügen. Archivierte Datensätze, die bereits auf Einhaltung ethischer Standards geprüft wurden, könnten dann wiederum für andere Forschende zugänglich gemacht werden, die somit nicht ihrerseits von vorne mit diesbezüglichen Überlegungen beginnen müssten.

Allgemein wären Fortschritte im Bereich der Datenarchivierung von Social-Media-Daten äußerst wünschenswert (Weller/Kinder-Kurlanda 2016). Sie könnten dabei helfen, den Datenzugang insgesamt zu erleichtern und damit ggf. auch aktuelle Ungleichgewichtungen relativieren zwischen den Wissenschaftler/innen, die sich kostenpflichtige Vollzugriffe auf Daten leisten können oder durch persönliche Kontakte zu Social-Media-Firmen über privilegierte Zugriffsmöglichkeiten verfügen und der breiteren Masse der an Social-Media-Daten für ihre Forschung Interessierten. Solche Ungleichheiten werden seit einiger Zeit in der Social-Media- und Big-Data-Forschung kritisiert (Boyd/Crawford 2012: 673ff).

Der Zugang zu Social-Media-Daten erfordert oftmals einen hohen Aufwand für die Einarbeitung in die Umsetzung der Datensammlung, zumal sich die Rahmenbedingungen für die Zugänglichkeit bei einzelnen Plattformen rasch ändern können. Für besonders relevante Themen ist davon auszugehen, dass verschiedene Forschergruppen parallel Zeit und Aufwand in die Erstellung relativ ähnlicher Datensätze stecken. So gibt es beispielsweise mindestens 17 verschiedene Datensätze basierend auf Twitter-Daten rund um die Präsidentschaftswahl in den USA in 2012 (Weller 2014: 246). Hier könnten zentral archivierte Datensätze in Zukunft idealerweise einen vermeidbaren Mehraufwand reduzieren. Unter Umständen können Archivierungslösungen zudem langfristig dazu beitragen, die Qualität von Social-Media-Datensätzen zu verbessern, insbesondere bezogen auf Transparenz und Reproduzierbarkeit der damit durchgeführten Studien.

11.3 Datenqualität von Social Media Daten

Social-Media-Daten üben also für mehr und mehr Forscher/innen als neue Datentypen einen gewissen Reiz aus: Sie sind schnell verfügbar, bilden potentiell das Verhalten von Nutzenden auf der ganzen Welt ab, und liegen meist in strukturierter Form vor. Wie wir gesehen haben, ist jedoch bereits der Datenzugriff beschränkt und nicht auf eine wissenschaftliche Nutzung ausgerichtet. Auch die Datenqualität entspricht nicht unbedingt wissenschaftlichen Erwartungen. Eine Herausforderung für die Datenqualität ist es, ihre Repräsentativität sinnvoll einzuschätzen bzw. etwaige Verzerrungen (*Biases*) zu erkennen. Denn wie auch Lazer et al. (2014: 1203) warnen: „The core challenge is that most big data that have received popular attention are not the output of instruments designed to produce valid and reliable data amenable for scientific analysis."

Der Datenzugriff und die bereits erwähnten etwaigen Beschränkungen der Plattformbetreiber sind eine Stelle, an der es zu Verzerrungen kommen kann. Morstatter et al. (2013) sowie Morstatter, Pfeffer und Liu (2014) untersuchen beispielsweise, wie sich der über die APIs frei verfügbare Auszug aus Twitter zu dem kostenpflichtigen Vollzugriff verhält und weisen auf diese Weise u.a. Verzerrungen in Bezug auf die thematische Abdeckung nach.

Weitere Verzerrungen können in Bezug auf die Bevölkerungsrepräsentation entstehen. In den seltensten Fällen ist davon auszugehen, dass Social-Media-Daten für bestimmte Bevölkerungsgruppen repräsentativ sind. Umso wichtiger ist es, einzuschätzen, wie sich die Nutzerschaft einer bestimmten Social-Media-Plattform zusammensetzt. Im ersten Schritt ist herauszufinden, welcher Anteil der Bevölkerung eine Plattform in welchem Umfang nutzt.[3] Auf dieser Basis kann die gesellschaftliche Rolle einer Plattform eingeordnet werden. So ist Facebook zwar in einigen Ländern höchst populär, wird in anderen dafür kaum genutzt – und ist für Studien zur dortigen Bevölkerung somit als Forschungsdatenquelle weit weniger geeignet. Nichtnutzung bestimmter Plattformen kann z.B. an Zugriffsbeschränkungen und Zensuren liegen, etwa in China. Es kann aber auch sein, dass andere Plattformen, wie der Facebook-Konkurrent Vkontakte in Russland, populärer sind. Nicht immer ist es möglich, genauere Informationen zur Nutzung nach demographischen Merkmalen zu erhalten. Am ehesten sind Angaben zu dem Alter des Anteils der Bevölkerung, die einen Dienst nutzt, erfassbar. Wünschenswert wären mitunter auch Angaben zu Geschlecht, Einkommen oder Bildungsstand. Blank (2017: 680ff) gibt einen guten Überblick über Versuche, die Zusammensetzung der Gruppe der Twitter-Nutzer/innen automatisch zu entschlüsseln. So sollen z.B. anhand von Vornamen, Ortsangaben oder Fotos das Geschlecht, Alter oder Herkunft von Twitter-Nutzenden ermittelt werden. Blank (ebd.: 681) weist zudem darauf hin, dass es nicht reicht, die Zusammensetzung der Nutzerschaft einer Plattform zu kennen. Relevant ist im Weiteren die Kenntnis darüber, inwiefern diese sich von den Nutzenden anderer Plattformen, der

---

3   In Deutschland nutzen in 2017 nach Angaben von Koch und Frees (2017) beispielsweise 3 % der Bevölkerung Twitter und 33 % Facebook mindestens einmal wöchentlich.

Online-Bevölkerung oder der Offline-Bevölkerung unterscheidet. Mit Hilfe von Umfragen vergleicht er US-amerikanische und britische Twitter-Nutzer/innen mit anderen Gruppen, etwa den Nicht-Twitter-Nutzer/innen und der Offline-Bevölkerung. Er zeigt u.a., dass britische Twitter-Nutzer/innen jünger, wohlhabender und besser ausgebildet sind als andere Internetnutzer (ebd.: 683ff). Solche Unterschiede sind insbesondere relevant, wenn man Social-Media-Daten für Prognosen (z.B. von Wahlergebnissen oder Kinoerfolgen) nutzen möchte. Blank und Lutz (2017) betrachten verschiedene Social-Media-Plattformen in Bezug auf Repräsentativität für Nutzergruppen. Darüber hinaus werden aktuell erste Versuche mit speziell in Panels rekrutierten Nutzer/innen für die Erfassung der Social-Media-Nutzung erprobt (Resnick/Adar/Lampe 2015).

Bruns und Stieglitz (2014: 241ff) weisen zudem darauf hin, dass die Repräsentativität von Social-Media-Daten an mehreren Stellen kritisch werden kann. Wie gut die Gesamtbevölkerung unter den Plattformnutzenden repräsentiert ist, ist nur der Anfang. Man muss auch fragen, inwieweit ein bestimmter aus einer Plattform extrahierter Datensatz für diese Plattform repräsentativ ist. Twitter-Daten werden beispielsweise häufig basierend auf Hashtags zusammengestellt (z.B. alle Tweets mit dem Hashtag *#btw17* für einen Datensatz zur Bundestagswahl 2017). Hashtags werden allerdings nicht von allen Twitter-Nutzer/innen gleichermaßen verwendet. Bei der Datensammlung basierend auf Hashtags ist davon auszugehen, dass insbesondere die Aktivitäten von erfahrenen Twitter-Nutzer/innen gemessen werden, weniger die von Twitter-Neulingen oder gelegentlich Nutzenden (ebd.: 241). Eine weitere Herausforderung ist die Verwendung verschiedener Hashtags für das gleiche Thema, bei der Bundestagswahl 2017 z.B. *#btw17* oder *#bundestagswahl*. Bei Hashtags handelt es sich nicht um kontrolliertes Vokabular, sie können frei gewählt werden. In manchen Fällen verwenden bestimmte Nutzergruppen gezielt eher das eine, andere Nutzergruppen ein anderes Hashtag, teils versehentlich, etwa wegen verschiedener Muttersprachen, teils um unter sich zu bleiben und sich abzugrenzen. Beschränkt man in solchen Fällen die Datensammlung auf eines der beiden Hashtags, beeinflusst dies die betrachtete Nutzergruppe. Auch Geoinformationen, die an Tweets angehängt werden können, sind als Kriterium für die Datensammlung problematisch, da nur ein sehr geringer Teil der Twitter-Nutzenden diese Geocodes verwendet (Sloan/Morgan 2015: 2). Ruths und Pfeffer (2014) sehen ein weiteres Repräsentativitätsproblem darin, dass die Aktionen innerhalb von Social-Media-Plattformen nicht unbedingt mit den scheinbar repräsentierten Offline-Aktivitäten übereinstimmen. So ist ein *Freund* auf Facebook nicht unbedingt ein Freund im Offline-Leben. Für Forschende liegt also die Herausforderung auch darin, herauszufinden, welche Aktionen innerhalb einer Plattform dem entsprechen könnten, was sie mit Hilfe der Social-Media-Daten messen wollen. Als eine weitere Schwierigkeit kommt für die Forschung hinzu, dass sich sowohl die Social-Media-Plattformen (Karpf 2012: 643f) als auch die Nutzungspraktiken rasant weiterentwickeln.

Aussagen zur Qualität von Social-Media-Daten werden zudem dadurch erschwert, dass die in aktuellen Forschungsarbeiten verwendeten Daten nur in Ausnahmefällen für die Nachnutzung verfügbar gemacht werden. So ist es oft nicht möglich, Forschungsergebnisse zu replizieren oder zu überprüfen, wie in Kapitel 7.1 diskutiert. Dieser Zustand ist möglicherweise ein Ausdruck dessen, dass sich zur Erforschung von Social Media bisher keine spezialisierte Fachdisziplin etabliert hat und vielmehr in verschiedensten Disziplinen mit Ansätzen und Methoden experimentiert wird. So steht derzeit noch die Exploration von Daten zu einem bestimmten Thema im Vordergrund. Langfristig wird die Social-Media-Forschung hier jedoch eigene Kriterien zur Qualitätsbewertung von Datensammlung und Datendokumentation und einheitliche Standards entwickeln müssen, um den wissenschaftlichen Erkenntnisgewinn voranzubringen. Ein Wandel in diese Richtung deutet sich bereits an; es werden zunehmend Qualitätsprobleme kritisiert (z.B. Lazer/Radford 2017; Resnick/Adar/Lampe 2015; Schroeder 2014; Tufekci 2014).

Fehlende Reproduzierbarkeit der in der Social-Media-Forschung erzielten Ergebnisse kann sich langfristig auf das gesamte Forschungsfeld sehr negativ auswirken. Erste Fachzeitschriften und Konferenzveranstalter suchen deswegen nach Möglichkeiten, die zugrunde liegenden Datensätze gemeinsam mit den angenommenen wissenschaftlichen Veröffentlichungen bereitzustellen. Auf der International Conference on Web and Social Media (ICWSM) wird den Autor/innen der angenommenen Beiträge beispielsweise angeboten, Ihre Datensätze gleich mit zu publizieren (ICWSM 2012).

Hinzu kommt bei dieser Konferenzreihe seit Kurzem auch eine neue Kategorie an Beiträgen, sogenannte Dataset Papers, die sich allein der Publikation eines Datensatzes mit dazugehöriger detaillierter Beschreibung desselben widmen (vgl. 7.3.2). Der Bedarf, Daten zu teilen und zu archivieren, ist also vorhanden, was auch Interviews mit Social-Media-Forscher/innen bestätigen (Weller/Kinder-Kurlanda 2015: 31f). Schwierig wird es jedoch im Detail in der Umsetzung, da sich traditionelle Modelle der Datenarchivierung nicht immer eins zu eins übertragen lassen.

11.4 Archivierung und Nachnutzung von Social-Media-Daten

Bisher gehen Ansätze zur Archivierung von Social-Media-Daten von ganz unterschiedlichen Gruppen aus. Verlage und Konferenzveranstalter sind, wie wir eben gesehen haben, eine solche Interessensgruppe. Daneben finden wir auch verschiedene Eigeninitiativen einzelner Wissenschaftler/innen oder Arbeitsgruppen. Vieles davon ist improvisiert und geschieht mit wenig Bezug zu etablierten Praktiken aus dem Bereich Forschungsdatenmanagement. Initiativen von auf Archivierung spezialisierten Expert/innen und Einrichtungen sind bislang eher die Ausnahme. Einen Überblick über bestehende Ansätze liefern Thomson (2016) sowie Weller und Kinder-Kurlanda (2016). Einzelne Beispiele sollen im Folgenden kurz skizziert werden:

- Neben der ICWSM veröffentlichen auch andere Konferenzreihen Datensätze – mitunter geknüpft an sogenannte Data Challenges. Dabei wird ein Datensatz vor der Konferenz zur Verfügung gestellt und mit einer Aufgabe verbunden, wie z.B. bestimmte Informationen daraus zu extrahieren. Die Wissenschaftler/innen, die sich dieser Aufgabe stellen, können sich anschließend bei der Konferenz über ihre Ansätze austauschen. Ein Beispiel hierfür ist die Text Retrieval Conference (TREC), die mehrfach Twitter-Datensätze für Aufgaben zum Information Retrieval[4] bereitgestellt hat (TREC 2011).
- Einzelne Wissenschaftler/innen teilen Datensätze z.T. über ihre eigenen oder institutionellen Websites. Dies hat jedoch auch schon zu Fällen geführt, in denen der Datensatz im Laufe der Zeit nicht mehr über die Website verfügbar war. So geschehen im Falle von Cha et al. (2010), wo der zum Paper gehörende Datensatz auf Anweisung von Twitter wieder von der Webseite des Max Planck Institute for Software Systems entfernt werden musste.
- Andere Wissenschaftler/innen haben ihre Datensätze auch bereits über Archivierungsinstitutionen bereitgestellt, beispielsweise Summers (2014) über das Internet Archive oder Kaczmirek und Mayr (2015) über das GESIS Datenarchiv. In beiden Fällen handelt es sich um Twitter-Daten. Unter Berücksichtigung der Twitter-Nutzungsbedingungen werden dabei keine Texte oder JSON-Dateien, sondern Listen von Tweet-Identifikationsnummern (Tweet-IDs) archiviert und geteilt. Basierend auf den Tweet-IDs kann dann jeweils der Originaltweet wieder aufgerufen werden, sofern dieser nicht zwischenzeitlich gelöscht wurde. Bei GESIS liegen weitere Twitter-Datensätze in Form von Listen

---

4 Im Rahmen der Konferenz werden Aufgaben gestellt, mit Information Retrieval Algorithmen bestimmte Informationen aus Twitter-Texten zu identifizieren, z.B. alle Eigennamen finden oder Ereignisse identifizieren. Die Konferenzveranstalter stellen einen Twitter-Datensatz als Bezugsrahmen zur Verfügung. Forscher/innen wenden ihre Retrieval-Verfahren auf diesen Datensatz an und reichen die damit erzielten Ergebnisse zum Vergleich bei den Veranstaltern ein.

von Tweet-IDs vor, die mit zusätzlichen Informationen wie Geocodierungen (Kinder-Kurlanda et al. 2017; Pfeffer/Morstatter 2016) oder Kategorisierungen (Nishioka/Scherp/Dellschaft 2015) angereichert wurden.
- Teilweise bauen Forschungsgruppen oder Forschungsinstitute ganze Sammlungen von Datensätzen auf. Beispiele hierfür sind das Projekt KONECT an der Universität Koblenz-Landau, das an Datensätzen speziell vom Typ Netzwerkdaten interessiert ist, oder das CrisisLex Projekt (Olteanu et al. 2014), das thematisch auf Krisenkommunikation bezogene Datensätze sammelt.
- Eine ganz besondere Situation gibt es zudem im Fall Twitter. Das Unternehmen Twitter Inc. hat selbst eine Initiative zur Archivierung seiner Inhalte in die Wege geleitet und bereits 2010 ein diesbezügliches Abkommen mit der Library of Congress in den USA getroffen (Stone 2010). Bis heute hat dieses Abkommen jedoch nicht zu einer praktischen Lösung geführt – ein Zugriff auf die bei der Library of Congress archivierten Twitter-Daten ist bislang nicht möglich und wenig Offizielles ist über den Stand der Entwicklungen bekannt (McLemee 2015; Zimmer 2015). Ende 2017 wurde zudem verkündet, dass statt der ursprünglich geplanten Vollarchivierung aller Tweets von nun an nur noch zu besonderen Themen Datensammlungen archiviert werden sollen (Osterberg 2017).

Darüber hinaus ist davon auszugehen, dass Datensätze oftmals sehr informell zwischen einzelnen Wissenschaftler/innen weitergegeben werden – über persönliche Kontakte und auf Anfrage in einer Art *grey market* (Weller/Kinder-Kurlanda 2015: 33). Mitunter gibt es auch Fälle, in denen große Datensätze zu Social-Media-Plattformen von Einzelpersonen im Internet zur Verfügung gestellt werden, ohne dass die Initiatoren und rechtlichen Status der Daten konkret bekannt sind. So gibt es beispielsweise einen reddit-Datensatz, der von reddit-Nutzer Jason Baumgartner veröffentlicht wurde (stuck_in_the_matrix 2015a und 2015b). Der Datensatz wurde kürzlich von Wissenschaftlern als unvollständig kritisiert (Gaffney/Matias 2018) und wird seitdem von verschiedenen Beteiligten inklusive Jason Baumgartner ergänzt und verbessert.

Bislang liegen wenige Informationen vor, in welchem Umfang die bereits zur Verfügung gestellten Datensätze auch von Dritten nachgenutzt werden. Als Zimmer und Proferes (2014b) eine Sammlung von Studien, die auf Twitter-Daten basieren, bezüglich ihrer Methoden und Herangehensweisen klassifizierten, verzeichneten sie zwischen 2010 und 2012 in 3–8 % der Fälle eine Nachnutzung bereits vorhandener Datensätze. In Interviews gaben manche Social-Media-Forscher/innen an, dass sie die von anderen zusammengestellten Daten lieber nicht nutzen würden, da sie dabei nicht nachvollziehen können, wie die Datensätze zustande gekommen sind (Weller/Kinder-Kurlanda 2015: 33f). Wenngleich sich diese Aussage sicher vorwiegend auf informell zwischen Kolleg/innen weitergereichte Datensätze bezieht, so ist es doch ganz allgemein um die Dokumentation der archivierten Daten noch spärlich bestellt. In den oben skizzierten Fällen wird auch im Bereich Datendokumentation vielfach improvisiert. Mitunter ist weder klar, wie die Archivierung eines bestimmten Datensatzes abgelaufen ist, noch bekannt, wie der Datensatz selbst generiert wurde. Und auch in Fällen, bei denen professionelle Archive beteiligt sind, existieren oft zunächst Behelfslösungen: Dokumentationsstandards, wie in Kapitel 9 beschrieben, sind auf Social-Media-Daten als neuen Datentyp noch nicht eingestellt. Ähnliches gilt für andere neue Datentypen, wie die in Kapitel 12.4 beleuchteten georeferenzierten Daten. Auch im Bereich der Forschungsethik gibt es noch viele offene Fragen. Langfristig ist zu hoffen, dass Archive eine erweiterte Expertise in Bezug auf Datennutzungsrechte und Datenschutz aufbauen können, von der alle profitieren würden. Das Inter-University Consortium for Political and Social Research (ICPSR) kündigte diesbezüglich jüngst den Aufbau eines eigenen Social-Media-Datenarchivs an (Hemphill/Leonard/Hedstrom 2018).

Problematisch ist für eine professionelle Archivierung auch, dass die Verschiedenheit von Social-Media-Daten einheitliche Regelungen erschwert. Aus Social-Media-Diensten erhobene Daten können je nach Forschungsfrage und Datensammlungsansatz für qualitative oder quantitative Forschung genutzt werden. Es können Texte, Bilder oder Multimediadateien,

Netzwerkdaten oder Mischungen aus all diesen vorliegen. Daher ist auch nicht unbedingt vorgegeben, welche Art Datenarchiv sich für diese Daten zuständig fühlen könnte und welche Best Practices auf den Umgang mit Social-Media-Daten übernommen werden sollten.

Dennoch lassen sich erste Ratschläge geben, worauf Forschende im Umgang mit Social-Media-Daten für eine potentielle Dokumentation und Archivierung achten sollten. Beispielsweise wird zunehmend zusätzlich zu den eigentlichen Daten der Programmiercode, mit dem die Datensammlung und -bereinigung durchgeführt wurde, gesichert oder geteilt. Dies trägt zur besseren Nachvollziehbarkeit der Datenzusammensetzung bei. Zu weiteren entsprechenden Maßnahmen zählen genaue Angaben zum Zeitraum der Datensammlung. Dieser sollte präzise dokumentiert werden, wozu strenggenommen auch Angaben zu etwaigen Serverausfällen und Datenverlusten gehören. Wünschenswert wäre außerdem, wenn die aktuellen Informationen zur Social-Media-Plattform selbst festgehalten werden, beispielsweise in Form von Angaben zu Versionen (falls verfügbar) oder zu Nutzerzahlen und zur Nutzerzusammensetzung zum Zeitpunkt der Datenerhebung. In der Praxis ist dies nicht immer einfach. Zusätzlich empfiehlt es sich für Forschende, Screenshots der Nutzeroberfläche einer Social-Media-Plattform zum Zeitpunkt der Datensammlung anzufertigen, da sich diese stetig weiterentwickelt und verändert (Bruns/Weller 2016: 186f). Hiermit ist später zumindest für den Eigengebrauch leichter nachzuvollziehen, über welche Funktionen die Plattform zum jeweiligen Zeitpunkt verfügte. Eine Zusammenstellung von Fragen, welche die Dokumentation der eigenen Social Media-Datensammlung im Forschungskontext vorbereiten kann, findet sich in Schaukasten 11.2 (vgl. dazu auch die Schaukästen zur Planung des Forschungsdatenmanagements in Kapitel 3). Ein Beispiel für eine durchgeführte Datensammlung bei Twitter und deren anschließende Archivierung liefern Kinder-Kurlanda et al. (2017).

Schaukasten 11.2: Leitfragen zur Vorbereitung einer Dokumentation der Social-Media-Datensammlung

- Eigenschaften der Plattform, auf der Daten gesammelt wurden, und ihrer Nutzenden:
    - Aus welchen Social-Media-Plattformen wurden Daten gesammelt?
    - Bezieht sich die Datensammlung auf eine identifizierbare Version? Ggf. können mit Hilfe von Screenshots das Aussehen und die Funktionalitäten der Plattform zum Erhebungszeitpunkt festgehalten werden.
    - Gibt es Informationen zur Nutzerschaft der Plattform(en) zum Erhebungszeitpunkt (z.B. Anzahl der Nutzenden und weitere demographische Informationen)?
    - Sind Datenschutzaspekte und Urheberrechte bei der Datenverarbeitung zu berücksichtigen?
- Beschreibung der erfassten Daten, deren Speicherung und Aufbereitung:
    - Welche Art Daten wurden gesammelt (z.B. Text, Multimedia, Personen, Netzwerke)?
    - In welchem Zeitraum fand die Datensammlung statt?
    - Gibt es Lücken im Zeitraum der Datensammlung (z.B. durch Serverausfälle oder durch Beschränkungen des Datenzugriffs durch API)?
    - Nach welchen Kriterien wurden Daten gesammelt (z.B. Zufallsstichprobe, Suchkriterien wie Stichworte im Text, nach bestimmten Personen etc.)? Ggf. kann eine Abfragesyntax gespeichert werden.
    - Welche Merkmale der gesammelten Daten werden dokumentiert, um sie zu analysieren?
    - Erfolgt die Dokumentation der Daten nach einem strukturierten Schema?
    - Mit welchen Hilfsmitteln wurden die Daten gesammelt? Im Falle von eigens programmierten Tools und Abfragen: Kann hierzu ggf. ein eigener Programmiercode bereitgestellt werden? Im Falle von Drittanbieter-Diensten: Welche Version wurde verwendet, kann diese eindeutig referenziert werden?
    - Wo und wie werden die gesammelten Daten gespeichert (Ort, Dateiformat, -namen)?
    - Wie werden die Originaldaten vor Verlust oder Veränderung im Projekt geschützt?
    - Nach welchen Konventionen werden Arbeitskopien für die Bearbeitung erstellt und gespeichert?
    - Wurden die gesammelten Daten bereinigt (z.B. Dublettenentfernung, Stoppwortentfernung)? Wurden Maßnahmen, Kriterien und Regeln der Bereinigung dokumentiert? Kann hierzu ggf. ein eigener Programmiercode bereitgestellt werden?
    - Wurden die Daten mit zusätzlichen Informationen angereichert (z.B. manuelle oder automatische inhaltliche Codierung, Geo-Informationen)?

Quelle: Eigene Darstellung

11.5 Datenverfall

Trotz erster Bemühungen im Bereich der Archivierung von Social-Media-Datensätzen drohen weitere ernstzunehmende Einbußen der Datenqualität durch die *Flüchtigkeit* des Forschungsgegenstands. Social-Media-Plattformen sind ständigen Dynamiken unterworfen, was nicht selten dazu führt, dass eine Plattform sich vom Zeitpunkt der Datensammlung bis zur Publikation der Forschungsergebnisse ganz wesentlich verändern kann, wie es Karpf (2012: 642ff) am Beispiel von Blogs näher beschreibt. Social-Media-Daten sind zudem in hohem Maße von *Datenverfall* bedroht, und das gleich auf verschiedene Weise.

Innerhalb der Social-Media-Plattformen können Nutzer/innen Informationen erstellen, z.B. Textbeiträge verfassen, Fotos hochladen, Profilseiten gestalten etc. Sie können Inhalte aber auch verändern oder ganz löschen. So können einzelne Posts bei Twitter oder Facebook gelöscht, Freundschaftsverbindungen gekappt oder Nutzerkonten vollständig gelöscht werden. Dies kann innerhalb des Zeitraums der Datensammlung passieren, aber auch zu einem späteren Zeitpunkt.

Wie wir eben gesehen haben, dürfen bei archivierten Twitter-Datensätzen nur die Tweet-IDs geteilt werden. Wer den Datensatz nachnutzen möchte, muss basierend auf den IDs die eigentlichen Tweets noch einmal von Twitter abrufen, ein als *(re-)hydration* bezeichneter Vorgang (Summers 2015). Wurden einzelne Tweets allerdings zwischenzeitlich von ihren Autor/innen oder von Twitter selbst gelöscht, so sind diese auch nicht mehr abrufbar. Von Twitter ist dies durchaus so gewünscht, da es den Nutzenden mehr Selbstbestimmung und Kontrolle über ihre Daten einräumt. Für Forschungskontexte entsteht damit aber ein Dilemma. Bereits kurze Zeit nach der Datensammlung kann es sein, dass ein signifikanter Anteil der Tweets nicht mehr verfügbar ist. Ein archivierter Twitter-Datensatz lässt sich somit wahrscheinlich anhand der Tweet-IDs nicht wieder komplett rekonstruieren.

Bisher gibt es wenig belastbare Informationen, die das genaue Ausmaß dieses Problems beziffern können. Summers (2015) versuchte sich an einem Testlauf und konnte eineinhalb Monate nach der Datensammlung zwischen sieben und zehn Prozent eines großen Twitter-Datensatzes nicht mehr abrufen, da diese zwischenzeitlich gelöscht worden waren.

Wenn nicht die Tweets, sondern die Useraccounts gelöscht werden, entstehen ebenfalls Probleme. Dadurch ist manchmal nachträglich nicht mehr nachvollziehbar, von wem ein konkreter Tweet stammt. Nutzer/innen können aber auch zwischen dem Zeitpunkt einer ursprünglichen Datensammlung und dem Zeitpunkt der Datennachnutzung ihre Profilinformationen geändert haben, wodurch Daten u.U. nicht mehr vergleichbar sind. Bei Twitter kann zudem ein Nutzername (in der Form *@username*) nach der Löschung eines Useraccounts von anderen Nutzenden übernommen werden. Wenn man daher mit den reinen Nutzernamen und nicht mit Nutzer-IDs arbeitet, kann dies zu enormen Verwirrungen führen (Littman 2017b).

Schließlich ist ein großes Problem, dass derzeit nicht dokumentiert wird, wie sich die Social-Media-Plattformen selbst weiterentwickeln. Man weiß daher nicht, wie Twitter oder Facebook zum Zeitpunkt, als ein bestimmter (archivierter) Datensatz entstanden ist, genau aussahen, welche Funktionen den Nutzenden zur Verfügung standen und wie diese genutzt wurden. Hier sind in erster Linie professionelle Gedächtnisinstitutionen gefragt, die die allgemeine Entwicklung von Social-Media-Plattformen als besonderes Kulturgut dokumentieren sollten.

11.6 Fazit

In diesem Beitrag standen die Herausforderungen im Umgang mit Social-Media-Plattformen und anderen Internetdaten als neue Art von sozialwissenschaftlichen Forschungsdaten im Vordergrund. Für jemanden, der in die Arbeit mit Social-Media-Daten einsteigen möchte, ist es wichtig, sich vorab über diese Schwierigkeiten im Klaren zu sein, um nicht im Laufe eines Forschungsprojektes plötzlich festzustellen, dass geplante Vorhaben nicht umsetzbar sind. Dennoch sollen die zahlreichen Problembereiche nicht entmutigen. Es ist durchaus möglich, mit Social-Media-Daten erfolgreiche Forschungsarbeiten durchzuführen. Und auch in den verschiedenen diskutierten Problembereichen werden nach und nach Lösungen erarbeitet. Man sollte sich vor Augen führen, dass es sich hier im Vergleich zur Umfrageforschung und -methodik um einen deutlich jüngeren Bereich handelt, in dem Methoden und Standards noch von der Forschungsgemeinschaft entwickelt und etabliert werden müssen.

Literaturverzeichnis

Blank, Grant (2017): The Digital Divide Among Twitter Users and Its Implications for Social Research. In: Social Science Computer Review 35, 6, S. 679-697. https://doi.org/10.1177/0894439316671698 [Zugriff: 01.06.2018].

Blank, Grant/Lutz, Christoph (2017): Representativeness of Social Media in Great Britain. Investigating Facebook, LinkedIn, Twitter, Pinterest, Google+, and Instagram. In: American Behavioral Scientist 61, 7, S. 741-756. https://doi.org/10.1177/0002764217717559 [Zugriff: 01.06.2018].

Boyd, Danah/Crawford, Kate (2012): Critical Questions for Big Data. Provocations for a Cultural, Technological, and Scholarly phenomenon. In: Information, Communication & Society 15, 5, S. 662-679. https://doi.org/10.1080/1369118X.2012.678878 [Zugriff: 01.06.2018].

Bruns, Axel/Weller, Katrin (2016): Twitter as a First Draft of the Present. And the Challenges of Preserving it for the Future. In: Proceedings of the 8th ACM Conference on Web Science (WebSci 16). New York: ACM Press, S. 183-189. https://doi.org/10.1145/2908131.2908174 [Zugriff: 01.06.2018].

Bruns, Axel/Stieglitz, Stefan (2014): Twitter Data: What do they Represent? In: It – Information Technology 56, 5, S. 240-245. https://doi.org/10.1515/itit-2014-1049 [Zugriff: 01.06.2018].

Bruns, Axel/Liang, Yuxian E. (2012): Tools and Methods for Capturing Twitter Data During Natural Disasters. In: First Monday 17, 4. https://doi.org/10.5210/fm.v17i4.3937 [Zugriff: 01.06.2018].

Bruns, Axel (2011): Switching from Twapperkeeper to YourTwapperkeeper. http://mappingonlinepublics.net/2011/06/21/switching-from-twapperkeeper-to-yourtwapperkeeper/ [Zugriff: 01.06.2018].

Burnap, Peter/Rana, Omer/Williams, Matthew/Housley, William/Edwards, Adam/Morgan, Jeffrey/Sloan, Luke/Conejero, Javier (2015): COSMOS. Towards an Integrated and Scalable Service for Analyzing Social Media on Demand. In: International Journal of Parallel, Emergent and Distributed Systems 30, 2, S. 80-100. https://doi.org/10.1080/17445760.2014.902057 [Zugriff: 01.06.2018].

Cha, Meeyoung/Haddadi, Hamed/Benevenuto, Fabricio/Gummadi, Krishna P. (2010): Measuring User Influence in Twitter. The Million Follower Fallacy. In: Proceedings of the International AAAI Conference on Weblogs and Social Media (ICWSM), S. 10-17. https://www.aaai.org/ocs/index.php/ICWSM/ICWSM10/paper/view/1538 [Zugriff: 01.06.2018].

Choi, Hyonyoung/Varian, Hal (2012): Predicting the Present with Google Trends. In: Economic Record 88, S. 2-9. https://doi.org/10.1111/j.1475-4932.2012.00809.x [Zugriff: 01.06.2018].

Edelman, Benjamin G./Luca, Michael (2014): Digital Discrimination. The Case of Airbnb.com. In: Harvard Business School Working Paper 14-054. http://dx.doi.org/10.2139/ssrn.2377353 [Zugriff: 01.06.2018].

Gaffney, Devin/Matias, J. Nathan (2018): Caveat Emptor, Computational Social Scientists: Large-Scale Missing Data in a Widely-Published Reddit Corpus. https://arxiv.org/abs/1803.05046 [Zugriff: 01.06.2018].

Gaffney, Devin/Puschmann, Cornelius (2014): Data Collection on Twitter. In: Weller, Katrin/Bruns, Axel/Burgess, Jean/Mahrt, Merja/Puschmann, Cornelius (Hrsg): Twitter and Society. New York: Peter Lang, S. 55-68.

Hemphill, Libby/Leonard, Susan H./Hedstrom, Margaret (2018): Developing a Social Media Archive at ICPSR. In: Proceedings of Web Archiving and Digital Libraries (WADL'18). https://deepblue.lib.umich.edu/bitstream/ 2027.42/143185/1/Developing SOMAR at ICPSR.pdf [Zugriff: 01.06.2018].

Jungherr, Andreas/Schoen, Harald/Jürgens, Pascal (2016): The Mediation of Politics through Twitter. An Analysis of Messages Posted During the Campaign for the German Federal Election 2013. In: Journal of Computer-Mediated Communication 21, 1, S. 50-68. https://doi.org/10.1111/jcc4.12143 [Zugriff: 01.06.2018].

Jungherr, Andreas/Jürgens, Pascal (2014): Through a Glass, Darkly. Tactical Support and Symbolic Association in Twitter Messages Commenting on Stuttgart 21. In: Social Science Computer Review 32, 1, S. 74-89. https://doi.org/10.1177/0894439313500022 [Zugriff: 01.06.2018].

Kaczmirek, Lars/Mayr, Philipp (2015): Deutsche Bundestagswahl 2013. Nutzung von Twitter durch Kandidaten. GESIS Data Archive. ZA5973 Datenfile Version 1.0.0. https://doi.org/doi:10.4232/1.12319 [Zugriff: 01.06.2018].

Karimi, Fariba/Wagner, Claudia/Lemmerich, Florian/Jadidi, Mohsen/Strohmaier, Markus (2016): Inferring Gender from Names on the Web. A Comparative Evaluation of Gender Detection Methods. In: Proceedings of the 25th International Conference Companion on World Wide Web, S. 53-54. https://doi.org/10.1145/2872518.2889385 [Zugriff: 01.06.2018].

Karpf, David (2012): Social Science Research Methods in Internet Time. In: Information, Communication & Society 5, 15, S. 639-661. https://doi.org/10.1080/1369118X.2012.665468 [Zugriff: 01.06.2018].

Kinder-Kurlanda, Katharina E./Weller, Katrin/Zenk-Möltgen, Wolfgang/Pfeffer, Jürgen/Morstatter, Fred (2017): Archiving Information from Geotagged Tweets to Promote Reproducibility and Comparability in Social Media Research. In: Big Data & Society 4, 2. https://doi.org/10.1177/2053951717736336 [Zugriff: 01.06.2018].

Kinder-Kurlanda, Katharina E./Weller, Katrin (2014): "I always feel it must be great to be a Hacker!". The Role of Interdisciplinary Work in Social Media Research. In: Proceedings of the 2014 ACM Web Science Conference WebSci'14. Bloomington, IN, USA. 23.-26. Juni 2014. New York: ACM, S. 91-98. http://dx.doi.org/10.1145/2615569.2615685 [Zugriff: 01.06.2018].

Kitchin, Rob/McArdle, Gavin (2016): What makes Big Data, Big Data? Exploring the Ontological Characteristics of 26 Datasets. In: Big Data & Society 3, 1. https://doi.org/10.1177/2053951716631130 [Zugriff: 01.06.2018].

Koch, Wolfgang/Frees, Beate (2017): ARD/ZDF-Onlinestudie 2017. Neun von zehn Deutschen online. In: Media Perspektiven 2017, 9, S. 434-446. http://www.ard-zdf-onlinestudie.de/files/2017/Artikel/917_Koch_Frees.pdf [Zugriff: 01.06.2018].

Lazer, David/Radford, Jason (2017): Data ex Machina. Introduction to Big Data. In: Annual Review of Sociology 43, 1, S. 19-39. https://doi.org/10.1146/annurev-soc-060116-053457 [Zugriff: 01.06.2018].

Lazer, David/Kennedy, Ryan/King, Gary/Vespignani, Alessandro (2014): The Parable of Google Flu. Traps in Big Data Analysis. In: Science 343, 6176, S. 1203-1205. https://doi.org/10.1126/science.1248506 [Zugriff: 01.06.2018].

Littman, Justin (2017a): Where to get Twitter Data for Academic Research. https://gwu-libraries.github.io/sfm-ui/posts/2017-11-04-digital-registry [Zugriff: 01.06.2018].

Littman, Justin (2017b): Suspended U.S. Government Twitter Accounts. https://gwu-libraries.github.io/sfm-ui/posts/2017-11-04-digital-registry [Zugriff: 01.06.2018].

Markham, Anette/Buchanan, Elizabeth (2012): Ethical Decision-making and Internet Research 2.0. Recommendations from the AoIR Ethics Working Committee. http://www.aoir.org/reports/ethics2.pdf [Zugriff: 01.06.2018].

McLemee, Scott (2015): The archive is closed. In: Inside Higher Ed. https://www.insidehighered.com/views/2015/06/03/article-difficulties-social-media-research [Zugriff: 01.06.2018].

Metaxas, Panagiotis Takis/Mustafaraj, Eni/Gayo-Avello, Daniel (2011): How (Not) to Predict Elections. In: IEEE Third International Conference on Privacy, Security, Risk and Trust (PASSAT) and 2011 IEEE Third International Conference on Social Computing (SocialCom). IEEE, S. 165-171. https://doi.org/10.1109/PASSAT/SocialCom.2011.98 [Zugriff: 01.06.2018].

Morstatter, Fred/Pfeffer, Jürgen/ Liu, Huan (2014): When is it Biased? Assessing the Representativeness of Twitter's Streaming API. In: Proceedings of Web ScienceTrack at the 23rd Conference on the WWW. New York: ACM, S. 555-556. https://doi.org/10.1145/2567948.2576952 [Zugriff: 01.06.2018].

Morstatter, Fred/Pfeffer, Jürgen/Liu, Huan/Carley, Kathleen M. (2013): Is the Sample Good Enough? Comparing Data from Twitter's Streaming API with Twitter's Firehose. In: Proceedings of the Seventh International AAAI Conference on Weblogs and Social Media, S. 400-408. https://www.aaai.org/ocs/index.php/ICWSM/ICWSM13/paper/view/6071/6379 [Zugriff: 01.06.2018].

Nishioka, Chifumi/Scherp, Ansgar/Dellschaft, Klaas (2015): Manual Tweet Classification. GESIS Data Archive. http://dx.doi.org/10.7802/82 [Zugriff: 01.06.2018].

Olteanu, Alexandra/Castillo, Carlos/Diaz, Fernando/Vieweg, Sarah (2014): CrisisLex. A Lexicon for Collecting and Filtering Microblogged Communications in Crises. In: Proceedings of 8th International AAAI Conference on

Weblogs and Social Media (ICWSM'14), Ann Arbor, US. Juni 2014, S. 376-385. https://www.aaai.org/ocs/index.php/ICWSM/ICWSM14/paper/view/8091 [Zugriff: 01.06.2018].

O'Reilly, Tim (2005): What is Web 2.0? Design Patterns and Business Models for the Next Generation of Software. http://oreilly.com/web2/archive/what-is-web-20.html [Zugriff: 01.06.2018].

Osterberg, Gayle (2017): Update on the Twitter Archive at the Library of Congress. https://blogs.loc.gov/loc/2017/12/update-on-the-twitter-archive-at-the-library-of-congress-2/ [Zugriff: 01.06.2018].

Pfeffer, Jürgen/Morstatter, Fred (2016): Geotagged Twitter Posts from the United States. A Tweet Collection to Investigate Representativeness. GESIS Data Archive. http://dx.doi.org/10.7802/1166 [Zugriff: 01.06.2018].

Resnick, Paul/Adar, Eytan/Lampe, Cliff (2015): What Social Media Data we are Missing and How to Get it. In: The ANNALS of the American Academy of Political and Social Science 659, 1, S. 192-206. https://doi.org/10.1177/0002716215570006 [Zugriff: 01.06.2018].

Ruths, Derek/Pfeffer, Jürgen (2014): Social Media for Large Studies of Behavior. In: Science 346, 621, S. 1063-1064. https://doi.org/10.1126/science.346.6213.1063 [Zugriff: 01.06.2018].

Ruiz, Carlos/Domingo, David/Mico, Josep L./Diaz-Noci, Javier/Meso, Koldo/ Masip, Pere (2011): Public Sphere 2.0? The Democratic Qualities of Citizen Debates in Online Newspapers. In: The International Journal of Press/Politics 16, 4, S. 463-487. https://doi.org/10.1177/1940161211415849 [Zugriff: 01.06.2018].

Schmidt, Jan (2009): Das neue Netz. Merkmale, Praktiken und Folgen des Web 2.0. Konstanz: UVK.

Schroeder, Ralph (2014): Big Data and the Brave New World of Social Media Research. In: Big Data & Society 1, 2, S. 1-11. https://doi.org/10.1177/2053951714563194 [Zugriff: 01.06.2018].

Sloan, Luke/Quan-Haase, Anabel (2016): The Sage Handbook of Social Media Research Methods. Thousand Oaks, CA: SAGE.

Sloan, Luke/Morgan, Jeffrey (2015): Who Tweets with Their Location? Understanding the Relationship between Demographic Characteristics and the Use of Geoservices and Geotagging on Twitter. In: PLoS ONE 10, 11, e0142209. https://doi.org/10.1371/journal.pone.0142209 [Zugriff: 01.06.2018].

Song, Melodie YJ./Gruzd, Anatoliy (2017): Examining Sentiments and Popularity of Pro- and Anti-Vaccination Videos on YouTube. In: Proceedings of the 8th International Conference on Social Media & Society. New York: ACM Press. https://doi.org/10.1145/3097286.3097303 [Zugriff: 01.06.2018].

Stone, Biz (2010): Tweet Preservation. https://blog.twitter.com/official/en_us/a/2010/tweet-preservation.html [Zugriff: 01.06.2018].

stuck_in_the_matrix (2015a): I have every publicly available Reddit comment for research: ~ 1.7 billion comments @ 250 GB compressed. Any interest in this? https://www.reddit.com/r/datasets/comments/3bxlg7/i_have_every_publicly_available_reddit_comment [Zugriff: 01.06.2018].

stuck_in_the_matrix (2015b): Complete Public Reddit Comments Corpus. https://archive.org/details/2015_reddit_comments_corpus [Zugriff: 01.06.2018].

Summers, Ed (2015): Tweets and Deletes. Silences in the Social Media Archive. https://medium.com/on-archivy/tweets-and-deletes-727ed74f84ed#.pay32r3eu [Zugriff: 01.06.2018].

Summers, Ed (2014): Ferguson-tweet-ids. https://archive.org/details/ferguson-tweet-ids [Zugriff: 01.06.2018].

Thomson, Sarah D. (2016): Preserving Social Media. DPC Technology Watch Report. http://dx.doi.org/10.7207/twr16-01 [Zugriff: 01.06.2018].

TREC (2011): Tweets2011. http://trec.nist.gov/data/tweets/ [Zugriff: 01.06.2018].

Tufekci, Zeynep (2014): Big Questions for Social Media Big Data. Representativeness, Validity and Other Methodological Pitfalls. In: Proceedings of the 8th International AAAI Conference on Weblogs and Social Media (ICWSM), S. 505-514. https://www.aaai.org/ocs/index.php/ICWSM/ICWSM14/paper/view/8062 [Zugriff: 01.06.2018].

Weller, Katrin/Kinder-Kurlanda, Katharina E. (2016): A Manifesto for Data Sharing in Social Media Research. In: Proceedings of the 8th ACM Conference on Web Science (WebSci 16). New York: ACM Press, S. 166-172. https://doi.org/10.1145/2908131.2908172 [Zugriff: 01.06.2018].

Weller, Katrin (2015): Accepting the Challenges of Social Media Research. In: Online Information Review 39, 3, S. 281-289. https://doi.org/10.1108/OIR-03-2015-0069 [Zugriff: 01.06.2018].

Weller, Katrin/Kinder-Kurlanda, Katharina E. (2015): Uncovering the Challenges in Collection, Sharing and Documentation. The Hidden Data of Social Media Research. In: Standards and Practices in Large-Scale Social Media Research. Papers from the 2015 ICWSM Workshop. Proceedings Ninth International AAAI Conference on Web and Social Media. Ann Arbor, MI: AAAI Press, S. 28-37. http://www.aaai.org/ocs/index.php/ICWSM/ICWSM15/paper/viewFile/10657/10552 [Zugriff: 01.06.2018].

Weller, Katrin (2014): Twitter und Wahlen. Zwischen 140 Zeichen und Milliarden von Tweets. In: Reichert, Ramon (Hrsg.): Big Data. Analysen zum digitalen Wandel von Wissen, Macht und Ökonomie. Bielefeld: transcript, S. 239-257.

Weller, Katrin/Kinder-Kurlanda, Katharina E. (2014): "I love thinking about ethics!" Perspectives on Ethics in Social Media Research. In: Selected Papers of Internet Research (SPIR). Proceedings of ir15 – Boundaries and Intersections, Deagu, South Korea. https://spir.aoir.org/index.php/spir/article/view/997 [Zugriff: 01.06.2018].

Zimmer, Michael/Kinder-Kurlanda, Katharina E. (Hrsg.) (2017): Internet Research Ethics for the Social Age. New Challenges, Cases, and Contexts. New York: Peter Lang.

Zimmer, Michael (2015): The Twitter Archive at the Library of Congress. Challenges for Information Practice and Information Policy. In: First Monday 20, 7. https://doi.org/10.5210/fm.v20i7.5619 [Zugriff: 01.06.2018].

Zimmer, Michael/Proferes, Nicholas J. (2014a): Privacy on Twitter, Twitter on Privacy. In: Weller, Katrin/Bruns, Axel/Burgess, Jean/Mahrt, Merja/Puschmann, Cornelius (Hrsg): Twitter and Society. New York: Peter Lang, S. 169-181.

Zimmer, Michael/Proferes, Nicholas J. (2014b): A topology of Twitter research. Disciplines, Methods, and Ethics. In: Aslib Journal of Information Management 66, 3, S. 250-261. https://doi.org/10.1108/AJIM-09-2013-0083 [Zugriff: 01.06.2018].

Linkverzeichnis

Angela Merkel auf Facebook: https://www.facebook.com/AngelaMerkel/ [Zugriff: 01.06.2018].
CrisisLex: http://crisislex.org/ [Zugriff: 01.06.2018].
DataSift: http://datasift.com [Zugriff: 01.06.2018].
Discover Text: http://discovertext.com [Zugriff: 01.06.2018].
Facebook: http://www.facebook.com [Zugriff: 01.06.2018].
Foursquare: http://foursquare.com [Zugriff: 01.06.2018].
Instagram: http://www.instagram.com [Zugriff: 01.06.2018].
ICWSM – International Conference on Web and Social Media: http://icwsm.org [Zugriff: 01.06.2018].
ICWSM Dataset Sharing Service: http://icwsm.cs.mcgill.ca [Zugriff: 01.06.2018].
Inter-university Consortium for Political and Social Research (ICPSR): https://www.icpsr.umich.edu/icpsrweb/ [Zugriff: 01.06.2018].
Jack Dorseys erster Tweet: https://twitter.com/jack/status/20 [Zugriff: 01.06.2018].
KONECT. The Koblenz Network Collection: http://konect.uni-koblenz.de/ [Zugriff: 01.06.2018].
LinkedIn: http://linkedin.com [Zugriff: 01.06.2018].
Max Planck Institute for Software Systems: The Twitter Project Page at MPI-SWS: http://twitter.mpi-sws.org/ [Zugriff: 01.06.2018].
NVIVO: http://www.qsrinternational.com/nvivo/nvivo-products [Zugriff: 01.06.2018].
Pinterest: http://pinterest.com [Zugriff: 01.06.2018].
reddit: http://reddit.com [Zugriff: 01.06.2018].
Social Feed Manager: https://gwu-libraries.github.io/sfm-ui/ [Zugriff: 01.06.2018].
Social Media & Society Conference: http://socialmediaandsociety.org/ [Zugriff: 01.06.2018].
TREC – Text Retrieval Conference: https://trec.nist.gov/ [Zugriff: 01.06.2018].
Tweet Archivist: http://tweetarchivist.com [Zugriff: 01.06.2018].
Twitter: http://twitter.com [Zugriff: 01.06.2018].
Tumblr: http://tumblr.com [Zugriff: 01.06.2018].
Vkontakte: http://vk.com [Zugriff: 01.06.2018].
Web Science Conference: http://www.webscience.org/category/acm-websci/ [Zugriff: 01.06.2018].
Wikipedia: http://www.wikipedia.org [Zugriff: 01.06.2018].
Wikipedia Dumps: Wikipedia:Database_download: https://en.wikipedia.org/wiki/Wikipedia:Database_download [Zugriff: 01.06.2018].

12. Räumliche Verknüpfung georeferenzierter Umfragedaten mit Geodaten: Chancen, Herausforderungen und praktische Empfehlungen

Stefan Müller

Georeferenzierte Daten sind Daten, die mit direkten Raumbezügen, d.h. Geokoordinaten angereichert wurden (Meyer/Bruderer Enzler 2013: 323). Anwendungen für diese Daten finden sich vor allem in wissenschaftlichen Fachdisziplinen wie der Ökologie, z.B. bei der Untersuchung natürlicher Habitate von Vögeln oder der Bodenbeschaffenheit von Waldgebieten (Plant 2012: 9ff.). In der sozialwissenschaftlichen Umfrageforschung ist seit einigen Jahren ebenfalls eine verstärkte Nachfrage (Schweers et al. 2016; RatSWD – Rat für Sozial- und Wirtschaftsdaten 2012) sowie ein zunehmender Einsatz (Bluemke et al. 2017; Hillmert/Hartung/Weßling 2017) georeferenzierter Umfragedaten zu beobachten. Die Hoffnung von Forschenden ist, dass sich durch die kleinräumige Verortung von Befragten sowie die räumliche Verknüpfung dieser Orte mit interessanten Nachbarschaftsmerkmalen die Kontexte sozialen Handelns besser erfassen und verstehen lassen (Stimson 2014: 18). In der Tat finden sich umfangreiche Arbeiten in den verschiedensten Teilbereichen der sozialwissenschaftlichen Forschung, etwa in der Analyse von politischen Verhalten und Einstellungen (Förster 2018; Klinger/Müller/Schaeffer 2017), sozialen Bedingungen von Gesundheit (Saib et al. 2014) oder sozialräumlichen Einflüssen auf Bildungsübergänge (Weßling 2016).

Die Nutzung von georeferenzierten Umfragedaten hat indessen weitreichende Implikationen im Bereich des Forschungsdatenmanagements. Es müssen technische, organisatorische, datenschutzrechtliche und dokumentarische Fragestellungen geklärt werden. Denn zum einen handelt es sich bei der Nutzung von georeferenzierten Umfragedaten um ein interdisziplinäres Unterfangen (Dietz 2002: 540), das Forschenden und Forschungsprojekten Kenntnisse der Daten und entsprechender Software zu ihrer Nutzung abverlangt (Meyer/Bruderer Enzler 2013: 319). Zum anderen sind georeferenzierte Daten vor allem sehr sensible Daten (Skinner 2012: 8), die im Sinne des Datenschutzes besonders geschützt werden müssen. Schließlich sollten die Prozesse der Datenerhebung und räumlichen Verknüpfung angemessen dokumentiert werden – ein Unterfangen, das bei interdisziplinären Projekten oftmals erschwert ist (Edwards et al. 2011: 669f).

Diesen Herausforderungen im Forschungsdatenmanagement ist das vorliegende Kapitel gewidmet, in welchem sie systematisiert und anhand praktischer Lösungsmöglichkeiten diskutiert werden. In Abschnitt 12.1 werden zunächst grundlegende Begriffe und Prozesse geklärt. Die drei darauffolgenden Abschnitte widmen sich den technischen sowie organisatorischen (12.2), datenschutzrechtlichen (12.3) und dokumentarischen (12.4) Herausforderungen. Zunächst werden dazu jeweils die einzelnen Herausforderungen vorgestellt und anschließend Lösungsmöglichkeiten diskutiert. In Abschnitt 12.5 wird schließlich die Weitergabe von georeferenzierten Umfragedaten zur Sekundäranalyse skizziert, bevor Abschnitt 12.6 das vorliegende Kapitel zusammenfasst.

12.1 Begriffe und wichtigste Prozesse

Wie eingangs erwähnt haben georeferenzierte Umfragedaten eine interdisziplinäre Komponente. Diese folgt daraus, dass etwa die Ökonomie, Soziologie oder Geographie über unterschiedliche Werkzeuge und Terminologien zur Beantwortung ihrer Forschungsfragen verfügen (Dietz 2002: 540). Forschende und Forschungsprojekte aus den Sozialwissenschaften sind folglich bei der Arbeit mit Daten aus anderen Disziplinen häufig mit Begriffen und Prozessen konfrontiert, die ihnen fremd sind und einer Klärung bedürfen. Im Folgenden werden daher die wichtigsten Begriffe und Prozesse vorgestellt.

12.1.1 Georeferenzierung, Geokodierung und Geodaten

Als georeferenzierte Umfragedaten werden oft Umfragedaten bezeichnet, denen standardisierte Raumbezüge zugeordnet wurden. Zu diesen standardisierten Raumbezügen zählen Namen und Bezeichner (ID) für räumliche Einheiten wie Kreise, Gemeinden oder Postleitzahlengebiete (Hillmert et al. 2017: 270f.). Diese Zuordnung hat u.a. große Vorteile für die Analyse der Daten. So können etwa Abhängigkeiten zwischen Befragten, verursacht durch Klumpungen von Personen im Raum, kontrolliert werden oder Kontextdaten aus anderen Quellen, z.B. über gemeinsame Namen und Bezeichner, den Umfragedaten hinzugefügt werden.

In den Geowissenschaften wie z.B. der Ökologie ist der Begriff der Georeferenzierung hingegen enger gefasst: Demnach bezeichnet Georeferenzierung die Zuordnung von Geokoordinaten zu Daten (RatSWD 2012: 11). Im Gegensatz zu Namen und Bezeichnern sind Geokoordinaten Koordinatenpunkte, die über ein entsprechendes Koordinatensystem, das über die Erdoberfläche gespannt wurde, die Lage eines Punktes auf jener Erdoberfläche verorten. Die Zuordnung von Geokoordinaten zu Daten hat den Vorteil, dass Beobachtungen im Raum zueinander in Beziehung gesetzt werden können und explizite Analysen basierend auf diesem Raumbezug möglich werden. Dazu gehören z.B. die Berechnung von geographischen Distanzen zwischen Punkten oder die Errechnung von Flächenanteilen umliegender Flächen einzelner Punkte (Meyer/Bruderer Enzler 2013: 327ff.).

Für eine Georeferenzierung müssen also Geokoordinaten vorliegen. Oft ist es dafür notwendig, die Daten mit indirektem Raumbezug (beispielsweise Adressen von Befragten) in Geokoordinaten zu übersetzen. Diesen Vorgang der Umwandlung nennt man Geokodierung. Hierzu können automatisierte Dienste genutzt werden, die auf Datenbanken zugreifen, welche Adressinformationen sowie zugehörigen Geokoordinaten beinhalten und diese wechselseitig konvertieren (Zandbergen 2014: 2). Allerdings wird dabei die Geokodierung selten von einzelnen Forschungsprojekten lokal, d.h. am eigenen Computer, vorgenommen, da das Betreiben eines solchen Dienstes technisch sehr aufwändig ist. Daher ist oft die Inanspruchnahme von Drittanbietern von Geokodierungsdiensten wie zum Beispiel Google, Bing oder dem Bundesamt für Kartographie und Geodäsie (BKG) erforderlich.

Im Kontext der Georeferenzierung sind schließlich noch Geodaten (im Allgemeinen) zu erwähnen. Geodaten sind Daten, deren Informationen durch Geokoordinaten im Raum dargestellt und analysiert werden können. Diese Informationen und deren zugrunde liegenden Beobachtungseinheiten nehmen je nach Geodatensatz unterschiedliche Ausdehnungen im Raum in Form von Geometrien ein, wie z.B. ein Punkt oder ein Polygon. Geodaten und deren enthaltene Geometrien sind somit bereits georeferenziert. Zwar können auch georeferenzierte Umfragedaten aus den Sozialwissenschaften als Geodaten bezeichnet werden, es ist jedoch sinnvoll, georeferenzierte Umfragedaten von Geodaten explizit zu unterscheiden. Aus daten-

12. Verknüpfung georeferenzierter Umfragedaten mit Geodaten

schutzrechtlichen Gründen müssen Geokoordinaten und Umfragedaten stets getrennt gespeichert werden. Daher liegen Umfragedaten zumindest auf Adressebene nie als georeferenzierte Daten im Sinne von eigenständigen Geodatensätzen vor, wie im Abschnitt 12.3 ausführlicher erörtert.

12.1.2 Räumliche Verknüpfung

Eine räumliche Verknüpfung ist die Verbindung zweier zuvor getrennt vorliegender georeferenzierter Datensätze bzw. Geodaten. Dazu wird zunächst eine Zielquelle (z.B. der georeferenzierte Datensatz A) ausgewählt, der räumliche Eigenschaften (Geometrien) oder Attribute (Fachinhalte) einer anderen Quelle (z.B. der georeferenzierte Datensatz bzw. Geodatensatz B) hinzugefügt werden. Wie in Abbildung 12.1 dargestellt, sind Geometrien eine geometrische Form der räumlichen Einheiten, wie etwa:

- Punkte für Hausadressen von Befragten,
- Linien für Straßen,
- Polygone für Stadtteilumrisse oder
- gleichmäßige Rasterflächen für grenzübergreifende Merkmale.

Fachinhalte sind inhaltliche Eigenschaften, die diese Geometrien als Attribute enthalten können: Anzahl der Personen, die an einer Adresse wohnen (= Punkte), Hauptverkehrsstraßen oder Nebenstraßen (= Linien), Anzahl der Arbeitslosen in einem Stadtteil (= Polygone) oder die Luftverschmutzung über Stadtgrenzen hinweg (= Rasterflächen). Durch die Georeferenzierung ist es möglich, einen willkürlichen Punkt innerhalb einer Geometrie zu wählen und eine Geokoordinate für diesen Punkt zu extrahieren, wie es in Abbildung 12.1 anhand eines Punktes der Polygon-Geometrie dargestellt ist. Dies ist die Grundlage für räumliche Verknüpfungen.

Abbildung 12.1: Mögliche Geometrien verschiedener Geodaten

Punkte, z.B. Adressen von Befragten

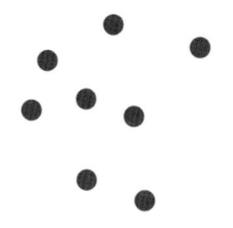

Linien, z.B. Straßen

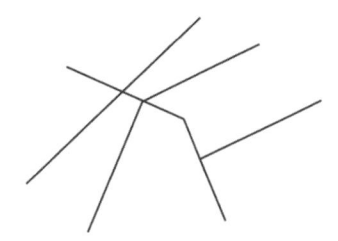

Polygone, z.B. Gemeindeumrisse

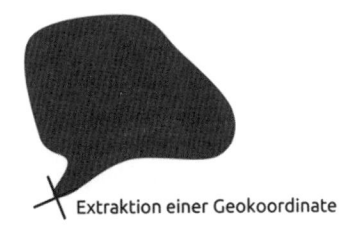

Raster, z.B. gleichmäßige Gebietsflächen

Extraktion einer Geokoordinate

Quelle: Eigene Darstellung

Denn durch die Projektion in einem gemeinsamen Koordinatenraum können in der Folge räumliche Verknüpfungen realisiert werden. Abbildung 12.2 zeigt diesen Vorgang anhand des Beispiels von Umgebungslärmdaten und Geokoordinaten von fiktionalen Teilnehmenden an einer Umfrage. Die Abbildung zeigt zwei Karten: eine Karte auf der unteren Ebene, die Straßen in Form von Linien abbildet, und eine Karte auf der oberen Ebene, die mit den Straßen assoziierten Verkehrslärm in Form von Polygonen darstellt. Dadurch, dass beide Karten in einem gemeinsamen Koordinatenraum projiziert werden, kann für jeden beliebigen Punkt einer gewählten Karte die Information der jeweilig anderen Karte extrahiert werden. Somit lässt sich beispielsweise analysieren, auf welchen Straßen ein Dezibelwert von mehr als 50 gemessen wurde.

Abbildung 12.2: Räumliche Verknüpfung von geokodierten Adressdaten und Straßenlärmdaten

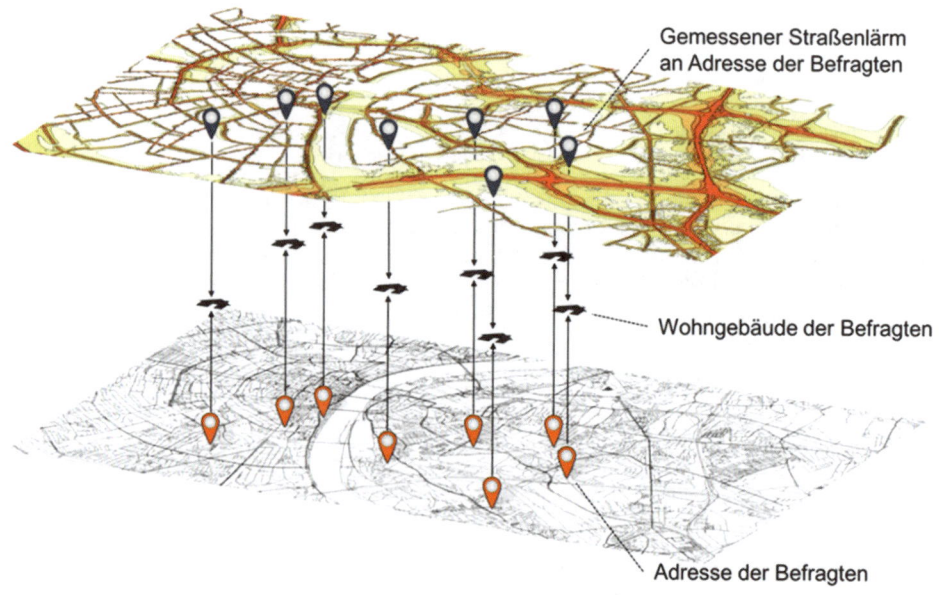

Quellen: Eigene Darstellung unter Nutzung von EIONET Data Repository (CDR) für die Straßenlärmdaten und OpenStreetMap für die Straßenkarte (OSM).

Orangene Marker stellen die geokodierten Adressen dar, welche gemeinsam mit den Straßenlärmdaten in einen gemeinsamen Raum projiziert werden. Graue Marker repräsentieren die entsprechenden gemessenen Werte des Straßenlärms an der geokodierten Adresse.

So können nicht nur Geometrien verbunden, sondern auch die den Geometrien zugeordneten Attribute, wie z.B. Verkehrslärm, verknüpft werden. Ferner können diese Attribute durch die Projektion in einem Koordinatenraum verschiedentlich bearbeitet werden, was durch eine Reihe standardisierter Verfahren möglich wird (Strobl 2017: 472). Ein gängiges Beispiel ist die Berechnung von Distanzen, wie etwa die Berechnung für Koordinatenpunkte, für die keine Straßenlärmmessung vorliegt, oder die Distanz zur nächsten Messung eines Dezibelwerts einer bestimmten Höhe. Analog lässt sich auch die mittlere gemessene Lärmbelastung in einem Umkreis von z.B. 100 Metern abbilden. Mit herkömmlichen Methoden über gemeinsame Namen oder Identifikatoren, wie etwa Gemeindeschlüssel oder Postleitzahlen, lassen sich derartige Verknüpfungen nicht vornehmen – einerseits aus Mangel einer kleinräumigen Verortung im Raum, andererseits aufgrund der fehlenden Projektion der Beobachtungen als Geometrien in einem gemeinsamen Koordinatenraum.

12.1.3 Exemplarischer Verlauf der räumlichen Verknüpfung

Georeferenzierte Umfragedaten haben die Eigenschaft, dass es sich dabei um Individualdaten handelt, die in Verbindung mit Adressinformationen personenbezogen sind. Nach der aktuellen Datenschutzgesetzgebung (BDSG) in Deutschland, die auf der Datenschutzgrundverordnung der EU (DSGVO) und dem Gesetz zur Anpassung des Datenschutzrechts an die Verordnung (DSAnpUG-EU) basiert, müssen gemäß § 27 Abs. 3 (DSAnpUG-EU) Merkmale gesondert gespeichert werden, „mit denen Einzelangaben über persönliche oder sachliche Verhältnisse einer bestimmten oder bestimmbaren Person zugeordnet werden können". Diese Merkmale sind u.a. Adressen, zu denen somit auch auf Adressen beruhende Geokoordinaten gehören. Aus diesem Grund hat sich ein Prozess der räumlichen Verknüpfung etabliert, welcher eine strikte Trennung der verwendeten Datensätze vorsieht. Abbildung 12.3 stellt diesen Prozess exemplarisch dar.

Abbildung 12.3: Ablauf der räumlichen Verknüpfung georeferenzierter Umfragedaten mit Geodaten

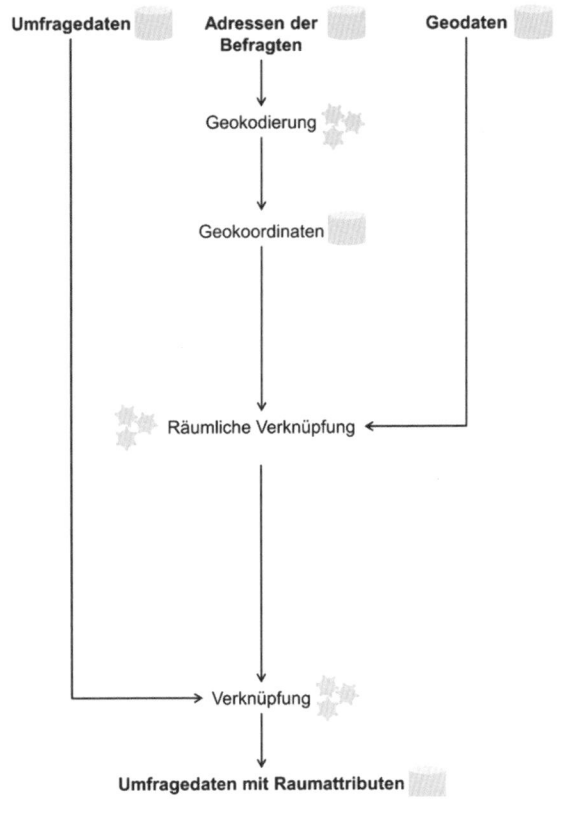

Quelle: Eigene Darstellung

Zunächst existieren drei voneinander getrennt gespeicherte Datenquellen: die Umfragedaten, die dazugehörigen Adressinformationen und die Geodaten. Ziel einer räumlichen Verknüpfung ist es, Informationen aus den Geodaten über die Adressinformationen der Befragten den Umfragedaten hinzuzufügen. Dazu werden die Adressdaten geokodiert und mit den Geodaten räumlich verknüpft. Erst dann werden diese neu hinzugewonnenen Informationen mit den eigentlichen Umfragedaten verknüpft, sodass zuletzt ein Umfragedatensatz mit sogenannten Raumattributen vorliegt. Die dafür notwendigen Zwischenschritte werden im Detail in den folgenden Abschnitten erörtert.

12.2 Technische und organisatorische Aspekte der räumlichen Verknüpfung

Die Arbeit mit georeferenzierten Umfragedaten und ihrer räumlichen Verknüpfung mit Geodaten bedarf einiger technischer sowie organisatorischer Vorbereitungen, nicht zuletzt aufgrund der bereits diskutierten Interdisziplinarität. Forschungsprojekte müssen sich daher sehr früh mit technischen und organisatorischen Herausforderungen auseinandersetzen, da sich je nach konkretem Forschungsvorhaben große Implikationen seitens des Ressourcenmanagements ergeben können.

12.2.1 Herausforderungen: Technik, Software und Ressourcen

Zu den zwei wichtigsten technischen und organisatorischen Herausforderungen einer räumlichen Verknüpfung gehören im Wesentlichen der angemessene Umgang mit zwei verschiedenen Datentypen – (georeferenzierte) Umfragedaten und Geodaten – sowie der Einsatz entsprechender Software, mit der sich diese beiden Daten verbinden lassen.

Doch wie unterscheiden sich zunächst die beiden Datentypen? Umfragedaten werden zumeist in einer flachen rechteckigen Datenstruktur in Form von einfachen Tabellen, der sogenannten Datenmatrix, erfasst. Einer Konvention folgend stellen die Zeilen dieser Tabellen die Beobachtungen oder Fälle dar und die Spalten die sogenannten Variablen oder Attribute, die sich aus den kodierten Antworten einer Befragung ergeben. Geodaten lassen sich zwar in bestimmten Dateiformaten ebenfalls in einer rechteckigen Form darstellen, z.B. als Comma Separated Text Files (CSV), die Weiterverarbeitung und Analyse führt jedoch weg von der flachen Datenstruktur hin zu einer mehrdimensionalen Struktur. So kann grundsätzlich zwischen Informationen hinsichtlich der Geometrien (z.B. Punkte oder Polygone) und den Fachinhalten (Höhe der Luftverschmutzung an einem Messpunkt, Anteil von Kindertagesstätten in einem Stadtteil) unterschieden werden. Beobachtungen aus einem Geodatensatz sind somit einerseits durch ihre Lage im Raum sowie durch weitere Informationen, die mit ihnen attribuiert sind, beschrieben.

Um mit diesen Daten zu arbeiten, wird spezielle Software eingesetzt: *Geographische Informationssysteme* (GIS). Die Handhabung von GIS muss aufgrund ihrer Komplexität von Forschenden erlernt werden (Meyer/Bruderer Enzler 2013: 319). Es handelt sich dabei um Software zur Bearbeitung, Analyse, aber auch graphischen Darstellung raumbezogener Daten (Bluemke et al. 2017). Daneben müssen je nach Projektkontext auch gewisse Hardwareanforderungen bewältigt werden. Geodaten können u.U. sehr groß sein. Je nach Umfang und Dateiformat sind Dateigrößen im Gigabyte-Bereich keine Seltenheit. Zuletzt werden für die eigentliche Bearbeitung dieser Daten daher seitens der Computerausstattung angemessene Prozessor-Taktungen und eine ausreichende Verfügbarkeit von Arbeitsspeicher benötigt.

12.2.2 Antworten und Lösungen: Personal-, Weiterbildungs- und Ressourcenpolitik

Die Antworten für Forschungsprojekte auf diese technischen und organisatorischen Herausforderungen sind zunächst sehr einfach: Es bedarf einer angemessenen Weiterbildungs-, Personal- und Ressourcenplanung, die optimalerweise bereits vor Projektbeginn vorgenommen werden sollte. Allerdings fallen die insbesondere hinsichtlich der Ressourcenplanung bestehenden Details je nach Projektkontext unterschiedlich kompliziert aus. Aus diesem Grund kann hier keine Blaupause darüber erstellt werden, welche Maßnahmen und Kosten wie und in welchem Maße z.B. bei der Erstellung von Forschungsdatenmanagementplänen anfallen. Es gibt jedoch Abwägungsüberlegungen, die im Folgenden vorgestellt werden und entsprechend des konkreten Projektvorhabens spezifiziert werden müssen.

Relativ nahe liegt zunächst die eigene Weiterbildung oder gezielte Anwerbung von Mitarbeitenden mit entsprechenden Fähigkeiten im Umgang mit Geoinformationssystemen. Dies ist oft nötig, da GIS in den Geistes- und Sozialwissenschaften noch verhältnismäßig wenig Verwendung finden (Meyer/Bruderer Enzler 2013: 319) – auch wenn neuere Trends darauf hindeuten, dass sich dieser Umstand im Wandel befindet (Bluemke et al. 2017: 309).

Mitarbeitende müssen schließlich über die nötige Ausstattung verfügen können. Das heißt Forschungsprojekte müssen sich, je nachdem welche konkreten Forschungsvorhaben anstehen, mit der Lizenzierung von Software etwa von Geoinformationssystemen auseinandersetzen. Denn Geoinformationssysteme sind stark auf dem kommerziellen Markt vertreten, wie z.B. das Produkt *ArcGIS* der Firma ESRI (2015). Mittlerweile gibt es zwar gut nutzbare freie Software, wie z.B. *QGIS* (QGIS Development Team 2018), und für Nutzende in den Sozialwissenschaften ist wahrscheinlich insbesondere die Nutzung der freien Software *R* interessant (R Core Team 2017). Aber obwohl sich räumliche Verknüpfungen somit schon mit relativ geringem Ressourcenaufwand bewältigen lassen (Müller/Schweers/Siegers 2017), sind gerade größere Projekte auf die Unterstützung durch Softwarefirmen bei Skalierungs- und Performanzproblemen angewiesen. Hier ist eine kritische Evaluierung der jeweiligen Systemanforderungen für die einzusetzende Software hinsichtlich des konkreten Forschungsvorhabens notwendig.

Neben der Erweiterung der eigenen (institutionellen) Fähigkeiten oder Ressourcen können räumliche Datenverknüpfungen alternativ auch institutionell auslagert werden. Diese Auslagerung fasst im besten Fall die Anforderungen an die erforderliche fachliche Expertise und die benötigte technische Ausstattung zusammen. Tatsächlich existiert ein relativ umfangreicher Markt an Anbietern. Oft haben diese einen Schwerpunkt auf Marktforschung, wie z.B. die Firmen microm und Infas 360, die zum einen die notwendige Geokodierung und zum anderen die Verknüpfung mit vielfältigen kleinräumigen Geodaten anbieten. Dazu gehören soziodemographische Merkmale eines Wohnviertels, wie Alter, Familienstände und Ausländeranteile, oder auch sozioökonomische Indikatoren, wie z.B. detaillierte Angaben zu Kaufkraftindizes.

Analog steigt aber auch die Anzahl nicht kommerzieller Anbieter (Schweers et al. 2016: 107ff.), sodass mittlerweile viele öffentliche Daten als frei verfügbare Geodaten angeboten werden. Beispielsweise existieren mit der Geodateninfrastruktur Deutschland (GDI-DE) oder dem GOVDATA Portal im Internet frei verfügbare, harmonisierte Geodatenangebote, die eine Vielzahl von Daten aus den unterschiedlichsten Fachdisziplinen anbieten. Auf europäischer Ebene soll hier vor allem die Initiative *Infrastructure for Spatial Information in Europe* (INSPIRE) erwähnt werden, die von einer starken Zunahme an europaweiten harmonisierten Geodaten in den kommenden Jahren ausgeht. Obwohl diese Angebote zum jetzigen Zeitpunkt nicht derart umfassend sind wie jene kommerzieller Anbieter, stellen sie bereits heute eine gute Quelle für in der Forschung nutzbare Geodaten dar (Förster 2018; Klinger/Müller/Schaeffer 2017). Und während bei kommerziellen Anbietern oft das Black-Box-

Prinzip gilt, d.h. die Datengenese ist ein Betriebsgeheimnis, existiert gerade bei öffentlichen Daten eine Pflicht zur Transparenz. Allerdings, und hier liegt der Unterschied zu kommerziellen Anbietern, finden sich im öffentlichen Sektor wenige bis gar keine Anbieter, die ein vollständiges räumliches Verknüpfungsprojekt inklusive der Geokodierung von Adressen begleiten können. Kurzum: In der Regel können externe Anbieter die Geokodierung, Aufbereitung der Geodaten und die Verknüpfung mit den Geokoordinaten übernehmen. Die Pflege und Aufbereitung der Daten während und vor allem nach Abschluss des Projekts obliegt jedoch weiterhin den Forschungsprojekten. Das betrifft u.a. auch die Dokumentation der Daten, worauf weiter unten noch näher eingegangen wird.

Zusammenfassend bedeuten die technischen und organisatorischen Herausforderungen einer räumlichen Verknüpfung vor allem eines: einen erhöhten Ressourcenaufwand. Räumliche Verknüpfungsprojekte können sehr einfach durchgeführt werden, z.B. wenn die hinzugefügten Geoinformationen aus frei verfügbaren und harmonisierten Quellen stammen. Sie können jedoch auch erschwert werden, wenn diese beispielsweise nicht harmonisiert oder sogar fehlerhaft vorliegen (Schweers et al. 2016: 109f.). Forschungsprojekte sollten daher sehr genau evaluieren, welche Daten, Verknüpfungen und Analysen sie für ihr Forschungsvorhaben benötigen.

Wie die Forschungsprojekte diesem erhöhten Ressourcenaufwand begegnen, kann dabei sehr unterschiedlich ausfallen: entweder durch eine gezielte Personal-, Weiterbildungs- sowie technische Ausstattungsstrategie im Rahmen der Forschungsförderung oder durch Kooperation mit Dateninfrastrukturen bzw. die Nutzung von Dienstleistungen öffentlicher oder kommerzieller Anbieter von Geodaten. Die Entscheidung für das eine oder andere bzw. einen Mix kann indessen nicht universell beantwortet werden.

12.3 Datenschutz und Re-Identifikationsrisiko

In räumlichen Datenverknüpfungsprojekten kommt dem Thema Datenschutz eine besondere Bedeutung zu, da hier ggf. in allen Phasen der Speicherung, Geokodierung, Verknüpfung, Distribution und Analyse entsprechender Daten mit personenbezogenen bzw. sensiblen Informationen gearbeitet wird. Natürlich darf nicht unterschätzt werden, dass auch einfache Umfragedaten sensible Informationen beinhalten können. Gerade aber die Herstellung eines expliziten Raumbezugs von Umfragedaten verstärkt diese Problematik, da die räumliche Verortung die Zahl der für eine Re-Identifikation infrage kommenden Personen stark eingrenzt. Beispielsweise ist die Identität einer Anwältin mit sieben Kindern in einem bestimmten Stadtteil einer bekannten Stadt wesentlich einfacher zu bestimmen, als eine Anwältin mit sieben Kindern, von der man nur weiß, in welchem Bundesland sie lebt.

12.3.1 Herausforderungen: räumliche Verknüpfung und zusätzliche Informationen

Die datenschutzrechtlichen Herausforderungen bei der Arbeit mit georeferenzierten Daten können abermals auf zwei Ebenen angetroffen werden: einerseits bezüglich des Verknüpfungsprozesses sowie der notwendigen technischen Vorarbeit, wie eben erörtert; andererseits durch die Verknüpfung und das Hinzufügen zusätzlicher Attribute zu den Umfragedaten.

Bezogen auf den ersten Herausforderungskomplex steht die angestrebte Verknüpfung georeferenzierter Umfragedaten mit Geodaten zunächst vor dem Problem, dass nach den gültigen Datenschutzregeln Adressinformationen, und damit auch Geokoordinaten, nicht gemein-

12. Verknüpfung georeferenzierter Umfragedaten mit Geodaten 219

sam mit Umfrageattributen gespeichert werden dürfen. Aus diesem Grund werden in typischen Umfrageprojekten Adress- und Umfragedaten in separaten, bestenfalls lokal getrennten Dateien vorgehalten.[1] Oftmals übernimmt gar das beauftragte Erhebungsinstitut die Speicherung der Adressen. Je nach Größe des Projekts haben dann jeweils verschiedene Mitarbeitende Zugriff auf die separaten Daten.

Gleichzeitig muss spätestens für die räumliche Verknüpfung dieser Daten eine Korrespondenz hergestellt werden. So ist es durchaus möglich, die Geokoordinaten der Befragten einer Umfrage mit Informationen aus weiteren Geodaten (z.B. Dezibelwerte aus Verkehrslärmdaten) räumlich zu verknüpfen. Doch wenn diese Geokoordinaten der Befragten nun nicht mit den eigentlichen Umfrageinformationen gemeinsam gespeichert werden dürfen oder sollten, wie sollen die Dezibelwerte für einen gemeinsamen Analysedatensatz räumlich verknüpft werden? Diese Frage kann nur durch organisationale Abläufe des eigentlichen Verknüpfungsprozesses beantwortet werden.

Denn auch schon vor der eigentlichen räumlichen Verknüpfung müssen Fragen beantwortet werden, die sich aus der Geokodierung ergeben. Geokodierungsservices verarbeiten Daten nicht lokal, sondern bieten die Möglichkeit, über das Internet individuelle Geokoordinaten für individuelle Adressinformationen abzufragen (Zandbergen 2014: 2). Nutzende dieser Dienste laden z.B. eine CSV-Datei mit Adressinformationen zu dem jeweiligen Dienst hoch und können diese, nachdem der Prozess beendet wurde, angereichert mit Geokoordinaten wieder herunterladen.

Die technische Implementierung der Speicherung der Anfragen unterscheidet sich indessen je nach Dienst gravierend. Kommerzielle Anbieter speichern u.U. Anfragen an den Geokodierungsdienst, d.h. die Adressen der Befragten, was zu schwerwiegenden Problemen mit datenschutzrechtlichen Vorgaben führt. Es ist z.B. davon auszugehen, dass ein Unternehmen wie Google, dessen Geschäftsmodell auf Daten basiert, jegliche Anfragen an ihren Geokodierungsservice nachhält. Zu bedenken ist auch, dass datenschutzrechtlich zertifizierte Geokodierungsdienste wie jener vom BKG in der Regel nur Bundeseinrichtungen, also Bundesbehörden oder vom Bund finanzierte Forschungseinrichtungen, zur Verfügung stehen. Inwieweit diese geschützten Dienste wie z.B. der BGK GeoCoder auf vertraglicher Grundlage auch für (öffentlich finanzierte) Forschungszwecke genutzt werden können, sollte dort erfragt bzw. beantragt werden.

Zwar ist es durchaus möglich, einen eigenen Geokodierungsserver z.B. über die Datenbank der freien Kartenanwendung OpenStreetMap zu betreiben. Dieser sogenannte OpenStreetMap-Nominatim-Server ist jedoch sehr aufwendig zu pflegen. Zudem lassen sich mit OpenStreetMap nicht immer adressgenaue Geokodierungen vornehmen, da für bestimmte Adressen keine Hausnummern vorliegen.

Auch wenn Geokodierungsservices gefunden werden, die Anfragen nur flüchtig verarbeiten und nicht längerfristig speichern, z.B. über vertragliche Vereinbarungen, birgt der Weg über einen Webdienst Gefahren. Während Adressen für sich genommen nicht zwingend

---

1 In dem seit dem 25. Mai 2018 gültigen Gesetz zur Anpassung des Datenschutzrechts an die Verordnung steht allerdings auch der Passus, dass personenbezogene Daten (d.h. auch Adressen bzw. Geokoordinaten), „mit den Einzelangaben nur [sic!] zusammengeführt werden [dürfen], soweit der Forschungs- oder Statistikzweck dies erfordert" (DSAnpUG-EU § 27 Abs. 3). Eine räumliche Verknüpfung könnte u.U. als ein solcher Forschungs- oder Statistikzweck bezeichnet werden. Allerdings war dieser Passus in der alten Fassung des BDSG bereits im gleichen Wortlaut enthalten. Dennoch hat sich in Forschungsprojekten der konservative Ansatz bewährt, diese Merkmale schlichtweg zu trennen. Im Folgenden wird zudem ein Verfahren vorgestellt, das eine räumliche Verknüpfung von georeferenzierten Umfragedaten mit Geodaten auch unter einer solchen strengen Regelung möglich macht.

personenbezogene Daten darstellen,[2] können sie sehr wohl in Verbindung mit weiteren Informationen Rückschlüsse auf Befragte, d.h. natürliche Personen, zulassen. Dazu gehören Metainformationen wie z.B. der Projekttitel einer Befragung im Dateinamen einer Adressliste, welche für den Geokodierungsservice genutzt wird, oder die korrespondierende Anzahl der Zeilen in dieser Datei mit der Anzahl der Ausschöpfungsquote jener Befragung. Auch kann der über IP-Adressen ermittelte Ort, von wo aus die Anfrage an den Dienst gestellt wurde, auf etwaig mit dem Ort verbundene Forschungsprojekte verweisen.

Die zweite Herausforderung bezüglich des Datenschutzes betrifft das Hinzufügen zusätzlicher Attribute zu den Umfragedaten. Gerade die Verortung im Raum, insbesondere im kleinräumigen Maßstab, schafft ein erweitertes Re-Identifikationsrisiko von Befragten. Auch die Attribute des Raums selbst – z.B. die Ausländeranteile, die Anteile von Arbeitslosen oder die Luftverschmutzung in einer bestimmten räumlichen Einheit, etwa einer Nachbarschaft – können einzigartige Beobachtungen in einem Datensatz erzeugen. In der Kombination mit anderen Attributen ist man so u.U. schnell in der Lage, Rückschlüsse auf einzelne Personen zu ziehen. Kapitel 4 geht im Rahmen der Anonymisierung näher auf dieses Problem der Re-Identifikation natürlicher Personen in Forschungsdaten ein.

Prinzipiell liegt die besondere Gefahr der Verknüpfung mit Geodaten darin begründet, dass Geodaten ebenso wie die Umfragedaten in maschinenprozessierbarer Form vorliegen. Zusatzinformationen zur Nachbarschaft der Befragten ergeben sich daher nicht aus vermeintlichem Insiderwissen, sondern durch Daten, die in aufbereiteter, durchsuchbarer und systematisch auswertbarer Form vorliegen. Dieser Umstand wird verstärkt, wenn es sich dabei um Geodaten handelt, die frei zugänglich sind und deren Informationen zu einem Umfragedatensatz hinzugefügt wurden.

12.3.2 Antworten und Lösungen: technische und organisationale Verfahren

Den beiden Herausforderungen bezüglich des Datenschutzes georeferenzierter Umfragedaten – getrennte Speicherung und Re-Identifikationsrisiko – kann im Wesentlichen durch einen vorab definierten Ablauf der räumlichen Verknüpfung begegnet werden. Zentrale Elemente betreffen sowohl die Auswahl geeigneter Ablageorte und Speicherverfahren als auch die organisationale Struktur der Verknüpfung selbst. Indessen muss die konkrete datenschutzkonforme Implementierung an das jeweilige Forschungsvorhaben angepasst und entsprechend umgesetzt werden. Abbildung 12.4 zeigt exemplarisch den vollständigen Ablauf der Georeferenzierung und räumlichen Verknüpfung, wie er u.a. für Forschungsprojekte angewendet werden kann, in welchen die Umfragedaten selbst erhoben werden und somit Zugriff auf die Adressdaten der Befragten besteht.

Zunächst wird im Ablauf der Georeferenzierung und der Datenverknüpfung sichergestellt, dass Umfragedaten (Datensatz A) und Adressen bzw. Geokoordinaten der Befragten (Datensatz B) zu keinem Zeitpunkt gemeinsam gespeichert werden. Dies wird erreicht, indem getrennte physische Ablageorte gewählt werden. In der Folge liegen die Umfragedaten auf Computer/Server A und die Adressinformationen auf Computer/Server B getrennt vor. Zusätzliche Sicherheit bietet der Einsatz eines dritten Ablageorts, Computer/Server C. Auf diesem wird eine Korrespondenztabelle der Identifikatoren, z.B. laufende Nummern für die Befragten in den Datensätzen A und B, gespeichert, welche sich jedoch zwischen diesen beiden Datensätzen unterscheiden. Somit ermöglicht die Korrespondenztabelle die

---

2 Adressen sind öffentlich verfügbare Informationen, die zunächst Gebäude referenzierbar machen. Allerdings kann beispielsweise die Adresse von einem alleinstehenden Gebäude, in welchem nur eine Person wohnt, sehr wohl direkte Informationen über die Identität einer einzelnen Person liefern.

12. Verknüpfung georeferenzierter Umfragedaten mit Geodaten

Verknüpfung der Umfrage- mit den Adressdaten. Der Zugriff auf diese Korrespondenztabelle muss daher auch besonders streng gestaltet werden.

Bis zu dem Punkt, an welchem Geoinformationen und Umfragedaten in einen gemeinsamen Datensatz überführt werden, können alle Daten relativ problemlos aufbereitet und gemanagt werden. Nachdem die Adressdaten geokodiert wurden, können diese mittels der räumlichen Verknüpfung mit den Geodaten verknüpft werden. Im Verlauf müssen aber einige je nach Problemstellung unterschiedliche Vorkehrungen und Entscheidungen getroffen werden.

Abbildung 12.4: Vollständiger Ablauf der räumlichen Verknüpfung von georeferenzierten Umfragedaten mit Geodaten unter besonderer Berücksichtigung des Datenschutzes

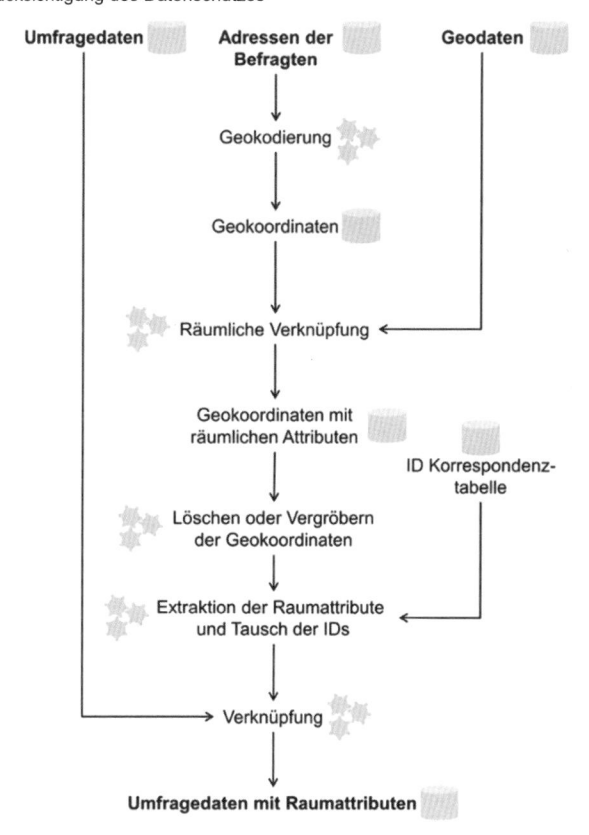

Quelle: Eigene Darstellung

Erstens müssen, um die hinzugewonnenen Geoinformationen mit den Umfragedaten zu verknüpfen, die im verknüpften Datensatz noch enthaltenen Geokoordinaten gelöscht werden. Dadurch wird die direkte Re-Identifikation von befragten Personen über die Geokoordinaten vermieden. Zweitens können ggf. Rauminformationen der Geokoordinaten vergröbert werden, etwa durch eine Aggregation der Koordinaten auf hierarchisch höher gelagerte Raumgrenzen, wie z.B. Stadtteile. Dieser Schritt würde garantieren, dass trotz der Löschung der kleinräumigen Rauminformationen die statistische Kontrolle räumlicher Abhängigkeiten in späteren Analysen der Daten möglich bleibt. Ebenso lassen sich somit ex post zusätzliche Geoinformationen auf diesem höheren Aggregationsniveau hinzufügen.

Es existieren verschiedene Verfahren wie Rauminformationen, zu denen Geokoordinaten zählen, vergröbert werden können. Hierbei sollte grob zwischen zwei Verfahren unterschieden werden: erstens Verfahren, welche die ursprüngliche Geokoordinate verfremden (Kroll/Schnell 2016; Zandbergen 2014) und somit keinen Rückschluss mehr auf die Ursprungsgeokoordinate zulassen sollten (Kounadi/Leitner 2014); sowie zweitens Verfahren, die sich mit dem Re-Identifikationsrisiko in bereits vergröberten Raumeinheiten, wie z.B. Gemeinden oder Postleitzahlengebiete, auseinandersetzen (Blatt 2012; El Emam 2006). Dieser Bereich ist im Detail sehr komplex und je nach hinzugefügter Rauminformation kann die Entscheidung, welche Daten wie vergröbert oder verfremdet werden, sehr unterschiedlich ausfallen. In diesem Kapitel wird daher auf eine weitergehende Diskussion verzichtet.

Der Datenschutz von Befragten spielt zu jedem Zeitpunkt eines jeden Forschungsvorhabens mit georeferenzierten Umfragedaten eine große Rolle. Angefangen von der Geokodierung über die eigentliche Verknüpfung bis hin zur Weitergabe und somit Sekundärnutzung muss stets bedacht werden, dass mit sehr sensiblen Informationen gearbeitet wird, die besonderer Vorkehrungen bedürfen. Mit dem nötigen Problembewusstsein und einer entsprechenden Anpassung der Arbeitsabläufe und -prozesse lassen sich die mit georeferenzierten Umfragedaten verbundenen Risiken jedoch wirkungsvoll minimieren.

Es muss allerdings bedacht werden, dass die hier vorgestellten Lösungen der datenschutzbezogenen Herausforderungen sich vor allem auf die interne Anwendung innerhalb von individuellen Forschungsprojekten beziehen. Die Kontrolle über die Prozesse ist wesentlich erschwert, wenn Geodatenfachexpertise ausgelagert wird und Geokodierungen, räumliche Verknüpfungen und Analysen durch externe Dienstleister durchführt werden. Hier gilt es Versicherungen über Datenschutzvorkehrungen bei den jeweiligen Drittanbietern einzuholen. Letztlich muss der Weg über Drittanbieter jedoch nicht zwingend ein Problem sein, sondern kann datenschutzbezogene Vorkehrungen sogar vereinfachen. Ein entsprechendes Beispiel ist das Sozio-oekonomischen Panel (SOEP), dessen datenerhebendes Institut als Treuhändler der Adressdaten und ihrer Geokodierung auftritt. Die Primärforschenden des SOEP haben hingegen keinen Zugriff auf die Adressdaten der Befragten (Goebel/Wagner/Wurm 2010: 5).

12.4 Dokumentation georeferenzierter Umfragedaten

Kapitel 6 dieses Buches diskutiert die Bedeutung einer detaillierten Planung der Prozesse der Dokumentation von Forschungsdaten. Die Dokumentation georeferenzierter Umfragedaten unterscheidet sich nicht wesentlich von jener klassischer sozialwissenschaftlicher Umfrage- bzw. Forschungsdaten. Allerdings müssen einige Fallstricke beachtet werden, die sich daraus ergeben, dass Metadaten aus verschiedenen Fachdisziplinen zusammengebracht werden, die sich u.U. nicht mit dem etablierten sozialwissenschaftlichen DDI-Metadatenstandard abbilden lassen.

12.4.1 Herausforderungen: Metadaten aus verschiedenen Quellen

In vielen wissenschaftlichen Fachdisziplinen werden zur Dokumentation der Forschungsdaten bewährte Metadatenstandards genutzt. So ist in den Sozialwissenschaften der Metadatenstandard der Data Documentation Initiative (DDI) stark verbreitet (Vardigan 2013; Zenk-Möltgen 2012), wie in Kapitel 9.1 beschrieben. In den Geowissenschaften und öffentlichen

Geodateninfrastrukturen (GDI) wird hingegen der für Geodatendaten spezifische ISO-19115-Metadatenstandard genutzt (AdV/KLA 2015). Bei der Dokumentation georeferenzierter Daten müssen daher sowohl die räumliche Verknüpfung als auch die hinzugewonnenen Informationen inhaltlich beschrieben werden. Das ist dann erschwert, wenn sich die verfügbaren Metadatenfelder in einem fachspezifischen Metadatenstandard nicht an den Erfordernissen aus der jeweilig anderen Fachdisziplin orientieren.

Das Beispiel des DDI-Metadatenstandards ist dafür exemplarisch. So ermöglicht der DDI-Metadatenstandards etwa die Integration von Feldern aus dem Geodaten-Metadatenstandard ISO 19115 (Vardigan/Heus/Thomas 2008: 109). Entsprechende Felder in DDI sind explizit vorgesehen und erlauben beispielsweise die Beschreibung von geographischen Strukturen der Polygon-, Punkt- oder Rastergeometrien von Geodaten. Ebenso ist die Anwendung kontrollierter inhaltlicher Vokabulare aus ISO 19115 in DDI möglich.

Allerdings lassen sich nicht alle Informationen auf die jeweiligen Entitätsebenen in DDI übertragen. So können die bereits erwähnten geographischen Strukturen gegenwärtig nicht auf der sogenannten Variablenebene der Umfragedaten beschrieben werden. Das geht nur über die sogenannte Studienebene, welche Informationen über die Daten als solche bereithält und alle darin enthaltenen Variablen einbezieht. Somit können in Umfragedaten etwaig vorkommende geographische Strukturen nur für alle in den Daten enthaltenen Variablen gemeinsam beschrieben werden. Das wäre insofern kein Problem, solange räumliche Datenverknüpfungen nur zwischen den Umfragedaten und einer einzigen Geodatenquelle vorgenommen werden.

In der Praxis ist das jedoch kein realistisches Szenario. Ein Beispiel aus dem GESIS Datenarchiv für Sozialwissenschaften macht dies deutlich. Im Jahre 2015 wurden im Zuge der Georeferenzierung der Allgemeinen Bevölkerungsumfrage der Sozialwissenschaften 2014 (GESIS 2015) deren Daten zunächst mit kleinräumigen Verkehrslärmdaten verknüpft. Ferner wurden durch die gleiche Methode kleinräumige Geoinformationen aus dem deutschen Zensus 2011 hinzugefügt. Auch konnte durch die Verortung von Befragten in einem Geokoordinatenraum und mit Hilfe von Daten des BKG und Gebietsänderungslisten des Statistischen Bundesamtes (destatis) Harmonisierungen der Gemeinden bis ins Jahr 1994 vorgenommen werden (Klinger 2018: 50ff.). Dabei stammten alle drei Geodaten aus drei verschiedenen Quellen und hatten verschiedene geographische Strukturen als Grundlage:

- ungleichmäßige Polygone der Verkehrslärmdaten,
- gleichmäßige 1 km² Rasterzellen der Zensusdaten sowie
- großflächige Polygone der Gemeindeumrisse.

Folglich konnten nicht alle drei Quellen zu Dokumentationszwecken in einer gemeinsamen inhaltlichen Kategorie zusammengefasst werden.

Wie Forschende sich derartigen Herausforderungen stellen können, widmet sich der nächste Unterabschnitt, in welchem Möglichkeiten der Dokumentationen für georeferenzierte Umfragedaten erörtert werden. Diese Möglichkeiten reichen von einfachen Workarounds bis hin zu komplexeren Verfahren, die jedoch u.U. zu Inkompatibilitäten mit bestehenden Standards führen.

12.4.2 Antworten und Lösungen: Workarounds und Brute-Force-Ansätze

Obwohl der DDI-Metadatenstandard in den Sozialwissenschaften weit verbreitet ist, ist die Möglichkeit, den ISO-19115-Metadatenstandard in DDI zu integrieren, gegenwärtig nur auf die Studienebene begrenzt. Um dem Problem fehlender Dokumentationsmöglichkeiten in DDI auf Variablenebene zu begegnen, bestehen verschiedene Möglichkeiten, die ursprüngliche Implementierung von ISO 19115 in DDI in unterschiedlichem Maße zu modifizieren. So besteht erstens die Option von *Workarounds*, die zwar der ursprünglichen Spezifikation des Standards widersprechen, aber keine Inkompatibilität mit dem Standard als solchen darstellen. Sogenannte *Brute-Force-Ansätze* stellen eine zweite Option dar, die zu eindeutigen Inkompatibilitäten führen, indem bewusst die Implementierung der ISO-19115-Metadaten auf Variablenebene – entgegen des DDC-L Konzepts – erzwungen wird. Beide Ansätze haben Vor- und Nachteile.

Workarounds

Der DDI-Metadatenstandard DDI-L (vgl. Kapitel 9.1.3) hat zum Ziel, Daten und ihren Entstehungs- und Nutzungskontext entlang des von der DDI-Alliance entwickelten Forschungsdatenzyklus und seinen acht Phasen (vgl. Kapitel 2.2) zu dokumentieren. Dabei sollten die Metadaten diesen Prozess der Entstehung des Datensatzes und die zugrunde liegende Studie idealerweise auf Grundlage der konzipierten DDI-L Module darstellen. Der hier vorgestellte Workaround bricht insofern mit diesem Prinzip, indem die Geoinformationen nicht alleine auf Studienebene beschrieben werden. Vielmehr lassen sich mit dieser Lösung die geographischen Strukturen auch für einzelne Variablen auf der Ebene von Datensätzen beschreiben.

Dazu wird der georeferenzierte Umfragedatensatz, der mit räumlichen Geoinformationen aus drei verschiedenen Quellen verknüpft wurde, durch Nutzung des DDI-L-Moduls *LogicalProduct* in drei logisch voneinander getrennte Datensatz-Teile aufgegliedert. Jeder Teildatensatz enthält lediglich die Attribute, die aus den jeweiligen Geodatenquellen stammen. Darüber hinaus wird jeder der drei Teildatensätze durch eine *StudyUnit* beschrieben. Mittels dieser Vorgehensweise können nun Metadatenfelder implementiert werden, die zwar nur auf Studienebene anwendbar sind und somit für alle in dem jeweiligen Datensatz enthaltenen Variablen gelten. Da im entsprechenden Teildatensatz aber ohnehin nur Geoinformationen aus einer Quelle mit einer einzelnen geographischen Struktur enthalten sind, ist die Zuordnungsebene des Metadatenelements irrelevant.

Auch durch die Beschreibung auf Studienebene werden die aus den Geoinformationen stammenden Variablen akkurat beschrieben. Problematischer ist vielmehr die DDI-L-konforme Integration der Einzelstudien, die Teil eines Umfrageprogramms wie der Allgemeinen Bevölkerungsumfrage (ALLBUS) sind, wenn sie zuvor in einzelne logische Sinneinheiten geteilt wurden. Das kann jedoch wiederum mit gegenseitigen strukturierten Referenzierungen gelöst werden, indem das DDI-L-Modul *GroupPackage* genutzt wird, um Metadaten aus mehreren Einzelstudien zu verknüpfen.

Ein anderer Workaround besteht darin, dass gar nicht erst versucht wird, Geoinformationen zwingend in DDI zu beschreiben. Stattdessen werden separate Dateien mit Metadaten angelegt, die dann auf der Variablenebene in DDI referenziert werden. Das Format dieser Dateien könnte beispielsweise ebenfalls in einem XML-Format und somit strukturiert vorliegen.

Der größte Vorteil des ersten Workarounds ist, dass Metadaten wie üblich weiterhin in DDI beschrieben werden können. Gleichzeitig hat der Workaround aber auch den Nachteil, dass die Anzahl separater Metadatenobjekte schnell ansteigt, wenn viele verschiedene Geodatenquellen genutzt werden. Ähnlich verhält es sich auch mit dem zweiten Workaround. Zwar hat dieser Weg den Vorteil, dass das Prinzip der kompletten Beschreibung des Lebenszyklus von Forschungsdaten nicht aufgebrochen werden muss, gleichzeitig entstehen aber zwei Nachteile: Erstens steigt auch bei diesem Workaround die Anzahl separater Metadatenobjekte ggf. schnell an. Zweitens bleibt zwar die Kompatibilität mit DDI erhalten, die Informationen sind aber ggf. für auf dem DDI Standard basierende Software nicht mehr zugänglich. Im Folgenden wird daher ein weiterer Weg der Implementierung vorgestellt. Dieser führt jedoch zu schematischer Invalidität mit DDI, die stets berücksichtigt werden muss.

Brute-Force-Ansätze

Ein radikaler Ansatz, ISO-19115-Metadaten auch auf der DDI-Variablenebene zu implementieren, besteht darin, diese Implementierung, obwohl konzeptuell nicht vorgesehen, zu erzwingen. Auch hier sind grundsätzlich zwei Wege denkbar:
Die Beschreibung geographischer Strukturen in DDI kann mittels des sogenannten *GeographicStructureScheme* und der darin enthaltenen hierarchisch untergeordneten Metadaten vorgenommen werden. Dies ist jedoch nur innerhalb der Studienebene möglich – auf Variablenebene sind *GeographicStructureSchemes* nicht vorgesehen. Gleichzeitig handelt es sich bei DDI zunächst um reine Textdaten, die sehr wohl auf Variablenebene dem Standard widersprechend manipuliert werden können. Somit lassen sich einfache technische Routinen entwickeln, um die *GeographicStructureSchemes* auch auf der Variablenebene anwenden zu können.
Ein anderer und weniger invasiver Weg ist, auf der Studienebene mehrere *GeographicStructureSchemes* zu definieren. Die Idee ist dabei auch, einfache Referenzen innerhalb dieser *GeographicStructureSchemes* zu definieren, die auf die jeweilige Variable verweisen, deren Grundlage die jeweilige geographische Struktur ist. Dieser letzte Schritt ist in DDI jedoch bisher nicht vorgesehen. Daher muss hier wieder eine eigene – sprich neue – Metadatenstruktur implementiert werden, welches zu Inkompatibilitäten mit DDI führen kann.
Unabhängig davon, welcher Brute-Force-Ansatz gewählt wird, hat die Inkompatibilität mit DDI weitreichende Konsequenzen. In technische Systeme, die gemäß der DDI-L Spezifikation aufgebaut sind, können die in einem räumlichen Verknüpfungsprojekt erfassten Metadaten – gemäß des abweichenden Brute Force Ansatzes – nicht mehr umstandslos importiert und verarbeitet werden. Das ist vor allem dann problematisch, wenn z.B. das im Projekt bestehende Dokumentationssystem an erweiterte Katalogsysteme angeschlossen werden soll.
Die Dokumentation georeferenzierter Umfragedaten ist bislang wohl die größte Herausforderung, zumindest wenn diese auf standardisierten Metadaten beruhen soll. Der Einsatz von Workarounds oder Inkompatibilitäten mit dem DDI-Metadatenstandard erschweren die Dokumentation und erscheinen dadurch wenig attraktiv. Um diese Lücken angesichts der zunehmenden Relevanz von georeferenzierten Umfragedaten in der Forschung zu schließen, müssen entsprechende Metadatenstandards weiterentwickelt bzw. angepasst werden. Von dieser Problematik sind jedoch nicht allein georeferenzierte Umfragedaten betroffen, sondern auch andere bzw. neue Datentypen wie etwa die in Kapitel 11 vorgestellten *Social-Media-Daten*.
Entsprechende Entwicklungen im Bereich des DDI-L-Metadatenstandards sind bereits erkennbar angegangen worden. Das betrifft den Bereich der georeferenzierten Daten (Müller/Schweers/Zenk-Möltgen 2016; Müller/Schweers/Zenk-Möltgen 2015) ebenso wie von Social-Media-Daten (Borschewski/Zenk-Möltgen 2017). Trotzdem ist der gegenwärtige Zustand vage und ruft ggf. in Forschungsprojekten Unsicherheiten hervor. Dementsprechend muss auch der Forschungsgemeinschaft daran gelegen sein, Lösungen anzumahnen, sich an ihrer Entwicklung zu beteiligen und sie zu implementieren.

12.5 Weitergabe georeferenzierter Umfragedaten zur Sekundärnutzung

Bisher wurden vor allem Herausforderungen georeferenzierter Umfragedaten im Verlauf eines Forschungsprojekts erörtert. Zum Abschluss dieses Kapitels soll noch kurz auf den Umgang mit georeferenzierten Umfragedaten nach Projektende eingegangen werden. Im Kontext einer vorausschauenden Planung des projektinternen Forschungsdatenmanagements ist die primäre Herausforderung, einen rechts- und datenschutzkonformen Weg der Weitergabe zu finden, um so die Daten für die Sekundärnutzung verfügbar zu machen (vgl. Kapitel 3.2.2). Entsprechende Dienstleistungen von Datenarchiven, Datenzentren und Repositorien werden in Kapitel 7.4 thematisiert.

Das zentrale Problem der projektinternen Planung der Sicherung, Archivierung, Bereitstellung und Nachnutzung georeferenzierter Daten durch Dritte liegt im rechtskonformen Umgang mit Forschungsdaten und Materialien sowie dem datenschutzkonformen Umgang mit personenbezogenen Daten. Wie in Abschnitt 12.3 bereits erörtert, besteht bei georeferenzierten Umfragedaten durch den Raumbezug ebenso wie durch die Anreicherung mit Zusatzinformationen ein erhöhtes Re-Identifikationsrisiko befragter Personen. Diesem Risiko kann generell mit zwei Strategien begegnet werden: Zum einen können die Daten aggregiert werden, sodass eine Re-Identifikation faktisch ausgeschlossen ist. Zum anderen kann der Zugang zu den Daten kontrolliert und durch individuelle Nutzungsvereinbarungen geregelt werden.

Beide Ansätze haben Vor- und Nachteile. Das Aggregieren von Werten ist u.U. recht einfach zu bewerkstelligen und legt somit der Weitergabe etwa für Sekundäranalysen keine zusätzlichen Limitationen auf. Allerdings schränkt es – je nach Ausmaß der Aggregation – den analytischen Zugewinn ein und verringert das Analysepotential. Die Zugangskontrolle hingegen erhält zwar den analytischen Zugewinn, ist aber gleichzeitig mit erheblichem Mehraufwand in der Betreuung und Kontrolle der Nachnutzenden verbunden.

Die Weitergabe nicht-aggregierter Daten durch entsprechende Zugangskontrollen ist in der Regel nur durch Archive oder Repositorien und der Expertise ihrer Mitarbeitenden zu gewährleisten. Je nach Ausrichtung und Portfolio haben diese Distributionswege für besonders schützenswerte Daten entwickelt. So hat z.B. das GESIS Datenarchiv für Sozialwissenschaften mit dem *Secure Data Center* eine Einrichtung etabliert, die neben dem tatsächlichen Zugang zu den Daten und der anschließenden Kontrolle der Ergebnisse auch Beratungen im Bereich sensibler bzw. georeferenzierter Daten ermöglicht.

Durch entsprechende Einrichtungen können also mittels gesicherter Zugangswege die Vorzüge des *Data Sharings* genossen und dennoch eine Übereinstimmung mit datenschutzrechtlichen Fragestellungen gefunden werden. Und auch das gleichzeitige Angebot einer aggregierten Version der Daten ist damit nicht ausgeschlossen. Oft wird ein aggregierter und einfach zugänglicher Datensatz veröffentlicht (*Public Use File*) sowie ein weiterer besonders schützenswerter Datensatz parallel über gesicherte Zugangswege angeboten (*Scientific Use File*) (s. Kapitel 4.3.3).

Schließlich bleibt noch ein weiteres Kriterium zur Weitergabe georeferenzierter Umfragedaten zu berücksichtigen. Abhängig davon, mit welchen Geodaten georeferenzierte Umfragedaten räumlich verknüpft werden, können Rechte Dritter davon berührt sein. Das ist vor allem dann relevant, wenn Geoinformationen kommerzieller Anbieter verwendet werden. Aber auch Geodaten aus öffentlicher Hand könnten u.U. unter Nutzungsauflagen weitergegeben worden sein (Schweers et al. 2016: 110). Es sollte daher ebenfalls geprüft werden, ob entsprechende Vereinbarungen eine Weitergabe des georeferenzierten Datensatzes überhaupt erlauben. Fehlt diese Möglichkeit aufgrund mangelnder Urheber- bzw. Verwertungsrechte, bietet sich Forschenden die Alternative anstelle der Forschungsdaten die Skripte zu deren Erstellung zu archivieren und anderen Forschenden verfügbar zu machen, wie in Kapitel 8.3 ausführlich diskutiert.

12.6 Zusammenfassung

Dieses Kapitel befasste sich mit den Möglichkeiten einer Georeferenzierung von Umfragedaten und deren räumlicher Verknüpfung mit Informationen aus Geodaten. Dabei wurden vor allem technische, organisatorische, datenschutzrechtliche und dokumentarische Herausforderungen, aber auch die Weitergabe georeferenzierter Umfragedaten erörtert. Zusammenfassend bleibt die Aussage, dass die Arbeit mit georeferenzierten Umfragedaten zugegebenermaßen anspruchsvoll ist.

Für jede der einzelnen Herausforderungen wurden verschiedene Antworten und Lösungen vorgestellt. So kann den technischen und organisatorischen Herausforderungen entweder mit eigener personeller Ressourcenplanung – entweder durch Weiterbildung oder gezielter Anwerbung – begegnet werden. Oder es wird die Expertise von Drittanbietern im Bereich der Georeferenzierung in Anspruch genommen. In Bezug auf die datenschutzrechtlichen Herausforderungen können Bedenken vor allem durch einen umsichtigen Umgang mit den Daten auf technischer sowie organisatorischer Seite begegnet werden. Eine Trennung von Adressdaten bzw. Geokoordinaten und den eigentlichen Umfragedaten ist dabei oberstes Prinzip, das sich in der physischen Speicherung der Daten selbst niederschlagen muss. Indessen finden sich bezüglich der Dokumentation räumlicher Verknüpfungen leider keine eindeutigen Antworten. Die vollständige Dokumentation ist zwar möglich, bedeutet aber je nachdem Workarounds oder Inkompatibilitäten mit dem für die Sozialwissenschaften relevanten DDI-L Standard. Im Zweifelsfall sollte hier auf die Beratung und Unterstützung durch disziplinäre Dienstleister, wie etwa dem GESIS Datenarchiv, zurückgegriffen werden.

Der Anwendungsfall georeferenzierter Umfragedaten und ihre Verknüpfung mit kleinräumigen Geodaten steht exemplarisch für eine Reihe von Innovationen und Trends in der empirischen Sozialforschung. So können einige in diesem Kapitel vorgestellte Herausforderungen durchaus auf die Verwendung anderer und neuer Datentypen wie etwa Social-Media- oder administrative Daten in den Sozialwissenschaften übertragen werden. Auch bei diesen Datentypen herrschen aktuell noch große Unsicherheiten etwa in Bezug auf deren Dokumentation (Borschewski/Zenk-Möltgen 2017). Sozialwissenschaftliche Forschung ist dynamisch. Entsprechend müssen die Prozesse im Forschungsdatenmanagement sowie relevante Metadatenstandard wie etwa DDI-L stets an neue Entwicklungen und Herausforderungen angepasst werden.

Literatur

AdV/KLA (2015): Leitlinien zur bundesweit einheitlichen Archivierung von Geobasisdaten. Abschlussbericht der gemeinsamen AdV-KLA-Arbeitsgruppe „Archivierung von Geobasisdaten" 2014–2015. Hamburg. http://www.bundesarchiv.de/DE/Content/Downloads/KLA/leitlinien-geobasisdaten.pdf [Zugriff: 15.06.2018].

Blatt, Amy J. (2012): Ethics and Privacy Issues in the Use of GIS. In: Journal of Map & Geography Libraries 8, 1, S. 80–84. https://doi.org/10.1080/15420353.2011.627109.

Bluemke, Matthias/Resch, Bernd/Lechner, Clemens/Westerholt, René/Kolb, Jan-Philipp (2017): Integrating Geographic Information into Survey Research. Current Applications, Challenges and Future Avenues. In: Survey Research Methods 11, 3, S. 307-327. https://doi.org/10.18148/srm/2017.v11i3.6783.

Borschewski, Kerrin/Zenk-Möltgen, Wolfgang (2017): Facilitating Metadata Capture and Reuse in the Social Sciences with the Example of Social Media Data. Vortrag: 7th Conference of the European Survey Research Association (ESRA), Lissabon, 20.07.2017. https://www.europeansurveyresearch.org/conference/programme2017?sess=18&day=3 [Zugriff: 15.06.2018].

Dietz, Robert D. (2002): The Estimation of Neighborhood Effects in the Social Sciences. An Interdisciplinary Approach. In: Social Science Research 31, 4, S. 539-575. https://doi.org/10.1016/S0049-089X(02)00005-4.

Edwards, Paul N./Mayernik, Matthew S./Batcheller, Archer L./Bowker, Geoffrey C./Borgman, Christine L. (2011): Science Friction: Data, Metadata, and Collaboration. In: Social Studies of Science 41, 5, S. 667-690. https://doi.org/10.1177/0306312711413314.

El Emam, Khaled (2006): Overview of Factors Affecting the Risk of Re-identification in Canada (Access to Information and Privacy Division of Health Canada).

Esri (2015): ArcGIS Desktop: Release 10.3. Redlands, California: ESRI – Environmental Systems Research Institute.

Förster, André (2018): Ethnic Heterogeneity and Electoral Turnout. Evidence from Linking Neighbourhood Data with Individual Voter Data. In: Electoral Studies 53, S. 57-65. https://doi.org/10.1016/j.electstud.2018.03.002.

GESIS – Leibniz-Institut für Sozialwissenschaften (2015): Allgemeine Bevölkerungsumfrage der Sozialwissenschaften ALLBUS 2014. GESIS Datenarchiv, Köln, ZA5240 Datenfile Version 2.1.0. https://doi.org/doi:10.4232/1.12288.

Goebel, Jan/Wagner, Gert G./Wurm, Michael (2010): Exemplarische Integration raumrelevanter Indikatoren auf Basis von „Fernerkundungsdaten" in das Sozio-oekonomische Panel (SOEP). SOEPpapers on Multidisciplinary Panel Data Research 267.

Hillmert, Steffen/Hartung, Andreas/Weßling, Katharina (2017): Dealing with Space and Place in Standard Survey Data. In: Survey Research Methods 11, 3, S. 267-287.

Klinger, Julia (2018): Allgemeine Bevölkerungsumfrage der Sozialwissenschaften – ALLBUS Sensitive Regionaldaten. GESIS Data Archive. https://doi.org/10.4232/1.13010.

Klinger, Julia/Müller, Stefan/Schaeffer, Merlin (2017): Der Halo-Effekt in einheimisch-homogenen Nachbarschaften: Steigert die ethnische Diversität angrenzender Nachbarschaften die Xenophobie? In: Zeitschrift für Soziologie 46, 6, S. 402-419. https://doi.org/10.1515/zfsoz-2017-1022.

Kounadi, Ourania/Leitner, Michael (2014): Why does Geoprivacy Matter? The Scientific Publication of Confidential Data Presented on Maps. In: Journal of Empirical Research on Human Research Ethics 9, 4, S. 34-45. https://doi.org/10.1177/1556264614544103.

Kroll, Martin/Schnell, Rainer (2016): Anonymisation of Geographical Distance Matrices via Lipschitz Embedding. In: International Journal of Health Geographics 15, 1, S. 1-14. https://doi.org/10.1186/s12942-015-0031-7.

Meyer, Reto/Bruderer Enzler, Heidi (2013): Geographic Information System (GIS) and its Application in the Social Sciences using the Example of the Swiss Environmental Survey. https://doi.org/10.12758/mda.2013.016.

Müller, Stefan/Schweers, Stefan/Siegers, Pascal (2017): Geocoding and Spatial Linking of Survey Data. An Introduction for Social Scientists. GESIS Paper 2017/15. S. 1-29. https://www.ssoar.info/ssoar/bitstream/handle/document/52316/ssoar-2017-muller_et_al-Geocoding_and_Spatial_Linking_of.pdf?sequence=1 [Zugriff: 15.06.2018].

Müller, Stefan/Schweers, Stefan/Zenk-Möltgen, Wolfgang (2015): Georeferenced Survey Data at the GESIS Data Archive. Vortrag: EDDI15 – 7th Annual European DDI User Conference, Copenhagen, 02.12.2015.

Müller, Stefan/Schweers, Stefan/Zenk-Möltgen, Wolfgang (2016): The Past, Present and Future of Geocoded Survey Data at the GESIS Data Archive. Vortrag: EDDI16 – 8th Annual European DDI User Conference, Cologne, 06.12.2016.

Plant, Richard E. (2012): Spatial Data Analysis in Ecology and Agriculture Using R. Boca Raton: CRC Press.

QGIS Development Team (2018): QGIS Geographic Information System. Open Source Geospatial Foundation Project. http://qgis.osgeo.org [Zugriff: 15.06.2018].

R Core Team (2017): R: A language and Environment for Statistical Computing. Vienna, Austria: R Foundation for Statistical Computing.

RatSWD – Rat für Sozial- und Wirtschaftsdaten (2012): Endbericht der AG „Georeferenzierung von Daten" des RatSWD. Bericht der Arbeitsgruppe und Empfehlungen des RatSWD.

Saib, Mahdi-Salim/Caudeville, Julien/Carre, Florence/Ganry, Olivier/Trugeon, Alain/Cicolella, Andre (2014): Spatial Relationship Quantification Between Environmental, Socioeconomic and Health Data at Different Geographic Levels. In: International Journal of Environmental Research and Public Health 11, 4, S. 3765-3786. https://doi.org/10.3390/ijerph110403765.

Schweers, Stefan/Kinder-Kurlanda, Katharina/Müller, Stefan/Siegers, Pascal (2016): Conceptualizing a Spatial Data Infrastructure for the Social Sciences. An Example from Germany. In: Journal of Map & Geography Libraries 12, 1, S. 100-126. https://doi.org/10.1080/15420353.2015.1100152.

Skinner, Chris (2012): Statistical Disclosure Risk. Separating Potential and Harm. Statistical Disclosure Risk. In: International Statistical Review 80, 3, S. 349-368. https://doi.org/10.1111/j.1751-5823.2012.00194.x.

Stimson, Robert (2014): A Spatially Integrated Approach to Social Science Research. In: Stimson, Robert (Hrsg.): Handbook of Research Methods and Applications in Spatially Integrated Social Science. Cheltenham, United Kingdom: Edward Elgar, S. 13-25.

Strobl, Christian (2017): Dimensionally Extended Nine-Intersection Model (DE-9IM). In: Shekhar, Shashi/Xiong, Hui/Zhou, Xun (Hrsg.): Encyclopedia of GIS. New York, NY: Springer, S. 470-476.

Vardigan, Mary (2013): The DDI Matures. 1997 to the Present. In: IASSIST Quarterly 37, S. 45-50.

Vardigan, Mary/Heus, Pascal/Thomas, Wendy (2008): Data Documentation Initiative. Toward a Standard for the Social Sciences. In: International Journal of Digital Curation 3, 1, S. 107-113. https://doi.org/10.2218/ijdc.v3i1.45.

Weßling, Katarina D. (2016): The Influence of Socio-spatial Contexts on Transitions from School to Vocational and Academic Training in Germany. https://doi.org/10.15496/publikation-15222.

Zandbergen, Paul A. (2014): Ensuring Confidentiality of Geocoded Health Data. Assessing Geographic Masking Strategies for Individual-Level Data. In: Advances in Medicine 2014, S. 1-14. https://doi.org/10.1155/2014/567049.

Zenk-Möltgen, Wolfgang (2012): Metadaten und die Data Documentation Initiative (DDI). In: Altenhöner, Reinhard/Oellers, Claudia (Hrsg.): Langzeitarchivierung von Forschungsdaten. Standards und disziplinspezifische Lösungen. Berlin: Scivero, S. 111-126.

Linkverzeichnis

Bing: https://msdn.microsoft.com/de-de/library/ff701713.aspx [Zugriff: 15.06.2018].

BKG – Bundesamt für Kartographie und Geodäsie: https://www.geodatenzentrum.de/geodaten/gdz_rahmen.gdz_div// [Zugriff: 15.06.2018].

DDI – Data Documentation Initiative: https://www.ddialliance.org/ [Zugriff: 15.06.2018].

Daten des Bundesamts für Kartographie und Geodäsie (BKG): http://www.geodatenzentrum.de/auftrag1/archiv/vektor/vg250_ebenen/ [Zugriff: 15.06.2018].

destatis – Statistisches Bundesamt: https://www.destatis.de/DE/ZahlenFakten/LaenderRegionen/Regionales/Gemeindeverzeichnis/NamensGrenzAenderung/NamensGrenzAenderung.html [Zugriff: 15.06.2018].

DSGVO – Datenschutzgrundverordnung: https://eur-lex.europa.eu/legal-content/DE/TXT/HTML/?uri=CELEX:02016R0679-20160504 [Zugriff: 15.06.2018].

DSAnpUG-EU – Datenschutz-Anpassungs- und -Umsetzungsgesetz EU: https://www.bmi.bund.de/SharedDocs/downloads/DE/gesetztestexte/datenschutzanpassungsumsetzungsgesetz.pdf [Zugriff: 15.06.2018].

EINONET Central Data Repository: https://cdr.eionet.europa.eu/ [Zugriff: 15.06.2018].

Geodateninfrastruktur Deutschland (GDI-DE): http://www.geoportal.de/ [Zugriff: 15.06.2018].

Geographic Structure Scheme: https://www.ddialliance.org/Specification/DDI-Lifecycle/3.2/XMLSchema/FieldLevelDocumentation/schemas/conceptualcomponent_xsd/elements/GeographicStructureScheme.html [Zugriff: 15.06.2018].

Google: https://developers.google.com/maps/documentation/geocoding/intro?hl=de [Zugriff: 15.06.2018].

GovData: https://www.govdata.de/ [Zugriff: 15.06.2018].

Infas 360: https://infas360.de/ [Zugriff: 15.06.2018].

INSPIRE: https://inspire.ec.europa.eu/ [Zugriff: 15.06.2018].

ISO-19115: https://www.iso.org/standard/73118.html [Zugriff: 15.06.2018].

microm: https://www.microm.de/ [Zugriff: 15.06.2018].

OpenStreetMap: https://www.openstreetmap.de/ [Zugriff: 15.06.2018].

OpenStreetMap Nominatim: https://nominatim.openstreetmap.org/ [Zugriff: 15.06.2018].

Secure Data Center:
https://www.gesis.org/angebot/daten-analysieren/weitere-sekundaerdaten/secure-data-center-sdc/ [Zugriff: 15.06.2018].

Sozio-oekonomisches Panel (SOEP): https://www.diw.de/de/soep [Zugriff: 15.06.2018].

Zensus 2011: https://www.zensus2011.de [Zugriff: 15.06.2018].

Verzeichnis der Autor/innen

Brislinger, Evelyn
Evelyn Brislinger, Dipl.-Soz., arbeitet als wissenschaftliche Mitarbeiterin im Datenarchiv für Sozialwissenschaften bei GESIS – Leibniz-Institut für Sozialwissenschaften. Sie unterstützte viele Jahre nationale Projekte bei der Aufbereitung und Dokumentation ihrer Daten. Aktuell liegt ihr Schwerpunkt auf der Betreuung der European Values Study 2017 und der Erprobung von Online Portalen für das Management solcher Umfrageprojekte.

Ebel, Thomas
Thomas Ebel hat Soziologie und empirische Sozialforschung in Köln studiert und arbeitet seit 2014 in verschiedenen Aufgabenbereichen im Datenarchiv für Sozialwissenschaften bei GESIS – Leibniz-Institut für Sozialwissenschaften. Zurzeit ist er als Datenkurator für das Repositorium datorium und den Datenkatalog DBK tätig. Außerdem wirkt er an der Umsetzung der SowiDataNet Plattform mit.

Hausstein, Brigitte
Brigitte Hausstein, Dipl.-Soz., ist seit 1992 wissenschaftliche Mitarbeiterin im Datenarchiv für Sozialwissenschaften bei GESIS – Leibniz-Institut für Sozialwissenschaften und in Projekten zur Datendokumentation und -archivierung involviert. Seit 2011 leitet sie die DOI-Registrierungsagentur da|ra und befasst sich mit Fragen der persistenten Identifizierung (PID) von Forschungsdaten.

Jensen, Uwe
Uwe Jensen, Dipl.-Psych., ist seit 1995 wissenschaftlicher Mitarbeiter im Datenarchiv für Sozialwissenschaften bei GESIS – Leibniz-Institut für Sozialwissenschaften. Er beschäftigt sich u.a. mit konzeptionellen Fragen des Forschungsdatenmanagements und der serviceorientierten Nutzung von DDI-basierten Dokumentationsstandards. In nationalen (VFUsoeb3, SowiDataNet) und EU-finanzierten Dateninfrastrukturprojekten (MetaDater, CESSDA PPP; Data Without Boundaries) leitete er die Entwicklung und Anwendungen von Metadaten und Standards in sozialwissenschaftlichen Kontexten.

Katsanidou, Alexia
Alexia Katsanidou, PhD, ist Professorin der Empirischen Sozialforschung an der Universität zu Köln und wissenschaftliche Leiterin der Abteilung Datenarchiv für Sozialwissenschaften bei GESIS – Leibniz-Institut für Sozialwissenschaften. Sie arbeitet zu Themen der Demokratieforschung mit Schwerpunkt auf politischen Krisen und Wahlverhalten und ist zudem Expertin für die Themen Archivierung von Forschungsdaten und Forschungsdatenmanagement.

Mauer, Reiner
Reiner Mauer studierte Volkswirtschaft und Soziologie an der Universität Köln und ist seit 1998 in verschiedenen Projekten und Positionen im Datenarchiv für Sozialwissenschaften bei GESIS – Leibniz-Institut für Sozialwissenschaften mit der Kuratierung, Langzeitarchivierung und Bereitstellung von Forschungsdaten befasst. Er leitet das Team Archive Operations, das verantwortlich für zentrale Prozesse der Datenarchivierung ist. Neben der operativen Steuerung, gehört die konzeptionelle und praktische Weiterentwicklung der Datenarchivierung und damit verbundener Services zu seinen Aufgaben.

Moschner, Meinhard
Meinhard Moschner, Dr. phil., war bis zu seiner Pensionierung im Jahr 2016 fast 30 Jahre im Datenarchiv für Sozialwissenschaften bei GESIS – Leibniz-Institut für Sozialwissenschaften (zuvor Zentralarchiv) als wissenschaftlicher Mitarbeiter im Bereich Archivierung und Dokumentation internationaler Umfragedaten tätig und insbesondere verantwortlich für den Datenservice für die Eurobarometer der Europäischen Kommission. Er war an einschlägigen EU Projekten (ILSES, MetaDater) beteiligt, und hat im internationalen Archivverbund (CESSDA, IASSIST) sowie im DDI-Netzwerk an der Entwicklung von Standards der Datendokumentation mitgearbeitet.

Müller, Stefan
Stefan Müller, M.A., ist wissenschaftlicher Mitarbeiter im Datenarchiv für Sozialwissenschaften bei GESIS – Leibniz-Institut für Sozialwissenschaften. Schwerpunktmäßig beschäftigt er sich mit den Möglichkeiten der sozialwissenschaftlichen Nutzung georeferenzierter Umfragedaten. In diesem Kontext arbeitet er im von der Deutschen Forschungsgemeinschaft geförderten Projekt „Sozial-Raumwissenschaftliche Forschungsdateninfrastruktur" (SoRa) mit.

Netscher, Sebastian
Sebastian Netscher, Dr. rer. pol., ist seit 2009 wissenschaftlicher Mitarbeiter im Datenarchiv für Sozialwissenschaften bei GESIS – Leibniz-Institut für Sozialwissenschaften. Er ist für Beratungen und Schulungen im Bereich des Forschungsdatenmanagement sowie für die Koordination von CESSDA Training zuständig. Seine Forschungsschwerpunkte umfassen unterschiedlichste Probleme des Datenmanagements ebenso wie Fragen zum individuellen politischen Verhalten und zu politischen Systemen.

Recker, Jonas
Jonas Recker, Dr. phil., studierte Englisch, Philosophie und Erziehungswissenschaften an der Universität zu Köln und absolvierte den Masterstudiengang "Library and Information Science (MALIS)" an der TH Köln. Seit 2012 ist er im Datenarchiv für Sozialwissenschaften bei GESIS – Leibniz-Institut für Sozialwissenschaften tätig. Dort ist er mit den Themen Forschungsdatenmanagement in den Sozialwissenschaften und Langzeitarchivierung von Forschungsdaten befasst. Er betreut verschiedene Angebote aus dem Bereich der Forschungsdatenrepositorien und beschäftigt sich als Mitglied der nestor AG Zertifizierung und Vorsitzender des CoreTrustSeal Boards mit Fragen der Zertifizierung von vertrauenswürdigen digitalen Archiven.

Trixa, Jessica
Jessica Trixa, Dipl.-Medienwissenschaftlerin, ist wissenschaftliche Mitarbeiterin im Datenarchiv für Sozialwissenschaften bei GESIS – Leibniz-Institut für Sozialwissenschaften. Sie arbeitete bereits in mehreren Verbund- und - Horizon2020-Projekten und befasst sich aktuell im Rahmen des Verbundes Forschungsdaten Bildung mit der Erarbeitung von Workshops sowie Schulungsmaterialien für die Forschungsgemeinschaft. Schwerpunktmäßig beschäftigt sie sich mit Themen des Forschungsdatenmanagements, rechtlichen und ethischen Aspekten wissenschaftlicher Forschung sowie Forschung mit neuen Datentypen.

Wasner, Catharina
Catharina Wasner arbeitet als wissenschaftliche Mitarbeiterin am Schweizerischen Institut für Informationswissenschaft an der HTW Chur in Lehre, Forschung und Dienstleistungs-

projekten. Ihr Forschungsschwerpunkt liegt im Bereich der digitalen Langzeitarchivierung und im Forschungsdatenmanagement. Zuvor war sie mehrere Jahre im Datenarchiv für Sozialwissenschaften bei GESIS – Leibniz-Institut für Sozialwissenschaften beschäftigt und hat dort insbesondere den Portal- und Infrastrukturaufbau für sozialwissenschaftliche Forschungsdaten unterstützt.

Watteler, Oliver
Oliver Watteler, M.A., ist seit 1999 wissenschaftlicher Mitarbeiter im Datenarchiv für Sozialwissenschaften bei GESIS – Leibniz-Institut für Sozialwissenschaften. Er ist einer der beiden zuständigen Mitarbeitenden für die Betreuung von Kundenprojekten im Bereich GESIS Datenservices. Er berät und arbeitet zu Fragen des Forschungsdatenmanagements. Sein inhaltlicher Schwerpunkt ist der Datenschutz sozialwissenschaftlicher Forschungsdaten.

Weller, Katrin
Katrin Weller, Dr. phil., ist Leiterin des Teams Social Analytics and Services in der Abteilung Computational Social Science bei GESIS – Leibniz-Institut für Sozialwissenschaften. Dort verantwortet sie den Aufbau neuer Serviceangebote im Schnittbereich zwischen Sozialwissenschaft und Informatik und bearbeitet dabei auch Fragen rund um die Archivierbarkeit von Social Media-Daten. Im Bereich Internet Research und Computational Social Science forscht sie zum Verhalten verschiedener Nutzendengruppen im Web sowie zu den Herausforderungen von Web-Daten als einem neuen Typ von Forschungsdaten.

Zenk-Möltgen, Wolfgang
Wolfgang Zenk-Möltgen, M.A., ist wissenschaftlicher Mitarbeiter im Datenarchiv für Sozialwissenschaften bei GESIS – Leibniz-Institut für Sozialwissenschaften und leitet das Team Archive Instruments and Metadata Standards. Schwerpunkte liegen in der Anwendung und Entwicklung von Standards zur Datendokumentation (u.a. in der DDI Alliance, DataCite, der Registrierungsagentur da|ra oder im CESSDA Metadata Management), sowie bei der Konzeption und Entwicklung von Datenservices (u.a. Datenbestandskatalog DBK, datorium, SowiDataNet oder der CESSDA EuroQuestionBase). Forschungsarbeiten von ihm beschäftigen sich mit Bedingungen und Einflussfaktoren für den Umgang von Wissenschaftler/innen mit Forschungsdaten und mit Methoden zur Verbesserung der Infrastruktur für neuere Datentypen wie Social Media-Daten oder Geodaten.

Daniel Bertaux

Die Lebenserzählung

Ein ethnosoziologischer Ansatz zur Analyse sozialer Welten, sozialer Situationen und sozialer Abläufe

2018 • 134 Seiten • Kart. • 16,90 € (D) • 17,40 € (A)
Qualitative Fall- und Prozessanalysen. Biographie – Interaktion – soziale Welten
ISBN 978-3-8474-2157-3

Der französische Soziologe Daniel Bertaux hat den biographischen Ansatz wieder in die Soziologie eingeführt. Sein methodisches Grundsatzwerk *Le récit de vie* liegt nun erstmals in deutscher Übersetzung vor. Er zeigt darin einen kreativen Weg auf, wie in ethnographischen Interviews erhobene Lebenserzählungen mit Hilfe kontrastiver Vergleiche soziologische Erkenntnismöglichkeiten eröffnen. Durch sie lassen sich die Funktionsweise sozialer Phänomene wie sozialer Welten, sozialer Situationen und sozialer Abläufe erfassen und verstehen. Das Buch stellt den gesamten Prozess der Erforschung sozialer Felder in seinen verschiedenen Stadien von der Erhebung bis zur Analyse von Lebenserzählungen konzise dar.

Aus dem Inhalt:
Die ethnosoziologische Sicht • Die Lebenserzählung • Die drei Funktionen der Lebenserzählungen • Die Erhebung lebensgeschichtlicher Erzählungen • Die Analyse – Fall für Fall • Die vergleichende Analyse • Verschriftlichung und Ergebnisdarstellung

Der Autor:
Dr. Daniel Bertaux, emeritierter Forschungsleiter am CNRS, Centre National de la Recherche Scientifique, Paris, sowie Mitglied des Laboratoire Dynamiques Européennes (DynamE), Universität Straßburg, Frankreich

www.shop.budrich.de

Ralf Bohnsack
Nora Friederike Hoffmann
Iris Nentwig-Gesemann (Hrsg.)

Typenbildung und Dokumentarische Methode

Forschungspraxis und methodologische Grundlagen

2018 • 395 Seiten • Kart. • 42,00 € (D) • 43,20 € (A)
ISBN 978-3-8474-2158-0 • eISBN 978-3-8474-1178-9

Die Bildung von (Ideal-)Typen stellt den zentralen Weg zur Generalisierung empirischer Ergebnisse im Bereich qualitativer bzw. rekonstruktiver Methoden dar. Im Rahmen der Dokumentarischen Methode ist dieser Weg vielfach erprobt und zunehmend elaboriert worden: in der Auswertung von Gesprächen bzw. Gruppendiskussionen, unterschiedlichen Arten von Interviews, Bildern, Videos und Filmen sowie auch in der Kombination, also der Triangulation, dieser Methoden miteinander. Die in diesem Band versammelten Beiträge geben Einblick in die Vielfalt der Typenbildung im Rahmen der Dokumentarischen Methode.

Aus dem Inhalt:
Berufliche Sozialisation und berufliche Praxis • Pädagogische Interaktion und pädagogisches Milieu • Schulische Bildungswege und -prozesse • Biografische Übergänge im gesellschaftlichen Kontext • Soziale Ungleichheit, Mobilität und Milieubindung • Gesellschaftliche Milieus, Identitäten und Szenen • Fremdverstehen als alltägliche und wissenschaftliche Herausforderung • Systemtheoretische Perspektiven

www.shop.budrich.de

Ralf Bohnsack | Alexander Geimer | Michael Meuser (Hg.)

Hauptbegriffe Qualitativer Sozialforschung

Führende VertreterInnen aus Soziologie und Erziehungswissenschaft erläutern die wichtigsten Begriffe qualitativer Methodik und Methodologie. Die für die erste Auflage des Bandes im Jahre 2003 ausgewählten Hauptbegriffe sind vollständig überarbeitet, aktualisiert und partiell erweitert worden.

4., vollst. überarbeitete und erweiterte Auflage • utb L
2018 • 324 S. • Kart. • 24,99 € (D) • 25,70 € (A)
ISBN 978-3-8252-8747-4 • eISBN 978-3-8385-8747-9

www.utb-shop.de

Jutta Ecarius | Ingrid Miethe (Hrsg.)

Methodentriangulation in der qualitativen Bildungsforschung

Die AutorInnen stellen aus theoretischer, methodologischer und empirischer Perspektive Fragen einer Methodentriangulation in der qualitativen Bildungsforschung dar. Neben konkreten Fragen der Verbindung verschiedener methodischer Ansätze (z.B. qualitative und quantitative Ansätze) werden theoretische Perspektiverweiterungen diskutiert und aktuelle Entwicklungen vorgestellt.

2., überarbeitete Auflage
2018 • 364 S. • Kart. • 38,00 € (D) • 39,10 € (A)
ISBN 978-3-8474-2163-4 • eISBN 978-3-8474-1185-7

www.shop.budrich.de